22.2.1995

Brinkmann · DAS BUCH VOM LUFTSPORT – DIE ERBEN LILIENTHALS

Günter Brinkmann

Das Buch vom LUFTSPORT

DIE ERBEN LILIENTHALS

Motorbuch Verlag Stuttgart

Einbandgestaltung: Reinhardt Bornemann

BILDNACHWEIS

Die Umschlagbilder sowie die hier nicht aufgeführten Fotos stammen vom Verfasser bzw. aus seinem Archiv.

Archiv Deutsches Segelflugmuseum: Seite 9, 44, 45, 48, 51 oben, 53, 54, 55, 56, 57 oben, 58, 59, 63, 65, 70 unten, 71, 73, 148
Archiv Karl Vey: Seite 46, 49 oben, 50
Dipl. Ing. Theo Rack: Seite 33, 138 unten
Archiv Edgar Dittmar: Seite 61, 91
Georg Brütting: Seite 75 oben, 76
Archiv Eugen Wagner: Seite 70 oben
Rollei: Seite 85
Max Stadter: Seite 110, 126 oben, 127
Werner von Arx: Seite 125
Flugzeugbau Schleicher: Seite 137
Winfried Kaiser: Seite 138 oben
Grob Luft- und Raumfahrt: Seite 115 oben, 163, 182
VFW Fokker GmbH: Seite 146
Archiv Peter Riedel: Seite 151
Archiv Helmut Mauch: Seite 152
USIS: Seite 174 unten rechts
Gyroflug: Seite 183 rechts
Ruschmeyer Luftfahrttechnik: Seite 184 unten
Dieter Schmitt: Seite 185
Fritz Gebhardt: Seite 186
Dipl. Ing. Uwe Beckmann: Seite 228
Celtech Vertriebs AG: Seite 240 oben und unten links
Aero Friedrichshafen: 240 unten rechts, 264 oben, 269 unten, 286
Ringier-Verlag: 235, 236 oben, 253 unten
United Technologies Journal: 267
JLA Hannover: 291

Zeichnungen und Karikaturen: Helmut Mauch

Für die Leistungsdaten der Flugzeuge wurden überwiegend Prospektangaben der Hersteller und Literaturangaben verwendet. Die Praxis zeigt, daß diese Werte meist nicht ganz erreicht werden. Erflogene Werte liegen in vielen Fällen 5 bis 10 Prozent unter den angegebenen Werten.

ISBN 3-613-01297-9

1. Auflage 1989

Ein Unternehmen der Paul Pietsch-Verlage GmbH & Co.

Druck: Philipp Reclam jun., 7257 Ditzingen.
Buchbinderische Verarbeitung: E. Riethmüller, 7000 Stuttgart.
Printed in Germany.

Inhalt

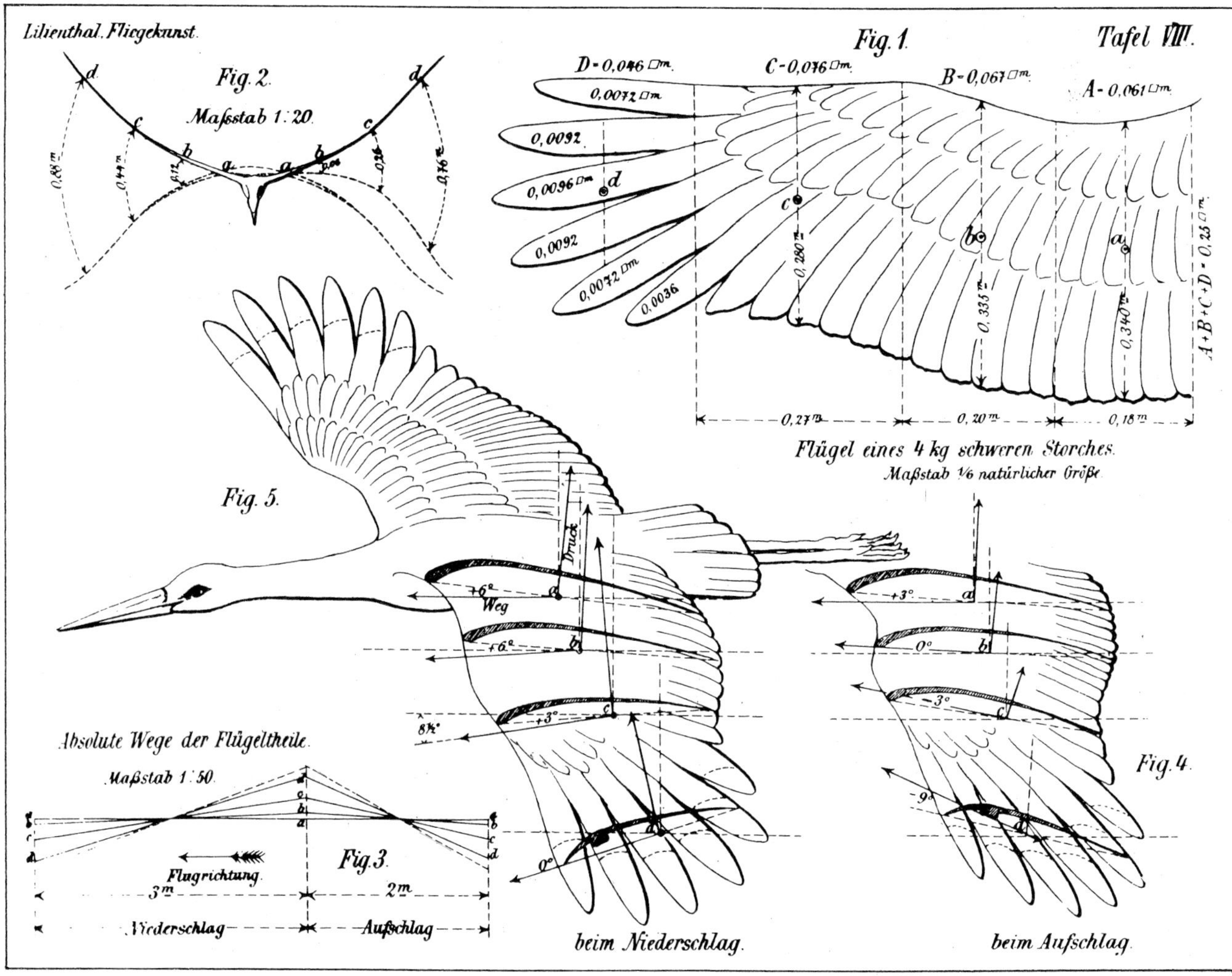

Zeichnung Otto Lilienthals
zu seinen Untersuchungen über Storchenflügel und den Storchenflug in seinem Buch »Der Vogelflug als Grundlage der Fliegekunst« (1889). Von Anbeginn war der Gleit- und Segelflug der Störche das große Vorbild, dem er nachstrebte.

Der erste Sportflieger

Otto Lilienthal – Hundert Jahre Menschenflug

Es war im Jahre 1891, als es dem damals schon 43jährigen Otto Lilienthal gelang, mit einem Gleitflugzeug aus einer Absprunghöhe von 5 bis 6 m Flugweiten bis zu 25 m zu erreichen. Diese ersten gelungenen Flüge eines Menschen, die an einem Sandstich bei Derwitz in der Umgebung von Berlin stattfanden, sind durch photographische Momentaufnahmen und Berichte von Augenzeugen dokumentiert. Kurz nach der Jahrhundertwende sagte der französische Flugpionier Ferdinand Ferber, der Lilienthals Bedeutung für die Flugtechnik schon früh erkannt hatte und ihn als seinen Lehrer verehrte, in einem Vortrag: »Den Tag des Jahres 1891, an dem Lilienthal die ersten 15 m in der Luft durchmessen hat, fasse ich auf als den Augenblick, an dem die Menschheit das Fliegen erlernt hat.«

Dieser Meinung haben sich seitdem Luftfahrthistoriker und Flugtechniker aus aller Welt angeschlossen. Sie sehen in den ersten geglückten Gleitflügen Lilienthals den Beginn des »Zeitalters der Luftfahrt«. Das Jahr 1991 wurde zum Jubiläumsjahr »100 Jahre Menschenflug« erklärt.

Seine Flugzeuge hat Otto Lilienthal sich selbst gebaut, ohne Vorbild, aufgrund eigener Forschungen und daraus erwachsener Konstruktionsideen. Das Fliegen hat er sich selbst beigebracht. Nach Hopsern und Sprüngen gelangen ihm im Laufe von sechs Jahren mehr als zweitausend Gleitflüge. Wer kann heute noch ermessen, welch leidenschaftliche Begeisterung und Bereitschaft zu materiellen Opfern, wieviel Phantasie und Mut dazu gehörten?

Doch Lilienthal war kein Phantast, sondern von seiner Schul- und Berufsausbildung her Naturwissenschaftler,

Otto Lilienthal im Jahre 1891
Mit diesem Gleitflugzeug gelang der erste Menschenflug.

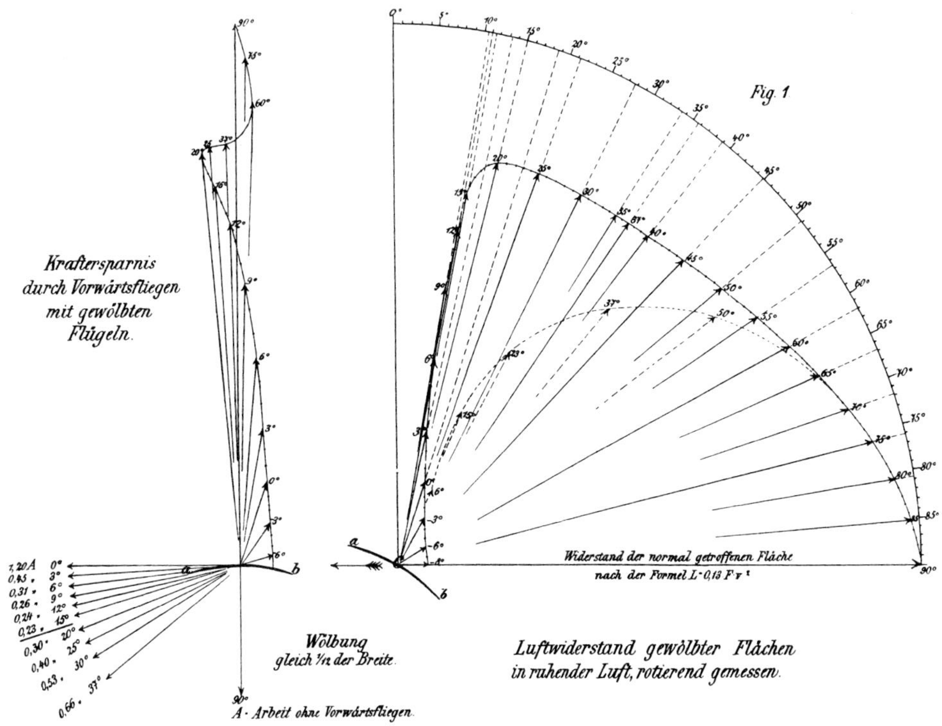

Lilienthalsches Diagramm
Die Brüder Lilienthal machten mit einem durch Fallgewichte betriebenen Rotationsapparat Tausende von Luftwiderstands- und Auftriebsmessungen an geraden und gewölbten Flächen, deren Ergebnisse sie in solchen Diagrammen festhielten. Hier ein Diagramm des Luftwiderstandes einer gewölbten Fläche bei verschiedenen Anstellwinkeln. Aus den Lilienthalschen Diagrammen entwickelten sich die Polardiagramme von Flügelprofilen.

Techniker, Ingenieur. Zusammen mit seinem Bruder Gustav hat er bereits als Vierzehnjähriger im Peenebruch bei Anklam, wo er 1848 geboren wurde, immer und immer wieder die Störche beobachtet und von da an mehr als zwanzig Jahre lang versucht, dem Geheimnis des Vogelflugs und der »Fliegekunst« auf die Spur zu kommen. Eine Fülle wissenschaftlicher Versuche stellten die Brüder an. Ihre Messungen des Auftriebs und des Luftwiderstands an Flächen verschiedener Formen, Querschnitte und Anstellwinkel prägten die wissenschaftliche Aerodynamik und führten zu der Erkenntnis, daß vogelähnlich gewölbte Flügel die günstigsten Auftriebs- und Widerstandsverhältnisse bieten.

Vogelflug – Grundlage der Fliegekunst

»Der Vogelflug als Grundlage der Fliegekunst«, als Ergebnis dieser Versuche 1889 erschienen, gilt noch heute als eines der grundlegenden Werke der Aerodynamik. Im selben Jahr begann Otto Lilienthal mit dem Bau seines ersten Gleitflugzeugs, mit dem ihm 1891 die ersten Flüge bis zu 25 m gelangen. Kaum nennenswert, so scheint es uns heute, doch es war der Anfang. Mit immer wieder verbesserten Gleitern und aus größerer Absprunghöhe flog Lilienthal später über 250 m weit. Steuern konnte er seine Fluggeräte nur durch Verlagerung des Körpergewichts – wie bei den heutigen Drachen. Das setzte turnerische Gewandtheit und viel Übung voraus. Sogar Kehrtkurven brachte er fertig.

Insgesamt hat er mindestens 18 verschiedenen Gleitflugzeugmuster entwickelt, stets bemüht um die aerodynamische und technische Vervollkommnung seiner Geräte. So entstanden Eindecker, die zur Erleichterung des Transports zusammenlegbar waren, tragfähigere, stabilere Doppeldecker und sogar Gleiter mit Schlagflügelenden, die mit einem Kohlensäuremotor angetrieben wurden. Er kam nicht mehr dazu, diesen »Motorsegler«-Gedanken zu verwirklichen.

Lilienthal war in seiner technisch-praktischen Denkweise seiner Zeit so weit voraus, daß er sogar einen Standardgleiter entwickelte, mit dem er das Fliegen zum Volkssport machen wollte. Er nannte dieses Muster »Normal-Segelapparat«. Bei einer Spannweite von 6,70 m und einer größten Flügeltiefe von 2,40 m hatte dieser zusammenlegbare Gleiter ein Flügelfläche von 13 qm. Er bildete die Basis für den Doppeldecker (25 qm Flügelfläche).

Der Mensch fliegt!
Eine aufgesetzte zweite, etwas kleinere Tragfläche machte den »Normal-Segelapparat« zum Doppeldecker, den Lilienthal wegen seiner Flugstabilität besonders gern flog. Die Aufnahme entstand wahrscheinlich im Oktober 1895 am Fliegeberg in Lichterfelde.

Von einem 15 m hohen Flughügel, den er sich auf eigene Kosten in seinem Wohnort Lichterfelde hatte aufschütten lassen, unternahm er häufig, oft vor zahlreichen Schaulustigen, kurze Übungsflüge. Sein großer Wunsch war ein mindestens doppelt so hoher Flughügel in der nächsten Umgebung, um sich die lange und umständliche Anreise in die Rhinower Berger, seinem bevorzugten Fluggelände, zu ersparen. Aber er wollte nicht nur allein dort fliegen. »Von einem solchen Berg aus lassen sich dann zweihundert Meter weite Luftsprünge machen, und das Dahinschweben auf so große Entfernungen gewährt einen unvergleichlichen Reiz, zumal in allerlei Wellenlinien geflogen werden kann. Dabei ist die Schwebebewegung nicht gefährlich, weil sich jederzeit eine glückliche Landung bewirken läßt.
Ein solcher Sportplatz, auf dem die jungen Männer sich im Segelflug üben und gleichzeitig hin und wieder Bewegungsversuche mit den Flügeln anstellen, wird eine gewaltige Anziehungskraft sowohl für das interessierte als auch für das nur schaulustige Publikum bilden. Wenn dann gar von Zeit zu Zeit ein richtiges Wettfliegen veranstaltet wird, so dürften sich bald ähnliche Volksfeste herausbilden wie bei anderen sportlichen Wettkämpfen...
Gelingt es, die jungen Männer, welche heute zur Stählung ihrer Muskeln und Nerven sich auf das Zweirad oder in das Ruderboot setzen, auch auf den Hügel zu führen, von wo aus sie, durch Flügel getragen, in die Luft hinausgleiten, so haben wir die Entwicklung des Menschenfluges in eine Bahn geleitet, welche von selbst zur Vollendung führt.« So Lilienthal im Jahre 1895 in der Zeitschrift »Prometheus«.
Der »Normal-Segelapparat« wäre für einen solchen »Luftsport« bereits ein sehr geeignetes Gerät gewesen. Wahrscheinlich hat er nach den (erhalten gebliebenen) Bauzeichnungen in seiner Fabrik 12 davon bauen lassen. Einige davon wurden ins Ausland geliefert. Im Science Museum in London, im National Air Museum des Smithsonian-Instituts in Washington und im Shukowski Museum in Moskau sind noch Originale des »Normal-Segelapparates« vorhanden. Der im Deutschen Museum hängende Lilienthal-Gleiter Nr. 15 ist ebenfalls ein Original, das aber nach Beschädigung im Zweiten Weltkrieg restauriert werden mußte. Wie durch neuere Forschungen festgestellt wurde, entspricht die obere, relativ kleine Tragfläche des Doppeldeckers nicht der ursprünglichen Konstruktion. Sie stammt von einem anderen, kleineren Gleiter, wahrscheinlich von

Originaler »Normal-Segelapparat«
(mit Lilienthal ähnlicher Puppe) im National Air Museum des Smithonian Instituts in Washington.

dem ›Sturmflügel-Modell‹, das nur 6 m Spannweite hatte. Das Original hängt im Technischen Museum Wien.
Otto Lilienthal hat die sprunghaften Fortschritte der Fliegerei, die mit seinen Versuchen ihren Anfang nahmen, nicht mehr miterlebt.
Am 9. August 1896 startete er mit einem »Normal-Segelapparat« am Gollenberg bei Stölln in den Rhinower Bergen. Dabei geriet sein Flugzeug möglicherweise durch eine Aufwindböe, eine thermische Ablösung, in eine überzogene Fluglage und stürzte aus 15 m Höhe ab. Mit gebrochenem Rückgrat wurde Otto Lilienthal querschnittsgelähmt ins Krankenhaus gebracht, wo er am folgenden Tag starb.

Flugsehnsucht

Von Otto Lilienthal stammt eine Reihe von Versen, in denen sich Lehrhaftes mit technischen Überlegungen und Gefühlsaufwallungen mischt. Von der Sehnsucht, im Fluge dahinzuschweben und von den »Wonnen des Fliegens« ist da die Rede, von dem Traum, es den Vögeln, vor allem den Störchen, gleichzutun und von dem großen Ziel, nämlich der Lösung des Flugrätsels.
Selbst wenn die poetischen Klischees jener Zeit und die Zugeständnisse an die Reimkunst außer acht bleiben, ist in seinen Versen heute noch die rauschhafte Begeisterung spürbar, die ihn bis zu seinem Tode zu immer neuen Flugversuchen getrieben hat. Sie war wie eine Sucht, die ihn und seinen Bruder Gustav erfaßt hatte.
Was sonst treibt einen erfolgreichen Erfinder (Otto Lilienthal besaß zahlreiche Patente, u. a. für Bergbaumaschinen und Dampfkessel) und wohlsituierten Fabrikanten dazu, jede freie Minute auf Flugprobleme zu verwenden? Warum erscheint ihm der Storchen-Segelflug als Wunder, warum sucht und forscht er jahrzehntelang, um sich selbst brauchbare Flügel zu schaffen? Warum genügen ihm seine Erfolge nicht, möchte er immer wieder das Flugerlebnis auskosten?
Lilienthal hatte Vorläufer. In Märchen und Mythen aller Völker sind es halb Handwerker, halb Besessene, die ihre Flugträume verwirklichen. Die Geschichte der Luftfahrt verzeichnet eine Fülle tragischer Gestalten, die sich wegen der Unerfüllbarkeit ihrer Flugträume von ihren Zeitgenossen lächerlich machten.
Im letzten Grunde war es der Wunsch nach Freiheit, der sich stets eng mit den Flugträumen verband. Ihn symbolisiert eine der ältesten Flugsagen: die Flucht von Dädalus und Ikarus aus der Gefangenschaft auf Kreta. Die Antike erfand auch die geflügelten Engel als Boten der Götter – Zeichen ihrer Macht und Freiheit gegenüber den Menschen.
Auch die Beschäftigung Leonardo da Vincis (1452–1519) mit dem Fluggedanken läßt sich als »Befreiungsversuch« deuten. Bei ihm, dem erfolgreichen und geachteten Maler, Bildhauer, Ingenieur und Naturforscher, war es zwar nicht die körperlich empfundene Enge, die ihn dazu bewog, wohl aber die geistige Beengung der vorangegangenen Jahrhunderte. Es war die Zeit der Renaissance, als das aufstrebende Bürgertum sich aus den Fesseln des Mittelalters zu befreien suchte, die Scholastik, die kirchlichen Zwänge, die Lehren des antiken Aristoteles als alleinigen Maßstab der Naturwissenschaften zu überwinden bestrebt war. Hier hinein paßt die bis dahin verpönte Beobachtung der Natur, die für Leonardo der Ausgangspunkt seiner Beschäftigung mit dem Flugproblem war. Dem Vogelflug hat er eingehende Studien gewidmet. Interessant ist, daß bei ihm aber nicht der Vogel, sondern die Fledermaus zum Vorbild für den Menschenflug wurde. So ganz nebenbei erfand er den Fallschirm und das Prinzip des Hubschraubers. Seiner Zeit war er auf wissenschaftlichem und technischem Gebiet weit voraus. Bei vielen seiner Entwürfe und Erfindungen hat man den Eindruck, als sei er 500 Jahre zu früh geboren.
Vergleichsweise unbedeutend erscheinen dagegen Flugpioniere des ausgehenden 18. und des beginnenden 19. Jahrhunderts. Für sie kann auch wieder mehr die körperliche Enge als Auslöser für ihre Flugsehnsucht gelten. In Wien konstruierte der Uhrmacher Jakob Degen

1978: Mit seinem originalgetreu nachgebauten Lilienthal-Doppeldecker flog Michael Plazer auf der Wasserkuppe.

(1761–1848) ein Flügelpaar von 6,70 m Spannweite (die gleiche wie viel später bei Lilienthals »Normal-Segelapparat«), das überaus kunstvoll mit 3500 Ventilklappen versehen war. Diese schlossen sich beim Niederschlag; beim Aufschlag waren sie offen. Tatsächlich gelang es Degen im Jahre 1807, an einem über Rollen laufenden Seil mit einem geringeren Gegengewicht hängend, den durch Flügelniederschlag erzeugten Auftrieb nachzuweisen. Ein Jahr später bewies er, an einem kleinen Ballon hängend, das gleiche vor zahlreichen Schaulustigen im Prater.

Weniger erfolgreich war 1811 Albrecht Ludwig Berblinger (1770–1829), als er in seiner Heimatstadt Ulm vor einem großen Publikum mit einem Flügelpaar in die Donau sprang. Als vielverspotteter »Schneider von Ulm« ist er in die Luftfahrtgeschichte eingegangen – eine wahrhaft tragische Gestalt, wenn man sich die Enge und Kleinlichkeit des Lebens in den noch ummauerten Städten jener Zeit vor Augen führt.

Erst durch Otto Lilienthal wurde verwirklicht, was jahrtausendelang ein Traum gewesen war: das Fliegen mit einem Fluggerät »schwerer als Luft«, in derArt des Vogels. Erfolgreich war er auch dadurch gewesen, daß er zunächst den Gleitflug der Vögel zu verwirklichen trachtete und das Schlagflügelprinzip wenigstens vorerst außer acht ließ. Es ist bis heute technisch nicht gelöst worden. Die Verwirklichung des Gleitfluges aber führte zum Motorflug und zum Segelflug, wie wir ihn heute verstehen.

Die Flugsehnsucht blieb der Motor der weiteren technischen Entwicklung der Luftfahrt – von den fliegenden Drahtverhauen des ersten Jahrzehnts bis zu den Raumflugzeugen unserer Tage. Doch das Fliegen selbst wurde zur Alltäglichkeit, seitdem alle fliegen – mitfliegen – können. Der staunenswerte Fortschritt der Technik brachte die Entfremdung von dem ursprünglichen Anliegen mit sich, die Flugsehnsucht zu stillen. Das »Wunder des Fliegens« verblaßte zu einer kaum noch staunenswerten Selbstverständlichkeit.

Was würde Otto Lilienthal zu dieser Entwicklung

sagen? Gewiß wäre er fassungslos, wenn er erfahren könnte, was die Menschheit seit Beginn dieses Jahrhunderts alles fertiggebracht hat, im Guten wie im Bösen. Soweit es Luft- und Raumfahrt betrifft, würde er es wohl mit dem Fliegen, wie er es sich zum Ziel gesetzt hat, nicht in Verbindung bringen.
Nur in einem weniger spektakulären Zweig der Luftfahrt könnte er seine Vorstellungen wiederfinden: im Luftsport, der noch immer die jedem offenstehende, von persönlichem Engagement geprägte, die »menschliche« Seite der Luftfahrt ist.

Er erfordert Begeisterung, Phantasie, verbunden mit praktischer Vernunft, Bereitschaft zu materiellen Opfern, handwerklich-technisch-wissenschaftliche Fähigkeiten, immerwährende Lernbereitschaft und Mut zum kalkulierten Risiko – Eigenschaften, die Otto Lilienthal in ganz besonderem Maße besessen hat. Durch sie ist er zum ersten Flieger geworden.
Ist es nicht bezeichnend, daß »der erste Flieger« zugleich der erste Sportflieger war?
Darum ist es gewiß nicht unberechtigt, die Sportflieger aller Sparten »Die Erben Lilienthals« zu nennen.

Das Flugerlebnis

Fliegen und Fliegen lassen

»Warum treibst Du Luftsport?«
Auf diese Frage werden viele Sportflieger antworten: »Es macht mir Spaß«. Einige werden sogar darüber hinausgehen und sagen: »Irgendwie drängt es mich dazu. Ich erfülle mir damit einen Jugendtraum. Es ist ein Hochgefühl. Was sind dagegen die Aufwendungen an Zeit und auch an Geld! Der Drang zu fliegen ist wie eine Droge, ein Rauschmittel – das allerdings nur gute Auswirkungen hat.«
»Und wie macht sich das bemerkbar?«
»Nun ja – der Luftsport beflügelt mich geradezu, sogar im Beruf. Ich traue mir mehr zu, bin großzügiger und gelassener als früher...«
»Meinst Du denn, daß Flieger sein, fliegen können, etwas Besonderes ist?«
»Teilweise schon. – Aber nicht, daß Du mich jetzt mißverstehst: Wir halten uns keineswegs für die ›Elite der Nation‹ oder ähnlichen Unsinn, wie uns manche Leute unterstellen. Das Besondere ist vielmehr: Von uns wird mehr verlangt als heute üblich. Wir müssen viel lernen, viel üben – das kostet Zeit und Mühe. Wir gehen freiwillig manchmal ein gewisses Risiko ein – obwohl der Luftsport heutzutage bestimmt sicherer ist als etwa Motorradfahren. Und Geld, mit dem wir uns sonst vielleicht eine Reise in den sonnigen Süden hätten leisten können, das fließt in Beiträge und Startkosten, Lehrgangs- und Prüfungsgebühren.«
»Ja, aber – was habt Ihr denn davon? Für was und für wen tut Ihr das?«
»Es ist das Erlebnis des Fliegens – ein Außenstehender wird das kaum verstehen – und zugleich das Erlebnis der Gemeinschaft mit denen, die das gleiche zu erleben verstehen wie man selbst.«
»Also lauter intellektuellen Typen?«
»Eben nicht. Der Professor, der vielleicht bei uns mitmacht, der ist in Deinem Sinne bestimmt nicht ›intellektuell‹ – sonst wäre er nicht dabei. Viel zahlreicher als ›Studierte‹ findest Du bei uns Handwerker und Auszubildende, Arbeiter und Angestellte, Schüler und Studenten, Beamte, Hausfrauen – und natürlich auch ein paar mittelständische Unternehmer. Die sogenannten Reichen, die man immer unter uns vermutet, die suchen ihr Vergnügen anderswo.«
»Ein paar Angeber sind aber auch dabei...«
»Die findest Du überall. Beim Segeln, Bergsteigen, Tennis, Motorsport... Und womit sollten sie bei uns angeben?«
»Nun ja – mit dem ›Besonderen‹«.
»Wenn sie das tun, dann werden sie heutzutage von manchen Leuten sogar schief angesehen und als Krachmacher, Naturstörer, Luftrowdy und was weiß ich nicht alles beschimpft, obwohl sie vielleicht nur Segelflug betreiben. Besonders übel ist es seit der politisch unsinnig hochgespielten Diskussion über die Steuerbefreiung von Flugbenzin für die ›Hobbyflieger‹.«
»Verständlich, daß sich nicht privilegierte Bürger darüber aufregten.«
»Privilegiert ist hier das falsche Wort, wie überhaupt fast nur falsche Informationen über uns verbreitet wurden. Man hat uns abgestempelt als die bösen Reichen, die es auch noch wagen, unberechtigte Ansprüche zu erheben...«
So mag in den letzten Jahren manches Gespräch mit einem Sportflieger begonnen haben. Tatsächlich hat sich das Bild, das sich die Öffentlichkeit vom Luftsport macht, wesentlich gewandelt – wie auch das Bild des Piloten seit dem Ärger über die Tiefflüge der verschiedenen Nato-Luftwaffen über deutschen Landschaften und seit dem entsetzlichen Unglück von Ramstein ein anderes geworden ist. Daß daran kein Sportflieger die Schuld trägt, daß unter den Tiefflügen auch die Luftsportler zu leiden haben, sei nur am Rande erwähnt. Die »Öffentlichkeit« neigt unter dem Eindruck der Berichterstattung in den Medien dazu, alles, was fliegt, in einen Topf zu werfen.
Früher war sie ebenso geneigt, sich unter dem Piloten

einen Helden vorzustellen, der mit wehendem Schal gravitätisch durch die graue Masse seiner Bewunderer schreitet. Auf Flugtagen jubelte man ihm zu, und wenn er in niedriger Höhe überland flog, winkten ihm die Passanten am Boden mit weißen Taschentüchern nach. Frauen sahen in ihm, auch wenn er unrasiert war, den Mann an sich und träumten von seiner Zuwendung. Wenn er über sie hinwegblickte, schmolzen sie dahin... So etwas hat es zwar in der Wirklichkeit kaum gegeben – und trotzdem hat sich die öffentliche Meinung vom Piloten anscheinend in das genaue Gegenteil verkehrt: erst vergöttert, dann verteufelt. In Deutschland neigen wir ja ohnehin seit je gern zu Extremen.

Außerdem nehmen wir alles tierisch ernst, auch das, was uns Spaß machen sollte.

Wenn sich nun einer neben seiner Freundin oder seiner Familie und seinem Beruf etwas ausgesucht hat, was ihn sehr erfüllt, ihm aber auch viel Erfüllung gibt, dann drückt sich unsere Ernsthaftigkeit schon im Begriff aus: dann ist es eine Leidenschaft. Es gehört also offenbar dazu, daß man auch darunter leidet, dafür Unbill in Kauf nehmen muß, dadurch sogar Böses erfährt.

Fliegen, Fliegerei, Luftfahrt und alles, was damit zusammenhängt, kann auch zu einer Leidenschaft werden, im buchstäblichen Sinne. Die »Öffentlichkeit«, besser gesagt einige Wortführer in Politik und Medien, stempeln einen von solcher Leidenschaft Gepackten zum Außenseiter, machen ihn zum Buhmann für vielerlei Unbill (auch wenn es gar nichts mit der Luftfahrt zu tun hat), gönnen ihm nicht einmal vermeintliche Vorteile, erklären ihn und sein Tun als störend, lästig, überflüssig, ja als Provokation für die Allgemeinheit. Sie hängen ihm den negativ befrachteten »Hobbyflieger« an oder erklären ihn gar zum »Herrenflieger«. Das klingt nach »Herrenreiter«, nach Adel, nach Elite, nach Ausbeutung und Unterdrückung anderer, nach völligem Unverständnis für die Bedürfnisse der breiten Masse, wie es die »Reichen« nun mal so an sich haben.

Es sind ja schlimme Leute, die bewirken wollen, daß der Fortschritt in Technik und Wissenschaft weitergeht. Es sind die Lästigen, die nie genug haben, deren Spaß das Abenteuer, deren Lust das Risiko, deren Moral in den Wolken zu suchen ist. Es sind eben Flieger. Sie stören die Vögel. Sie belästigen uns. Man sollte ihnen das Handwerk legen.

Solche Auffassungen führten dazu, daß an einigen Orten dem Luftsport geradezu Haß, geschürt allerdings nicht selten auch aus wirtschaftlichen Gründen, entgegenschlug. Es kam sogar zu Brandstiftungen, die Millionenschäden verursachten. Fassungslos standen die Betroffenen vor den rauchenden Trümmern ihrer selbstgebauten Hallen und ihrer Flugzeuge, die sie meist unter großen persönlichen Opfern erworben und sorgsam gepflegt und instandgehalten hatten.

Es ist bequem, Vorurteile zu züchten und weiterzugeben, vor allem, wenn sie in ideologisch vorgeprägte Raster passen. Es ist gefahrlos, sich einem Trend anzuschließen, dann ist man »in« und eckt nirgendwo an. Außerdem erspart es die Mühe, sich zu informieren und sich von Informationen beeinflussen zu lassen.

Wer so denkt, sollte hier aufhören zu lesen. Denn dieses Buch enthält eine Fülle von Informationen über Luftfahrt und Sportflieger. Nicht aus der Absicht, sondern aus der Natur der Sache ergibt sich, daß wohl die meisten Vorurteile widerlegt werden.

Die Sportflieger wollen weder übersteigerte Hochachtung, noch unberechtigte Diskriminierung. Wenn es Probleme gibt, wollen sie sich sachlich damit auseinandersetzen. Wie sie bereit sind, bei berechtigten Klagen für Abhilfe zu sorgen, so erwarten sie, daß man ihre Argumente wenigstens zur Kenntnis nimmt und auf unsinnige Unterstellungen verzichtet.

Die Freiheit des Fliegens

Aber was ist denn nun wirklich dran an der Fliegerei? Ist es denn so ungewöhnlich, wenn die Erdoberfläche zurückbleibt, die Luftbewegungen mehr oder minder stark spürbar werden, die Wolken eine neue Bezugsebene bilden? Jeder Passagier im Linienjet kann es ebenfalls erleben. Nur – in seiner Kabine ist er zur Untätigkeit verdammt. Was er, falls die Sicht klar ist, tief unter sich erkennt, huscht zu schnell vorüber, als daß er an Einzelheiten verweilen kann. Er ist an den vorgeplanten Ablauf des Fluges gebunden.

Anders der Sportflieger. Trotz aller Beschränkungen hat er im Luftraum immer noch die Möglichkeit zu bestimmen, wie sein Flug ablaufen soll. Er kann höher oder niedriger fliegen, Kreise einlegen, einen Abstecher dahin und dorthin unternehmen, wie es ihn verlockt. Für ihn ist das Fliegen ein Ausleben seines Freiheitsdranges in drei Dimensionen. Darüber hinaus macht es ihm Freude, seine (mehr oder minder starke) Maschine in jeder Lage zu beherrschen, mit ihr die eigenen Kräfte und Möglichkeiten zu vervielfachen – oder etwa im Segelflugzeug durch geschicktes Ausnutzen der Naturkräfte Höhe und damit Energie zu gewinnen. Sein Spiel-

Über den Wolken...

Kumulus-Wolken über Scheswig-Holstein (Frei durch Luftamt Hamburg Nr. 233/89

(Frei durch Luftamt Hamburg, Nr. 362/88)

Der Blick von oben: Rapsfeld im Mai an der Ostseeküste bei Schönberg

So sieht es nur der Flieger:

(Frei durch Luftamt Hamburg. Nr. 393/88)

Steilküste bei Dänisch-Nienhof

Der Hafen von Eckernförde

(Frei durch Luftamt Hamburg, Nr. 394/88)

Segelflugzeuge – bereitgestellt auf dem Flugplatz Wasserkuppe

Segelflugzeug unter einer Kumulus-Wolke
Die Sonne, deren Einstrahlung die vertikalen Luftströmungen (Auf- und Abwinde) hervorruft, ist der »Antrieb« für das Segelflugzeug.

trieb wird befriedigt – und zugleich seine technisch-naturwissenschaftliche Neugier. Über den Alltag fühlt er sich im buchstäblichen Sinne hinausgehoben. Durch die Perspektive von oben, durch die Überschau gewinnt er Distanz zu seinen Alltagsproblemen. Für manchen wird das Flugerlebnis sogar zu einer Vorbeugung gegen die Neurosen, die durch die moderne Arbeitswelt, durch Kommerzialisierung und Technisierung nahezu aller Lebensbereiche hervorgerufen werden können.
Ähnliches hat schon Otto Lilienthal gemeint, als er schrieb: »Sollte es dahin kommen, daß das Durchsegeln der Luft auch vorläufig nur als interessante Belustigung und angenehme Körperübung sich einbürgert, so wäre in einem derartigen Fliegesport wohl die gesündeste aller Erholungen im Freien geschaffen und dadurch die Reihe der Mittel zur Bekämpfung moderner Kulturkrankheiten um eine der wirkungsvollsten vermehrt.«
Fliegen bietet auch in anderer Weise Kompensation: Fortschritte in der fliegerischen Ausbildung, die Überwindung besonderer Schwierigkeiten, vollbrachte sportliche Leistungen ermöglichen eine Selbstbestätigung. Das Selbstbewußtsein wird gefördert; die gewonnene Sicherheit wirkt sich in Erfolgen auch in anderen Lebensbereichen aus. Ein Schwungrad ist in Gang gesetzt worden.

▲ (Frei durch Luftamt Hamburg, Nr. 365/88).

▼ (Frei durch Luftamt Hamburg, Nr. 4449/69).

So sieht es nur der Flieger

▲ (Frei durch Luftamt Hamburg, Nr. 4209/69). ▼ (Frei durch Luftamt Hamburg, Nr. 3832/77).

Linke Seite:

Die Schleusen von Brunsbüttel am Westende des Nord-Ostsee-Kanals

Das Weinfelder Maar in der Vulkaneitel. Am Boden erscheint dieses Maar als stiller See. Erst das Luftbild macht deutlich, daß der See den Explosionstrichter eines früheren Vulkans ausfüllt. Die Maare gelten als die »Augen der Eifel« – den Ausdruck muß ein Flieger erfunden haben.

Rechte Seite:

Der Schluchsee
im Schwarzwald

Alpenflug
am »Wilden Kaiser«

»Das Flugzeug ist wohl eine Maschine – indes welch ein unendlich fein empfindendes Gerät! Ihm danken wir die Entdeckung des wahren Gesichts unserer Erde... Da werden wir zu Forschern, die unter physikalischen und biologischen Gesichtspunkten die Kultur untersuchen, die da unten den Talgrund verschönt und ab und zu, wenn das Klima besonders günstig ist, sich wie ein Park ausbreitet.
Wir beurteilen den Menschen aus der Weltraumperspektive. Das Fenster am Führersitz ist wie die Linse eines Mikroskops, und mit neuen Augen lesen wir darin die Weltgeschichte.«

Antoine de Saint-Exupéry,
französischer Flieger und Dichter
(1900–1944)

Der Blick aus dem Flugzeug

Von besonderem Reiz ist der Blick aus dem Flugzeug. Naturlandschaften, Siedlungsräume, Industriezonen bieten aus der Vogelperspektive oft ein überraschend anderes Bild als am Boden. Funktionale Zusammenhänge etwa von verkehrs- und wasserwirtschaftlichen Anlagen, von Industrieansiedlungen und Natur-Reservaten werden erkennbar. Geomorphologische Strukturen, davon abhängige landwirtschaftliche Anbauformen, Grundmuster von Dörfern und städtischen Siedlungen sowie archäologische Denkmäler zeichnen sich ab – für den, der die nötigen Kenntnisse mitbringt oder einen guten Erklärer bei sich hat.
Der Flieger kann seinen Sport mit einem unerschöpflichen, hochinteressanten Lernprogramm verbinden. Dadurch schult er zugleich seinen Blick für Beobachtungen, mit denen sich der Luftsport in den Dienst der Öffentlichkeit stellt (wie etwa durch Entdeckung von Waldbränden oder Ölverschmutzungen sowie durch regelmäßige Überwachung von Naturschutzgebieten).

Naturerlebnis

Für den Flieger, der einen Blick hat für die »große Schau«, die sich ihm bei jedem Flug darbietet, sind aber nicht nur die nackten Tatsachen auf der Erdoberfläche interessant. Zum Erlebnis werden für ihn auch die mit Sonnenstand und Wettergeschehen ständig wechselnden Licht- und Beleuchtungsverhältnisse. Von keinem Aussichtspunkt auf dem festen Boden lassen sich so reizvolle Farbspiele und Spiegelungen beobachten, werden so großzügige Grundformen und so vielfältige, sich ständig verändernde graphische Muster sichtbar wie bei der Perspektive vom Flugzeug aus. Naturstimmungen, wie sie ein Kaspar David Friedrich festgehalten hat, gewinnen durch das Losgelöstsein des Beobachters vom Erdboden eine zusätzliche Qualität. Ihre allmähliche natürliche Veränderung vollzieht sich »im Fluge« wie im Zeitraffer und kann zu einem grandiosen Schauspiel werden.
Hinzu tritt das unmittelbare, physische Naturerleben durch das Einbezogensein in das Wettergeschehen, das umso stärker in Erscheinung tritt, je geringer die Motorkräfte sind, die dem Piloten in seinem Flugzeug zur Verfügung stehen. Am stärksten erlebt es der Segelflieger, für den das Wettergeschehen zugleich Energiequelle ist. Sein Erfolgserlebnis beruht darauf, durch Kenntnisse und Erfahrungen, durch Geschick und Mut die Naturkräfte in seine Dienste zu zwingen.
Für den Motorflieger kommt es dagegen von der Flugtaktik her eher darauf an, den sich im Wettergeschehen darstellenden Naturkräften auszuweichen. Doch auch er kann in Turbulenzen geraten, bei denen ihm Hören und Sehen vergeht. In einem Kapitel seines Romans »Wind, Sand und Sterne« schreibt Antoine de Saint-Exupéry: »Der Wirbelsturm ... war gewiß in seiner Urgewalt das packendste Erlebnis, das mir jemals begegnete. Aber vor der höchsten Steigerung des Erlebens werden Worte schal. Die Sprache ist der Steigerungen nicht in dem Maße fähig, wie die Gewalt der Sturmstöße wächst. Alles Bemühen um Ausdruck bleibt leer und schmeckt unangenehm nach Übertreibung...«
Die Scheu vor Übertreibung mag es auch sein, die die Flieger unserer Tage weitgehend stumm gemacht hat, wenn es um das Flugerlebnis geht. Was vor allem in den zwanziger und dreißiger Jahren – und nicht nur im deutschen Sprachraum – markig und vollmundig aus den Federn glitt, läßt uns heute sehr zurückhaltend sein, soweit es um »verinnerlichte« Schilderungen von Flugerlebnissen geht. Manch einer betet allenfalls in abgeschwächter Form nach, was damals über das »Losgelöstsein von allem Irdischen«, das »neue Welterlebnis«, über eine »Mythologie des Fliegens« oft mit stark nationalistischen Akzenten geschrieben wurde.
Nun aber kommt ein Anstoß zur Befreiung aus dieser Verklemmung ausgerechnet von einer Gruppe »fliegender Menschen«, von den wir es wohl am wenigsten erwartet hätten: von den Astronauten und Kosmonauten.
Wenig über 200 Menschen sind es, die unsere Erde schon einmal in einem Raumflugkörper umrundet und dabei aus dem Weltraum betrachtet, »erlebt« haben.

Gleich ob Amerikaner oder Russen, ob Araber oder Deutsche – sie haben sich in der ASE, der »Association of Space Explorers« zusammengeschlossen. Ihre nicht in den Flugplänen vorgesehene »innere Schau« aus dem Weltraum fand ihren Niederschlag in einem Zitaten- und Bildband, der Anfang 1989 unter dem Titel »Der Heimatplanet« auch in einer deutschen Ausgabe erschienen ist. Es handelt sich um eine amerikanisch-russische Gemeinschaftsproduktion, für die zugleich die eindrucksvollsten Bilder aus den Weltraum-Archiven beider Weltmächte herausgesucht wurden. Sie ist weltweit in vielen Sprachen in hoher Auflage erschienen und gehört sicherlich zu den bemerkenswertesten Buchveröffentlichungen der letzten Jahre. In seinem Vorwort schreibt der Astronaut Russell Schweickart, der 1969 mit »Apollo 9« die Erde 151mal umrundete:

»... Dennoch sind wir Menschen, keine Maschinen. Aus dem Fenster erhaschen wir einen Blick auf einen riesigen Wolkenwirbel mitten über dem Pazifik, den italienischen Stiefel, der in das Mittelmeer ragt, oder die strahlend blauen Korallenriffe der Karibik, die ihre Schönheit vor den Sternen entfalten. Und in den Augenblicken, die jeder von uns seiner vorgesehenen Schlafzeit entzog, oder während er auf den Abschluß einer Reihe von Experimenten wartete, verspürten wir jene Empfindungen, die uns Menschen eigen sind – Ehrfurcht, Neugier, Staunen, Freude und Überraschung. Diese gemeinsam gewonnenen menschlichen, physischen wie emotionalen Erfahrungen sind es, die alle verbinden, die im Weltraum diesen Planeten umkreist haben...«

Ähnliche Erfahrungen verbinden die Flieger aller Nationen untereinander, auch wenn sie als Sportflieger mit ihren bescheidenen Motor- und Segelflugzeugen die Erde nur in Teilflächen, nicht in ihrer Gesamtheit als Kugel wahrgenommen haben.

Und eine weitere gemeinsame Erfahrung gibt es, die der saudiarabische Astronaut Sultan Ben Salman Al Saud folgendermaßen ausdrückt:

»Am ersten Tag zeigten wir alle zu unseren Heimatländern. Am dritten und vierten Tag zeigten wir auf unsere Kontinente. Am fünften Tag sahen wir nur noch eine einzige Erde.«

Der Mexikaner Rodolfo Neri-Vela, der 1985 mit »Atlantis 2« die Erde umrundete, ergänzt diesen Gedanken so: »Hier, vom Weltraum aus, sah ich mich einfach als einen Menschen unter Millionen anderer Menschen, die auf der Erde gelebt haben. Dies läßt einen unausweichlich über unsere Existenz nachdenken und darüber, wie wir unser kurzes Leben genießen und miteinander teilen, und worin wir seine höchste Erfüllung finden.«

Und der Amerikaner Edgar Mitchell schreibt: »Wo vorher intellektuelle Suche war, regte sich plötzlich ein tiefes Gefühl in mir, etwas sei ganz anders geworden... Da spürte ich mit einem Male die Intelligenz, die Liebe und die Harmonie im Universum.«

Auch jeder Flieger kennt solche Augenblicke.

Kalkuliertes Risiko

Meist sind es Jüngere, die sich von der Fliegerei vor allem eine Befriedigung ihrer Abenteuerlust versprechen. Sie glauben, daß man sich mit dem Flugzeug oder Luftsportgerät getrost ins Ungewisse stürzen kann – die Sache wird schon schiefgehen. Doch die Pionierzeiten, in denen so etwas noch möglich oder für die weitere Entwicklung sogar notwendig war, sind längst vorüber. Das heißt nicht, daß die Fliegerei heutzutage keine Abenteuer mehr zu bieten hat – doch wenn sie ihre Ursache in Leichtsinn und Selbstüberschätzung haben, sind sie fehl am Platze. Die Technik ist heute so sicher, die Ausbildung so sorgfältig, daß die Sportfliegerei nach menschlichem Ermessen zumindest nicht gefährlicher ist als andere vergleichbare Sportarten wie Segeln, Surfen oder Bergsteigen. Daß es trotzdem immer wieder spektakuläre Unfälle gibt und daß gerade Luftfahrtunfälle schlimme Folgen haben, läßt sich leider nicht bestreiten.

Sie werden allerdings von den Medien auch immer wieder hochgespielt. Im Vergleich zu den Unfällen im Straßenverkehr, über die allenfalls lokal berichtet wird, werden die weitaus selteneren Unfälle mit Sportflugzeugen meist groß aufgemacht gemeldet und dabei gleich auch alle Luftfahrtunfälle der letzten Monate aufgezählt.

Der Verfasser, der seit über fünfzig Jahren selber fliegt, hält den heutigen Straßenverkehr für weitaus gefährlicher als Fliegen. Streß, Stau, Fehlleistungen anderer Verkehrsteilnehmer – das alles gibt es in der Luft kaum im vergleichbaren Sinne. Die »Luftstraßen« sind fast immer frei, und Kolonnenspringen, Drängeln, Abschnipseln und Hereinquetschen geht schon garnicht. Doch das Bewußtsein für die Risiken im Straßenverkehr haben wir weitgehend verdrängt.

Dafür ist es auf dem Sektor Luftfahrt umso stärker ausgeprägt. Und im Grunde ist das gut so. Die Ursachen von Luftfahrtunfällen werden genauestens untersucht, und dabei zeigt sich, daß nur ein kleiner Bruchteil tatsächlich unvermeidlich war. Als Hauptursachen stellen sich fast stets heraus: menschliches Versagen und Leichtsinn bei der Vorbereitung und Durchführung des Fluges. Betroffen sind häufig Anfänger und Ungeübte, die ihr Können überschätzen. Erfahrung in der Fliegerei bedeutet vor allem, Sicherheitsvorschriften ernst zu nehmen und Vor-Sicht walten zu lassen.

Der Mut zur Umkehr

Bei drohender Gefahr – etwa bei Schlechtwetter – muß der Mut zur Umkehr weitaus höher eingeschätzt werden als der vermeintliche Mut zum Weiterflug ins Abenteuer, das in manchen Fällen tödlich endet – nicht nur für den Piloten, sondern auch für Fluggäste und möglicherweise sogar für Unbeteiligte. Je mehr ein Flieger kann, desto präziser kalkuliert er das Risiko, das er eingeht. Kein Testpilot setzt sich ins Cockpit ohne sorgfältige Vorbereitung und Vorbesprechungen, deren Ziel es vor allem ist, alle erkennbaren Risikofaktoren auszuschalten. Genauso sollte auch der Sportflieger vorgehen. Damit wird jeder Flug für ihn zu einer taktischen Aufgabe, deren Lösung zusätzlich Spaß macht und Befriedigung verschafft. Das so kalkulierte Risiko bietet immer noch Abenteuer genug.

Flugangst

Mit dem Erkennen eines Risikos meldet sich bei normalen Menschen die Angst. Kein Flieger wird abstreiten,

Besser umkehren!
Eine geschlossene Wolkendecke, voraus dunkle Wolken – das läßt nichts Gutes erwarten.

daß auch er Angstgefühle kennt. Medizinische Untersuchungen haben ergeben, daß vor jedem Start und bei jeder Landung die Pulsfrequenz hochschnellt – oftmals ohne daß der Pilot, der durch seine Aufgaben stark abgelenkt ist, es wahrnimmt. Angst im medizinisch-psychologischen Sinn hat er jedenfalls. Es gibt Leute, bei denen sich normale Angstgefühle ins Unermeßliche steigern, wenn sie den festen Boden verlassen. Die Psychologie hat dafür den Ausdruck Flugangst geprägt. Durch Übung und durch den mehrfach wiederholten Beweis relativer Sicherheit auch im Luftfahrzeug läßt sie sich überwinden. Für den Fluglehrer stellt sich allerdings die Frage, ob ein sensibler Schüler, im Alleinflug auf sich gestellt, aus plötzlicher Angst heraus nicht zu Kurzschlußreaktionen neigt. Auf seine Schulung wird besondere Sorgfalt verwendet.
Bei der Ausbildung von Berufspiloten testen Psychologen heute immer wieder das Verhalten der Anwärter in Streßsituationen. Wer nicht »panikresistent« ist, gilt als ungeeignet – gewiß nicht zu Unrecht, wenn man sich das Ausmaß der späteren Verantwortung etwa eines Jumbo-Flugkapitäns vorstellt.
Im Bereich des Luftsports gibt es solche Tests nicht. Wer sich bei seiner Fliegerei dauernd im Streß fühlt, wendet sich besser einer anderen Sportart zu. Andererseits wird die Fähigkeit, im Streß noch klar zu denken, Angst durch Überlegung zu überwinden, trotz gewisser Angstgefühle präzise, vernünftige Entschlüsse zu fassen, durch das Sportfliegen wirkungsvoll trainiert. Auf diesem Gebiet liegen sogar therapeutische Möglichkeiten des Luftsports, die bislang wahrscheinlich nur sporadisch und mehr zufällig genutzt worden sind.

Sportlicher Wert

Im Englischen bedeutet »Sport« nicht nur Sport im Sinne von Leibesübungen, sondern auch Vergnügen, Spaß, Zerstreuung und Erholung sowie faires Verhalten. Definiert wird Sport auch als »eine Tätigkeit, die um ihrer selbst willen ausgeübt wird, aus Freude an der Überwindung von Schwierigkeiten und meist unter freiwilliger Anerkennung bestimmter Regeln« (Brockhaus Lexikon 1957), als »leibseelischer Ausgleich, Freizeiterfüllung und zweckfreies Leistungsstreben, aber auch Leistungssteigerung unter der Arbeitswelt ähnlichen Bedingungen, die Möglichkeit zu Bewegung und ungezwungener Geselligkeit...« (Brockhaus Enzyklopädie 1973). Sport soll (nach Ortega y Gasset) in der bewegungsarmen technisierten Welt zur Gesunderhaltung des Körpers beitragen, in allen Lebensbereichen zu fairem und ritterlichem Verhalten anspornen, die Menschen verschiedener Herkunft und Kulturbereiche zum gemeinsamen Wettkampf zusammenführen und Verständnis füreinander wecken. Dies alles bietet der Luftsport in hervorragender Weise. Es hapert nur, so scheint es Außenstehenden, mit der körperlichen Bewegung und Ertüchtigung. Der Flieger sitzt schließlich in seinem Flugzeug, und bis auf die Betätigung der Ruder scheint er sich nicht zu bewegen. Nach Forschungen von Fliegerärzten trifft dieses Vorurteil nicht zu. Die körperliche Belastung durch Beschleunigungskräfte während des Flugs kann sehr groß werden. So wurden bei Wettbewerbsflügen schon häufig mehrere Kilogramm Gewichtsverlust gemessen.
Körperliche Bewegung und Anspannung bringen zudem die Startvorbereitungen mit sich, wenn auch bei den einzelnen Luftsportarten in unterschiedlichem Maße. Aus eigener Erfahrung weiß der Verfasser, daß die größten körperlichen Anstrengungen in dem Zweig des Luftsports erforderlich sind, bei dem man sie am wenigsten erwartet: bei den Freiballonfahrern. Das Aufrüsten eines Gasballons ist wegen der schweren Ballast-Sandsäcke, die am Netz immer wieder ein- und umgehängt werden müssen, geradezu ein Gewichtheber-Training. Gleich danach folgen die Segelflieger: Startaufbau, Startvorbereitungen, Rückholen der gelandeten Flugzeuge vor allem im Schulbetrieb bewirken bei Ungeübten kräftigen Muskelkater. Bei Untersuchungen wurde festgestellt, daß von jedem Teilnehmer am ganztägigen Flugbetrieb bei nahezu pausenloser Bewegung 12 bis 15 km, der größte Teil davon unter Belastung (Schieben und Tragen von Flugzeugen) zurückgelegt werden. Die Art der Bewegung (keine Höchstleistung, aber leichte andauernde Belastung) ist Jüngeren und Älteren gleichermaßen förderlich.
Die geringste körperliche Anspannung bringt dagegen naturgemäß der Motorflug mit sich. Auf ihre Gesundheit bedachte Motorflieger betreiben deshalb einen Ausgleichssport, der sie körperlich fit hält. Einige Luftsportvereine bieten für ihre Mitglieder ein zusätzliches Programm von Leibesübungen an.

Sport für die besten Jahre

Kaum eine andere Sportart läßt sich so lange ausüben wie der Luftsport. Mit dem Bau von Flugmodellen kann

Aufrüsten eines Gasballons
Die Ballast-Sandsäcke müssen während des Füllens ständig in die nächst niedrigeren Netzmaschen umgehängt werden.

»Rückholer« auf der Wasserkuppe
Am Boden ist der Segelflieger bei Flugbetrieb ständig in Bewegung.

der Einstieg schon mit etwa zehn Jahren beginnen. Ab vierzehn Jahren kann Segelflug betrieben werden, ab siebzehn bereits Motorflug. Siebzehnjährige Leistungssegelflieger mit »Silber-«, ja mit »Gold-C« sind keine Seltenheit. Mit dreißig gehören sie aber noch nicht zum alten Eisen – wie etwa beim Radfahren oder Fußball –, im Gegenteil: Fitness und Erfahrung wirken zusammen und führen zu Höchstleistungen. Altersbeschränkungen gibt es nicht, solange die körperliche und geistige Gesundheit erhalten bleibt. Daß die speziellen Anforderungen des Luftsports gerade darauf in erstaunlicher Weise einwirken, läßt sich in vielen Fällen beweisen. Beim Oldtimertreffen 1977 in Münster-Telgte flog der damals siebenundachtzigjährige Franz Schubert aus Beckum noch eine Mü 13. Der älteste noch aktive Motorflieger Paul Strähle war damals 84 Jahre alt. Zur Erinnerung an die erste deutsche Luftpostlinie Stuttgart–Konstanz und Stuttgart–Nürnberg in den Jahren 1921/22, die er als junger Flieger ins Leben gerufen hatte, hat er 1972 den Flug zum 50jährigen Jubiläum von Stuttgart nach Nürnberg noch selbst durchgeführt. Doch vor allem im Segelflug häufen sich die fliegerischen Leistungen älterer Jahrgänge. So erflog Hans-Werner Grosse, der wohl erfolgreichste Segelflieger der Welt, die meisten seiner rund 40 Weltrekorde im fünften und sechsten Lebensjahrzehnt. Dem Motorflieger Dieter Schmitt, der auch nicht jünger ist, gelangen Weltrekorde, die außer fliegerischem Können auch ein kaum vorstellbares Maß an Ausdauer und Zähigkeit erforderten – wie sein Non-Stop-Flug allein über den Nordpol von Anchorage in Alaska nach München in einem einmotorigen Flugzeug in 32 Stunden 30 Minuten. Peter Riedel, einer der bekanntesten deutschen Segelflugpioniere, flog mit 71 Jahren von der Wasserkuppe aus, wo seine fliegerische Laufbahn 55 Jahre vorher begonnen hatte, in einem Flugzeug mittlerer Leistungsfähigkeit noch 536 km bis nach Frankreich.
Auch die Frauen, gerade in der Segelfliegerei zahlreich und mit Glanzleistungen vertreten, stehen nicht nach: Flugkapitän Hanna Reitsch, geboren 1912, erzielte am 7. April 1979 mit einem Zielrückkehrflug von 801,7 km einen Damen-Weltrekord.
Doch nur die wenigsten Luftsportler treten in vorgerücktem Alter noch durch spektakuläre Leistungen hervor. Ungezählte andere fliegen auch mit sechzig und siebzig Jahren noch einfach um des Fliegens willen, oder sie geben ihre Erfahrungen als Vereinsfluglehrer an den Nachwuchs weiter. Nicht einmal die jüngste Sparte des Luftsports ist allein den Jüngeren vorbehalten: Es gibt

Opa fliegt noch!
J. R. Cromwell Morgan in seinem »Baby II b«, Baujahr 1948, bei einem Oldtimertreffen.

recht betagte Hängegleiter- und Gleitschirmflieger. Erstaunlich hoch liegt auch die Zahl der Ballonfahrer, die 70 Lebensjahre überschritten haben und noch immer aktiv sind.

Praktischer Wert

In voller Absicht steht die Frage nach dem praktischen Wert, die wir heutzutage immer zuerst zu stellen gewohnt sind, nicht am Anfang. Der Luftsport bietet zuviel Ungewöhnliches, so daß die Frage nach dem unmittelbaren Nutzen nicht im Vordergrund stehen sollte. Doch sie läßt sich beantworten. Offensichtlich sind die Vorteile des Motorfluges: Die meisten Sportflugzeuge, selbst Motorsegler, eignen sich für Reiseflug. Es gibt Piloten, die sogar ihre Geschäftsreisen innerhalb der Bundesrepublik Deutschland mit dem Privatflugzeug unternehmen, weil ihnen der Autobahnverkehr zu gefährlich ist.
Jedes leichte und darum langsame Flugzeug ermöglicht die Sicht von oben, gleich ob sie für Luftaufnahmen, Planungsaufgaben, im Dienste des Naturschutzes oder im Katastrophenfall benötigt wird.
Näheres hierzu in dem Kapitel »Luftsport im Dienste der Allgemeinheit« (Seite 222).
Bei der Segelfliegerei steht naturgemäß der sportliche Zweck im Vordergrund. Doch als Versuchsfeld für die technisch-wissenschaftliche Weiterentwicklung hat der Segelflug auch große praktische Bedeutung. Da sich

Das Forschungssegelflugzeug »Hans Zacher« der Deutschen Forschungs- und Versuchsanstalt für Luft- und für Raumfahrt.
Dipl. Ing. Hans Zacher, jetzt im Ruhestand, war Leiter der Abteilung Segelflug und Leichtflugzeuge der DFVLR (siehe Seite 144).

diese Arbeit in der Stille vollzieht, ist sie in der Öffentlichkeit kaum bekannt. Doch nach wie vor ist der Segelflug Vorreiter der Luftfahrtentwicklung, und viele revolutionäre technische Fortschritte – wie etwa die Einführung der Glasfaser-Kunststoffbauweise – haben im Segelflug ihren Anfang genommen, selbst die Weltraumfahrt.
Ein vergleichbarer technisch-wissenschaftlicher Wert kann dem Flugmodellbau zugeschrieben werden.
Der Freiballon dient außer sportlichen auch wissenschaftlichen Zwecken: der Erforschung der Lufthülle und neuerdings der Staubpartikel- und Strahlenbelastung der oberen Atmosphäre. Damit gewinnt er – wie auch das Motorflugzeug – Bedeutung für den Umweltschutz.
Die Weiterentwicklung des Fallschirms dient – jedermann offenkundig – der Sicherheit der Luftfahrt.
Das Ultraleichtflugzeug hat sich inzwischen in der Landwirtschaft (zur Viehzählung und als Sprühgerät für kleinere Flächen) sowie für jegliche Art der Luftbeobachtung (Pipeline-Kontrolle, lokale Planungsvorhaben, Verkehrslenkung, archäologische Forschung) als recht nützlich erwiesen.

Sportflieger

Sei es wegen der rational erfaßbaren Vorteile des Luftsports, sei es einem gewissen »Drang in die Luft« folgend: Allein im Gebiet der Bundesrepublik Deutschland gibt es um 100000 Menschen, die aktiv Luftsport betreiben. Entgegen allen Unterstellungen handelt es sich dabei keineswegs um eine elitäre Gruppe, um einen Club der »Reichen«. Wie Analysen gezeigt haben, entspricht die Sozialstruktur der Sportflieger vielmehr recht genau der Schichtung der Gesamtbevölkerung. Fest steht, daß es nicht vom Monatsgehalt oder vom Bankkonto abhängt, ob sich einer den Luftsport leisten kann.
Unterstellt wird auch gelegentlich, daß es »Angeber« sein sollen, die den Drang zum Luftsport haben, daß Geltungsbedürfnis die Hauptrolle spiele und daß Luftsport nichts anderes sei als Imponiergehabe.
Es kann nicht bestritten werden, daß sich unter den Luftsportlern auch mancher befindet, der sich die Reste des einstigen Piloten-Images gern anhängen möchte. Wenn er jedoch merkt, wieviel Engagement, Lernbereitschaft und materielle Opfer allein für das Mitmachen erforderlich sind, verliert er meist bald das Interesse.
Wenn er bleibt, gewöhnt ihm die fliegerische Gemein-

schaft jegliche Angeberei schnell und schmerzlos ab.
Es ist eine der Besonderheiten des Luftsports, daß er sich in einer nahezu klassenlosen Gesellschaft vollzieht: Generationskonflikte, Berufs- und Einkommensunterschiede, politische Gegensätze, Fragen der Emanzipation spielen eine weitaus geringere Rolle als »draußen«. Der Luftsport ist eine so große Herausforderung, daß er immer noch Pioniergeist erfordert und in seinem Bannkreis Probleme, die sich aus den Spätformen gesellschaftlicher Entwicklungen ergeben, in den Hintergrund treten. Das macht ihn für viele Zeitgenossen zusätzlich attraktiv.
So lautstark sich die kleine Gruppe der Luftsport- und Flugplatzgegner auch gebärdet – die große Mehrheit der Bevölkerung hat garnichts gegen den Luftsport, im Gegenteil. Wieviele Ausflüge führen an Wochenenden hinaus zum nächstgelegenen Segelfluggelände oder Sportflugplatz, und die meisten dankbaren Zuschauer zerstreuen sich erst wieder, wenn die Flugzeuge eingeräumt sind! Noch größer ist das Gedränge an den »Tagen der offenen Tür« oder Flugtagen, die von den ortsansässigen Vereinen veranstaltet werden.
Volksfestartiges Treiben herrscht an schönen Sommertagen auf dem Traditionsgelände Wasserkuppe. Aber selbst bei Nebel und Regen reißt die Kette der Autobusse mit interessierten Besuchern nicht ab. Das Segelflugmuseum auf der Wasserkuppe hatte, obgleich es keinen »freien Eintritt« gibt, im ersten Jahr seines Bestehens schon an die hunderttausend Besucher.
Auf allen Plätzen haben auch die Mitflugwünsche (gegen Unkostenbeteiligung) eine steigende Tendenz. Wie vielen, auch Älteren und Behinderten, wurde schon die Möglichkeit gegeben, ihre engere Heimat von oben zu sehen! Und mancher Luftsportgegner ist durch das Flugerlebnis beim Mitfliegen von einem Saulus zum Paulus geworden und hat selber fliegen gelernt.

»Sportfliegern ist nichts unmöglich...«

Segelfliegen

»Was sind die speziellen Qualitäten des Segelflugs, die ihn zu solch einem besonderen, reizvollen Sport für alle seine Anhänger machen?
Erstens ist da das Gefühl der individuellen Freiheit innerhalb einer Disziplin, die von den Naturgesetzen auferlegt wird.
In einer zunehmend dichter bevölkerten Welt, voll von demgemäß immer stärker wachsender Reglementierung und Gleichförmigkeit, bietet der Segelflug dem Individuum die Freiheit des Himmels, sein Fluggerät so zu steuern und die atmosphärische Energie so zu nutzen, wie es ihm innerhalb der Naturgesetze der Schwerkraft und der elementaren Gewalten am besten erscheint.
Diese wichtige Qualität des Segelflugs ruft andere wesentliche Aspekte hervor, so vor allem
- *das Gefühl der Selbstbestimmung und der Selbstverantwortung.*
- *das Gefühl der Gleichwertigkeit.*

Segelfliegen spricht ein weites Spektrum von Menschen an. Aber Naturgesetze machen keine Unterschiede zwischen Individuen aus Gründen der Rasse, der Hautfarbe, des Glaubensbekenntnisses, der politischen Ansichten, der Geschlechter, des Alters oder des Vermögens. Thermik kann man weder kaufen noch verführen, obwohl viele von uns manchmal um sie beten.
Zweitens gibt es den Glauben an den inneren Wert dieses Sportes, daß die Schönheit und die besondere Faszination des Fliegens Leben und Geist derer bereichert, die es betreiben und die besten ihrer menschlichen Eigenschaften anspornt wie Initiative, Spürsinn, Energie, Unternehmungsgeist und Intelligenz. Ich bin sicher, Segelflieger glauben fest an den Ausspruch: ›Wenn es mehr Anhänger unseres Sportes auf dieser Welt gäbe, dann wäre dies ein besserer Ort.‹ Das hilft auch, ihren Wunsch zu erklären, ihr Vergnügen am Fliegen anderen zu vermitteln.
Drittens und letztens ist da noch der außerordentliche Grad der Zusammenarbeit, der Freundlichkeit und des guten Willens, der auf allen Ebenen der Segelfliegergemeinde in Erscheinung tritt, im Club, national und international. Das beruht gleichermaßen auf der geringen Größe der Bewegung, auf dem gemeinsamen Erleben der ›heiligen‹ Qualität und der Liebe zum Fliegen und auch auf der beachtlichen Gemeinschaftsarbeit, die geleistet werden muß, um ein Segelflugzeug überhaupt in die Luft zu bringen.«

Aus einem Vortrag, den der britische Segelflieger und Weltmeisterschafts-Pilot Justin Wills im Jahre 1988 vor der Vollversammlung der Internationalen Segelflugkommission gehalten hat, in der Übersetzung von Fred Weinholtz.
Justin ist der Sohn von Philip Wills, der sich um Segelflug in Großbritannien besonders verdient gemacht hat. 1952 wurde er in Spanien Segelflug-Weltmeister. Seine Bücher über das Segelfliegen, auch mit fast philosophischen Betrachtungen darüber, haben ihn international bekannt gemacht.

Faszination des Segelfliegens

»Über den Wolken muß die Freiheit wohl grenzenlos sein« – singt Reinhard Mey, selbst (Motor-)Flieger.
Daß sie es nicht ist, weiß er selbst am besten. Auch im Luftraum unter den Wolken kann es keine schrankenlose Freiheit geben.
Was aber die Segelflieger wissen: Sie haben die Freiheit, sich den Naturgewalten im Luftraum zu stellen und sie sich nutzbar zu machen. Manche nennen das pathetisch: die Naturgewalten bezwingen. Der erfahrene Segelflieger ist bescheidener: Er weiß, daß er allenfalls zeitweise ein Stück Natur wird, sie aber niemals bezwingen kann. Gerade das macht das Einzigartige, die Faszination des Segelfliegens aus. Wer es nicht erlebt hat, kann es allenfalls ahnen, und vielleicht verspürt er dann auch etwas von der Begeisterung der Segelflieger für ihren Sport. Irgendwann wurden sie davon gepackt, widmeten ihm ihre Freizeit und scheuten keine Mühe, um auf der langen Stufenleiter des Segelfluges weiterzukommen. Denn Segelfliegen ist nicht nur Sport, sondern auch Technik und Wissenschaft.
Ein Sport nur für Männer? Keineswegs. Auch viele Frauen finden zum Segelfliegen. Einige, weil sie ihre Männer an den Wochenenden oder im Urlaub nicht alleinlassen wollen, die meisten aber aus eigener Begei-

Schweinfurt 1988: Segelflug-Europameisterschaften der Damen. Die Männer sind nur »Randfiguren«.

sterung. Wegen ihrer Sensibilität sind manche sogar erlebnisfähiger und in ihrem fliegerischen Instinkt den Männern überlegen. Kein Wunder, daß neuerdings der Anteil gerade der emanzipierten Frauen unter den Segelfliegern wieder ansteigt und daß nicht wenige in ihren Leistungen und Erfolgen zur Spitzengruppe gehören (siehe den Absatz »Sport für Frauen«, S. 116).
Die Faszination des Segelfliegens beginnt schon am Boden. Die Eleganz der Segelflugzeuge läßt vergessen, daß sie ausgeklügelte Ergebnisse einer mehr als siebzigjährigen technisch-wissenschaftlichen Entwicklung sind. Wie alles Vollkommene und Zweckmäßige wirken sie einfach und schön. Und wenn sie in ihrem Element sind, verstärkt sich dieser Eindruck noch durch die Ruhe und Ausgeglichenheit ihrer Bewegungen.
Ihr Schweben ist natürlich, ihre Geschwindigkeit angemessen, jede Richtungsänderung sanft und organisch. Ihr Antrieb ist die Schwerkraft, die leiseste, die gewaltloseste Energiequelle, die es gibt. Das leise Sirren, Rauschen oder Pfeifen, das den Gleit- und Segelflug begleitet, hat noch nie jemand als störend empfunden – es ist wie eine Lebensäußerung.
Faszination schon im Gleiten – erst recht im wirklichen Segelflug, der nichts anderes ist wie ein Gleiten in aufwärts bewegter Luft. Dadurch ist Segelfliegen die umweltfreundlichste Art des Fliegens. Nur zum Start wird fremde Energie benötigt – wenig im Vergleich zu den Leistungen, die heute möglich sind. Der Segelflieger nutzt die Naturkräfte, ohne ihnen auch nur das Mindeste zu entziehen. Er verändert die Natur nicht – er bereichert sie.
Er ist der ideale »Grüne« unter den Piloten und entgegen allen pessimistischen Vermutungen der Naturschützer auch kein Vogelschreck – eher der Gefährte vor allem der Großvögel. Aber das wollen ihm manche Fanatiker einfach nicht glauben. Den Störchen, den

Reihern, den Kranichen, den Wildgänsen und welche der segelnden Vögel es sonst noch sein mögen, stellt die Natur unter bestimmten meteorologischen Voraussetzungen Aufwinde zur Verfügung – und ebenso dem Segelflieger. Mehr braucht er nicht, um emporzukommen, »Höhe zu tanken« und seinen Gleitflug zum Segelflug zu machen. Es muß ihm nur gelingen, diese Aufwinde zu finden und taktisch geschickt auszunutzen – und er sieht ohne große Kraftanstrengung selbst Berggipfel unter sich verschwinden. Ein wahrhaft stolzes Gefühl, eine Freude, wie es so leicht keine andere geben kann: die Faszination des Segelfliegens.

Motorlos fliegen?

Über die Fachausdrücke, die bisher gefallen sind, hat der Laie zunächst wahrscheinlich hinweggelesen. Sie werden ihm nicht mehr so fremd sein, wenn er die Entwicklung des Segelflugs von seinen Anfängen bis in die Gegenwart, in der erstaunliche fliegerische Leistungen fast an der Tagesordnung sind, kennengelernt hat. Dazu gehören in großen Zügen auch die technisch-wissenschaftlichen Fortschritte als Grundlage des heutigen Entwicklungsstandes.
Zunächst aber erörtern wir eine Frage, die auf allen Segelflugplätzen und auf allen Flugtagen, bei denen Segelflugzeuge mitwirken, immer wieder von Laien gestellt wird:
Ruhig zieht ein Segelflugzeug am Himmel dahin, beginnt zu kreisen, seine schmalen weißen Flügel blinken im Sonnenlicht auf. Es fliegt wieder geradeaus, lautlos, in natürlicher, durch nicht gestörter Eleganz. Denn kein Motor reißt es vorwärts.
Kein Motor? Ist es nicht während des Kreisens deutlich kleiner geworden? Hat es nicht Höhe gewonnen?
Wie kann ein Flugzeug ohne Motor fliegen und sogar motorlos Höhe gewinnen?
Ein Segelflugzeug unterliegt physikalischen Gesetzen und kann kein perpetuum mobile sein. Für jede Bewegung benötigt es Energie, und da es keinen Motor besitzt, muß ihm die nötige Energie vorher mitgegeben oder während des Fluges zugeführt werden.
So leicht, so schwerelos das schwebende Segelflugzeug erscheint: es trägt zwei verschiedene Energieformen in sich, die ihm beim Start, beim Hochschleppen auf eine bestimmte Höhe, mitgegeben wurden: Bewegungsenergie erhielt es durch die Geschwindigkeit, die zum Start notwendig war, und potentielle Energie durch die Höhe, die es beim Hochschleppen erreicht hat. Dabei ist es gleich, ob es mit dem Gummiseil, mit der Winde oder im Flugzeugschlepp gestartet wurde.

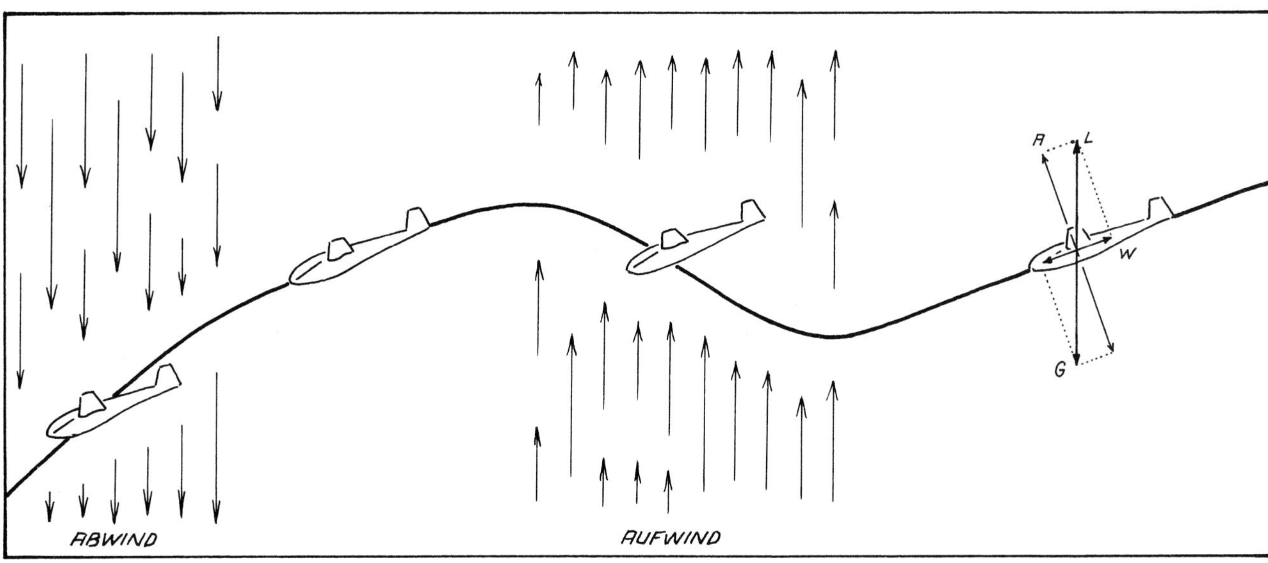

Kräfte am Segelflugzeug:
G = Gewicht, A = Auftrieb, W = Widerstand, L = Luftkraft als Resultierende von Auftrieb und Widerstand. Durch ihr Zusammenwirken kommt der Gleitflug zustande. In einer aufwärts gerichteten Luftrömung (Aufwind) wird er zum Segelflug. Im Abwind fällt das Flugzeug entsprechend schneller als im normalen Gleitflug, obgleich sich die Kräfte am Segelflugzeug nicht verändern.

Auf der vorigen Zeichnung ist dargestellt, welche Kräfte auf das frei fliegende Segelflugzeug einwirken und sein Schweben ermöglichen. Da ist zunächst die Schwerkraft, die vom Gewicht des Segelflugzeugs abhängt. Die Gegenkraft hierzu ist die Luftkraft, die der Tragflügel liefert: Eine Komponente ist der Auftrieb und die andere der Luftwiderstand des Flugzeugs. Dieser wird durch die entsprechende Komponente der Schwerkraft überwunden: den Vortrieb. »Motor« des Segelflugzeugs ist also in gewisser Weise sein Eigengewicht. Die darin investierte potentielle Energie ist umso größer, je höher es beim Start geschleppt wurde. Ohne Tragflügel freilich würde es diese Energie nicht nutzen können, sondern von seiner Starthöhe niederstürzen. Da der Tragflügel aber von der Luft umströmt wird und einen bestimmten, genauestens ausgeklügelten Querschnitt (Profil) hat, liefert er Auftrieb. Dadurch wird aus dem senkrechten Sturz ein Gleiten wie auf einer schiefen Ebene. Diese leicht nach unten geneigte Flugbahn ist der Gleitflug.
Wie der Auftrieb am Flügel entsteht, welche Rolle dabei der Flügelquerschnitt, das »Profil«, spielt, woraus sich der Luftwiderstand ergibt – das alles sind Fragen der Aerodynamik, in die hier keine systematische Einführung gegeben werden kann. Auch andere flugphysikalische Kapitel wie Flugstabilität und Steuerung würden in dieser Übersicht zu weit führen. Wichtig ist zunächst nur die Erkenntnis, daß ein motorloses Flugzeug stets einen Gleitflug vollführt, auf dem es aber, da es ja den »Motor Schwerkraft« besitzt, voll steuerbar ist. Ohne Aufwindeinfluß verliert es ständig an Höhe. Nach einer bestimmten Zeit, die sich aus seiner Ausgangshöhe und seiner Sinkgeschwindigkeit ergibt, muß es landen.
Aber wie wird nun aus dem Gleitflug ein Segelflug? Der Segelflieger sucht aufwärts bewegte Luftmassen, um darin trotz des physikalisch zwangsläufigen Gleitfluges unter scheinbarer Umgehung der Schwerkraft wieder Höhe – und damit potentielle Energie für den Weiterflug zu gewinnen (Zeichnung, Mitte).
Wo Luftmassen sich nach oben bewegen, muß ein Ausgleich stattfinden, irgendwo wird es also auch abwärts gerichtete Strömungen geben. Gerät der Segelflieger in solche Abwinde, nimmt die Sinkgeschwindigkeit seines Flugzeuges entsprechend zu (Zeichnung, ganz links). Abwinde muß er also meiden oder so schnell wie möglich durchfliegen, damit sein Flug kein vorzeitiges Ende findet, er also nicht »absäuft«, wie es im Fachjargon anschaulich heißt.

Aufwinde

Durch Ablenkung horizontal bewegter Luftmassen an einem Hindernis, etwa einem langgestreckten Gebirgshang, entstehen Aufwinde (Hangaufwind). Sie bilden sich auch infolge unterschiedlicher Erwärmung der Erdoberfläche (Wärmeaufwind = Thermik) oder durch Wellenerscheinungen in großer Höhe hinter Gebirgszügen (Wellenaufwind).
Von den verschiedenen Aufwindarten wird in den folgenden Kapiteln im Zusammenhang mit ihrer Entdekkung und Erforschung ausführlicher gesprochen, auch von dem hier noch nicht erklärten Wellenaufwind (siehe Seite 122).
Hier wollen wir zunächst noch eine andere Überlegung anstellen. Sie ergibt sich daraus, daß auch jedes Motorflugzeug zum Gleitflug befähigt ist. Wenn der Propeller stehenbleibt, fällt es keineswegs senkrecht herunter, sondern gleitet wie ein Segelflugzeug, wenn auch etwas steiler, zur Erde nieder. Ist dort ein geeignetes Feld vorhanden, kann es sicher landen. Der Motorausfall wird sogar bei der Schulung geübt.
Selbst eine Boeing 747, ein Jumbo-Jet, kann motorlos fliegen, freilich nur mit großer Sinkgeschwindigkeit. Im Verhältnis zur Flügelfläche noch schwerer sind die amerikanischen und russischen Raumfähren, die nach ihren Erdumkreisungen und dem Eintauchen in die Lufthülle der Erde im Gleitflug zu ihren vorbestimmten Landeplätzen niedergehen – auf computerberechneten Flugbahnen, versteht sich, aber im Endanflug oft von Hand gesteuert. Ohne Motor erreichen sie dabei eine Eigengeschwindigkeit bis zu 500 km/h. Die erste dieser Raumfähren, die »Enterprise«, wurde zur Erprobung am 13. August 1977 von einem »Jumbo« auf eine Starthöhe von 6700 m gebracht und dort als Gleitflugzeug ausgeklinkt. Bis zum Boden brauchte sie rund 5 Minuten. Aus Ausklinkhöhe und Gleitzeit läßt sich berechnen, daß die durchschnittliche Sinkgeschwindigkeit bei etwas über 20 m/s lag. Die »Enterprise« landete mit etwas über 300 km/h. Ein »richtiges« Segelflugzeug fliegt mit etwa 70 bis 100 km/h und setzt bei der Landung etwa mit 55 bis 70 km/h auf. Im normalen Gleitflug verliert es in der Sekunde 0,5 bis 1 m an Höhe. Das sind günstige Werte zum Ausnutzen der begrenzten und relativ schwachen Aufwinde in der Erdatmosphäre. Eine Raumfähre wäre dazu – obgleich ebenfalls motorlos – natürlich nicht geeignet. Die Segelflieger nutzen Aufwinde zwischen einem halben und vielleicht 4 m Steigen – stärkere Aufwinde sind in unseren Breiten selten, und wenn sie

Hang- und thermischer Aufwind
Der Hangaufwind ist die plausibelste Aufwindart: anströmender Wind wird von einem Berghang nach oben abgelenkt (links). Je freier das Vorland, je höher der Berg und je stärker der Wind, desto wirksamer ist der Aufwind und desto höher reicht er hinauf. Nach einer genau festgelegten Hangflugordnung (immer vom Hang wegkurven, am Hang nach rechts ausweichen) versucht der Segelflieger, in diesem Aufwind Höhe zu gewinnen oder zu halten.
Thermischer Aufwind (Mitte) entsteht durch Lufttemperaturunterschiede, die sich bei Sonneneinstrahlung durch unterschiedliche Erwärmung der Luft am Erdboden ergeben. Aufsteigende trockene Luft nimmt adiabatisch (d. h. ohne Wärmezufuhr von außen) infolge der Druckverminderung etwa um 1 Grad Celsius auf 100 m Höhe an Temperatur ab. Durch die Temperaturdifferenz zur erwärmten Luft ergibt sich ein labiles Gleichgewicht, das die thermische Vertikalbewegungen auslöst. Je größer diese Differenz ist, desto stärker entwickelt sich die Thermik.
In der Zeichnung hat sich die Luft über der Ortschaft stärker erwärmt als in der Umgebung. Eine »Warmluftqualle« bildet sich und wird vom Wind versetzt, klebt aber zunächst noch am Boden, bis sie sich an einer Abreißkante (hier am Waldrand) ablöst. Beim Aufsteigen nimmt die Temperatur ab. Das kann (muß aber nicht) dazu führen, daß in einer bestimmten Höhe (an der Wolkenbasis) die mitgeführte Feuchtigkeit kondensiert und eine Quellwolke entsteht (Cumulus). Sie ist das dem Segelflieger hochwillkommene, weil sichtbare Merkmal eines thermischen Aufwindes. Bei »Blauthermik« (ohne Wolkenbildung) ist der Aufwind viel schwieriger zu finden. Ebenfalls nicht sichtbar sind die Abwinde (rechts) als Ausgleichbewegung zu der aufsteigenden Luft.

vorkommen – etwa in der Nähe von Gewittern oder vor Wellenwolken – nicht ungefährlich. Nur der erfahrene Segelflieger sollte sie ausnutzen.
Mit Motorflugzeugen in der Gewichtsklasse der Leichtflugzeuge (bis 2000 kg) sind bei abgestelltem Motor gelegentlich schon Aufwinde ausgeflogen und Höhengewinne erzielt worden. Beim Motorsegler (bis 750 kg) ist das Abstellen des Motors bei Segelflugmöglichkeit sogar die Regel. Aufwinde werden sich aber umso besser ausnutzen lassen, je günstiger bestimmte Flugleistungen eines Flugzeugs sind. Erwähnt wurde schon die Sinkgeschwindigkeit. Je geringer sie ist, desto besser wird das Flugzeug im Aufwind steigen, denn die Geschwindigkeit des Aufwindes abzüglich der Sinkgeschwindigkeit ergibt das tatsächliche Steigen. Werte von 0,5 m/s Sinken (in unbewegter Luft) sind bei Hochleistungssegelflugzeugen heutzutage keine Seltenheit mehr. Wichtiger jedoch als die Sinkgeschwindigkeit ist die Gleitzahl eines Flugzeugs. Sie ergibt sich aus dem Verhältnis von Höhenverlust zu der zurückgelegten Strecke. Es gibt heute schon Segelflugzeuge, die eine Gleitzahl von 60 erreichen, also aus 1 m Höhe 60 m bzw. aus 1000 m Höhe 60 km weit ohne Wind- und Aufwindeinfluß gleiten. Der Leistungssegelflieger wünscht sich auch ein gutes Schnellflugverhalten. Das Segelflugzeug soll bei schnellem Flug nur eine möglichst geringe Bahnneigung aufweisen.
Darüber hinaus sind aber auch gute Flugeigenschaften

Die Sonne als »Motor« des Segelfliegers

Spiel mit Wind und Wolken

Eleganz schon am Boden...
Der Übungssegler LCF II in Friedrichshafen (siehe Seite 140)

Eleganz auch im Flug
ASK 23 über der Wasserkuppe

Der Doppelsitzer SB 10 – mit 29 m Spannweite noch immer das größte Segelflugzeug der Welt

Start auf dem Flugplatz Braunschweig

Die Wasserkuppe, der »Berg der Segelflieger«, von Westen her gesehen

Das Fliegerdenkmal auf der Wasserkuppe, eingeweiht 1923.
Die Adlerfigur ist eine Stiftung der Witwe des Reeders Albert Ballin aus Hamburg.

von großer Bedeutung: Das Flugzeug soll wendig sein, sich leicht steuern lassen, eine ausgeglichene Ruderwirkung besitzen und bei Langsamflug nicht abschmieren. Es soll möglichst schnell fliegen, aber mit möglichst geringer Geschwindigkeit landen können. Daß es trotz leichter Bauweise ausreichend fest, robust und leicht zu handhaben sein soll, versteht sich von selbst.

Alle diese Forderungen konnten in jahrzehntelanger Entwicklungsarbeit im Prinzip erfüllt werden – da sie sich aber teilweise ausschließen, ist noch heute jede Segelflugzeugkonstruktion ein mehr oder minder großer Kompromiß.

Der Übersichtlichkeit halber wollen wir die technische Entwicklung des Segelflugzeugs vor allem unter dem Gesichtspunkt der Verbesserung der Gleitzahl bei gleichzeitiger Verringerung der Sinkgeschwindigkeit betrachten.

Aus der Geschichte des Segelfliegens

Die technische Entwicklung begann – wie könnte es anders sein – mit Otto Lilienthal. Er konstruierte seine Gleiter als Ergebnisse sorgfältiger Beobachtungen des Vogelfluges und exakter wissenschaftlicher Versuche und Messungen und brachte sie tatsächlich zum Fliegen. Zwar hatten vor ihm schon verschiedene andere wie der Engländer Sir George Cayley und der französische Kapitän Jean-Marie Le Bris Gleitflugversuche angestellt. Cayleys Kutscher hatte, wie durch neue Forschungen nahezu erwiesen ist, im Jahre 1852 sogar einen ersten, allerdings ungesteuerten Gleitflug von etwa 50 m Länge ausgeführt, doch es gab keine Fortsetzung dieser Versuche, keine Weiterentwicklung. Lilienthal war der erste, der mit seinen künstlichen Flügeln stabil und relativ sicher geflogen ist, und der seinen Flug sogar in gewissen Grenzen steuern konnte.

An Flug»leistungen« im heutigen Sinne konnte er jedoch noch nicht denken. Die besten seiner Flugzeuge dürften Gleitzahlen bis zu 6 erreicht haben. Damit entsprachen sie etwa den heutigen Gleitschirmen (siehe Seite 232).

Von großer Bedeutung für die weitere Entwicklung war auch die Wirkung, die von Otto Lilienthal ausging. Seine Schriften bildeten die Grundlage für weitere Forschungen und Versuche. Fast alle Pioniere der ersten Stunde bauten auf seinen Kenntnissen und Erfahrungen auf.

Auch die Brüder Wilbur und Orville Wright, denen 1903 der erste Motorflug gelang, haben sich später gern als Schüler Otto Lilienthals bezeichnet. So groß die Entfernung zwischen Anklam und ihrer Heimatstadt

Der Doppeldecker der Gebrüder Wright, mit dem ihnen am 17. Dezember 1903 der erste Motorflug gelang, im National Air Museum des Smithonian Instituts in Washington.

Gustav Weißkopf vor seinem Flugzeug von 1901.

Dayton in Ohio (USA) auch war: Schon im Jahre 1890 hörten sie zum erstenmal von Lilienthals flugphysikalischen Untersuchungen. Ihre späteren Konstruktionen waren allerdings nur wenig von seinen Vorstellungen beeinflußt. Das Prinzip des Hängegleiters haben sie von Anfang an verworfen. Die Tragflächen ihrer Flugzeuge erinnerten kaum noch an Vogelflügel, sondern waren rechteckig wie bei einem Kastendrachen. Aus Gründen der Festigkeit und der (vermeintlich) besseren Tragfähigkeit bevorzugten sie den Doppeldecker, wobei der Pilotensitz gut geschützt zwischen den Flügeln angeordnet war. Sie steuerten ihre Flugzeuge nicht durch Gewichtsverlagerung, sondern aerodynamisch durch Ruder. Ihre wohl wichtigste Erfindung, die den späteren Motorflug erst möglich machte, war die Verwindung: Die Enden der Flügel konnten nach oben oder unten »verwunden« werden. Dadurch ließ sich das Flugzeug bei einer durch eine Böe hervorgerufene Schräglage schnell wieder aufrichten oder für den Kurvenflug absichtlich schräg legen.

Aus der Verwindung wurden später die mechanisch einfacheren und zuverlässigeren Querruder entwickelt. Zunächst hatten die Gebrüder Wright intensive theoretische Studien betrieben und Drachenmodelle gebaut, um die Verwindung zu erproben. Ihre Gleitflugversuche, die 1900 begannen, waren zunächst nicht sehr erfolgreich. Doch sie ließen sich nicht entmutigen, verbesserten ihr Flugzeug, und in der zweiten Versuchsperiode ab 1901 an der Küste von Kill Devil Hill in North-Carolina zeigte sich, daß sie auf dem richtigen Wege waren. Ihre »Flugdrachen« ließen sich gut steuern und handhaben.

Ermutigt durch ihre Erfolge, wandten sich die Brüder der Konstruktion eines Motorflugzeuges zu, das sie mit einem ebenfalls selbstkonstruierten und -gebauten Motor von 12 PS ausstatteten. Damit gelang ihnen am 17. Dezember 1903 der erste Motorflug, auf dem Orville Wright bei starkem Gegenwind in 12 Sekunden 53 m zurücklegte.

Bei den Luftfahrthistorikern ist umstritten, ob nicht der Deutsch-Amerikaner Gustav Weißkopf (1874–1927) der erste Motorflieger war. Für einige ist erwiesen, daß er bereits am 14. August 1901 mit einem selbstkonstruierten Motorflugzeug, das von einem ebenfalls selbstgebauten Acetylenmotor angetrieben wurde, eine Strecke von rund 2,5 km in 10 bis 15 m Flughöhe zurückgelegt hat. Das war in Fairfield, Connecticut, USA, wo er sich nach langen Wanderjahren als Seemann niedergelassen hatte. Vorher hatte er für den Bostoner Aeronautischen Verein einen Gleiter nach dem Muster Lilienthals

Mit diesem Gleitflugzeug gelang Orville Wright am 24. Oktober 1911 bei Kitty Hawk, North Carolina, im Hangaufwind der Dünen ein Segelflug von 9 Minuten 45 Sekunden. Mit einem anderen Gleiter, einem Ententyp, hatten die Brüder im Jahre 1902 mehr als tausend Flüge bis zu einer Minute Dauer unternommen.

gebaut. Daß er Lilienthals Arbeiten gekannt hat, zeigt sich auch an der Ähnlichkeit der Flügelkonstruktion seines Motorflugzeugs, von dem Fotos erhalten geblieben sind, mit den Lilienthal-Gleitern.

Unter dem Eindruck der flugtechnischen Erfolge der Brüder Wright gab er seine Versuche, die über den lokalen Bereich hinaus kaum ein Echo gefunden hatten und daher bald in Vergessenheit gerieten, auf. Obgleich ein Nachbau des Weißkopf-Flugzeuges in den USA kürzlich erfolgreich geflogen sein soll, ist doch zweifelhaft, ob es der richtige Ansatzpunkt für weitere Entwicklungen gewesen wäre – wie es ohne Zweifel die Wright-Doppeldecker waren. Es besaß keine Verwindung und kein Seitenruder und war daher kaum steuerbar.

Vom Gleitflug zum Segelflug

Zurück zur Segelfluggeschichte, in der die Brüder Wright auch noch nach ihrem ersten Motorflug eine bedeutende Rolle spielen. Mit einem Doppeldecker-Gleiter, der sich in seiner Konstruktion wesentlich von den Gleitern der Anfangsjahre (mit vorn liegendem Höhenleitwerk) unterschied, gelang Orville Wright am 24. Oktober 1911 im Aufwind der Dünen von Kitty Hawk, North Carolina, ein Segelflug von 9 Minuten und 45 Sekunden Dauer. Außerdem legte er mehr als 600 m Strecke zurück.

Auf der Internationalen Luftschiffahrt-Ausstellung (ILA), die 1909 in Frankfurt stattfand, wurden auch Gleitflugzeuge vorgeführt. Hierzu hatte man auf dem Flugplatz Rebstock einen 10 m hohen Sprunghügel aufgeschüttet. An den Gleitflügen beteiligte sich auch Oskar Ursinus, der schon 1908 die Zeitschrift »Flugsport« gegründet hatte und später als »Rhönvater« weltbekannt wurde. Der weiteste Flug (44,5 m) gelang dem Dresdner Reichelt.

Kurz darauf begann die Flugsportvereinigung Darmstadt, in der sich Gymnasiasten und Erstsemester der dortigen Technischen Hochschule zusammengefunden hatten, mit Gleitflugversuchen, die sich in den folgenden Jahren auf der Wasserkuppe in der Rhön fortsetzten. Die beste Leistung erzielte Hans Gutermuth, der im August 1912 am Nordhang in 110 Sekunden eine Strecke von 840 m zurücklegte. Sein Flugzeug war der Doppeldecker »Darmstadt FSV-X«, der aus Bambus gebaut und mit Leinen bespannt war. Als »Spannlack« wurde dünner Stärkekleister verwendet. Die Ruder waren elastisch wie bei den ersten Konstruktionen der Brüder Wright. Das größte Verdienst der Darmstädter liegt darin, die nur teilweise bewaldete Wasserkuppe für

Hans Gutermuth auf der »Darmstadt FSV – X«, mit der ihm am 22. Juli 1912 ein erster inoffizieller Streckenweltrekord im motorlosen Flug gelang: 840 m.

den Gleitflug entdeckt und damit zugleich einen bedeutenden Schritt auf dem Wege zum Segelflug getan zu haben. Was sie zu ihrer Zeit nur ahnen konnten: Die Wasserkuppe, die alle anderen Berge der Rhön überragt, bietet besonders günstige Aufwindverhältnisse. Deshalb war sie das ideale Gelände in der Pionierzeit des Segelfluges und wurde zum »Berg der Segelflieger«.

Der erste Rhönwettbewerb 1920

Nach dem Ersten Weltkrieg wurde der Motorflug in Deutschland von den Alliierten zeitweise verboten. Wer fliegen wollte, mußte auf den Gleitflug ausweichen. Doch die jungen Leute, die sich schon 1920 zu einem ersten Wettbewerb auf der Wasserkuppe zusammenfanden, sahen im Gleitflug nicht nur einen Ersatz, sondern auch fliegerisches Neuland. Die Diskussion darüber war in der Zeitschrift »Flugsport« geführt worden.
Wie klar das Ziel »Segelflug« damals schon erkannt worden war, geht aus einem Aufsatz von Erich Meyer (Flugtechnischer Verein Dresden), einem der späteren Pioniere des Segelfluges, aus dem Jahre 1919 hervor. Darin heißt es: »... Außerdem ist die systematische Ausübung des Gleitfluges das Sprungbrett zu dem alten Ziele des Menschen, die Naturkräfte wirklich zu meistern und durch Ausnutzung der Energie des Windes bis zum persönlichen motorlosen Flug, dem Segelflug, neben dem Kraftmaschinenflug zu gelangen ...«
Herausgeber des »Flugsport« war Oskar Ursinus. In seiner Zeitung veröffentlichte er im März 1920 den Aufruf von Erich Meyer und Wolfgang Klemperer, Dresden, zu einem Gleit- und Segelflugwettbewerb in der Rhön. Er selbst schrieb dazu eine anfeuernde Einleitung. Der Aufruf hatte ein unerwartetes Echo. Für die Dauer von sieben Wochen fanden sich 25 Flugbegei-

Der »Rhönvater« Oskar Ursinus.

Rhönwettbewerb 1920. Vorn links der »Schwarze Teufel«.

Willi Pelzner startbereit in seinem Hängegleiter.

sterte mit selbstgebauten Flugzeugen auf der Wasserkuppe ein – ein Zeichen dafür, daß der Gleit- und Segelfluggedanke in vielen Teilen Deutschlands lebendig war. Nach der Dresdner Initiative wurde Oskar Ursinus der Organisator des Wettbewerbs. Uneigennützig stand er Zeit seines Lebens im Dienst des Segelfluges. Die Segelflieger dankten es ihm mit dem respekt- und vertrauensvollen Namen »Rhönvater«.
Während des ersten Rhönwettbewerbs im Sommer 1920 lebten die Teilnehmer in drei großen Zelten bei ihren Flugzeugen, von denen die meisten noch im Bau waren. Am Anfang flog nur einer: Willi Pelzner. Sein Hängegleiter, ein Doppeldecker, war mit Ölpapier bespannt und wurde – wie einst Lilienthals Flugzeuge – nur durch Verlagerung des Körpergewichtes gesteuert. Immerhin erreichte er damit Strecken von über 450 Metern und Flugzeiten von fast einer Minute – nicht der Rede wert, mag mancher denken, aber es war ein Anfang. Mit einem sehr leicht gebauten Rumpfdoppeldecker erreichte Eugen von Loeßl bei einem Probeflug etwa die gleichen Leistungen. Bei einem weiteren Flug – zunächst sogar ohne Höhenverlust – stürzte er nach Bruch des Höhenleitwerks tödlich ab. Es war damit der erste Todessturz in der langen Geschichte des Segelfluges.
Die jüngsten Teilnehmer des ersten Röhnwettbewerbs im Jahre 1920 waren Wolf Hirth und Peter Riedel, die später als Segelflieger Weltruhm erlangten.
Peter Riedel hat das Flugzeug, mit dem er als vierzehnjähriger Schüler an der »Ersten Rhön« teilnahm, über 50 Jahre später getreu nachgebaut und auch mehrfach im Flug vorgeführt, so bei dem Oldtimertreffen Pfingsten 1974 auf der Wasserkuppe. Obgleich das »Rhönbaby II« aus Sicherheitsgründen nicht frei fliegen, sondern nur vom Auto bis zu 5 m Höhe geschleppt werden durfte, stahl Peter Riedel damit allen übrigen Flugzeugen, ältesten wie modernsten, die Schau. Wie ein Zirkusartist erhielt er Beifall von Tausenden von Besuchern, wenn er sich im »Rhönbaby« vom Pelznerhang auf den Flugplatz schleppen ließ. Am Boden war der fliegende Drahtverhau aus Kiefernholz, bespannt mit Ölpapier, ständig von Zuschauern umlagert.
Vor der Fernsehkamera erzählte Peter Riedel, wie er 1920 zu seinem Flugzeug gekommen war. »Damals habe ich mir diese Maschine abgeschaut von dem Darmstädter Doppeldecker. Ich hatte das Glück, in der Zeitschrift ›Flugsport‹ die Zeichnung zu finden, und so habe ich ihn in vereinfachter Form nachgebaut. Und ich fand mich dann auf der Wasserkuppe zu meiner eigenen Überraschung als jüngster Teilnehmer ...«

Wasserkuppe 1920: Der vierzehnjährige Peter Riedel lernt fliegen.

Wie Peter Riedel fliegen lernte

»Als ich damals auf die Wasserkuppe kam, war ich 14 Jahre alt und konnte natürlich noch nicht fliegen. Nun ergab sich das Problem: Ich hatte ein eigenes Flugzeug, aber wie sollte ich nun fliegen lernen? Ein Polizei-Offizier, ehemaliger Flieger aus dem Weltkriege, erklärte sich sofort bereit, meinen Fluglehrer zu spielen. Nur konnte er mit mir nicht am Doppelsteuer fliegen, wie das im Kriege üblich gewesen war, sondern er mußte eine neue Methode entwickeln. Also hieß es, mich erst mal in die Luft zu bekommen, indem man an beiden Flächenenden meines Doppeldeckers kurze Halteseile mit Holzgriff anbrachte. Die Seile waren nur etwa einen Meter lang, und je ein Helfer stellte sich davor. Der Wind war ziemlich stark, etwa 6 m pro Sekunde. Man mußte den kleinen Doppeldecker am Boden festhalten, er wollte schon ohne mich losfliegen. Als ich dann darin saß – ich wog selbst nur etwa 50 kg – brauchten die Helfer nur ein paar Schritte gegen den Wind zu laufen, und das Gleitflugzeug erhob sich in die Luft. Ich sah gerade noch den Kopf meines Fluglehrers. Er rief mir zu: ›Drücken!‹, also drückte ich. Jetzt ging das Ding auf einmal mit der Nase auf den Boden zu. Er rief laut: ›Ziehen!‹, und ich zog. Da schoß der Vogel wieder nach oben, und so ging es nach Berg- und Talbahnprinzip auf und ab, glücklicherweise ohne Bodenberührung, bis er nach 60, 70 m Länge rief: ›Loslassen!‹, und mein Doppeldeckerchen setzte sich praktisch von selbst hin. Mein erster Flug im Leben war glücklich verlaufen. Dies haben wir wiederholt, etwa sechs- bis achtmal, bis ich die Höhensteuerung beherrschte, denn nur diese konnte ich betätigen. Rechts und links wurde ich ja festgehalten, während die Leute gegen den Wind liefen, genau wie zwei Jungen einen Drachen zusammen in die Luft ziehen würden. Es ist wohl das erstemal gewesen, daß ein Nichtmotorflieger im sogenannten Fesselflug fliegen gelernt hat. Damals hat man mich nicht frei fliegen lassen wollen, als ob die Maschine nicht fest genug gewesen wäre. Das hat mich die ganzen Jahre über gefuchst. Jetzt habe ich die gleiche Maschine im Autoschlepp mit Geschwindigkeiten bis zu 80 km/h geflogen, und sie hat immer noch zusammengehalten, was also bewies, daß sie damals auch schon fest genug war.«

Riedels Flugzeug nahm sich 1920 im Kreis der übrigen Konstruktionen gar nicht so ungewöhnlich aus. Es gab zahlreiche Doppeldecker, die sich in ihrer Bauweise an die damals vorherrschenden Doppeldecker-Motorflugzeuge anlehnten. Seine eigene Form hatte das Segelflugzeug noch nicht gefunden.

Wasserkuppe 1974: Peter Riedel, inzwischen 69 Jahre, im nachgebauten »Rhönbaby« von 1920 im Autoschlepp.

Fortschritte

Gegen Schluß des Wettbewerbs erschienen noch die Aachener Studenten auf der Wasserkuppe. Sie brachten einen Tiefdecker mit auffallend dickem, aber freitragendem Flügel mit: den »Schwarzen Teufel«. Er erwies sich als das technisch beste Flugzeug des Wettbewerbs, und Anfang September erzielte Wolfgang Klemperer damit vom Westhang der Wasserkuppe aus mit einem Flug von 2 Minuten 22 Sekunden Dauer und 1830 m Strecke die beste Leistung der »1. Rhön«.

Die Aachener Studenten starteten ihr Flugzeug erstmals mit dem Gummiseil und führten damit eine Startmethode ein, die bis Ende der dreißiger Jahre vorherrschend blieb.

Zum Rhönwettbewerb 1921 erschienen sie mit der »Blauen Maus«, einer Weiterentwicklung des »Schwarzen Teufel«. Klemperer stellte damit einen neuen Strecken- und Dauerweltrekord auf: 5 km in 13 Minuten, von der Wasserkuppe bis Gersfeld – allerdings erst nach Wettbewerbsschluß.

Noch wurde nach Minuten gerechnet, aber das sollte sich bald ändern. Schon der Wettbewerb des Jahres 1921 hatte Fortschritte gebracht, doch der Durchbruch gelang erst 1922.

1920: Wolfgang Klemperer startet mit dem »Schwarzen Teufel« auf der Wasserkuppe.

1921: Klemperer in der »Blauen Maus«
Bei einer Spannweite von 9,70 m und einem Fluggewicht von 128 kg betrug die Flächenbelastung nur 8,30 kg/qm.

1922: Friedrich-Heinrich Hentzen im »Vampyr«
Kurz nach dem ersten Stundenflug von Martens segelte Hentzen länger als 2 bzw. 3 Stunden.

Gummiseilstart des »Vampyr« auf der Wasserkuppe.

Die Flügelkonstruktion des »Vampyr«
Durch die Sperrholzbeplankung der Flügelnase bis zum Hauptholm entsteht ein verdrehsteifer Kasten.

Der »Vampyr« von 1921 heute im Deutschen Museum in München. Neu ist nur eine Tragflächenhälfte. Unter dem »Vampyr« eine Ka 6.

Den Weg zeigte der »Vampyr«, konstruiert von Dipl.-Ing. Georg Madelung von der Akaflieg der Technischen Hochschule Hannover in Zusammenarbeit mit Blume, Hentzen und Martens. Die Synthese von wissenschaftlicher Theorie und handwerklicher Praxis in den akademischen Fliegergruppen sollte sich später noch oft als fruchtbar erweisen. Der »Vampyr«, 1921 entworfen, war ein freitragender Hochdecker mit geschlossenem Sperrholzrumpf und einer Spannweite von 12,60 m. Der Ausschnitt des Führersitzes wurde mit Leder abgedeckt, so daß nur noch der Kopf des Piloten dem Luftstrom ausgesetzt war. Das Profil, der Flügelquerschnitt, war mit besonderer Sorgfalt ausgewählt worden. Mit seiner Gleitzahl von 16 und seiner Sinkgeschwindigkeit von 0,80 m/s war der »Vampyr« das erste leistungsfähige Segelflugzeug. Riedels »Rhönbaby« hatte nur eine Gleitzahl von 5; der »Schwarze Teufel« und die »Blaue Maus« kamen über 10 kaum hinaus.
Auch in bautechnischer Hinsicht war der »Vampyr« wegweisend: Er besaß einen einholmigen Flügel mit sperrholzbeplankter Nase, durch die eine hohe Verdrehsteifigkeit hervorgerufen wurde (Torsionsnase). Schon in seiner Diplomarbeit von 1919 hatte sich Madelung mit dem Problem des einholmigen Flügels befaßt, den er mit dem »Vampyr« zum erstenmal verwirklichte. Diese Bauweise, die übrigens bei Holzflugzeugen noch heute üblich ist, ermöglichte erst die Konstruktion relativ leichter Tragflächen von großer Spannweite und Streckung, wie sie für Segelflugzeuge erforderlich sind. Der »Vampyr« gilt deshalb auch von der Konstruktion her als das erste wirkliche Segelflugzeug.
Seine bahnbrechende Konzeption sorgte für eine Weltsensation auf dem Rhönwettbewerb 1922: Am 18. August gelang Arthur Martens aus Hannover der erste Stundenflug im Hangaufwind der Wasserkuppe. Sein Studienkollege Hentzen blieb am folgenden Tag 2 Stunden 10 Minuten motorlos in der Luft, und am 24. August steigerte er diese Leistung sogar noch auf 3 Stunden 6 Minuten.
Es waren aber nicht nur die guten Flugleistungen des »Vampyr«, die den Rekord ermöglichten. Martens hatte die Methode gefunden, wie man den Hangaufwind ausnutzen konnte: Er kurvte in großen Achten vor dem Hang und blieb dadurch im Bereich des Aufwindes, statt ihn wie seine Vorgänger geradeaus zu durchfliegen. Hentzen machte es ihm nach.

1923: Am 25. September fliegt Albert Botsch auf dem »Konsul« mit 18,7 km einen Streckenweltrekord.

1924: Ferdinand Schulz auf seinem »Besenstiel« nach dem Start in den Dünen von Rossitten.

Vom Erfolg in die Sackgasse

Bis dahin hatte die Öffentlichkeit die Gleit- und Segelflugversuche auf der Wasserkuppe kaum beachtet und schon gar nicht ernst genommen. Jetzt aber horchte die Welt auf. Der Schritt von Gleitflug zum Segelflug war gelungen.

Schon 1923 erschien mit der Darmstädter Konstruktion »Konsul« ein Segelflugzeug, das mit seiner Spannweite von 18,70 m, seiner hohen Flügelstreckung und seinem ovalen, windschnittigen Rumpf selbst im Abstand von über 60 Jahren fast noch modern wirkt. Es erreichte ein Gleitzahl von über 21. Mit diesem und ähnlichen Segelflugzeugmustern, die bis etwa 1925 entstanden, hielten selbst manche Fachleute die Entwicklung des Segelflugzeugs und der Möglichkeiten des Segelfluges für abgeschlossen. Sie glaubten nicht an weitere Verbesserungen. Wie so oft, hatte die Öffentlichkeit an die spektakulären Erfolge von 1922 zu hohe Erwartungen geknüpft. Jetzt zeigte sie sich enttäuscht und war geneigt, den Segelflug als eine aus der Not geborene Episode der Luftfahrtgeschichte abzutun.

Trotzdem hatte der Segelflug inzwischen über die Wasserkuppe hinaus Verbreitung gefunden. Auch im Ausland besaß er zahlreiche Anhänger. In Deutschland waren mit Rossitten auf der Kurischen Nehrung (Ostpreußen) und Grunau (Riesengebirge) neue Segelflug-

Originalgetreuer Nachbau des »Besenstiel« im Deutschen Segelflugmuseum auf der Wasserkuppe.

Start zum Hangsegelflug auf der Wasserkuppe.

gelände entdeckt und erschlossen worden. In Rossitten erflog der ostpreußische Lehrer Ferdinand Schulz am 18.5.1924 einen Dauerweltrekord von 8 Stunden 42 Minuten. Sein Flugzeug »Besenstiel« war so einfach gebaut, daß es beim Rhönwettbewerb vor den Augen der strengen Prüfer auf der Wasserkuppe keine Gnade gefunden und keine Starterlaubnis erhalten hatte. Noch heute bewundernswert ist die physische Leistung von Ferdinand Schulz, der es auf dem schmalen Sitzbrett solange ausgehalten hat. Sein Flug war aber zugleich ein Beweis dafür, daß Dauerweltrekorde nicht von der Qualität des Flugzeugs, sondern von der Stetigkeit des Hangaufwindes und von der Ausdauer des Piloten abhängen. 1925 konnte Schulz auf der Krim in Rußland den Dauerweltrekord auf 12 Stunden 7 Minuten steigern. Nehring flog zur selben Zeit mit dem »Konsul« im Haugaufwind einen Streckenrekord von 24,4 km. Zwar konnten beide Bestleistungen auch im Hangaufwind später weit überboten werden – im Dauerflug bis auf 56 Stunden durch Ernst Jachtmann, im Hang-Streckenflug auf 102 km durch Robert Kronfeld – doch die geringen Möglichkeiten des Hangaufwinds waren offenkundig. Solange der Segelflug auf diesen Aufwind beschränkt blieb, steckte er in einer Sackgasse.

Vom Hang- zum thermischen Segelflug

Professor Walter Georgii hat durch seine meteorologischen Forschungen dem Segelflug neue Wege gewiesen und seine zweite stürmische Entwicklungsphase von 1926 an eingeleitet. Schon 1920 war er auf die Wasserkuppe gekommen. Bis in die dreißiger Jahre hinein hat er alle wesentlichen Flüge beobachtet und wissenschaftlich analysiert. 1923 hatte er auf die Möglichkeit hingewiesen, auch andere, vom Gebirge unabhängige Aufwindarten für den Segelflug nutzbar zu machen, gab aber dem dynamischen Segelflug den Vorzug gegenüber thermischen Aufwinden.

Erstaunlich ist, daß sich auch bereits Otto Lilienthal offensichtlich mit dem Problem des Wärmeaufwindes befaßt hat.

Ein Aufsatz von ihm, erschienen in der Zeitschrift »Prometheus« (Jahrgang 1890, Heft 55) trägt den bezeichnenden Titel: »Der Flug der Vögel und des Menschen durch die Sonnenwärme.«

Darin heißt es:

»Wer ein offenes Auge für die Wunder der Schöpfung besitzt, wird häufig Gelegenheit gefunden haben, die schönste aller Bewegungen, welche lebende Wesen aus-

Prof. Dr. Walter Georgii (mit Hut) im Kreise von Segelfliegern und Besuchern bei einem Rhönwettbewerb. Georgii war seit 1926 Leiter des 1924 gegründeten Forschungsinstitutes der Rhön-Rossitten-Gesellschaft. Es wurde 1933 in das Deutsche Forschungsinstitut für Segelflug und 1937 in die DFS als Forschungsanstalt mit erheblich erweiterten Aufgabenbereichen umgewandelt.

zuführen imstande sind, das kreisende Schweben der Vögel, zu beobachten. Dieser herrliche anstrengungslose Flug der größeren Vögel spornt uns immer wieder an, die Lösung der Flugfrage zu versuchen... Beharrlich gemahnt uns der schwebende Vogel an das Vorhandensein gewisser kraftsparender, den Flug erleichternder Eigenschaften unserer Atmosphäre. Wie könnten wir sonst wohl begreifen, daß diese schweren Vogelkörper auf ihren ausgebreiteten Schwingen ruhend von der Luft getragen werden. Und nicht nur gleiten diese Vögel dahin, ohne an ihrer Schwebehöhe einzubüßen, nein, sie schrauben sich sogar in wundervollen Spirallinien höher und höher, oft so hoch und weit, daß sie unseren staunenden Blicken entschwinden.

Es fragt sich nun, wie diese Kraftersparnis hervorgerufen werden kann gegenüber dem eine größere mechanische Leistung beanspruchenden, durch starke Flügelschläge begleiteten Ruderfluge...

Wir wissen, daß die Sonnenwärme es ist, der die Ruhelosigkeit unserer Atmosphäre, das ewige Hin und Her und der Kreislauf der Windströmungen zugeschrieben werden muß. Die Stürme und Winde sind ununterbrochen in Tätigkeit, das Gleichgewicht in dem Luftozean unserer Erde wieder herzustellen, welches beständig durch die Wandelbarkeit der Sonnenwärme und deren verschiedenartige Wirkungen gelöst wird...

Diese wandelbare Wärmequelle leistet nun aber auch jene Arbeit, welche die Vögel sich nutzbar machen, indem sie auf dem Winde ruhend dahinsegeln. Diese Hebewirkung, welche wir an den mit regungslosen Flügeln dahinschwebenden Vögeln erkennen, müssen wir als ein Produkt jener Arbeit betrachten, welche das Dahinwehen der Luft über die Erdoberfläche verursacht und welches wiederum auf die erwärmenden Wirkungen der Sonnenstrahlen zurückzuführen ist...

Die große Genugtuung aber liegt für uns in der Tatsache, daß mit der Größe der Vögel auch deren Segelfähigkeit zunimmt, und daß gerade die großen, schweren Raub- und Seevögel sowie die meisten großen Sumpfvögel ... am besten auf den eigentlichen Segelflug sich verstehen und uns Menschen, die wir doch noch schwerer sind als diese genannten Segler, eine gewisse Anwartschaft verleihen, durch geschickte Flügelkonstruktion auch des anstrengungslosen Schwebefluges teilhaftig zu werden.

Gegenwärtig wird an diesem Problem von verschiedenen Seiten gearbeitet, und wer weiß, ob nicht hier oder da schon wirkliche greifbare Erfolge erzielt worden

sind, so daß wir vielleicht unvermutet eines Tages auch einen Menschen mit seinem Apparate über uns am Firmamente seine Kreise werden ziehen sehen...«
Prophetische Worte – wenn auch erkennbar ist, daß Otto Lilienthal zu dieser Zeit noch im Wind an sich die tragende Kraft gesehen hat und sich über die vertikalen Luftbewegungen noch nicht im klaren war.
Wie Lilienthal, so haben auch die Gebrüder Wright ihre Beobachtungen kreisender Adler und Geier richtig gedeutet, ebenso Anfang der zwanziger Jahre der französische Professor Paul Idrac. Wissenschaftlich präzise beschreibt der Meteorologe Kurt Wegener schon 1922 den thermischen Aufwind (mehr darüber bei Peter Riedel, »Start in den Wind«, Seite 196 ff.).

Segelflug unabhängig vom Gebirge

Beim Rhön-Wettbewerb 1926 bewiesen gleich zwei Flüge das Vorhandensein vom Hang unabhängiger Aufwinde. Max Kegel wurde am Nachmittag des 12. August mit seinem selbstgebauten Segelflugzeug in ein aufziehendes Gewitter hineingezogen, konnte aber nach einem Flug von 55,2 km in der Nähe von Gompertshausen glatt landen. Bescheiden schildert er seinen Flug später so:

»Wie ich in den Wolken verschwand, fühlte ich einen gewaltigen Auftrieb. Meine Maschine hatte ich vollständig in der Hand. Nach etwa 15 Minuten sah ich wieder Land unter mir. Ich befand mich in sehr großer Höhe. Es können 2000 m gewesen sein. Dann setzte ich zum Gleitflug an, mir eine schöne Wiese suchend, wo ich dann glatt landete.«
Kegels Gewitterflug, der ihm den Namen »Gewittermaxe« eintrug, war der erste Segelflug unabhängig vom Gebirge allein im Aufwind der freien Atmosphäre.
Ähnliche Bedeutung gewann ein Flug des Darmstädters »Bubi« Nehring am folgenden Tag: Nehring flog bei 6 m/sec Windgeschwindigkeit von der Wasserkuppe zur 5,5 km entfernten Milseburg und wieder zurück. So geschickt Nehring den Hangaufwind auszunutzen verstand – allein damit wäre dieser Flug wohl kaum möglich gewesen. Professor Georgii erwähnt in seinem Bericht eine »aufziehende Wolke«, die Nehring die zum Milseburg-Flug erforderliche Höhe gegeben habe.
Durch diese Flüge erhielt die planmäßige Forschungsarbeit neue Impulse. Sie bezog sich auf den Frontensegelflug und den thermischen Segelflug. Der Frontensegelflug nutzt die sehr starken Aufwinde, die vor einem Gewitter entstehen: Warme Luftmassen werden durch die herandrängende Kaltluft emporgehoben. Die Versuche führten zu spektakulären Erfolgen: 1931 flog Gün-

1926: Max Kegel vor dem Start zu seinem Gewitterflug.

ther Groenhoff mit seinem »Fafnir« vor einer Gewitterfront 272 km weit von München bis Kaaden in der Tschechoslowakei. Doch große Bedeutung konnte der Frontensegelflug schon deshalb nicht gewinnen, weil Frontengewitter im Vergleich zu anderen Aufwindquellen relativ selten auftreten und weil wegen der gewaltigen Turbulenz beträchtliche Gefahren mit solchen Flügen verbunden sind.
Anders der thermische Segelflug. Um die Natur der Wärmeaufwinde zu untersuchen, benutzte Professor Georgii unter anderem schwebend ausgewogene Pilotballone. Auch mit Motor- und Segelflugzeugen wurden Beobachtungen und Messungen durchgeführt. So gewann Georgii allmählich Erkenntnisse über Entstehung, Stärke und Verbreitung der »Thermik«.
Der wahrscheinlich erste bewußte und beabsichtigte Thermikflug gelang bereits im Frühsommer 1925: Otto Fuchs war, nachdem er seinen Flugschülern Nehring und Hesselbach seine Absicht mitgeteilt hatte, mit dem Leichtmotorflugzeug D 8 »Karl der Große« (35 PS Anzani-Motor) der Akaflieg Darmstadt auf dem Babenhausener Exerzierplatz gestartet. Mit abgestelltem Motor gewann er über Babenhausen (nahe Aschaffenburg) kreisend deutlich an Höhe. Im selben Jahr hat er beim »Deutschen Rundflug« mit dem »Mohamed«, einem weiteren Leichtflugzeug der Akaflieg Darmstadt, nach Motorausfall über Fürth bewußt thermisch gesegelt. Eine Schilderung dieses Fluges, mit Erwähnung des Thermikfluges über Babenhausen, erschien damals in den Jahresberichten der Akaflieg Darmstadt, ist aber leider kaum bekannt geworden.
Nachhaltiger wirkte ein Flug von Robert Kronfeld, der am 6. August 1928 von der Wasserkuppe aus, zum erstenmal systematisch in der Wolkenthermik hochkreisend, zum Himmeldunkberg und zurück flog. Professor Georgii bezeichnete Kronfelds Flug als eine »geradezu schulmäßige Vorführung der richtigen Technik, die dann von allen seinen Kameraden nachgeahmt wurde«. Kronfeld habe damit »dem Segelflug ganz neue Wege gewiesen«. Schon zwei Tage später erreichte Edgar Dittmar im Segelflugzeug »Albert« über der Wasserkuppe mit 775 m einen neuen Höhenweltrekord – im thermischen Aufwind.

Die Thermik wird zum Motor des Segelfluges

Anfang 1934 konnte Professor Georgii seine Forschungen in tropischen Zonen fortsetzen. Zusammen mit den Segelfliegern Wolf Hirth, Peter Riedel, Heini Dittmar und Hirths Flugschülerin Hanna Reitsch folgte er einer

1928: Robert Kronfeld im »Professor«, einer Konstruktion von Alexander Lippisch. Wegen der zu geringen Schränkung zu den Flächenenden hin kam dieses Leistungssegelflugzeug leicht ins Trudeln. Doch Robert Kronfeld beherrschte den »tückischen Vogel« und kreiste damit sicher in der Thermik. Ihm gelang der »Himmeldunkbergflug«.

Einladung nach Südamerika. Geflogen wurde in Rio de Janeiro und São Paulo. Viele Streckenflüge bestätigten Georgiis Theorien von den vertikalen Strömungen in der Atmosphäre. Höhepunkt war ein Flug von Heini Dittmar, der die Rekordhöhe von 4350 m über Start erreichte. Hanna Reitsch stellte im Grunau »Baby« mit 2220 m einen Frauen-Höhenweltrekord auf.
Durch alle diese Forschungen und Erfolge erhielt der Segelflug eine völlig neue Grundlage, die nun auch in der Breitenarbeit eine sprunghafte Steigerung der Leistungen mit sich brachte.
Es war vor allem Wolf Hirth, der durch seine Vorträge und Bücher die neue Aufwindart und die Taktik des Kreisens in der Thermik bekannt und populär machte.
Zu der erstaunlichen Leistungssteigerung im Segelflug trug außerdem die Weiterentwicklung der Instrumente bei, die der Segelflieger an Bord hatte. Bisher hatten Geschwindigkeits- und Höhenmesser ausgereicht. Für Streckenflüge kamen der Kompaß, für Wolkenflüge der Wendezeiger hinzu. Die größte Bedeutung aber gewann das Variometer, ein Instrument, das »Steigen« oder »Fallen« in m/s anzeigt. Robert Kronfeld, ebenfalls einer der großen Segelflugpioniere, benutzte es erstmals beim Rhön-Wettbewerb 1928 und war dadurch seinen Konkurrenten überlegen. Kronfeld war auch der erste, der beim Segelfliegen einen Fallschirm mitnahm. Als 1932 bei einem Wolkenflug mit seiner »Austria«, die mit 30 m Spannweite das bis dahin größte Segelflugzeug der Welt war, die Flügelenden abbrachen, hat ihm der Fallschirm das Leben gerettet. Heute ist es selbstverständlich, bei Leistungssegelflügen einen Fallschirm mitzuführen.
Die sprunghafte Leistungssteigerung der Segelflieger in den dreißiger Jahren hatte zwei weitere Ursachen: einmal die Verbesserung der Flugzeuge und zum anderen die Loslösung des Segelflugs vom Gebirge durch neue Startarten.

Bessere Flugzeuge

Mit dem »Fafnir« schuf der Konstrukteur Alexander Lippisch, der bereits von 1921 an auf der Wasserkuppe wirkte und später als Nurflügel-Spezialist internationale Geltung erlangen sollte, im Jahre 1930 das erste Knickflügel-Flugzeug. Wegen seiner vollendeten Eleganz wurde es zu seiner Zeit zum Inbegriff des Segelflugzeugs schlechthin.
Mit dem Filigran seiner Flügel- und Leitwerksrippen wirkte es im Flug federleicht, obgleich sein Fluggewicht wegen seiner hohen Festigkeit über 300 kg betrug. Noch heute halten manche den »Fafnir« für das schönste Segelflugzeug, das je gebaut wurde. Es war speziell für Forschungsflüge vor allem in Gewittern konstruiert und

Günther Groonhoff im »Fafnir«, dem ersten Knickflügel-Segelflugzeug. Erstmals war auch der Pilotensitz voll verkleidet. Doch die Sperrholzhaube behinderte die Sicht nach vorn; freie Sicht hatte der Pilot lediglich nach den Seiten. Auch der Rumpf-Flügel-Übergang wurde später geändert. Erst danach zeigte der »Fafnir« seine volle Leistungsfähigkeit.

Günther Groenhoff segelt mit dem »Fafnir« am Hang.

1934: Peter Riedel startet mit dem verbesserten »Fafnir«.

mit seinem schmalen Rumpf dem Segelflieger Günther Groenhoff buchstäblich auf den Leib geschneidert – einschließlich der hierbei erstmals verwendeten Sperrholzhaube, in der allerdings für den Piloten nur zwei seitliche Guckfenster vorgesehen waren. Nach vorn hatte er keinen Ausblick. Trotzdem errang Groenhoff damit seine größten Erfolge. Doch der »Fafnir« wurde ihm auch zum Schicksal: Am 23. Juli 1932 mißglückte ein Rückenwindstart auf der Wasserkuppe: mit beschädigtem Leitwerk stürzte der »Fafnir« in einen Wald. Kurz vorher war Groenhoff mit dem Fallschirm abgesprungen, doch in zu geringer Höhe. Der »Fafnir« konnte repariert werden, wobei zugleich einige Änderungen vorgenommen wurden. Peter Riedel gelang 1933 mit dem verbesserten »Fafnir« ein thermischer Streckenflug von 229 km von Darmstadt aus. Im selben Jahr wurde er Rhönsieger. Als erfolgreichster Pilot des Jahres erhielt er den Hindenburgpokal.
Hanna Reitsch stellte 1934 mit dem »Fafnir« mit 160 km (Darmstadt–Reutlingen) einen Frauen-Streckenweltrekord auf. Das Flugzeug fiel im Zweiten Weltkrieg im Luftfahrtmuseum in Berlin den Bomben zum Opfer.
Die Erfahrungen mit dem »Fafnir« wurden im »Fafnir II, Saõ Paulo« berücksichtigt. Mit diesem Flugzeug flog Heini Dittmar am 27. Juli 1934 gleich beim ersten Start von der Wasserkuppe 375 km weit bis Liban in der Tschechoslowakei: Weltrekord! »Fafnir II« hatte bei einer Spannweite von 19 m eine Gleitzahl von annähernd 30 und eine Sinkgeschwindigkeit von 0,65 m/sec. Diese Flugleistungen wurden von der ebenfalls schon genannten »Austria«, dem seinerzeit größten Segelflugzeug, wahrscheinlich noch übertroffen. Die Überlegung des Konstrukteurs August Kupper von der Akaflieg München war richtig: Je größer die Spannweite, desto größer die erreichbare Gleitzahl und desto geringer die Sinkgeschwindigkeit. Nur: je größer ein Flugzeug, desto unhandlicher wird es und desto zerbrechlicher. Und so war die »Austria« den Turbulenzen, wie sie im Gewitter auftreten können, nicht gewachsen. Ihre tatsächlichen Leistungen konnten nicht mehr gemessen werden.

Heini Dittmar vor dem »Fafnir II Sao Paulo«
Heini Dittmar gehört zu den erfolgreichsten Segelfliegern der dreißiger Jahre. Nachdem er schon als Vierzehnjähriger als Flugmodellbauer hervorgetreten war, begann seine Erfolgsserie 1932 mit dem Sieg in der Juniorenklasse im Rhön-Segelflug-Wettbewerb. 1934 gelangen ihm gleich zwei Weltrekorde: im Höhensegelflug (4675 m, 4350 m Höhengewinn) und im Streckensegelflug (376 km). Nach einem weiteren Erfolg im Doppelsitzer erhielt er in diesem Jahr den Hindenburg-Pokal für die besten Segelflugleistungen. 1935 gewann er den internationalen Alpen-Segelflug-Wettbewerb auf dem Jungfraujoch; außerdem gelang ihm die erste Alpenüberquerung im Segelflugzeug. Sieger wurde er auch im 1. Internationalen Segelflugwettbewerb auf der Wasserkuppe im Jahre 1937, an dem 40 Segelflieger aus 6 Ländern teilnahmen.
Als Motorflieger vollbrachte Heini Dittmar ebenfalls besondere Leistungen, so als Versuchspilot bei der Entwicklung schwanzloser Flugzeuge. Als erster überschritt er eine Geschwindigkeit von 1000 km/h: 1941 bei der Erprobung einer Me 163. Nach dem Zweiten Weltkrieg konstruierte er das Motorflugzeug »Möwe«, mit dem er 1960 bei einem Erprobungsflug tödlich verunglückte.

Gummiseilstart

In den zwanziger Jahren wurde fast ausschließlich mit dem Gummiseil gestartet. Es gab so gut wie keine andere Möglichkeit, denn zum Start mit eigener Kraft wie im Hängegleiter oder durch ziehende oder schiebende Helfer waren die Flugzeuge viel zu schwer geworden. Der Gummiseilstart ging folgendermaßen vor sich: Während eine »Haltemannschaft« ein Seilstück am Rumpfende des Flugzeugs festhielt, dehnte die »Startmannschaft« die beiden Enden eines langen, umsponnenen Gummiseils aus, das nach Freigabe des Schwanzendes das Segelflugzeug in die Luft katapultierte.
Die Startkommandos gab der Pilot meist selbst:
»Haltemannschaft?« –. »Fertig.«
»Startmannschaft?« – »Fertig.«
»Ausziehen – Laufen – Los!«
Wenn die Haltemannschaft zu früh losließ oder ein Mitglied der Startmannschaft stolperte, bestand die Gefahr eines Fehlstarts. Andererseits kam diese Startart dem sportlichen und erzieherischen Anliegen des Segelflugs besonders entgegen. Voraussetzung war jedoch ein Berghang, der dem Segelflugzeug eine ausreichende Ausgangshöhe sicherte. Im Flachland waren auf diese Weise nur kurze Sprünge möglich. Auch deshalb blieb der Segelflug in den zwanziger Jahren auf Berggelände beschränkt. Lediglich an der Nordseeküste auf Sylt und auf der Kurischen Nehrung in Ostpreußen war Segelflug möglich. Wegen des starken und ausdauernden Seewindes genügten dort für den Hangsegelflug die Dünenhügel bzw. die Kliffküste.

Autoschlepp und Windenstart

Auf vielen Flugplätzen in Deutschland wurden in der zweiten Hälfte der zwanziger Jahre Versuche angestellt, den Segelflug über die begrenzten Möglichkeiten des Gummiseilstarts hinauszuführen. Segelflugzeuge wurden an langen Seilen von Autos hochgeschleppt – eine

Gummiseilstart eines »Rossitten-AS« an der Seedüne der Kurischen Nehrung.

Hangsegeln auf Sylt: Ein Grunau »Baby« nur gut 10 m über der Kante des »Roten Kliffs« im Aufwindbereich.

Methode, die auch Wolf Hirth von 1931 an erprobt hat. Sie hat den Nachteil, daß zum Erreichen einer ausreichenden Höhe sehr lange Plätze erforderlich sind (Hirth hat sich für Autoschlepps bei Schwäbisch-Gmünd sogar eine eigene Rollbahn anlegen lassen). Deshalb lag der Gedanke nahe, das Kraftfahrzeug zu einer stationären Winde umzubauen, das lange Schleppseil auf eine Trommel aufzuwickeln und so das Segelflugzeug hochzuschleppen. Nach der Erstausstrahlung der Sendereihe »Die Erben Lilienthals« im norddeutschen Raum meldete sich der ehemalige Segelflieger H. W. Hartmann aus Celle und wies darauf hin, daß er schon 1927 in Köln-Mehrheim Windenstarts mit Hilfe eines Motorrades durchgeführt habe.

Der Winden-Hochstart wurde im Laufe der dreißiger Jahre ständig weiterentwickelt und bei der Segelflugschulung mit Erfolg angewendet. Schwierigkeiten bereitete zunächst noch die Bugkupplung: Das Stahlseil wurde am Bug des Segelflugzeugs befestigt. Um hochzukommen, mußte der Pilot voll »ziehen«, also Höhenruder geben. Das führte in der Endphase des Hochstarts zu starken Nickbewegungen (»Jumpen«), die für Flugzeug und Pilot eine Belastung bedeuteten. Erst die Einführung der Schwerpunktfesselung in den vierziger Jahren beseitigte dieses Übel.

Ein Flugzeug mit Schwerpunktfesselung steigt im Hochstart wie ein Drachen auf. Der Pilot »zieht« nur wenig, und wenn er oben bei Erreichen einer nahezu waagerechten Flugbahn rechtzeitig »nachläßt«, geht das Flugzeug nach dem automatischen Ausklinken nahezu von selbst in Normallage über. Bei mittleren Gegenwind lassen sich bei einer Seillänge von etwa 1000 m ohne Schwierigkeit Höhen von 300 bis 400 m erreichen, die bei Thermikwetterlagen für den »Anschluß« ausreichen und bei Schulbetrieb Platzrunden von 5 bis 7 Minuten Dauer ermöglichen. Der Windenstart ist heute die wichtigste, weil einfachste, billigste und umweltfreundlichste Startmethode im Segelflug.

Flugzeugschlepp

Parallel zum Autoschlepp und Windenstart wurde der Flugzeugschlepp entwickelt. Zwar ist er teurer und aufwendiger als andere Startarten, doch er ermöglicht größere Ausgangshöhen. Das Segelflugzeug kann unmittelbar in ein Aufwindgebiet hineingeschleppt werden. Auch Überführungen über größere Strecken sind im Flugzeugschlepp möglich.

Die ersten Schleppflüge gelangen im Jahre 1927. Gerhard Fieseler beschreibt in seinem Buch »Meine Bahn am Himmel« (erschienen im Jahre 1979), in dem der bekannte Kunstflieger und Flugzeugbauer seine Erinnerungen veröffentlichte, auf den Seiten 110 bis 118 und 121/122 seine Schleppflüge in Kassel-Waldau im Jahre 1927.

Auch Espenlaub unternahm schon 1927 eigene Schleppflüge. Vor der Fernsehkamera schilderte Edgar Dittmar das Abenteuer seines ersten Schleppfluges mit »Espe«: »Es war im Mai 1927 während eines Segelflugwettbewerbs in Rossitten auf der Kurischen Nehrung.

Espenlaub hatte ein selbstgebautes Motorflugzeug mit einem 35-PS-Anzani-Motor mitgebracht, dazu sein Segelflugzeug vom Typ Espenlaub 10.

Bei den Vorbereitungen zu unserem ersten Segelflugzeugschlepp war Espenlaub der Ansicht, die Eigengeschwindigkeit des Motorflugzeuges sei im Vergleich zum geschleppten Flugzeug zu hoch. Um die Flächenbelastung beim Segelflugzeug zu erhöhen, griff er kurzerhand zur Säge und verkürzte die Spannweite an beiden Flügelenden um je etwa 1 m. Daß diese Idee nicht gut war, sollte sich bald zeigen. Beim Einsteigen gab's ein weiteres Problem. Ein Brett, das als Rückenlehne dienen sollte, war im Wege. Wieder half die Säge. Mit recht gemischten Gefühlen sah ich ›Espe‹ bei den weiteren Startvorbereitungen zu. Das etwa 200 m lange Seil wurde ausgelegt und in die Kupplung des Segelflugzeugs eingehängt. Wir hatten vereinbart, daß wir zunächst nur einen Rollversuch machen und dabei die Funktion der Kupplung unter Seilzug ausprobieren wollten. Doch Espe gab Vollgas – und ich holperte auf dem ungefederten Fahrwerk hinterher. Ich wollte ausklinken, aber der Mechanismus funktionierte nicht. Auch mit beiden Händen brachte ich die Kraft dazu nicht auf. Das lag daran, daß der Ausklinkhebel an der Kupplung, der den Stift mit der Seilschlaufe aus einem durchbohrten Rohrstück ziehen sollte, nicht rechtwinklig zum Auslöseseil stand, sondern weit nach vorne – beinahe parallel zum Seil – umgelegt war. Später erfuhr ich, daß auch Espe nicht ausklinken konnte.

Das Motorflugzeug kam schnell frei, denn es hatte ein hohes Auftriebsprofil und brauchte deshalb viel weniger Fluggeschwindigkeit als mein gestutzter Segler. Ich hatte den Knüppel am Bauch und holperte hilflos hinterher. Espe war schon 50 m hoch, und das Platzende kam näher. Ich zog verzweifelt abwechselnd am Höhenruder und an der Kupplung. Espe war schon über Wasser, also nochmals den Steuerknüppel an den Bauch. Mein Segelflugzeug hob nun endlich ab und

Rossitten 1927: Vor einem der ersten Schleppflüge
Im Segelflugzeug Edgar Dittmar. Rechts an der Schleppkupplung, die später nicht funktionierte, Gottlob Espenlaub. Dittmar mußte sich während des Schlepps weit nach vorn hinausbeugen, um die Ausklinkvorrichtung betätigen zu können.

schwabbelte mit viel zu wenig Fahrt rund 50 m tiefer als das Schleppflugzeug hinterher. So flogen wir eine riesige Platzrunde von rund 20 Minuten Dauer und kamen tatsächlich auf etwa 200 m Höhe. Als wir uns von der Ostsee her wieder dem Platz näherten, hatte ich mir überlegt, was zu tun sei. Eine gemeinsame Landung zusammen mit dem Schleppflugzeug schien nicht möglich, sie war nicht abgesprochen. Darum krabbelte ich jetzt so weit aus dem Sitz, daß ich mich knieend mit einer Hand an der Bordwand festhalten konnte. Weit nach vorne herausgelehnt, ergriff ich das Seil vor der Seilrolle, zog es nach oben und hatte glücklich ausgeklinkt. Bis ich mich wieder in meinen Sitz zurückgezwängt hatte, war es höchste Zeit zum Abfangen und zur Landung, die glücklicherweise auch glatt verlief.«

Aus dem Stadium solcher Improvisation war der Flugzeugschlepp bald heraus. Auf Initiative von Professor Georgii und Otto Fuchs von der Akaflieg Darmstadt wurden Mitte März 1931 in Griesheim bei Darmstadt Flugzeugschlepps mit Leistungssegelflugzeugen unternommen. Peter Riedel schleppte mit dem Udet »Flamingo« D-1540 zunächst die »Darmstadt« mit Kurt Starck und danach die »Starkenburg« mit Otto Fuchs. Nach diesen erfolgreichen Schleppflügen bis auf 1200 m Höhe ließ Professor Georgii den »Fafnir« und Günther Groenhoff von der Wasserkuppe kommen, um auch mit ihm Schleppflüge zu unternehmen. Im April 1931 segelten Starck, Fuchs und Groenhoff nach dem Start mit Peter Riedel im Flugzeugschlepp entlang der Bergstraße nach Süden. Groenhoff kam mit dem »Fafnir« am weitesten – 138 km bis nach Bühl in Baden. Die beiden anderen landeten südlich von Heidelberg.

Da der damals übliche Hangstart mit dem Gummiseil zwischen Darmstadt und Heidelberg nirgendwo möglich gewesen wäre, war bewiesen, daß mit der neuen Startmethode auch neue Regionen (wie hier die Oberrheinebene und die Bergstraße) für den Segelflug erschlossen werden konnten. Für den Leistungsflug setzte sich der Flugzeugschleppstart in den dreißiger Jahren allgemein durch. Verwendet wurden dünne Stahlseile bis zu 200 m Länge. Heute sind wegen der größeren Elastizität Nylonseile in Gebrauch. Es hat sich gezeigt, daß 40 Meter Länge ausreichen.

Auswirkungen der Segelflug-Entwicklung auf die gesamte Luftfahrt

Bereits Anfang der dreißiger Jahre zeichneten sich Auswirkungen der Segelflug-Entwicklung auf den Fortschritt der gesamten Luftfahrt ab. Führend in der Entwicklung von Militär- und Verkehrsflugzeugen waren zu dieser Zeit die USA. Die Leistungen ihrer Flugzeuge beruhten aber vor allem auf der Stärke und Zuverlässigkeit der dort produzierten Flugmotoren. Auch Verstellpropeller waren schon bekannt. Auf die

Flugzeugschleppstart auf dem Flugplatz Wasserkuppe.

aerodynamische Durchbildung der Zellen wurde weniger Wert gelegt. So herrschte selbst bei Jagdflugzeugen noch der verspannte Doppeldecker vor. Bei Verkehrs- und Transportflugzeugen wurden zwar Eindecker bevorzugt, doch wegen der einfacheren Bauweise beschränkte man sich auf eckige Rumpfkonstruktionen. Auch den meist vielfach verstrebten Fahrwerken widmete man keine besondere Aufmerksamkeit.
In Deutschland war die Entwicklung ähnlich verlaufen. Da jedoch Motorenstärken wie in den USA nicht zur Verfügung standen (die Grenze lag um 600 PS), bestand eine größere Bereitschaft zu aerodynamischen Verfeinerungen. Die Erkenntnisse aus der Entwicklung von Segelflugzeugen wurden bei uns auch deshalb eher als anderswo auf die Motorfliegerei übertragen, weil eine Reihe von jungen Konstrukteuren in der damaligen deutschen Luftfahrtindustrie aus dem Segelflug hervorgegangen waren. Zu ihnen gehörten Willy Messerschmitt und Kurt Tank. Aus den Werken von Messerschmitt gingen später die Me 108 »Taifun«, das beste Reiseflugzeug der dreißiger Jahre, das Jagdflugzeug Me 109 und der Düsenjäger Me 262 hervor, der schon 1944 eine Geschwindigkeit von 875 km/h erreichte.
Von Kurt Tank stammte neben dem Focke-Wulf »Stößer«, einem Kunstflug-Hochdecker, auch die FW 190, das wohl leistungsfähigste deutsche Propeller-Jagdflugzeug des Zweiten Weltkrieges.
Alexander Lippisch gehörte in den dreißiger Jahren zur DFS (Deutsche Forschungsanstalt für Segelflug) unter Professor Georgii. Als letztes Normalflugzeug konstruierte er den »Fafnir II Saõ Paulo«, dessen Gleitzahl 30 damals von keinem anderen Segelflugzeug übertroffen wurde. Danach wandte er sich bei der DFS vor allem dem Problem des Nurflügelflugzeugs zu und schuf wegweisende Konstruktionen.
1939 wechselte er mit seinem Team zur Messerschmitt-AG über. Seine Entwicklungsarbeit gipfelte in der Konstruktion der Me 163 »Komet«. Mit diesem Raketenjäger überschritt Heini Dittmar, der zu den erfolgreichsten Segelfliegern der dreißiger Jahre gehörte, bereits am 2. Oktober 1941 die 1000-km/h-Grenze; er erreichte 1003 km/h = Mach 0,85. Das war inoffizieller Weltrekord, der aber aus Gründen der Geheimhaltung damals nicht veröffentlicht werden konnte. Ein Me 163 steht in der Luftfahrtabteilung des Deutschen Museums neben der Me 262, dem ersten Düsenjäger.
Von den rund 100 Flugzeugmustern, die Lippisch entworfen hat, wurden mehr als 30 gebaut und erprobt. Er befaßte sich auch mit Deltaflügeln geringer Streckung als Voraussetzung für den Überschallflug – eine Flügelform, die heute fast alle Überschallflugzeuge, darunter die »Concorde«, aufweisen. Lippischs Versuche mit Nurflügelflugzeugen hatten auf der Wasserkuppe begonnen.
Nahezu unbekannt ist, daß dort auch der Raketenflug seinen Anfang genommen hat. Der Pionier des Rake-

Juni 1928: Der erste Raketenflug eines Menschen. Pilot Fritz Stamer entging dabei knapp einem Unfall.

tenantriebs, Max Valier, unternahm im Jahre 1928 auf der Wasserkuppe zusammen mit den Segelfliegern Versuche zur Erprobung des Eigenstarts mit Hilfe von Raketen. Eine »Ente« (ein Flugzeug mit vorn liegendem Höhenleitwerk) wurde mit einem Treibsatz ausgerüstet. Man hoffte, daß bei dieser Konstruktion der Feuerschweif der Rakete keinen Schaden anrichten würde.

Den ersten Raketenstart der Welt überstand Fritz Stamer, der damals auf der Wasserkuppe eine Fliegerschule betrieb. Der Start glückte, die »Ente« flog, doch die Hitze der brennenden Rakete entzündete den lakkierten Sperrholzrumpf. Gerade noch rechtzeitig brachte Stamer den Feuerstuhl wieder auf festen Boden. Die Versuche wurden später mit anderen Gleitflugzeugen auf dem Flugplatz Rebstock bei Frankfurt fortgesetzt.

Erkenntnisse aus dem Segelflug standen auch Pate bei der Entwicklung von Düsenflugzeugen, die große Höhen erreichen und mit einem Minimum an Kraftbedarf halten sollten. Dazu gehört die U 2, konstruiert in den fünfziger Jahren als Langstrecken-Aufklärungsflugzeug. Bekannt wurde dieses Muster, als im Jahre 1962 US-Pilot Powers über die Sowjetunion in 20000 m Höhe abgeschossen wurde. Daß die U 2 überwiegend für militärische Zwecke verwendet wird, verringert nicht die technische Leistung ihrer Konstruktion.

Daß auch die letzte große technische Revolution im Segelflugzeugbau, die sich in den fünfziger und sechziger Jahren durch Einführung der GFK-(Glasfaser-Kunststoff-)Bauweise und der Laminarprofile vollzog, die Entwicklung von Motorflugzeugen beeinflußt hat und noch beeinflussen wird, steht außer Frage (siehe »Motorfliegen«, S. 172).

Segelflug als »Vorschule«?

Impulse erhielt die allgemeine Luftfahrt auch dadurch, daß Segelflieger ihre speziellen fliegerischen und meteorologischen Erfahrungen in die Motorfliegerei einbrachten, wie auch Motorflieger über das Erlernen und Ausüben des Segelflugsportes sozusagen ihren fliegerischen Horizont erweitern konnten. Für die heutige Jet-Fliegerei gilt dagegen der Segelflug nicht mehr als nützliche oder gar notwendige Voraussetzung, obgleich viele Lufthansa-Flugkapitäne und Bundeswehrpiloten nebenbei begeisterte Segelflieger sind.

Die Verkehrs- und Militärluftfahrt hat sich von den Anfängen und von den »menschlichen Dimensionen« der sportlichen Fliegerei soweit entfernt, daß man ihre Repräsentanten wohl auch kaum noch unter die »Erben Lilienthals« einreihen kann. Die für sie erforderlichen Qualifikationen liegen buchstäblich auf einer anderen Ebene. Vielleicht ist es auch darauf zurückzuführen, daß bei uns weder die kommerzielle Luftfahrt noch die Militärluftfahrt zu den besonderen Freunden und Förderern des Luftsports gehören. Im Gegenteil: wenn es um Luftraumprobleme geht, unterstützen sie eher die Tendenz, die lästige Kleinfliegerei möglichst vom Himmel zu fegen.

Das ist, wie es scheint, in einigen anderen Ländern anders. Dort wird die Sportfliegerei zumindest als Partner, meist sogar als Nachwuchspotential der Verkehrs- und Militärluftfahrt angesehen. Doch auch das ist nicht erstrebenswert. Das Image des Segelfluges in Deutschland leidet bei manchen Zeitgenossen immer noch darunter, daß die Segelflugschulung während des »Dritten Reiches« lautstark als vormilitärische Ausbildung propagiert und von Staats wegen gefördert wurde. Tatsächlich haben Teilbereiche des Segelfluges eine starke Förderung erfahren, wie übrigens auch fast alle anderen Sportarten. Doch selbst wenn es von der Mitte der dreißiger Jahre an auf der einen oder anderen Segelflugschule im äußeren Erscheinungsbild paramilitärisch zugegangen sein sollte – das Segelfliegen als Sport stand doch überall im Vordergrund.

Die Einsitzerschulmethode

In den zwanziger und dreißiger Jahren war die Einsitzerschulmethode üblich. Sie hatte sich ursprünglich aus einer Notsituation heraus entwickelt: In der Pionierzeit des Segelfluges gab es noch keine doppelsitzigen Segelflugzeuge, die für den Schulbetrieb geeignet waren. Wegen einiger methodischer Vorteile hielt sie sich aber weit über die Zeit hinaus, in der schon schulungsgeeignete Doppelsitzer vorhanden waren. Selbst in den fünfziger Jahren, nach der Wiederzulassung des Segelflugs in Deutschland, wurde auf einigen Plätzen noch die Alleinschulmethode praktiziert.

Die ersten Ansätze dazu gehen auf die Jahre 1922/23 zurück. Auf der Suche nach geeigneten Schulungsmöglichkeiten hatte Kurt Student – der spätere General der Luftlandetruppen – den »Wackeltopf« erfunden. Das Schulflugzeug wurde auf Halbrundscheiben aus Holz gesetzt und konnte so um alle Achsen bewegt werden.

Segelflugschulung 1924: Ein Schuldoppeldecker auf dem »Wackeltopf«, einem Halbrund aus stabilen Holzscheiben, auf dem das Schulflugzeug um alle Achsen bewegt werden konnte – eine frühe Form des Flugsimulators.

Schulgleiter »Zögling« auf der Wasserkuppe nach dem Gummiseilstart. Dieses einfache Flugzeug, von Lippisch und Stamer im Jahre 1926 konstruiert, wurde in vielen Ländern in allen möglichen Variationen nachgebaut. Flügel und Rumpf sind mit Stahldraht verspannt. Die Gleitzahl lag bei knapp 10.

Schulgleiter »Grunau IX« im Gummiseilstart. Die Flugleistungen entsprachen etwa dem »Zögling«. Aus den Erfahrungen mit diesen beiden Schulgleitern wurde der »SG 38« entwickelt (siehe Seite 108).

Der Schüler mußte mit Knüppel oder Seitenruder reagieren und lernte auf diese Weise, durch welche Ruderbewegungen das Flugzeug in der Normallage gehalten werden konnte. Wenn er sicher genug reagierte, wurde es ernst: über Rutscher und Sprünge kam er zum Fliegen.

Diese Methode wurde von Fritz Stamer, der von 1925 bis 33 die Flugschule auf der Wasserkuppe leitete, weiterentwickelt. Er war auch an der Konstruktion dafür geeigneter Flugzeuge wie des Schulgleiters »Zögling« beteiligt. Von Wolf Hirth stammt die »Grunau IX«, wegen ihrer vorderen Stützstrebe scherzhaft »Schädelspalter« genannt. Von diesem Flugzeug sind Filmaufnahmen erhalten, die Wolf Hirth selbst mit einer an der Tragfläche befestigten Kamera aufgenommen hat. Er flog dabei mit diesem simplen Schulflugzeug einen Looping nach dem anderen – ein Beweis, wie groß sein Vertrauen zu dieser Konstruktion war.

Zur Einsitzerschulmethode schrieb Stamer damals:

»Die eigentliche Anfängerschulung geht jetzt von dem Standpunkt aus, daß der gesunde Mensch eigentlich bereits fliegen kann, daß er es nur nicht glaubt, es sich nicht zutraut, da er es irgendwie für außerordentlich schwierig hält... Die Bewegungen, die mit den einzelnen Steuern gemacht werden müssen, sind derart, daß das natürliche Reagieren, die Reflexbewegungen der steuernden Hand bei Lageänderungen des Flugzeugs immer den richtigen Ruderausschlag ergibt.

Die vielen kleinen Sprünge, die der Schüler am Anfang seiner Ausbildung ausführen muß, haben lediglich den Zweck, eine Gewöhnung eintreten zu lassen. Je gewohnter das Starten, Abheben und Gleiten wird, umso gelöster wird auch der Schüler in der Maschine. Er beginnt die Umgebung wahrzunehmen, er sieht schließlich sogar den Richtungspunkt, auf den er vom Lehrer bei jedem Start hingewiesen wurde, er spürt die Bewegungen der Maschine, ohne daß ihn jedesmal ein Schreck durchzuckt, und plötzlich spürt er auch ganz deutlich, was die Maschine tut, wenn er ein Ruder ausschlägt. Er spürt, wie die Maschine gehorcht. In

diesem Augenblick hat der Fluglehrer gewonnen, denn die Hauptschwierigkeit ist jetzt überwunden. Der Schüler glaubt an sich und sein Flugzeug. Er kann fliegen!«
Die Bestimmungen zur Erlangung der Gleitfliegerprüfung A und B sowie der Segelflugprüfung C wurden bereits 1925 präzisiert. Seitdem gibt es auch die dazugehörigen Segelfliegerabzeichen: eine, zwei oder drei weiße, möwenähnliche Schwingen auf blauem Grund.
1935 wurden die A-B-C-Bedingungen neu formuliert:
Für die Gleitfliegerprüfung A:
5 »Bedingungsflüge« von mindestens 20 Sekunden und 1 Prüfungsflug von mindestens 30 Sekunden Dauer einwandfrei geradeaus.
Für die Gleitfliegerprüfung B:
5 Prüfungsflüge von mindestens 60 Sekunden Dauer mit je einer Rechts- und Linkskurve. Landungen in einem Zielfeld von 50 x 150 m.
Die Bedingungen hören sich einfach an, jedenfalls im Vergleich zu den heutigen. Welcher Zeitaufwand, welche Mühe, welche Begeisterung zu ihrer Erfüllung notwendig waren, kann der heutige Flugschüler wohl kaum noch nachvollziehen. Da war die oft stundenlange Anfahrt zum Fluggelände mit dem Fahrrad. Dort mußte der Schulgleiter aufgerüstet werden – wegen der vielen Spanndrähte eine zeitraubende Angelegenheit. Anschließend schob die Gruppe den Gleiter zum Starthügel. Der Fluglehrer machte seinen Probestart, und dann begann der erste Durchgang. Jeder durfte einmal

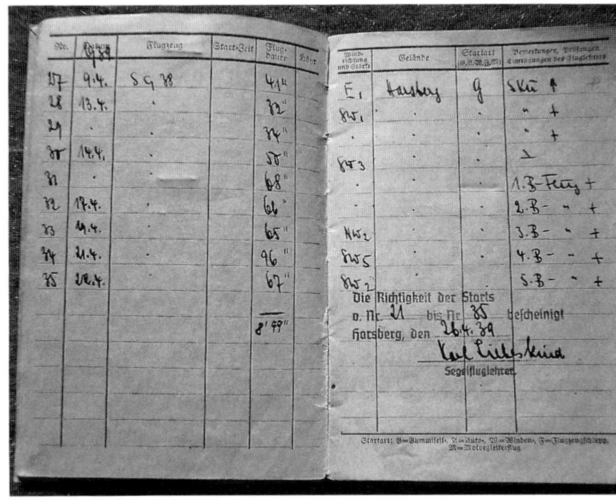

Ein Beispiel für die geringe Flugzeit bei der Alleinschulmethode aus dem Flugbuch des Verfassers:
B-Prüfung nach 35 Starts (»A« nach 20). Gesamtflugzeit 8 Minuten 49 Sekunden!

rutschen, springen oder ein paar Sekunden fliegen, immer nach Gummiseilstart »Ausziehen – laufen – los!« Wer auf diese Weise an einem Sonntag zwei bis drei Starts bekam, hatte Glück. Bis zur A-Prüfung waren 20 bis 40 Starts erforderlich, bis zur »B« 30 bis 50, und selbst danach hatte der Flugschüler erst wenige Minuten

Für Fortgeschrittene gab es Schulgleiter mit sperrholzverkleidetem Pilotensitz, dem »Boot«.

Das Übungssegelflugzeug Grunau »Baby« wurde Anfang der dreißiger Jahre von Edmund Schneider in Grunau gebaut und zum »Baby II« mit 13,50 m Spannweite weiterentwickelt. Es bewährte sich so gut, daß von diesem Muster weltweit um 5000 Exemplare gebaut wurden. Damit ist es das wohl meistgebaute Segelflugzeug überhaupt. Nach Wiederzulassung des Segelfluges 1951 wurde es als »Baby III« (mit geschlossener Haube) wiederaufgelegt. Einige davon fliegen heute noch: Das Foto entstand im April 1989 beim Wochenend-Flugbetrieb am Flugplatz Boberg südlich von Hamburg.

Gesamtflugzeit. Die Schulung dauerte also sehr lange und war von der Flugzeit und -erfahrung her wenig effizient. Der Lehrer konnte die Fehler, die der Schüler machte, erst nach dem Flug korrigieren. Mißverständnisse wurden nicht sofort beseitigt. Eine Fehlleistung des Schülers konnte gefährliche Brüche verursachen.
Die Einsitzerschulmethode hatte aber auch unbestreitbare Vorteile. Der Flugschüler war von Anfang an auf sich allein gestellt und verließ sich nicht auf fremde Hilfe. Wegen des großen Arbeitsaufwandes war zugleich jeder kleine Flug für ihn ein ungewöhnliches Erlebnis. Er lernte, daß er, auf sich allein gestellt, nicht zum Fliegen kommen konnte, sondern auf die Gemeinschaft angewiesen war. Wie andere ihm halfen, so mußte er beim Flugbetrieb für andere da sein.
Bei der Segelfliegerprüfung »C« war das Verhältnis von Arbeitsaufwand zu Flugzeit schon beträchtlich günstiger, wenngleich für heutige Begriffe immer noch unökonomisch. Verlangt wurde nach 5 Bedingungsflügen von mindestens 2 Minuten Dauer mit Rechts- und Linkskurven sowie Ziellandung ein Prüfungsflug von mindestens 5 Minuten Segelflugdauer (Startüberhöhung oder ohne Höhenverlust).
Die Segelflugbedingungen erfüllte der Flugschüler meist auf dem Übungssegelflugzeug Grunau »Baby«, in das er ohne lange Einweisung gesetzt wurde. Der Sprung vom offenen Schulgleiter, selbst wenn der Führersitz durch ein »Boot« verkleidet war, wurde in doppeltem Sinne als gewaltig empfunden. Während der Schulgleiter höchstens auf Gleitzahl 10 kam, besaß das »Baby« die Gleitzahl 17 bei 0,8 m/s Sinkgeschwindigkeit und war bereits ein »richtiges« Segelflugzeug. Mit diesem Sprung war der Flugschüler flügge geworden.
Selbstverständlich mußten bei all diesen sportlichen Prüfungen auch theoretische Kenntnisse nachgewiesen werden. Den »Luftfahrerschein für Segelflieger« erhielt der Bewerber erst, wenn er fünf Segelflüge von insgesamt 60 Minuten Dauer nachgewiesen und eine theoretische Prüfung abgelegt hatte. Daß bei dieser Ausbildung die Gesamtflugzeit und damit die fliegerische Erfahrung recht gering war, liegt auf der Hand. Umso bewundernswerter sind die segelfliegerischen Leistungen, die gerade in den dreißiger Jahren vollbracht wurden.

Leistungsabzeichen der FAI

Die »16. Rhön« im Jahre 1935 übertraf alle Erwartungen. 400 km Flugstrecke wurden gleich neunmal von verschiedenen Piloten überschritten und 500 km gleich viermal: Oeltzschner, Bräutigam, Heinemann und Steinhoff segelten von der Wasserkuppe 504 km weit bis zum Flughafen Brünn: Weltrekord! Auf dem Rückschlepp zur Wasserkuppe stürzte Rudolf Oeltzschner bei Selb tödlich ab. Insgesamt unternahmen die 61 Flugzeuge der Wettbewerbsteilnehmer 513 Starts und erreichten eine Gesamtstrecke von 35000 km – ein Beweis dafür, daß es nicht nur wenige Spitzenpiloten, sondern bereits sehr viele Leistungssegelflieger gab.

Die FAI (Féderation Aéronautique International, die internationale Vereinigung für Luftfahrt und Flugwesen) führte im Jahre 1935 die Segelflieger-Leistungsabzeichen ein.

Für die Verleihung des Silbernen Leistungsabzeichens mußten ein Dauerflug von 5 Stunden mit Rückkehr zum Startplatz, ein Streckenflug von 50 km (Luftlinie vom Start zum Landeplatz) und ein Höhenflug mit 1000 m Höhengewinn über der Starthöhe nachgewiesen werden. Das Goldene Leistungsabzeichen wurde für einen Streckenflug über 300 km und einen Höhenflug mit 3000 m Startüberhöhung verliehen.

Erster Träger der »Goldenen C« war Heini Dittmar. Eugen Wagner, der die Bedingungen vorher erfüllt hatte, erhielt das Abzeichen »A«. Die Abzeichen haben noch heute internationale Gültigkeit. Die Bedingungen wurden nicht verändert, wohl aber gibt es inzwischen zur »Goldenen C« noch drei »Diamanten« für ganz besondere Leistungen: den »Streckendiamanten« für einen Flug über 500 km in gerader Linie, einen »Zieldiamanten« für einen 300-km-Dreiecks- oder Zielrückkehrflug und einen »Höhendiamanten« für mehr als 5000 m Höhengewinn.

Rhönwettbewerb 1934. Am Windsackgerüst ein Grunau »Baby«. Gerade gestartet ist der »Condor« von Heini Dittmar.

Die Segelflugschule am Hesselberg (689 m) bei Gerolfingen. Nürnberger Segelflieger flogen hier schon 1927, und im Jahr darauf fand der erste Bayerische Segelflugwettbewerb auf dem Hesselberg statt. 1934 gründete Eugen Wagner die Segelflugschule Hesselberg, die er bis 1937 leitete. Das Foto stammt aus dieser Zeit.

»Rhönadler« über dem Segelfluggelände Ithwiesen im Weserbergland in den dreißiger Jahren. Es gehört heute mehreren Vereinen und ist eines der schönsten in Niedersachsen.

Die Wasserkuppe mit der Segelfliegerschule 1938.
Das »Hotel Deutscher Flieger« (vorn) steht noch. Auch die Gebäude der Fliegerschule (hinten) haben den Zweiten Weltkrieg unversehrt überstanden. Die Halle ist nicht mehr vorhanden. Auf dem Platz davor steht heute der Rundbau des Deutschen Segelflugmuseums. Auf der höchsten Erhebung (950 m, hinten) befinden sich heute die Radarkuppeln.

ISTUS UND OSTIV

Bereits zu Anfang des Jahres 1930 hatte Prof. Dr. Walter Georgii interessierte Fachleute zur »1. Wissenschaftlichen Segelflugtagung« nach Darmstadt eingeladen. Vor mehreren hundert Wissenschaftlern, Ingenieuren und Segelfliegern aus vielen verschiedenen Ländern konnte er am 8. März 1930 die Tagung eröffnen. Sie bewies, wie ernst der Segelflug als wissenschaftliche und technische Herausforderung nun schon genommen wurde und daß er große internationale Verbreitung gefunden hatte. Aus diesem Kreis wurde eine »Internationale Studienkommission für Segelflug« (ISTUS) am 14. Juni 1930 in Frankfurt am Main offiziell gegründet. Die Gründungsmitglieder fuhren anschließend zur Wasserkuppe als der Geburtsstätte des Segelfluges. Außer Deutschland gehörten der ISTUS folgende Nationen an: Belgien, Frankreich, Großbritannien, Italien, die Niederlande, Österreich, Polen, Spanien, Ungarn und die USA. Später kamen noch Brasilien, die Schweiz, Finnland, Jugoslawien, Dänemark und Griechenland hinzu. Überall dort gab es schon Segelflug – oder zumindest großes Interesse daran. Als Präsidenten der Vereinigung wählte die erlauchte Runde den Initiator: Prof.

Georgii. Er blieb es bis zur Auflösung der ISTUS am Ende des Zweiten Weltkrieges im Jahre 1945. Solange es möglich war, vertrat er die von ihm selbst formulierte Zielsetzung: »Die ISTUS sollte die Tradition des Segelfluges wahren, bei der sich eine lebendige Zusammenarbeit zwischen Theorie und Praxis ergibt, zwischen Hochschullehrer und Studenten, Flieger und Konstrukteur, so daß der grüne Hang zum Hörsaal wird und Flug und Forschung sich gegenseitig durchdringen.«
Die Grundidee und die Arbeit der ISTUS fanden ihre Fortsetzung in der 1948 gegründeten OSTIV (Organisation Scientifique et Technique Internationale du Vol à voile), die von da an dem Segelflug ebenfalls wesentliche und oft entscheidende Impulse gab – und heute noch seine wichtige wissenschaftlich-technische »Dachorganisation« ist.

Internationale Segelflugveranstaltungen

Der Segelflug war nur in seinen allerersten Anfängen eine rein deutsche Angelegenheit. Schon nach dem ersten Stundenflug von Martens im Jahre 1922 fand er internationale Interesse, das sich in der Einladung deutscher Segelflieger ins Ausland und Gegenbesuchen ausländischer Konstrukteure und Piloten in Deutschland – meist auf der Wasserkuppe – äußerte. Deutsche Segelflugexpeditionen führten beispielsweise schon 1923 auf die Krim in der Sowjetunion, 1928 nach Nordamerika, 1931 in die Schweiz, 1934 nach Südamerika und Finnland, 1935 nach Japan, 1936 nach Schweden und 1939 nach Libyen. Viele Ausländer lernten in Deutschland segelfliegen, kauften deutsche Segelflugzeuge und gründeten in ihren Heimatländern eigene Segelfluggruppen oder -schulen. Nationale oder rassische Vorurteile waren den meisten Segelfliegern fremd, selbst in der Zeit des Nationalsozialismus, als der Segelflug einerseits stark gefördert, andererseits aber, wie alles im öffentlichen Leben, »gleichgeschaltet« wurde.
Ein erster internationaler Segelflugwettbewerb wurde 1935 in der Schweiz veranstaltet. Im Zusammenhang mit den Olympischen Spielen 1936 in Berlin fand ein Segelflugwettbewerb statt, bei dem der Ungar Ludwig Rotter mit 336 km eine Jahresbestleistung erflog. Zudem war es ein Zielflug: Vor dem Start in Berlin hatte er seinen Zielflugplatz Kiel angemeldet. Flüge dieser Art, die zu den segelfliegerischen auch navigatorische Anforderungen stellten, herrschten von nun an bei den Wettbewerben vor, später auch Zielrückkehr- und Dreieckflüge, wie sie bei heutigen Segelflugwettbewerben gefordert werden.
Für die olympischen Spiele 1940 war Segelflug als neue olympische Disziplin vorgesehen. Alle Teilnehmer sollten wegen der Chancengleichheit das gleiche Flugzeugmuster fliegen. Bei einem Auswahltreffen wurde hierfür eine Neukonstruktion von Jacobs ausgewählt: die Olympia-Meise. Die Olympischen Spiele 1940 fanden nicht statt. Die »Jugend der Welt« stand sich statt dessen in einem unsinnigen Vernichtungskampf gegenüber.
1937 war es noch zu einer weiteren internationalen Begegnung von Segelfliegern auf deutschem Boden gekommen: Kurz vor dem üblichen nationalen Rhönwettbewerb fand auf der Wasserkuppe der 1. Internationale Segelflugwettbewerb statt, zu dem aus sechs Ländern an die 40 Segelflieger mit 28 Flugzeugen erschienen. Es waren Tage internationaler Fliegerkameradschaft, wie sie sich so bald nicht wiederholen sollten. Der Pole Mynarski flog mit 351 km polnischen Streckenrekord, Hanna Reitsch mit der gleichen Kilometerzahl einen Streckenweltrekord für Frauen. Gesamtsieger des Wettbewerbs wurde Heini Dittmar auf Fafnir II »Saõ Paulo«.
Trotz allem Entsetzlichen, was mit dem Zweiten Weltkrieg über die betroffenen Regionen hereingebrochen war, blieb das nicht zuletzt bei diesem Wettbewerb entstandene Zusammengehörigkeitsgefühl der Segelflieger untereinander über alle Schranken und Grenzen hinweg erhalten.
Als der Schweizer Adolphe Gehriger, in seinem Land an führender Stelle um den Segelflug bemüht, im Jahre

Eine restaurierte »Olympia-Meise« hängt in der Fluggasthalle des Flughafens Frankfurt.

1937: Luftbild der Wasserkuppe bei einem Rhönwettbewerb.
Der damals neue Turm diente der Wasserversorgung und war zugleich Ausguck für den Meßtrupp der Sportleitung.

1948 zum »Internationalen Segelflugwettbewerb« in Samedan aufrief, prägte er den seitdem immer wieder zitierten Satz: »...wir sind eine Nation über alle Grenzen hinweg, die Nation der Segelflieger.«
Aus derselben Haltung heraus wurde bei der ersten offiziellen FAI-Segelflug-Weltmeisterschaft im Sommer 1950 in Schweden, an der wegen des Segelflugverbotes noch kein Deutscher teilnehmen durfte, die Wasserkuppe nachträglich zum Schauplatz der ersten Segelflug-Weltmeisterschaft überhaupt erklärt – in Erinnerung an den Internationalen Wettbewerb von 1937!
Zu einem Meilenstein der Segelfluggeschichte wurde auch die »19. Rhön« im Jahre 1938. Bei ungewöhnlich günstigen Wetterbedingungen – über die Wasserkuppe standen Gewittertürme von über 10000 m Höhe! – kam es zu einer ganzen Serie von Höhenrekorden. Als Welt-

Der »Reiher«, das wohl schönste und eleganteste Segelflugzeug gegen Ende der dreißiger Jahre.

rekord von Flugkapitän Walter Drechsel wurden 6687 m vermessen. Wahrscheinlich hat es aber Segelflüge über 8000 m Höhe gegeben. Leider kam es auch zu einem tödlichen Unfall: Werner Blech, der ein Nurflügel-Segelflugzeug der Gebrüder Horten flog, kam beim Fallschirmabsprung aus großer Höhe ums Leben. Die damals über der Wasserkuppe erreichten Höhen wurden im neu entdeckten Wellenaufwind hinter Hochgebirgen übertroffen: Im Jahre 1940 erreichte Erich Klöckner in einem besonders ausgerüsteten Segelflugzeug vom Muster »Kranich« über den Alpen eine Höhe von 11400 m.

Lastensegler

Wie fast alles, was auf technisch-wissenschaftlichem Gebiet je erdacht und entwickelt wurde, sind auch motorlose Flugzeuge militärisch verwendet worden: für Luftlandeunternehmen, zum Transport von Kampfmitteln und zur Versorgung von kämpfenden Einheiten aus der Luft. Man setzte dabei auf ihre Fähigkeit, geräuschlos und damit möglichst unbemerkt anzufliegen und auf kleinsten Flächen zu landen. Lasten»segler«, wie diese großen Gleitflugzeuge nicht ganz korrekt genannt wurden, waren die DFS 230, die zehn, und die Go 242, die bis zu dreißig Personen befördern konnte. Der riesige »Gigant« von Messerschmitt nahm sogar eine ganze Kompanie Soldaten oder Panzerfahrzeuge mit. Viele alte Segelflieger sind als Piloten dieser sehr verwundbaren Gleiter ums Leben gekommen. Nicht zuletzt die Überlebenden waren es, die sich nach dem Zusammenbruch für einen Wiederbeginn des Segelfluges, der in Deutschland von den Besatzungsmächten zunächst verboten war, eingesetzt haben.

Alle früheren Segelflugschulen wurden enteignet und anderen Zwecken zugeführt. Die erhalten gebliebenen Gebäude auf der Wasserkuppe wurden von Amerikanern besetzt, die auf dem Gipfel eine große Radarstation anlegten.

Lastensegler DFS-230 im Schlepp einer Ju 52.

Wiederbeginn des Segelfluges in der Nachkriegszeit

Die beiden ersten Jahrzehnte des Segelfluges wurden deshalb so ausführlich geschildert, weil alle für den Segelflugsport auch heute noch wesentlichen technischen Entwicklungen und wissenschaftlichen Erkenntnisse aus dieser Zeit stammen. Selbst einige Flugzeuge von damals sind als brave, doch vielbewunderte Oldtimer heute noch flugtüchtig und werden zu Übungs- und sogar zu Leistungsflügen benutzt. Auf internationalen Oldtimertreffen fühlt man sich in die dreißiger bis fünfziger Jahre zurückversetzt. Denn die Oldtimer von heute waren die Leistungsflugzeuge des Wiederbeginns in der Nachkriegszeit.

Ein internationaler Wettbewerb fand 1948 in Samedan in der Schweiz statt. Deutschen Piloten war die Teilnahme noch nicht möglich. Auf der »Weihe« siegte Per-Axel Persson aus Schweden. Flugzeuge des gleichen Baumusters, das 1938 von Hans Jacobs konstruiert worden war, belegten noch den 4. und 5. Platz. Auf den III. Weltmeisterschaften 1950 in Orebro (Schweden) war die »Weihe« auf den ersten 5 Plätzen gleich viermal vertreten; auch der Sieger Billy Nilsson (Schweden) und sein Rivale Dr. McCready flogen dieses Muster, das aus den gesammelten Erfahrungen mit den Jacobs'schen Konstruktionen hervorgegangen war. Die »Weihe« galt fast zwei Jahrzehnte lang als das beste Serienflugzeug der Welt.

In Deutschland hatten die Besatzungsmächte mit der gesamten Zivilluftfahrt auch die Ausübung des Segelflugsports durch Kontrollratsgesetz verboten. Sogar

Wolf Hirth bei der Gründungsversammlung des Deutschen Aero Clubs in der »Krone-Post« in Gersfeld. Hirth wurde zum ersten Präsidenten gewählt.

Die »Weihe« – ein beliebter Oldtimer
Das von Hans Jakobs für die Serienproduktion konstruierte Leistungsflugzeug erschien 1938. Bei 18 m Spannweite hatte es eine Gleitzahl von 31 und ein geringstes Sinken von 0,58 m/s. Zahlreiche Wettbewerbserfolge und Rekordflüge machten es für 20 Jahre zu einem der erfolgreichsten Segelflugzeugmuster.

Flugmodellwettbewerbe galten als ungesetzlich. Doch viele ehemalige Flieger und Flugbegeisterte pilgerten in die Rhön, gründeten dort den »Ring der weißen Möwen«, versammelten sich zu »Wandertreffen«. Das Treffen von 1949 wurde verboten; 1950 jedoch hatte der zuständige Offizier nichts mehr dagegen einzuwenden. Das führte spontan – am 3. August 1950 – zur Gründung des Deutschen Aero-Clubs. Sein »Geburtsort« war das alte Gasthaus »Zur Krone-Post« in Gersfeld am Fuß der Wasserkuppe. Auf diese durch Presse und Rundfunk verbreitete Nachricht hin kamen innerhalb von zwei Tagen fast 3000 »Ehemalige« in die Rhön. Zu der Gründungsversammlung in der Gersfelder Turnhalle erschien auch der französische Segelflieger Guy Marchand.

Bereits in den vergangenen Jahren war Marchand stets für die Wiederzulassung des Segelflugs in Deutschland eingetreten und hatte sich energisch gegen die These gewandt, Segelflug sei eine getarnte Kriegsvorbereitung: »Es ist absurd, ein Fahrrad mit einem Tank zu vergleichen. Und es ist genauso absurd, Segelflugzeuge und Bomber in einem Atemzug zu nennen.« Außer Guy Marchand kam auch der Segelflugpionier Wolfgang Klemperer, der Amerikaner geworden war.

Wolf Hirth wurde zum ersten Präsidenten gewählt. Wenige Monate später, als sich schon abzeichnete, daß der Segelflug bald freigegeben würde, erließ er einen Aufruf, in dem er auf die bevorstehenden Schwierigkeiten hinwies:

»Über sechs Jahre haben deutsche Flieger sehnsüchtig den Tag herbeigewünscht, an dem sie endlich wieder zum beglückenden Spiel mit Wind und Wolken starten können. Dieser Tag aber sieht nicht so sorglos aus, wie viele ihn sich vorgestellt haben. Jetzt erkennen sie, daß nicht nur Segelflugzeuge, sondern zu einem geordneten Flugbetrieb fast alles fehlt. Jetzt gilt nur, wer mitarbeitet und Stein um Stein herbeischleppt zum Neubau...«

Der Segelflug wurde am 28. April 1951 wieder zugelassen, das Bauverbot jedoch erst am 19. Juni aufgehoben. Nun war endlich wieder Segelflug möglich. Zu dem »Fest der Freude«, zu dem der Deutsche Aero Club aufgerufen hatte, erschienen am 26. August 1951 an die

Das »Fest der Freude« auf der Wasserkuppe.
Die durch Presse und Rundfunk verbreitete Meldung von der Wiederzulassung des Segelfluges in Deutschland hatte an 50000 Besucher hierhergeführt, darunter zahlreiche Gäste aus Österreich, der Schweiz, Frankreich, England und Finnland, ja sogar aus den USA. Von den wenigen Segelflugzeugen, die zu diesem Zeitpunkt schon wieder flugtuchtig waren und auf der Wasserkuppe bestaunt wurden, gehörte ein »Doppelraab« (Schul-Doppelsitzer) aus Dachau mit dem bezeichnenden Namen »Start«. Das Bild zeigt dieses Flugzeug bei einem seiner ersten Windenstarts.

fünfzigtausend Menschen auf der Wasserkuppe, ehemalige Segelflieger ebenso wie flugbegeisterte junge Leute. Und zum erstenmal wurde wieder geflogen.
Neue Doppelsitzer wie der »Doppelraab« von Fritz Raab aus Dachau erhoben sich im Winden- und Gummiseilstart. Fritz Stamer flog den ersten neu erbauten Schulgleiter ein.
Doch wie vorausgesehen, ergaben sich mit dem Wiederbeginn heute kaum noch vorstellbare Schwierigkeiten. Fluggelände mußten neu geschaffen, Flugzeuge und Startwinden neu gebaut werden. »Draußen« hatte sich der Segelflug inzwischen weiterentwickelt. Alle ehemals von Deutschen erflogenen Rekorde waren überboten worden. Wieder den Anschluß an die technischen und wissenschaftlichen Fortschritte seit 1939 zu finden, war die große Aufgabe der zweiten Pionierzeit des Segelflugs in Deutschland. Doch trotz aller Schwierigkeiten konnten an der Weltmeisterschaft 1952 in Spanien schon wieder Deutsche teilnehmen. Mit dem »Kranich III«, einer Neukonstruktion (der letzten) von Hans Jacobs, kamen Dr. Frohwein und Hanna Reitsch in der Doppelsitzerklasse mit dem 2. und 3. Platz zu beachtlichen Erfolgen.
Auf den VII. Weltmeisterschaften 1958 in Polen wurde ein Deutscher sogar wieder Weltmeister: Ernst-Günter Haase auf HKS 3, einer Neukonstruktion der Entwicklungsgemeinschaft Haase-Kensche-Schmetz, bei der schon Erkenntnisse der Nachkriegsentwicklung Berücksichtigung gefunden hatten. Eine Besonderheit war die Verwölbung des Flügelhinterteils: Für den Langsamflug konnten die Hinterkanten heruntergewölbt werden. Die Gleitzahl betrug 37, die Sinkgeschwindigkeit 0,53 m/s.
Die weiteste Verbreitung von allen Nachkriegskonstruktionen fand die Ka 6 von Rudolf Kaiser. Die erste Ka 6, gebaut im Sommer 1955, hatte 14 m Spannweite. In einer verbesserten Konstruktion nutzte Kaiser die Möglichkeiten der neuen »Standardklasse«, die Spannweiten bis zu 15 m zuließ. Für die Ka 6 erhielt Kaiser bei den Weltmeisterschaften 1958 in Polen den OSTIV-Preis für das beste Standard-Segelflugzeug der Welt.
Rudolf Kaiser hat die Ka 6 ständig verbessert. In der E-Version erreichte das Flugzeug bei 15 m Spannweite und

Eine »Ka 6« auf dem Windenstartplatz vor der Wasserkuppe in den sechziger Jahren.
Eine »Rhönlerche«, ein Schuldoppelsitzer ebenfalls konstruiert von Rudolf Kaiser, ist im Landeanflug. Wie die »Ka 6«, ist auch die »Rhönlerche« immer noch ein beliebtes Flugzeug im Vereinsbetrieb.

Heinz Huth aus Hamburg, kurz »der Lange« genannt, bei den Deutschen Segelflugmeisterschaften in Roth bei Nürnberg im Jahre 1964.

300 kg Fluggewicht eine Gleitzahl von 34 bei 0,65 m/s Sinkgeschwindigkeit. Lang ist die Erfolgsliste der Ka 6, die noch heute zu den beliebtesten Leistungssegelflugzeugen zählt. Heinz Huth aus Hamburg wurde mit der Ka 6 sechsmal Deutscher Meister und zweimal Weltmeister der Standardklasse (1960 und 1963). 1964 gelang Wallace A. Scott in den USA auf der Ka 6 ein Zielflugweltrekord von 837,75 km. Günter Cichon erreichte damit 1967 eine Höhe von 10075 m und Elke Loos zwei Jahre später einen deutschen Frauen-Streckenrekord mit 627 km.

Bis 1972 wurden von Flugzeugbau Schleicher in Poppenhausen, der Wirkungsstätte Rudolf Kaisers, über 1400 Ka 6 geliefert – die bisher größte Serie aller Leistungsflugzeuge in der Welt. Die Ka 6 war der Höhepunkt in der Entwicklung des Segelflugzeugs aus dem Baustoff Holz.

Die technische Revolution im Segelflugzeugbau

Ende der fünfziger/Anfang der sechziger Jahre gab es wiederum Leistungssteigerungen, die selbst die berufensten Fachleute kaum für möglich gehalten hätten.

An der Entwicklung der Luftfahrttechnik – auch des Segelflugzeugbaues – zeigt sich geradezu exemplarisch, wie sich der technische Fortschritt vollzieht: Aus Kenntnissen, Erkenntnissen und Beobachtungen ergeben sich Konstruktionsideen, die meist in relativ kurzer Zeit technisch-handwerklich perfektioniert werden. Eine gewisse Stagnation tritt ein; Verbesserungen, Leistungssteigerungen des bestehenden Systems werden (oft zu Recht) nicht mehr für möglich gehalten. Neue Impulse gehen erst wieder von völlig neuen Konstruktionsideen aus, die meist im Zusammenhang mit neuen wissenschaftlichen Erkenntnissen, mit der Entdeckung neuer Werkstoffe und Verarbeitungsmethoden stehen.

So vollzog sich auch der technische Fortschritt im Segelflugzeugbau. Am Anfang »klebten« die konstruktiven Vorstellungen noch weitgehend am Vorbild des damals üblichen Motor-Doppeldeckers. Die neue Idee waren der freitragende Flügel großer Streckung und die einholmige Bauweise. Mit Flugzeugen wie dem »Fafnir« war schon sehr bald nahezu ein Optimum dieser Bauweise erreicht, die schließlich bis hin zur Ka 6 E immer nur weitere Verbesserungen im Detail erfuhr. In den dreißiger Jahren gingen die meisten Konstrukteure noch davon aus, daß ein Segelflugzeug so leicht wie möglich sein müsse und daß seine Flügel gleichzeitig so tragfähig wie möglich sein sollten. Deshalb wurden stark gewölbte Flügelprofile mit hohen Auftriebsbeiwerten bevorzugt. Man nahm in Kauf, daß deren Luftwiderstand relativ groß war und bei erhöhter Geschwindigkeit unverhältnismäßig stark zunahm (der Luftwiderstand wächst ja mit dem Quadrat der Geschwindigkeit). So erreichte man zwar eine günstige Sinkgeschwindigkeit bei normaler Fluggeschwindigkeit, aber eine für heutige Begriffe nur mäßige Gleitzahl. Das war nicht nachteilig, solange es nur darum ging, am Hang oder keisend in der Thermik eine möglichst große Höhe zu gewinnen. Oben flog man mit günstiger Gleitzahl, also mit der relativ geringen normalen Gleitgeschwindigkeit (zwischen 65 und 80 km/h) weiter, bis man den nächsten Aufwind erwischte, der selbstverständlich dankbar angenommen und ausgekurbelt wurde. Bewundernswert, daß bei dieser Taktik doch schon so große Strecken – über 500 km – zurückgelegt werden konnten. Allerdings half in vielen Fällen der Wind, und auf eine möglichst hohe durch-

schnittliche Fluggeschwindigkeit kam es ja noch nicht an.
Es war schon ungewöhnlich, wenn damals jemand versuchte (wie etwa der junge Wolfgang Späte auf dem Rhönwettbewerb 1938) seine gewonnene Höhe möglichst in Geschwindigkeit umzusetzen, also »wegzudrükken«. Sonderlich gut eigneten sich die damaligen Flugzeugen nicht dafür, denn da der Luftwiderstand bei schnellerem Flug so stark anwuchs, nahm auch die Sinkgeschwindigkeit sprunghaft zu.
Ein damals sehr beliebtes Leistungssegelflugzeug war der »Rhönsperber«, konstruiert von Hans Jacobs. Bei 70 km/h hatte er eine Sinkgeschwindigkeit von 0,91 m/s. Drückte ihn der Pilot auf 100 km/h an, so kam er bereits auf 1,75 m/s Sinken, bei 140 km/h sogar auf 4,20 m/s. Bei noch höheren Geschwindigkeiten stieß er fast im Sturzflug abwärts.
Kurz, nach heutigen Begriffen kam ein Segelflieger mit dem »Sperber« oder einem anderen Vogel dieser Art, so schön er auch aussah, nicht recht vorwärts. Man benötigte widerstandsärmere Flügelprofile und eine glattere Oberfläche aller dem Luftstrom ausgesetzten Flugzeugteile, um die Gleitzahl sowie das Schnellflugverhalten entscheidend zu verbessern, ohne dabei die Sinkgeschwindigkeit zu beeinträchtigen. Das Gewicht spielt dabei eine geringere Rolle. Das bewiesen bereits einige Vorkriegsmuster, die sich trotz relativ hoher Flächenbelastung recht gut bewährt hatten. Zu ihnen gehörte die »Hütter 28«, Baujahr 1935, mit nur 12 m Spannweite und 8,5 qm Flügelfläche eines der kleinsten je gebauten Leistungssegelflugzeuge. Ihre Flächenbelastung betrug 22 bis 23 kg/qm, während zu dieser Zeit schon 18 kg/qm (»Fafnir II«) als sehr hoch angesehen wurden (heute sind Flächenbelastungen um 30 kg/qm die Regel und bis 45 kg/qm nicht ungewöhnlich). Daß dieses kleine Segelflugzeug seinen größeren Zeitgenossen nicht unterlegen war, zeigte sich auch bei dem Oldtimertreffen 1974 auf der Wasserkuppe, als der Schweizer Segelflieger Eugen Aeberli mit der »Hütter 28« mehrmals den Tagessieg erringen und sich hervorragend placieren konnte.

In der Frage der Flächenbelastung hatte das Umdenken also schon in den dreißiger Jahren begonnen. In den vierziger Jahren gelang es, auch im Hinblick auf die Flügelprofile aus dem empirischen Stadium herauszukommen und die günstigsten Formen rechnerisch zu ermitteln. Bis dahin hatte man nach der Suchmethode gearbeitet, also immer wieder neue, oft an den Vogelflügel angelehnte Querschnitte im Windkanal untersucht und auf diese Weise die geeignetsten herausgefunden. Alle diese Profile hatten eine relativ stumpfe Nase; ihre größte Dicke lag im vorderen Drittel, und die meisten waren – entsprechend dem Vogelflügel – relativ stark gewölbt.

Ein »Rhönsperber« im Segelflugmuseum auf der Wasserkuppe.

Laminarprofile

Die jetzt rechnerisch herausgefundenen widerstandsarmen Profile sahen anders aus: Sie hatten eine spitzere Nase und eine weitaus geringere Wölbung als die bisherigen, und ihre größte Dicke lag viel weiter hinten, etwa bei 50 Prozent der Flügeltiefe. Untersuchungen im Windkanal bewiesen, daß die Berechnungen richtig waren. In der Praxis trafen sie jedoch nur zu, wenn die Strömung »laminar«, also anliegend, unverwirbelt blieb. Man brauchte also bei solchen Flügelquerschnitten eine extrem glatte Oberfläche, wie sie mit der Holzbauweise kaum zu erreichen war. Hier gab es schon durch die Bespannung Profilveränderungen und Unebenheiten, die den »Laminarprofilen« nicht zuträglich waren. Außerdem war der kleine Nasenradius dieser Profile mit Sperrholz kaum formbar.

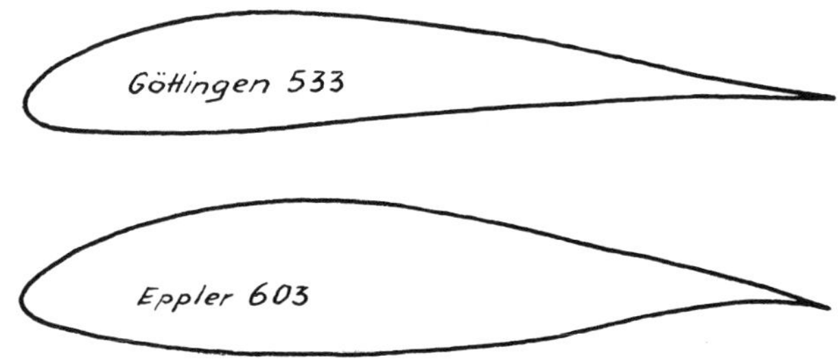

Normal- und Laminarprofil
Ein »Profil« – jedem Flieger ein Begriff – ist der Flügelquerschnitt. Seine Form hat auf die Flugleistungen und -eigenschaften entscheidenden Einfluß. Oben das Profil Göttingen 533, das in Holz-Segelflugzeugen wie der Ka 8 und der Ka 13 heute noch verwendet wird. Unten das Laminarprofil Eppler 603 des »Astir« und »Twin-Astir« (GFK-Flugzeuge).

Glasfaser-Kunststoff-Bauweise

Es ist ein Glücksfall, daß die technische Entwicklung auf einem völlig anderen Gebiet einen Ausweg aufzeigte: Es gab inzwischen Kunstharze, die eine besonders hohe Festigkeit erreichten: Epoxid-Harze, die durch Zusatz von Härtern fest, unlöslich und unschmelzbar werden. Durch Einbettung von Glasfasern – neuerdings auch Kohlenstoff- und anderen hochfesten Fasern – läßt sich die Zug- und Druckfestigkeit dieses Materials noch wesentlich erhöhen. Sie bilden gewissermaßen das Rückgrat der Kunststoffkörper und lassen sich so verteilen, wie es für die jeweilige Beanspruchung am günstigsten ist. Die Glasfasern sind

Nach alter Art werden hier Segelflugzeugtragflächen aus Holz gebaut. Holzflugzeuge bestehen aus zahlreichen Klein- und Kleinstteilen und sind daher überaus arbeitsintensiv.

◀ **Eine völlig andere Bauweise:** mit Kunststoffen, die durch spezielle Gewebe wie Glasfasern verstärkt sind.
Die Flugzeugteile entstehen in Formen: Hier die Formmulde einer Rumpfhälfte. Nach dem Einspritzen des weißen Lacks werden die Glasfasergewebe eingelegt und mit dem Zweikomponenten-Epoxidharz durchtränkt. Zur Erhöhung der Festigkeit werden die Gewebe diagonal und kreuzweise aufgebracht. Wo besondere Festigkeit erforderlich ist, kann sie durch zusätzliche Lagen von Glasfasergewebe erreicht werden.

hauchdünn – nur neun-tausendstel Millimeter –, aber doppelt so zugfest wie Stahl und zwanzigmal fester als der Kunststoff selbst. Andererseits wird ihre Festigkeit erst wirksam durch die Einbettung in den Kunststoff. Streng genommen wird ein GFK- oder CFK-Flugzeug nicht »gebaut« – aus Einzelteilen zusammengesetzt und geklebt wie ein Holzflugzeug – sondern in Formschalen zusammen mit dem stützenden Gewebe Schicht für Schicht aufgebracht.
Wie das vor sich geht, schilderte Dipl.-Ing. Gerhard Waibel vor der Fernsehkamera folgendermaßen:
»Der Arbeitsprozeß beginnt mit der Außenhaut. Zuerst wird in die Form die Farbe eingespritzt. Darauf wird der äußere Glasfaserkunststoff gelegt. Es folgen der Stützstoff – ein Kunststoffhartschaum oder ein Wabenmate-

Bau eines GFK-Flügels
Auch in diese Formschale werden die Gewebe diagonal eingelegt. Die tragende Außenhaut des Flügels ist nur 0,6 mm dick. Damit sie nicht so leicht eingebeult werden kann, ist ein Stützmaterial erforderlich.

Im Vergleich zum Holzflügel ist eine GFK-Tragfläche recht einfach aufgebaut. Vorn der sehr kräftige Holm. Die wenigen Rippen nehmen das Gestänge der Steuerung auf. Auf dieses Unterteil wird später das in einer anderen Formschale hergestellte Oberteil geklebt.

Die fertige Tragfläche wird naß geschliffen und poliert.

rial – und der innere Glasfaserkunststoff. Zwei Formhälften werden gebaut. In eine kommen noch Einbauten, die Rippen. Das sind aber sehr wenige Bauteile, die nur zur Aufnahme der Steuerung notwendig sind. Ansonsten sind die Bauteile weitgehend hohl. Beide Formen werden aufeinandergelegt und die Teile verklebt. Was wir erhalten, ist ein Bauteil mit einer sehr guten Oberfläche, die nur noch durch eine Lackierung an der Endkante vervollständigt werden muß. Die gesamte Oberfläche wird in einer Finish-Behandlung durch Schleifen nochmals verbessert.«

Beginn des »Kunststoff-Zeitalters«

Das erste GFK-Flugzeug war der »Phönix« der Akaflieg Stuttgart. Mit Unterstützung des Landes Baden-Württemberg konnten die schwierigen Festigkeitsuntersuchungen vorgenommen und der Prototyp gebaut werden. Sein Konstrukteur und Erbauer Hermann Nägele unternahm am 27. November 1957 in Schwaighofen bei Ulm den erfolgreichen Erstflug. Die Flugleistungen des »Phönix« entsprachen von Anfang an den errechneten und erwarteten Werten. Er erreichte bereits die Gleitzahl 40 und übertraf damit wohl alle damals bekannten Segelflugzeuge. Seine Sinkgeschwindigkeit von knapp 50 cm/s war ebenfalls sehr günstig. Der Prototyp, der noch ein Kreuzleitwerk besaß, hängt heute in der Luftfahrtabteilung des Deutschen Museums. Von der Serienausführung mit T-Leitwerk befindet sich ein Exemplar im Deutschen Segelflugmuseum auf der Wasserkuppe, einige weitere fliegen noch im Vereinsbetrieb. Die Flugeigenschaften sind hervorragend.
Erfolgreich war dieses erste Kunststoff-Segelflugzeug der Luftfahrtgeschichte auch auf Wettbewerben. So gewann Rudolf Lindner damit 1962 die Deutsche Segelflugmeisterschaft. Ein Jahr später gehörte er auf diesem Muster zu dem »schwäbischen Trio«, das am Pfingsttag mit 875,987 km einen neuen Streckenweltrekord aufstellte. Während vom »Phönix« nur 8 Exemplare hergestellt wurden, fand seine Weiterentwicklung, der »Phöbus«, mit insgesamt 254 Exemplaren weltweite Verbreitung. Um 180 davon fliegen noch heute.

Der »Phönix«, das erste Kunststoff-Segelflugzeug der Welt, in der Serienversion (mit T-Leitwerk) im Segelflugmuseum auf der Wasserkuppe.

Gerhard Waibel gehörte mit Wolf Lemke und Heiko Frieß zu den jungen Ingenieuren, die Anfang der sechziger Jahre ihr Studium an der Technischen Hochschule Darmstadt mit der Konstruktion eines GFK-Segelflugzeugs als Diplomarbeit beendeten. Der einige Semester »jüngere« Klaus Holighaus war später noch mit einigen konstruktiven Verbesserungen an diesem Flugzeug beteiligt. Es war die berühmte D-36 V 1 »Circe«, die im März 1964 mit Wolf Lemke ihren Erstflug machte. Bereits im Mai gewann Gerhard Waibel mit diesem Flugzeug in Roth die Deutschen Meisterschaften. Bei einer Spannweite von 17,80 m und einem Fluggewicht von rund 400 kg hatte die D-36 V 1 eine Flächenbelastung von 32 kg/qm. Ihre beste Gleitzahl lag bei 44, ihr geringstes Sinken bei 0,53 m/s – damit waren die D 30 (1938 Gleitzahl 37,6) und auch der »Phönix« weit übertroffen.

Ähnlich wie in den Pionierjahren wurde die neue Aera des Segelflugzeugbaues, das »Kunststoff-Zeitalter«, von jungen Konstrukteuren, die selbst begeisterte und international erfolgreiche Segelflieger waren, entscheidend beeinflußt. Das schmälert nicht die Verdienste der älteren Wissenschaftler, auf deren grundlegenden Forschungen der sprunghafte Fortschritt beruhte. Die Ent-

Bei einem Oldtimertreffen 1988 landete der alte »Phönix« mit Bremsfallschirm.

Die D-36 V 1 »Circe« auf den Deutschen Segelflugmeisterschaften 1964 in Roth.
Mit dieser Neukonstruktion siegte Gerhard Waibel überlegen in der Offenen Klasse.

wicklung der Laminarprofile für Segelflugzeuge, wie sie sich etwa seit 1950 vollzog, ist vor allem mit den Namen zweier in Stuttgart lehrenden Professoren verbunden: Dr. Richard Eppler und Dr. F. X. Wortmann. Wortmann- oder Eppler-Profile sind heute jedem Segelflieger ein Begriff; es gibt kaum ein modernes Segelflugzeug, das nicht mit einem von diesen beiden Wissenschaftlern berechneten Profil ausgerüstet wäre.

»Super-Orchideen«

Die Leistungsdaten dieser Flugzeuge übertreffen die der herkömmlichen, aus Holz oder auch aus Metall gebauten, bei weitem, vor allem im Schnellflugverhalten und in der Gleitzahl. Werden diese »Super-Orchideen«, wie sie der Segelflieger liebevoll nennt, mit erhöhter Geschwindigkeit geflogen, so kommt der geringe Luftwiderstand der Laminarprofile in Verbindung mit der glatten Oberfläche erst richtig zur Wirkung. Beim »Andrücken« geht's nicht wie bei den konventionellen Segelflugzeugen vor allem abwärts, sondern vorwärts. Die Sinkgeschwindigkeit nimmt im Verhältnis zur Fluggeschwindigkeit nur geringfügig zu. Die LS 3 von Lemke/Schneider hat bei 70 km/h ein Sinken von 0,56 m/s, bei 100 km/h von 0,68 m/s, bei 140 km/h nur 1,15 m/s. Selbst bei 180 km/h liegt das Sinken nur bei 2 m/s. Unter Ausnutzung dieser Flugleistungen können bei günstigen Thermik-Wetterlagen große Strecken mit verblüffend hohen Durchschnittsgeschwindigkeiten motorlos durchflogen werden.

In den letzten Jahren haben sich die Geschwindigkeitsrekorde (so etwas gibt es bezeichnenderweise auch im Segelflug, allerdings erst, seitdem die aerodynamischen Voraussetzungen bestehen) auf Dreiecksstrecken geradezu überschlagen. Manche wurden jährlich, einige schon nach wenigen Tagen überboten. Seit längerem Bestand hat ein Rekord von Ingo Renner über ein 100 km-Dreieck in Australien: Im Dezember 1972 durchflog er diese Strecke mit 195,3 km/h – selbstverständlich mit einem Kunststoff-Flugzeug (»Nimbus 2«). Schneller ist auch kein vergleichbares Motorflugzeug! Ebenfalls in Australien durchflogen Hans-Werner und Karin Grosse im Januar 1988 ein 300 km-Dreieck mit 171 km/h und wenige Tage später ein 1000 km-Dreieck (vor wenigen Jahren war ein solches Dreieck überhaupt die Traumgrenze!) mit 157,6 km/h. Sie benutzten dazu den Doppelsitzer ASH 25, der an die Gleitzahl 60 herankommt. Die Gleitzahl 50 war bereits 1972 überschritten worden, und zwar mit der SB 10, einem Forschungssegelflugzeug der Akaflieg Braunschweig. Die Nachkriegskonstruktionen dieser Fliegergruppe hatten 1953 mit der SB 5 begonnen, die noch konventionell gebaut war. Bereits die SB 6 – 1960 begonnen – war in Balsaholz-Glasfaser-

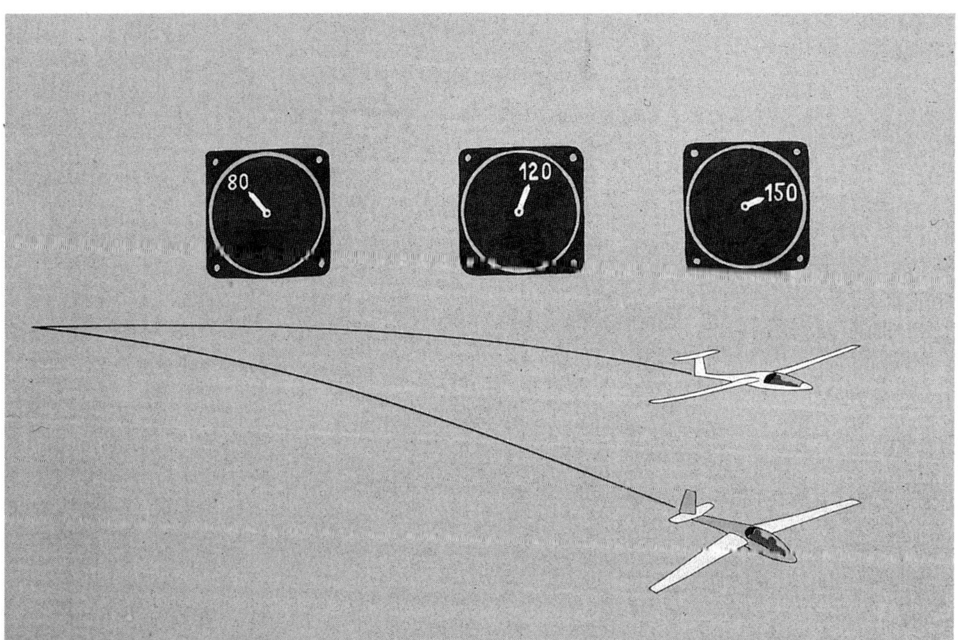

Schnellflugverhalten von Segelflugzeugen: Oben ein besonders widerstandsarmes GFK-Flugzeug, unten ein herkömmliches Segelflugzeug in Holzbauweise.

Die SB 10 der Akaflieg Braunschweig, mit 29 m Spannweite wohl das größte Segelflugzeug, mit dem heute noch geflogen wird.

Epoxidharz-Verbundbauweise hergestellt. Die Konstruktion stammte weitgehend von Björn Stender, der zwei Jahre später mit der BS 1 ein Traumflugzeug verwirklichte (Gleitzahl 44), aber 1963 bei der Schnellflugerprobung dieses Musters ums Leben kam.
Bei der Konstruktion SB 7 (1962) wurden die technisch-fliegerischen Erfahrungen mit der SB 6 für die Standardklasse ausgewertet. Die SB 8 (1964) hingegen war mit 18 m Spannweite wieder ein Flugzeug der offenen Klasse. Durch Vergrößerung der Spannweite auf 22 m bei der SB 9 versuchten die Studenten, die Flugleistungen mit möglichst einfachen Mitteln zu verbessern. Tatsächlich stieg die Gleitzahl von 4o auf 46! Der Weg wurde mit der SB 10 konsequent weiterverfolgt: durch Vergrößerung der Spannweite auf 29 m! Damit waren allerdings Konstruktionsprobleme verbunden, die eine Akaflieg kaum lösen konnte. Doch das Projekt wurde verwirklicht und eine Gleitzahl von 53 bei einem geringsten Sinken von 0,51 m/s mit diesem größten Segelflugzeug der Welt erreicht. Den Erstflug unternahm am 27. Juli 1972 Helmut Treiber, der ebenfalls zu der Gruppe der jungen erstklassigen Konstrukteure und Piloten zu zählen ist.
Der Weg von der SB 5 zur SB 10 ist ein Beispiel für die konsequente Entwicklungsarbeit, wie sie sich in den letzten Jahrzehnten an vielen Stellen in Deutschland vollzog. Alle wesentlichen Baumuster aufzuführen und Namen zu nennen, ist in diesem Zusammenhang nicht möglich. Mit den hier genannten Beispielen soll auch keine Bewertung gegeben werden. Gerade die Breite der Entwicklungsarbeit, das Vorhandensein relativ vieler guter Flieger-Konstrukteure erwies sich für die sonst so benachteiligte deutsche Luftfahrtindustrie als außerordentlich fruchtbar.
Ohne Zweifel ist Deutschland heute führend auf dem Gebiet des Segelflugzeugbaus, wenngleich auch im Ausland, vor allem in Polen und Finnland, ausgezeichnete Kunststoffmuster hergestellt werden. Weit über die Hälfte der in der Bundesrepublik hergestellten Segelflugzeuge wird exportiert.
Bei internationalen Segelflugwettbewerben stammen fast immer mehr als 90 Prozent der teilnehmenden

Flugzeugmuster aus Deutschland. Doch der Markt für Segelflugzeuge (und auch für Motorsegler) ist im Vergleich zu anderen Exportprodukten nur recht klein. Industriegiganten wie etwa die japanischen Multis, die den Einbruch in andere Industriezweige (z. B. Elektronik, Auto, Optik, Schiffbau) weltweit geschafft haben, wird er kaum interessieren. Der Umsatz liegt nur bei 80 Millionen DM jährlich und die Zahl der Arbeitsplätze um 800. Der Einstieg in diese Industrie dürfte auch deshalb problematisch sein, weil sich das in Jahrzehnten gewonnene Know-how der deutschen Konstrukteure und Fachhandwerker nicht im Handumdrehen erwerben läßt. Zudem ist der Markt weitgehend gesättigt, vor allem wegen der Langlebigkeit der Flugzeuge dank der Kunststoffbauweise. Sensationelle Fortschritte in Bauweise und Leistungsfähigkeit sind kaum zu erwarten. Nach dem schon erreichten hohen technischen und aerodynamischen Standard kann es nur in kleinen Schritten weitergehen.

So gering also die Bedeutung dieses mittelständischen Industriezweiges in weltwirtschaftlicher Sicht auch erscheint, so groß ist sie für die jeweilige Region, in der sie Arbeitsplätze zur Verfügung stellt – und ganz besonders, wenn es sich um das industriearme Zonenrandgebiet handelt.

Ein Beispiel hierfür ist der Segelflugzeugbau Schleicher in Poppenhausen in der Rhön. Der Gründer Alexander Schleicher war ein Tischler, der sich aus Begeisterung für den Segelflug auf der benachbarten Wasserkuppe dem Flugzeugbau zugewandt hat. Interessant ist bei dieser Firma auch der Übergang vom Holzflugzeugbau zur Kunststoff-Ära. Nach langer Parallelität ist die Entscheidung heute zugunsten des Kunststoffs gefallen. Einer der bedeutendsten Konstrukteure der Nachkriegszeit, Dipl.-Ing. Rudolf Kaiser, hat das Erfolgsbild dieser Firma mit geprägt. Für die Kunststoffära steht der nicht minder bekannte Dipl.-Ing. Gerhard Waibel, dessen Konstruktionen heute zu den besten überhaupt gehören. Seine ASW 22 B/25 m, ein Einsitzer, steht zusammen mit dem Nimbus 3/25,5 m von Klaus Holighaus an der Spitze der Indexliste (von 1989), aus der sich die Bewertung von Segelflugleistungen bei Wettbewerben ergibt. Beide haben die Indexzahl 126 (zum Vergleich: das beste Holzflugzeug Ka 6 E liegt bei 90!) Mit der Indexzahl wird versucht, die Leistung des Piloten unabhängig von der Qualität des Flugzeugs zu bewerten.

Die »Super-Orchideen« wie die ASW 22 B/25 m, der Nimbus 3/25,5 m und die ASH 25, die Gleitzahl 60

Segelflugzeugbau Schleicher in Poppenhausen am Fuß der Wasserkuppe.

aufzuweisen haben, sind leider sehr teuer und wegen ihrer Größe für den Vereinsbetrieb und die Schulung kaum geeignet. Es gibt aber eine ganze Reihe kleinerer, einfacherer und entsprechend billigerer Ein- und Doppelsitzer in Kunststoffbauweise, die einen gesunden Kompromiß zwischen Leistungsfähigkeit und den Erfordernissen des Vereins- und Schulbetriebs darstellen. Ihre Gleitzahl liegt zwischen 30 und 40, ihre Indexzahl (bei Wettbewerben, für die sie sich durchaus eignen) um und etwas über 100.

Es hat sich erwiesen, daß GFK-Muster bei größerer Serie in der Herstellung nicht teurer sind als Holz- und Metallflugzeuge. Wegen der unbegrenzten Verformbar-

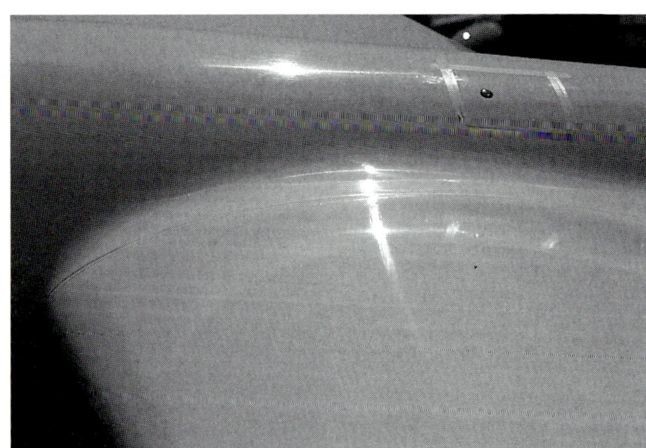

Die spiegelglatte Oberfläche eines GFK-Segelflugzeugs.

keit und der glatten Oberfläche des Kunststoffs sind sie den herkömmlichen Mustern leistungsmäßig weit überlegen, fliegerisch aber kaum schwieriger. Kunststoffsegler sind robust im Flugbetrieb und nahezu wartungsfrei. Auch damit entsprechen sie dem »Zug der Zeit«. Man kann es bedauern, aber es ist so: Werkstattarbeit wird nicht mehr gern geleistet. Der Nachwuchs an Leistungssegelfliegern will heute nicht mehr die Abende mit dem Leimtopf verbringen, sondern mit möglichst wenig Vor- und Nacharbeit möglichst oft und lange fliegen, und natürlich mit Flugzeugen, deren Leistungen und Eigenschaften im Spitzenbereich liegen.

Entgegengesetzte Anforderungen an ein Leistungssegelflugzeug

Gerade hierbei beginnen wieder die Probleme. Beim Leistungsflug kommt es ja heute darauf an, eine bestimmte Strecke nicht nur zu bewältigen, sondern in möglichst kurzer Zeit zurückzulegen. Also: je schneller das Flugzeug und je günstiger sein Schnellflugverhalten, desto besser. Aber zwischendurch muß auch das beste Segelflugzeug immer wieder Höhe »tanken«. Und beim Kurbeln in der Thermik bei durchschnittlich günstigen Wetterlagen ist es gar nicht so vorteilhaft, ein sehr schnelles Flugzeug zu haben. Da die Aufwinde oft nur einen geringen Durchmesser aufweisen, kann es sein, daß ein Segelflieger mit einem alten, langsamen Übungsflugzeug aus Holz schneller steigt als ein Experte mit einer GFK-Super-Orchidee, deren höhere Geschwindigkeit bei gleicher Querneigung einen größeren Kurvenradius mit sich bringt. Erst im Geradeausflug ist das Kunststoff-Flugzeug dem Veteranen wieder weit überlegen. Eigentlich brauchte der Leistungssegelflieger zwei Flugzeuge in einem: ein langsames zum Kreisen in der Thermik, also beim Steigflug, und ein schnelles auf der Strecke, also beim Gleitflug.

Bei GFK-Mustern mittlerer Leistung – Gleitzahlen etwa zwischen 36 und 38 – wird konstruktiv eine Ausgewogenheit zwischen Steigflug- und Schnellflugleistung angestrebt. Damit diese Flugzeuge für Clubs und Privatleute erschwinglich bleiben, besitzen sie normalerweise keine zusätzlichen Einrichtungen zur Optimierung ihrer Leistungen in den jeweiligen Geschwindigkeitsbereichen. Vorgesehen ist meist nur der relativ billige Ballastwassertank: Bei sehr günstigen Wetterlagen kann es sich lohnen, durch Erhöhung des Fluggewichts (Aufnahme von Wasser) mit der Flächenbelastung die Fluggeschwindigkeit zu vergrößern. Verschlechtern sich die thermischen Möglichkeiten etwa durch Eintrübung oder gegen Abend, so wird das Wasser während des Fluges abgelassen. Das so erleichterte Flugzeug fliegt langsamer und kann, da es wendiger geworden ist, auch noch

Die SB 10 mit voll ausgefahrenen Wölbklappen (auf einer Luftfahrtausstellung).

Ballastwasser wird in den Flächentank eingefüllt.

schwächere Aufwinde ausnutzen. Diese Methode hat jedoch den Nachteil, daß sie sich nur einmal anwenden läßt: Das Ballastwasser läßt sich nicht zurückgewinnen. Darum werden neben dieser Methode, die schon Wolf Hirth bei der »Minimoa« angewandt hat, auch aerodynamische Hilfen benutzt, die allerdings in jedem Fall einen zusätzlichen baulichen und mechanischen Aufwand mit sich bringen, also nicht gerade billig sind. Es handelt sich um Wölbklappen, wie sie zur Verringerung der Geschwindigkeit und zur gleichzeitigen Auftriebserhöhung auch bei Motorflugzeugen angewendet werden. Ausgefahrene Wölbklappen entsprechen stark gewölbten Profilen, die hohen Auftrieb liefern, allerdings auch größeren Luftwiderstand verursachen. Werden die Wölbklappen auf normal oder gar negativ gestellt, so ist wieder ein Hochgeschwindigkeitsprofil vorhanden. Wölbklappen, die bei einigen Konstruktionen bereits automatisch arbeiten, ermöglichen also eine weitgehende Anpassung an die Erfordernisse des langsamen Thermikfliegens und zugleich des schnellen Streckenfliegens. Bei Wettbewerben haben sich Flugzeuge, die mit Wölbklappen ausgerüstet sind, ihrer Konkurrenz gegenüber als weit überlegen erwiesen.

Flügel, die sich verändern lassen

In der Schweiz wurde im Sommer 1977 ein Segelflugzeug vorgestellt, dessen Flügelfläche sich im Flug um 1,5 qm vergrößern läßt. Der »Delphin« von Fritz Mahres aus Bettingen hat einen Flügel, dessen Eppler-Schnellflugprofil durch Ausfahren der Hinterkante zu einem stark gewölbten Langsamflug-Profil wird. Die Wirkung ist ähnlich wie bei einer Wölbklappe, aber aerodynamisch günstiger, da kein Knick auftritt.

Das Prinzip der Vergrößerung der Flügelfläche im Flug scheint hier relativ einfach gelöst worden zu sein. Eine Konstruktion mit ähnlicher Zielsetzung ist die FS-29 der Akaflieg Stuttgart. Bei ihr wird nicht die Profiltiefe, sondern die Spannweite es Flügels verändert. Die FS-29 ist das erste Segelflugzeug mit Teleskopflügel. Die Konstruktion ist jedoch so aufwendig, daß sie sicherlich nicht den Weg zu einem Serienflugzeug weisen wird. Aber darauf kam es den Konstrukteuren auch gar nicht an.

Der alten und guten Tradition der akademischen Fliegergruppen in der Konstruktion von Segelflugzeugen folgend, hat die Akaflieg Stuttgart wieder einmal einen völlig neuen Weg beschritten. Die Industrie, die auf dem Gebiet des Segelflugzeugbaus ja nur aus einer Reihe von kleinen Firmen besteht, hat keine Mittel für aufwendige Forschungsarbeit. Völlig neue Konzeptionen sind daher von ihr nicht zu erwarten. Angehörige der akademischen Fliegergruppen können demgegenüber im Rahmen ihres Studiums neue Ideen durchdenken, durchrechnen und danach konstruieren und bauen. An der FS-29 haben 30 Studenten mitgearbeitet; sie leisteten rund 8000 Arbeitsstunden für Konstruktion und Entwicklung und rund 12000 Baustunden in mehr als zweieinhalb Jahren. Zwei Diplomarbeiten und sechs Studienarbeiten befassen sich mit diesem Flugzeug.

Zweck der Spannweitenveränderung ist die optimale Anpassung an die beiden Geschwindigkeitsbereiche des Leistungssegelflugs: Langsamflug beim Kreisen im thermischen Aufwind und Schnellflug zum Streckengewinn. Hierzu läßt sich die Spannweite zwischen 13,30 m und 19 m während des Fluges durch Handkraft variieren. Der Erstflug fand am 16. Juli 1975 auf dem Flugplatz Bartholomae-Amalienhof in der Ostalb statt, zunächst mit voller Spannweite.

Bereits beim dritten Start verkürzte Projektleiter und Testpilot Eberhard Schott von der Akaflieg Stuttgart die Spannweite im Flug auf 13,50 m und fuhr die Flächen anschließend zur Landung wieder auf 19 m aus. Der Bewegungsmechanismus funktionierte ohne große Probleme. Seitdem ist die FS-29 in der Flugerprobung. Dabei hat sich gezeigt, daß beim Streckenflug keineswegs immer der gesamte Variationsbereich ausgenutzt werden muß. Oft genügt schon eine Spannweitenänderung von einem Meter, um eine optimale Anpassung an

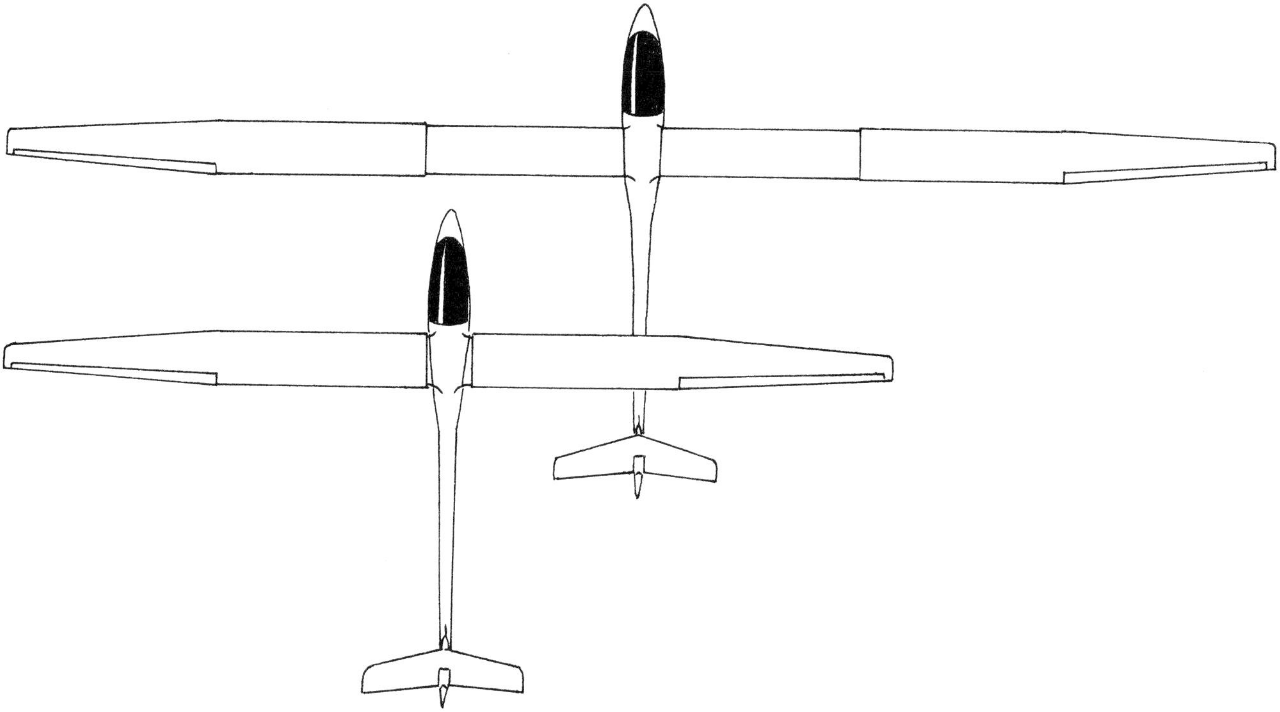

Spannweitenänderung der fs – 29 zwischen 13,30 und 19 m.

Die fs – 29 mit voll ausgefahrenen Tragflächen (19 m Spannweite), erkennbar an den schwarzen Markierungsstreifen rechts und neben dem Cockpit. Der Pilot kann sie auch während des Fluges erkennen. In der Hand hält er den Hebel zum Bewegen der Teleskop-Kinematik.

Die SB 11 startet mit voll ausgefahrenen Fowlerklappen; das stark gewölbte Flügelprofil ist deutlich erkennbar. Hinter dem Flügel eine aufgesetzte Kamera.

den jeweils möglichen Steigflug oder Schnellflug zu erreichen. Das wiederum hängt zusammen mit Überlegungen, die vor Jahren in ähnlicher Weise revolutionär wirkten wie die Einführung der Laminarprofile und der GFK-Bauweise. Sie betreffen die Taktik des Segelfliegens.

Die überaus rührige und besonders erfolgreiche Akademische Fliegergruppe Braunschweig hat sich ebenfalls mit dem Problem der veränderlichen Flächengeometrie befaßt und eine einfachere Lösung verwirklicht. Nicht die Spannweite, sondern die Flügeltiefe wird bei ihrem Segelflugzeug »SB 11« verändert. Beim Ausfahren einer Fowlerklappe verringert sich die Flächenbelastung, und aus dem Schnellflugprofil wird ein hoch Auftrieb lieferndes Profil. Die Flügeltiefe kann bis zu 25 Prozent vergrößert werden. Das erfordert eine komplizierte Kinematik, zumal der Flügel zusätzlich mit Wölbklappen ausgestattet ist. Auch die Querruder müssen leicht beweglich bleiben.

Mit schmalem Flügel erreicht die SB 11 ihre beste Gleitzahl von 42 und eine günstige Sinkgeschwindigkeit von 0,6 m/s. Diese Einstellung ist zugleich für den Schnellflug vorteilhaft, denn so hat der Flügel den geringsten Widerstand. Kommt es aber nicht auf Schnelligkeit an, sondern darauf, eng begrenzte Aufwinde auszunutzen, dann ist der verbreiterte Flügel von Vorteil. Zwar verschlechtern sich die Leistungen (die Gleitzahl nimmt ab, die Sinkgeschwindigkeit wird etwas größer), doch das jetzt erheblich langsamere Flugzeug kann wesentlich enger kreisen. So kann ein geschickter Pilot Aufwinde, die er sonst viel zu schnell durchfliegen würde oder mit größeren Kreisen nur teilweise ausnutzen könnte, noch gut »auskurbeln«.

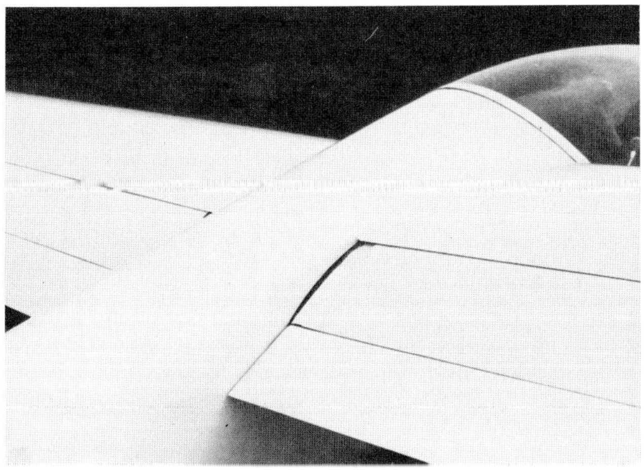

So hat die SB 11 ihre größtmögliche Flügeltiefe – für den Start, den Langsamflug und das enge Kurbeln in der Thermik.

Nicht allein, aber auch nicht zuletzt wegen dieser Möglichkeit gelang es Dr. Helmut Reichmann, bei den Segelflug-Weltmeisterschaften 1978 in Chateauroux in Frankreich mit diesem Flugzeug den Titel in der 15-m-Klasse zu erringen. Dabei hatte er nur zwei Wochen Zeit gehabt, sich mit den Besonderheiten der »SB 11« vertraut zu machen. Sein Sieg in dieser hart umkämpften Klasse, für ihn bereits der dritte Weltmeistertitel, war jedoch auch ein Erfolg der Braunschweiger Studenten.

Entwicklung der Taktik des Segelfliegens

Überlegungen in dieser Richtung gehen auf die dreißiger Jahre zurück, sind aber, da sie mit dem Durchdenken der Abhängigkeit verschiedener Faktoren voneinander und darum mit etwas Mathematik zusammenhängen, bis heute noch nicht Allgemeingut aller Segelflieger. Gefühlsmäßig verhalten sich manche in der Flugtaktik noch so wie ihre Vorfahren in den dreißiger Jahren: Sie fliegen meist mit der günstigsten Sinkgeschwindigkeit, um ja möglichst lange oben zu bleiben, und aus demselben Grund nutzen sie jeden sich anbietenden Aufwind möglichst lange aus. Dieser verständliche Drang erweist sich jedoch als nachteilig, wenn es um das Hauptziel des modernen Leistungssegelfluges geht, nämlich eines möglichst große Strecke in möglichst kurzer Zeit zurückzulegen.

Der erste, der Überlegungen in dieser Richtung veröffentlicht hat, war der Segelflieger Wolfgang Späte von der DFS (Deutschen Forschungsanstalt für Segelflug). Unter den Flugberichten des Rhön-Segelflug-Wettbewerbs und Zielstrecken-Segelflug-Wettbewerbs 1938 findet sich sein Aufsatz: »Beste Reisegeschwindigkeit bei Segelflugzeugen«. Darin untersucht er die Beziehungen zwischen den mittleren Steigwerten an einem Thermiktag und der Fluggeschwindigkeit von Segelflugzeugen. Er läßt sechs »Rhönsperber« von einem Ausgangspunkt A in 2000 m Höhe mit verschiedenen Gleitgeschwindigkeiten zu einem 5 km entfernten Aufwindgebiet fliegen, so wie kurbelnd wieder ihre Ausgangshöhe (Punkt B) erreichen sollen.

Für die Sinkgeschwindigkeit des Sperber bei den verschiedenen Fluggeschwindigkeiten setzte Späte die folgenden Werte an:

»Rhönsperber«	1	2	3	4	5	6	–	–
fliegt mit	70	80	90	100	120	140	160	180 km/h
dabei beträgt die Sinkgeschwindigkeit	0,91	1,14	1,40	1,75	2,68	4,20	–	–
(zum Vergleich LS3)	0,62	0,63	0,65	0,68	0,82	1,10	1,48	2,0 m/s

»Rhönsperber«	1	2	3	4	5	6	–	–
fliegt mit	70	80	90	100	120	140	160	180 km/h
5000 m sind zurückgelegt nach	4′20″	3′45″	3′20″	3′00″	2′30″	2′10″	1′53″	1′40″
danach beträgt der Höhenverlust	235	256	280	317	402	540 m		
(zum Vergleich LS3)	161	143	130	123	123	143	167	200 m

(Die Werte der LS3, eines Kunststoff-Segelflugzeugs, sind als Beispiel für die durchschnittlichen Schnellflugleistungen der heutigen 15-m-Klasse angegeben.)

An die »Rhönsperber«-Tabelle knüpfte Späte folgende Überlegungen:

Pilot Nr. 1, der die günstigste Sinkgeschwindigkeit ausfliegt, verliert bis zum Erreichen des Aufwinds zwar die geringste Höhe, kommt aber als letzter dort an. Pilot 6 dagegen, der am stärksten »auf die Tube drückt«, erreicht den Aufwind zwar als erster, doch mit dem größten Höhenverlust. Die Frage ist nun, ob und wie sich der Zeit- bzw. Höhenverlust beim Kurbeln im Aufwind wieder ausgleichen läßt. Die Steiggeschwindigkeit im Aufwind setzt Späte zunächst gleichbleibend mit 1,5 m/s an. Dabei zeigt sich, daß weder Pilot 1 noch Pilot 6 an der Spitze liegen: Als erster erreicht vielmehr der »Rhönsperber« Nr. 3, der mit 90 km/h geflogen wurde, den Punkt B. Bei einer Thermik, die 1,5 m Steigen ermöglicht, ist angesichts der Flugleistungen des Sperber in diesem Fall also eine Geschwindigkeit von 90 km/h am günstigsten. Bei seinen Überlegungen über das

Verhältnis von Abfluggeschwindigkeit und der benötigten Zeit zum Wiedergewinnen der verlorenen Höhe nahm Wolfgang Späte nun eine Steiggeschwindigkeit von 3 m/s im Aufwind an und siehe da, er kam zu einem ganz anderen Ergebnis: Jetzt erreichte nämlich den Zielpunkt B als erster der »Rhönsperber« Nr. 5, dessen Pilot ihn im Gleitflug auf 120 km/h angedrückt hatte. Wolfgang Späte zog daraus den Schluß: Je größer das Steigen im Aufwind, desto schneller kann das Flugzeug im Gleitflug geflogen werden, desto größer wird auch die Durchschnittsgeschwindigkeit und die Reisegeschwindigkeit. Daß er recht hatte, bewiesen seine erstaunlichen Erfolge auf der »19. Rhön«, bei der er seine Erkenntnisse erstmals in der Praxis anwandte. So benötigte er für einen Zielflug von der Wasserkuppe nach Plauen (156 km) nur rund zwei Stunden, was damals als außerordentlich schnell galt.
Durch die Kriegswirren gerieten Spätes Theorien zunächst in Vergessenheit. Von 1946 an befaßten sich Schweizer und polnische Segelflieger mit diesem Problem. Zum großen Durchbruch kam es aber erst 1956, als der Amerikaner Paul McCready in St. Yan in Frankreich die Segelflugweltmeisterschaften in der Einsitzerklasse mit einem Punktevorsprung von 22 Prozent vor seinem nächsten Konkurrenten gewann.
In seinem Flugzeug befand sich ein Instrument, das ihm für das jeweilige Steigen oder Fallen die günstigste Fluggeschwindigkeit anzeigte. Es war nichts anderes als ein Variometer mit einer Ringeinteilung, die für das benutzte Flugzeug eine bestimmte Flug- und Sinkgeschwindigkeitseinteilung trug. Diese Einteilung war das Ergebnis ähnlicher Überlegungen, wie sie schon Wolfgang Späte angestellt hatte. Sie beruhte auf dem für jedes Flugzeugmuster gegebenen Verhältnis von Flug- und Sinkgeschwindigkeit. McCready's Trick aber war, diese Skala mit der jeweiligen Steigen- oder Sinken-Anzeige des Variometers in Beziehung zu bringen und sich so die günstigste Fluggeschwindigkeit durch das Variometer anzeigen zu lassen.

Der McCready-Ring

Der deutsche Segelflieger Heinz Huth hat diesen Grundgedanken weiterverfolgt. Nicht zuletzt ihm ist es zu verdanken, daß der McCready Ring allgemein eingeführt wurde. Um ihn sinnvoll zu benutzen, muß zunächst das »mittlere Steigen« festgestellt werden. Dafür gibt es inzwischen speziell entwickelte Rechen-

Variometer mit McCready-Ring, eingestellt auf etwa 2,2 m/s durchschnittliches Steigen.

schieber, einen besonderen Höhenmesser-Ring und sogar schon automatisch arbeitende Geräte sowie elektronische Bordcomputer. Steht das mittlere Steigen fest, wird der Pfeil des McCready-Rings auf die entsprechende Markierung des Variometers gedreht. Die Skala außen auf dem Ring zeigt für diesen Wert eine bestimmte Geschwindigkeit, die nun im Gleitflug möglichst eingehalten werden muß (etwas über 120 km/h). Auch das Variometer zeigt einen bestimmten Wert: die Sinkgeschwindigkeit des Flugzeugs bei dieser Fluggeschwindigkeit. Zeigt es mehr Sinken an (durchfliegt der Pilot also ein Abwindgebiet), so muß die Geschwindigkeit entsprechend erhöht werden. Zeigt umgekehrt das Variometer einen höheren Wert an (fliegen wir also im Aufwind), so wird die Geschwindigkeit verringert. Wenn die Variometeranzeige die Pfeilmarke des McCready-Ringes übersteigt, lohnt es sich zu kurbeln und erneut Höhe zu gewinnen.

Elektronik im Segelflugzeug

Der McCready-Ring gilt als der erste brauchbare »Sollfahrtgeber«. Neuere Konstruktionen beruhen auf dem gleichen Grundgedanken, jedoch wird dem Piloten die Abweichung von der Sollfahrt in anderer, sinnfälligerer Weise angezeigt. Der Physiker Eugen Brückner erdachte das »Sollfahrt-Variometer«, das auf einen Blick erkennen läßt, ob die richtige Fahrt geflogen wird. Die Erklärung der komplizierten Überlegungen zu die-

sem Gerät würde in diesem Zusammenhang zu weit führen. Zur Verfeinerung der Messungen und der Anzeigen wurden gleichzeitig elektronische Meßinstrumente entwickelt. Durchgesetzt haben sich vor allem die elektrischen Variometer, kurz Elektrovarios oder E-Varios genannt, die das jeweilige Steigen oder Fallen akustisch anzeigen. Je größer die Steiggeschwindigkeit, desto höher und intervallreicher »piept« der Signalton, der umgekehrt beim Fallen zu einem Dauerton wird und je nach Fallgeschwindigkeit immer tiefer absinkt. Das E-Vario mit akustischer Anzeige hat den unschätzbaren Vorteil, daß der Pilot nicht immer wieder auf das Instrument starren muß, um die jeweilige Steig- bzw. Sinkgeschwindigkeit festzustellen. Er hat den Blick frei zur Beobachtung des Luftraums. Eine große Erleichterung bedeuten zudem Computer, die auch die Entfernung vom und zum Ziel ausrechnen. Einige weitere Neuerungen dienen vor allem der Sicherheit: Das Flugfunkgerät gehört heute zur notwendigen Grundausrüstung. Die Transistortechnik ermöglichte die Konstruktion sehr kleiner Geräte mit geringem Leistungsbedarf, die sich mühelos auch in einem Segelflugzeug unterbringen lassen. Dadurch kann der Pilot mit seinem Startflugplatz sowie mit anderen Piloten und mit seiner Rückholmannschaft ständig Verbindung halten. Auch für den Kontakt zwischen dem Fluglehrer und dem allein fliegenden Schüler ist das Funkgerät von großer Bedeutung.
Sogar für die Navigation im Segelflug (und natürlich auch im Motorflug) gibt es neuerdings elektronische Hilfsmittel: Zur Standort- und Kursbestimmung kann nun auch das in der Seefahrt bewährte Decca-Navigationsverfahren (Hyperbelverfahren) benutzt werden.
Das Decca-Gerät verarbeitet Langwellen-Funksignale, die in Europa von 31 Decca-Sendeketten ausgestrahlt werden. Es liefert folgende Daten: geogr. Längen und Breiten (auf 0,2 Nautische Meilen genau), wahren Kurs und wahre Geschwindigkeit über Grund, Entfernung, Richtung und Flugzeiten zu vorher einprogrammierten Wegepunkten. Die neuen Geräte eignen sich wegen ihrer geringen Abmessungen und wegen ihres außerordentlich niedrigen Stromverbrauchs (0,04 Ampere) besonders für Segelflugzeuge und Ballone, die ja auf Batteriebetrieb angewiesen sind.
Es steht zu erwarten, daß in naher Zukunft auch für das Satelliten-Navigationsverfahren Geräte verfügbar sind, die in Kleinluftfahrzeuge eingebaut werden können.
Zunehmende Bedeutung in der Flugzeugführerausbildung gewinnt der Simulator. Neben den Großanlagen, die in der Verkehrs- und Militärluftfahrt unentbehrlich geworden sind, gibt es heute schon gute und preisgünstige Programme für Heim- und Personalcomputer, die geeignete Hilfsmittel für bestimmte Ausbildungsabschnitte sein können (nicht zu verwechseln mit fliegerischen Spiel- und Schießprogrammen).
Trotz allen technischen Fortschritts kann ein Computer aber keineswegs die praktische Flugausbildung ersetzen, vor allem nicht das Starten und Landen. Hervorragend geeignet ist er jedoch für das Training in Navigation – auch im Segelflug. Elektronik im Segelflugzeug – staunenswert! Doch sie sollte den Sport nicht überlagern...

Verfeinerung der Taktik des Segelfliegens

Die sprunghafte Steigerung der Segelflugleistungen seit den fünfziger Jahren ist also nicht allein auf die Verbesserung der Flugzeuge zurückzuführen, sondern ebenso auf die Verfeinerung der Theorie und der Taktik des Segelfliegens, mit der entscheidende Fortschritte auf dem Gebiet der Instrumentierung einhergingen. Auf der Grundlage der »Meteorologischen Navigation« des Segelflugs, die auf Prof. Georgii zurückgeht, eröffneten sich damit ungeahnte Möglichkeiten.
Während es vor wenigen Jahren noch als sehr gut galt, eine Durchschnittsgeschwindigkeit von rund 80 Prozent der McCready-Anzeige zu erreichen, werden von Spitzenpiloten heute weit höhere Geschwindigkeiten erflogen.

Der Delphin-Stil

Durchschnittsgeschwindigkeit über die Anzeige des McCready-Ringes hinaus lassen sich nur dadurch erreichen, daß die Aufwinde, die »am Wege« liegen, geschickt ausgenutzt werden. Merkt ein Segelflieger bei seinem schnellen Abflug (z. B. an der Sitzpressung), daß er einen Aufwind durchquert, so zieht er sein Flugzeug hoch. Dabei verlangsamt er seine Geschwindigkeit geringfügig, so daß er länger im Aufwind verbleibt und ohne zeitraubendes Kurbeln Höhe gewinnt. In jedem Fall ist sein Gesamthöhenverlust geringer als sich aus der Rechnung Flugzeit mal Sinkgeschwindigkeit in Meter/Sekunden ergibt. Im Idealfall bringt er es sogar auf eine Gleitzahl von unendlich, und wenn er zusätzlich gewonnene Höhe gleich wieder in Geschwindigkeit umsetzt, auf erstaunlich hohe Durchschnittsgeschwin-

Vergleich der Taktik beim Thermikfliegen:

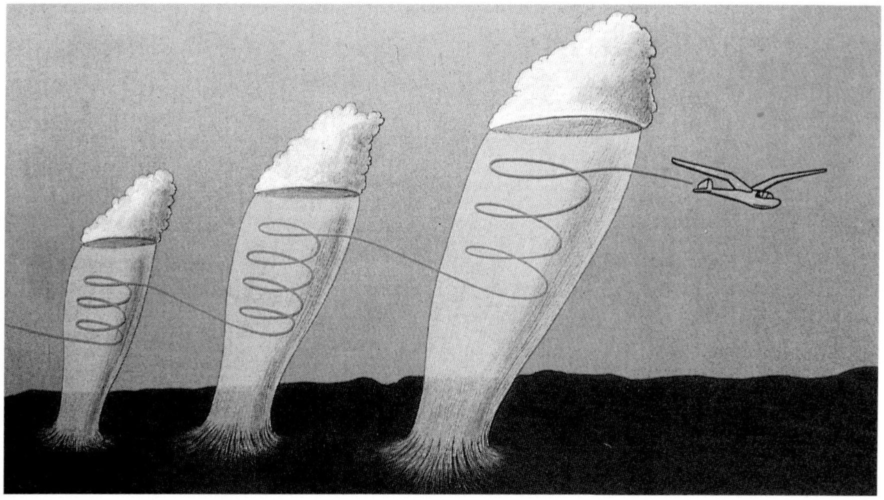

a) Wie Bäume in einem Wald, so »stehen« die Thermikbärte über der Landschaft. Mit einem Segelflugzeug älterer Bauart – Gleitzahl um 25 – wird der Pilot jeden erreichten Aufwind kurbelnd ausfliegen. Das kostet viel Zeit, und angesichts der geringen Fluggeschwindigkeit (Normalfahrt zwischen den Aufwinden) hält sich die Strecke, die im Laufe eines Thermiktages zurückgelegt werden kann, in relativ engen Grenzen.

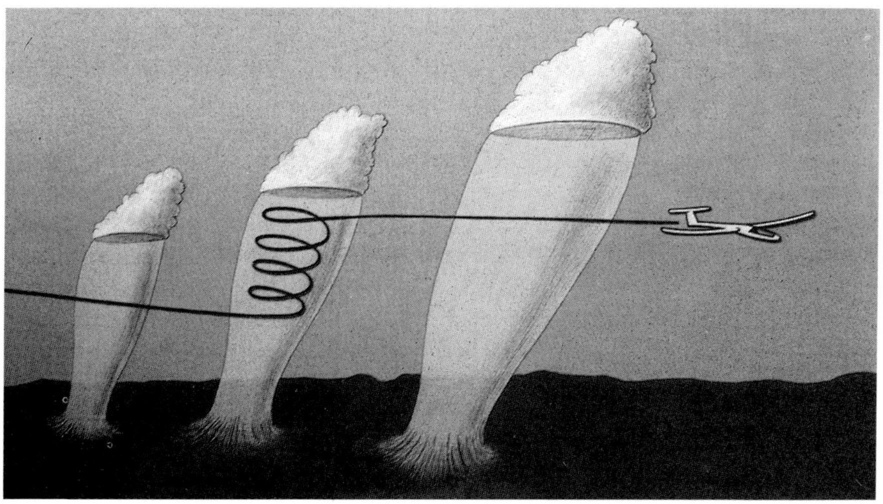

b) Anders bei einem modernen GFK-Segelflugzeug: Gleitzahl um 40. Der Pilot kann es durchaus wagen, Aufwindbärte auszulassen. Da er »nach McCready« fliegt, also mit je nach durchschnittlichen Steigwerten erhöhter Fahrt, kommt er schnell voran. Auch bei einem Segelflugzeug älterer Bauart lohnt sich das McCready-Fliegen, nur erreicht ein solches Flugzeug bei weitem nicht so hohe Fluggeschwindigkeiten bei noch relativ günstigem Sinken.

c) Die Experten bewegen sich an günstigen Thermiktagen überwiegend im »Delphinstil« vorwärts. Sie kurbeln kaum noch, sondern nehmen die um Wege liegenden Aufwindbärte beim Durchqueren mit. Zumindest verbessern sie durch diese Taktik die tatsächliche Gleitzahl ihres Flugzeugs. Auf diese Weise erreichen sie Durchschnittsgeschwindigkeiten, die einem vergleichbaren Motorflugzeug nicht nachstehen, und Flugstrecken, die man vor zwei Jahrzehnten noch für unmöglich gehalten hätte.

digkeiten. Er schwingt sich gewissermaßen von Aufwind zu Aufwind, ohne nennenswert Zeit zu verlieren. Für diese Methode, die allerdings segelfliegerischen Instinkt und großes Geschick voraussetzt, fand sich die anschauliche Bezeichnung »Delphin-Stil«. Wer sich wie ein Delphin durch das Wasser unter Ausnutzung jeder nützlichen Strömung durch das Luftmeer windet, kann seinen weniger beweglichen Konkurrenten leicht davonfliegen. Selbst Kursabweichungen machen sich bezahlt, wenn der dadurch erreichte Aufwind – etwa entlang einer Wolkenstraße – stark und ausgedehnt genug ist.
Das Problem des optimalen Delphin-Fliegens war sogar das Thema einer Dissertation, mit der Dipl.-Ing. Wolfgang Petrauschke aus Bremen im Jahre 1977 promovieren konnte. Die mathematischen Lösungen sind allerdings so kompliziert, daß sie dem Nicht-Mathematiker kaum verständlich gemacht werden können.

Dynamischer Segelflug

Bislang konnten die Segelflieger nur in »Auf-«winden, d. h. in vertikalen Luftströmungen, Höhe gewinnen oder halten. Der dynamische Segelflug, vom Prinzip her seit langem bekannt, geht davon aus, auch die Energie horizontaler Luftströmungen nutzbar zu machen.
Schon in dem bereits teilweise zitierten Aufsatz »Der Flug der Vögel und des Menschen durch die Sonnenwärme« von Otto Lilienthal aus dem Jahre 1890 durchmischen sich Vorstellungen von thermischem Aufwind und von der »tragenden Kraft« des (horizontalen) Windes:
»In den Wirkungen des Windes müssen daher die Vögel den Ersatz für ihre Flügelschläge finden, und während sonst die Fliegewirkung durch Muskelarbeit verbrauchende Flügelschläge erzielt wird, muß ein geeigneter Wind ebenso imstande sein, einen aufwärts- und vorwärtstreibenden Druck auf den frei schwebenden Vogel auszuüben.« Lilienthal vermutet nun, daß »durch Reibung des luftförmigen Mediums an der Erdoberfläche eine schwach steigende Windrichtung« gebildet wird, und er hat sogar gemessen, »daß für Winde mittlerer Stärke über weit ausgedehnten, horizontalen Ebenen ... die mittlere Steigung des Windes zwischen 3 Grad und 4 Grad über der Horizontalen liegt... Hieraus geht nun hervor, daß der Wind die Flügel jedes fliegenden Vogels schräg von unten unter einem Winkel von durchschnittlich 3½ Grad trifft, und es löst sich auf diese Weise eins der wunderbarsten Fliegerätsel...«
Otto Lilienthal hat sich mit dieser Deutung – leider – geirrt. Er erwähnt aber in seinem Beitrag den Albatros, einen der ausdauerndsten Segler. Von diesem Seevogel wissen wir heute, daß er den dynamischen Segelflug perfekt beherrscht und ohne Flügelschlag, nur durch geschickte Flugmanöver nahe der Wasseroberfläche, Weltmeere zu überqueren in der Lage ist. Er nutzt dabei die Richtungs- und Geschwindigkeitsdifferenz zwischen zwei Windströmungen aus: der Reibungsschicht nahe der Wasseroberfläche und der darüberliegenden ungestörten stärkeren Windströmung. Solche Windscherungen ergeben sich beispielsweise auch zwischen einer (meist sehr ruhigen) Inversion (Temperaturumkehrschicht) und einer darüberliegenden Luftströmung. Bekannt sind ferner die Strahlströme (Jetstreams) in der oberen Atmosphäre, die Geschwindigkeiten von mehreren hundert Kilometern in der Stunde erreichen können und die umgebenden Luftströmungen regelrecht durchschießen. Je größer die Geschwindigkeits- und Richtungsunterschiede, desto eher ist dynamischer Segelflug möglich. Das Prinzip erscheint sogar recht einfach: Das Segelflugzeug, das mit erhöhter Geschwindigkeit fliegt, also Steigreserven hat, zieht aus einer unteren Strömung gegen eine stärkere oder gegengerichtete Strömung empor. Sobald es in deren Bereich gerät, addiert sich die Geschwindigkeitsdifferenz der Luftströmungen zu der noch vorhandenen Fluggeschwindigkeit des Segelflugzeugs und kann in Höhe umgesetzt werden. Je nach Stärke ist damit ein Ausgleich der Reibungsverluste, also der Sinkgeschwindigkeit, oder gar ein Höhengewinn möglich.
Als Beispiel ein konkreter Fall: In einer Inversionsschicht herrscht ruhende Luft. Hart darüber liegt eine Windströmung von 70 km/h. In der ruhenden Luft fliegt ein Segelflugzeug mit 250 km/h (also mit stark erhöhter Geschwindigkeit). Aus der Inversion zieht nun der Segelflieger unter Geschwindigkeitsverlust sein Flugzeug gegen die starke Windströmung empor. Zwar verliert er durch das Hochziehen an Fahrt, gewinnt aber durch den Gegenwind zusätzlich 70 km/h, die er zum Höhengewinn nutzen kann. Umgekehrt kann er nach einer Wende die 70 km/h Windgeschwindigkeit seiner eigenen Geschwindigkeit hinzuaddieren, um mit Überfahrt wieder in die ruhende Schicht einzutauchen und dadurch die Energie zu gewinnen, um nach einer scharfen Kehrtkurve unter Geschwindigkeitsverlust wieder in die starke Strömung aufzusteigen und das Spiel von neuem zu beginnen. Sehr ruhig und bequem ist diese Art des Segelfliegens sicherlich nicht. Wenige haben

sich daran versucht, doch nur einem ist es bisher nachweislich gelungen, mehrmals über 30 Minuten lang allein durch dynamischen Segelflug seine Höhe zu halten: dem Deutsch-Australier Ingo Renner, einem mehrfachen Segelflug-Weltmeister. Auf seinem australischen Segelfluggelände Tocumwal flog er zunächst mit ferngesteuerten Flugmodellen die Figuren des Albatros in der Bodengrenzschicht nach und simulierte so den dynamischen Segelflug. Danach versuchte er es selbst im Segelflugzeug:

»Ich studierte in Australien die Windverhältnisse und fand heraus, daß es dort auch in größeren Höhen vergleichbare Verhältnisse gibt, wie sie der Albatros über dem Wasser vorfindet. Er nutzt den Bodeneffekt der Grenzschicht über dem Wasser. Ich nutzte mit meinen Methoden den Bodeneffekt der Grenzschicht direkt über dem Boden. Mit dem Segelflugzeug nutzte ich jedoch eine Inversionsschicht in etwa 300 m Höhe. Darunter lag eine Luftschicht absoluter Windstille mit einer schnell darübergleitenden Luftschicht hoher Geschwindigkeit. Ich tauchte im Sturzflug mit Rückenwind und etwa 30 Grad Neigung und 250 km/h Fahrt in die Inversion, riß dort die Maschine in einer 180-Grad-Kurve und bei einer Beschleunigung von etwa 3 bis 4 g herum und stieg gegen den Wind aus der Inversion heraus, wobei bei jedem Manöver Energie hinzugewonnen wurde und die Höhe von 300 m leicht beibehalten werden konnte...«

(Ingo Renner in einem Interview mit dem »Aerokurier«.)

Die Zukunftsmöglichkeiten des dynamischen Segelflugs werden unterschiedlich beurteilt, dürften aber ihre natürliche Grenze in dem physischen und psychischen Leistungsvermögen der Piloten haben. Diese Form des Segelfliegens setzt unerhörtes fliegerisches Geschick voraus, und nicht nur das: Um die ständig aufeinanderfolgenden scharfen Kurven mit hoher g-Belastung längere Zeit durchhalten zu können, muß man schon ein Ingo Renner sein. Doch selbst ihm dürfte es kaum gelingen, eines Tages eins der Weltmeere im dynamischen Segelflug zu bezwingen. Andererseits: wer um 1930 Streckensegelflüge von tausend Meilen vorausgesagt hätte, der wäre wahrscheinlich für verrückt erklärt worden.

Läßt sich Leistungssegelfliegen lernen?

Vorerst sind es nur wenige Spitzenpiloten, die sich mit praktischen Versuchen zum dynamischen Segelflug befassen können. Selbst der Delphin-Stil ist nur einem

Fred Weinholtz als Fluglehrer in Oerlinghausen vor dem Start zu einer Streckenflugeinweisung.

ziemlich kleinen Kreis von Könnern vorbehalten. Doch die Zahl der Leistungssegelflieger des guten Durchschnitts ist erstaunlich groß.
Fred Weinholtz, bis März 1980 Vorsitzender der Fachkommission Segelflug im Deutschen Aero-Club und seit 1985 Sekretär der Internationalen Segelflugkommission, sagte in einem Fernsehgespräch in Oerlinghausen: »Um 1960 hat Ernst-Günter Haase einen deutschen Rekord geflogen: erstmalig 60 km/h Durchschnittsgeschwindigkeit über ein 300-km-Dreieck. Mit Flugzeugen gleicher Qualität fliegt heute eigentlich jeder gute Vereinssegelflieger das Dreieck schneller. Das liegt nicht nur an der Technik, an der Kunststoffbauweise unserer Segelflugzeuge, es liegt auch an den ungeheuren Verbesserungen auf dem Instrumentensektor und vor allen Dingen daran, daß die Flugtaktik, die Theorie des Segelfliegens, des Streckenfliegens ganz enorm verbessert wurde und daß daran immer noch gearbeitet wird.
Frage: Man kann Segelfliegen lernen. Aber auch den Leistungssegelflug?
Weinholtz: Ja, das kann man, und ich freue mich sehr darüber, daß man überall jetzt mehr und mehr daran glaubt und es begreift, daß man es wirklich kann. Früher hieß es nämlich, daß man nur die Grundbegriffe vermitteln könne. Aber heute sind viele Vereine schon dazu übergegangen, ihren Mitgliedern nach der Grundausbildung eine ganz intensive Streckenflugausbildung zu geben, und auch die Segelflugschule Oerlinghausen bietet – wie andere Segelflugschulen – spezielle Streckensegelfluglehrgänge an, die bisher immer mit einem außerordentlichen Erfolg abgeschlossen haben. Was wir dazu benötigen, sind Fluglehrer, die das Streckenfliegen selbst voll begriffen haben und die vor allen Dingen die Furcht davor verloren haben, möglicherweise außerhalb des Flugplatzes irgendwo auf dem Acker zu liegen. Denn wir haben festgestellt: man kann Strecken mit Segelflugzeugen bei Wetterlagen fliegen, die wir früher nicht dafür benutzt hätten.
Frage: ›Freie Strecke‹ war ja früher eines der großen Ziele, die sich der Segelflieger gesetzt hatte. Heute hört man viel mehr von Zielstrecke, Dreieckflügen, Zielrückkehrflügen...
Weinholtz: Das ist richtig. Die freie Strecke war eigentlich etwas sehr Schönes, eng verbunden mit der Rhön-Romantik. Der Flieger flog so weit ihn die Flügel trugen, und er versuchte, unter der Wolke zu bleiben, sich vom Wind irgendwohin treiben zu lassen. Wenn er landete, war sein erster Weg zum nächsten Bauern mit der Frage: Wo bin ich denn hier?
Heute haben wir doch eine ganze Menge dazugelernt. Wir können unsere Flüge vorberechnen, und der moderne Streckensegelflug geht davon aus, daß man versucht, eine möglichst große Strecke möglichst schnell über vorbestimmte Wendepunkte zum vorbestimmten Ziel zurückzulegen. Und sehr schön ist das auch, wenn abends nach einem harten Kampf der Platz, der Turm oder die bekannten Geländemerkmale vor dem Flieger auftauchen, und der sieht an seinem Endanflug-Rechner: Jetzt komme ich bestimmt noch nach Hause.
Der Segelflug ist nach wie vor dreigeteilt in Ausbildung, in Erholungssport und in Leistungssport. Aber wir merken doch immer mehr, daß die Wünsche und die Zielvorstellungen aller Segelflieger, die bei uns anfangen, zum Leistungsflug gehen, und Leistungsflug ist heute eindeutig Streckensegelflug.«

Segelflug-Ausbildung heute

Wer heute segelfliegen lernen will, sitzt bei seinen ersten Starts nicht mehr allein im Fahrtwind des Schulgleiters. Er steigt zusammen mit dem Fluglehrer in ein Doppelsitzer-Segelflugzeug, das ihm ungeheuer groß und sehr modern erscheinen wird, auch wenn es zu den Veteranen gehört. Geradezu überwältigend aber ist dieser Augenblick, wenn es sich um einen der neuen GFK-Doppelsitzer handelt, die für Schulzwecke geeignet sind. Er kommt sich vor wie einer, der Motorfliegen gleich auf einem Düsenjäger lernen soll. Doch ihm kann ja nichts passieren: der Fluglehrer ist zunächst immer dabei.
Neuerdings sind auch einige Schulen und Vereine dazu übergegangen, die Segelflugausbildung mit dem doppelsitzigen Motorsegler zu beginnen. Darüber später mehr.

Der erste Einweisungsstart (im Windenschlepp)

Nein, es geht noch nicht los! Soviel Theorie diesem ersten Schulstart schon vorausgegangen ist: auch jetzt noch muß der Flugschüler seine Ungeduld überwinden. Der Fluglehrer besteht auf dem Startcheck; denn das Überprüfen des Flugzeugs und des Luftraumes vor jedem Start muß dem Flugschüler in Fleisch und Blut übergehen. Selbst wenn er eines Tages auf einer Segelflug-Weltmeisterschaft in seine Super-Orchidee steigen sollte, muß er den Startcheck vornehmen:

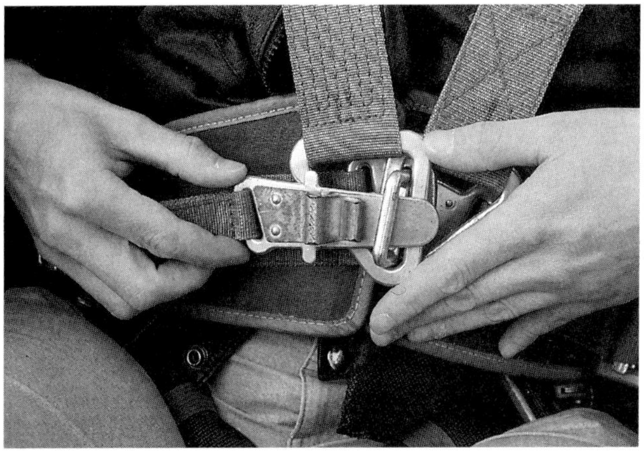

Richtig anschnallen.

- *Ist der Fallschirm am Gurtzeug eingeklinkt?*
- *Bin ich richtig und fest genug angeschnallt?*
- *Ist die Haube verschlossen und verriegelt?*
- *Ist der Höhenmesser auf Null gestellt?*
- *Steht der Trimmhebel richtig, d. h. auf normal?*
- *Sind die Luftbremsen eingefahren und verriegelt?*
- *Lassen sich alle Ruder frei bewegen?*
- *Ist das Funkgerät eingeschaltet?*
- *Woher kommt der Wind?*
- *Ist die Startstrecke frei?*
- *Gefaßt sein auf Zwischenfälle: bei Windenstart kann es einen Seilriß geben.*

Oder etwas vereinfacht nach der Fünffingermethode:
- *Fallschirm und Sitzgurte?*
- *Ruder frei?*
- *Bremsklappe eingefahren?*
- *Haube verriegelt?*
- *Höhenmesser und Trimmung?*

Nun endlich darf das Seil eingeklinkt werden. Startbereit? Bitte deutliches und eindeutiges Handzeichen. Das Seil strafft sich. Ein leichter Ruck, kurzes Rollen, ab geht's. Und wie es abgeht! Dem Neuling verschlägt es den Atem. Das große und ziemlich schwere Flugzeug wird ihm buchstäblich unterm Hinterteil weggerissen. Er hat Segelflug erwartet. Das hier sieht nach Raketenflug aus. Doch der Knall bleibt aus.

Mitfühlen

Beim ersten Start fliegt der Lehrer, doch der Schüler darf mitfühlen. Der Lehrer erklärt jeden Abschnitt des

Windenhochstart eines Doppelsitzers vom Muster AS-K 13 in Oerlinghausen.
Am Seil der Fallschirm, der sich nach dem Ausklinken öffnet und ein schnelles, gleichmäßiges Einziehen des Seiles durch die Winde ermöglicht. Das Foto wurde am Rande des fast immer sehr lebhaften Segelflugbetriebes aufgenommen. Hinten die Bergkette des Teutoburger Waldes, an dem bei ausreichend starkem Südwestwind Hangflug möglich ist.

Windenstarts und was dabei zu tun ist: Das Flugzeug in flachem Winkel steigen lassen. Erst wenn etwa 50 m Sicherheitshöhe erreicht sind, Höhenruder etwas »ziehen«, zügig, aber nicht ruckartig in den Steigflug übergehen, dabei Richtung halten und auf Querneigung achten.
Es bleibt nicht viel Zeit, sich umzusehen. Der Erdboden sinkt unheimlich schnell zurück, die Wolken drängen heran. Der Blick nach vorn ist der Blick nach oben. Nicht zuviel ziehen.
Die Maximalhöhe ist bald erreicht. Langsam den Steuerknüppel nachlassen, in die normale Fluglage übergehen. Ein Ruck: das Seil ist automatisch abgefallen. Trotzdem muß die Ausklinkvorrichtung noch dreimal gezogen werden, sicherheitshalber.
So, und nun beginnt die Platzrunde. Auf den Fahrtmesser achten, nicht zu langsam werden, Normalfahrt halten und immer wieder kontrollieren. Leichte Linkskurve, 90 Grad. Wieder Normallage. Ein bißchen umsehen: Wo liegt der Flugplatz? Drüben sind die Hallen. Startstelle und Landefeld? Und immer wieder auf die Normalgeschwindigkeit achten! Querneigung! Ja, das war eine Böe. Wieder in die Normallage. Hier haben wir sogar etwas Steigen. Das Variometer zeigt ein Meter. Nicht viel, aber man spürt es. Probieren wir die Wirkung des Höhenruders aus; etwas drücken – nicht soviel – so – und nun wieder etwas ziehen. So geht das, und noch einmal.
Jetzt wieder eine 90-Grad-Kurve. Quer- und Seitenruder gleichzeitig geben, die Nase des Flugzeugs muß genau und gleichmäßig am Horizont entlangstreichen. So macht man das.
Aber jetzt müssen wir an die Landung denken. Wir sind an der »Position« – genau querab von der Start- und Landestelle, 150 m hoch, im Gegenanflug. Jetzt 90-Grad-Kurve zum Queranflug – wir halten etwas vor, weil der Wind uns sonst versetzt. Und jetzt die 90-Grad-Kurve zum Endanflug. Das Lande-T liegt genau voraus – wir sind noch etwas zu hoch, also Klappen ziehen – wie im Fahrstuhl geht es abwärts – und jetzt abfangen. Butterweich setzen wir auf.
Der Neuling weiß es nicht so recht: Soll er sich über seinen ersten Start nun freuen oder nicht? Gesehen hat er nicht viel. Begriffen nur das wenigste. Ein Gefühl herrscht vor: Das lerne ich nie.
Er wird es lernen, wie es Tausende vor ihm gelernt haben. Die Methodik der Ausbildung, die Richtlinien und Bestimmungen sind nach jahrzehntelanger Erfahrung so ausgereift, daß eigentlich nichts schiefgehen kann – es sei denn, daß der Flugschüler aus physischen und psychischen Gründen einfach nicht zum Segelflieger geeignet ist. Doch das kommt nur selten vor. Es wird ja niemand zum Segelfliegen gezwungen, vielmehr drängt es ihn dazu. Und wer Lust dazu verspürt, bringt fast immer auch die nötigen Voraussetzungen dazu mit.

Aller Anfang ist schwer

Gleich, ob die Schulung in einem Luftsportverein oder in einer der Segelflugschulen des Deutschen Aero-Clubs beginnen soll: Immer muß ein fliegerärztliches Tauglichkeitszeugnis für Segelflug vorliegen und eine Erklärung über eventuell schwebende Strafverfahren gegen den Bewerber. Ist er minderjährig, benötigt er die amtlich beglaubigte Zustimmungserklärung des gesetzlichen Vertreters. Das Mindestalter bei Beginn der Segelflugausbildung ist 14 Jahre. Bevor der Neuling sich zum erstenmal in ein Schulflugzeug setzen darf, muß er zumindest am Boden in die Bedienung der einzelnen Ruder und Klappen sowie in die Funktion der Instrumente eingewiesen worden sein. Wer in einem Luftsportclub fliegen lernt, wird in vielen Fällen noch einige

Unterricht über Abflug und Landeeinteilung in einem Luftsportverein auf dem Ith (Weserbergland).

Voraussetzungen mehr erfüllen müssen, bevor er ans Fliegen kommt. Es kann nur empfohlen werden, auch dazu ja zu sagen. Denn es wird sich später immer auszahlen, wenn der Segelflieger einmal einige Tage in der Werkstatt mitgeholfen und vor allem, wenn er regelmäßig am theoretischen Unterricht teilgenommen hat. Da die Zeit dafür meist nur in den Wintermonaten vorhanden ist, dürfte der günstigste Zeitpunkt für den Eintritt in den Luftsportclub vom Spätherbst bis zur Jahreswende liegen. Auch wenn heute kaum noch ein Club seine Holzflugzeuge selbst baut oder selbst repariert, ist die Werkstatt doch nicht überflüssig geworden. Die Flugzeuge müssen gewartet und überprüft werden. Von Zeit zu Zeit ist sogar die genaue Untersuchung und das »Verwiegen« aller Flugzeugteile durch einen amtlichen Prüfer erforderlich, damit die Zulassung wieder entsprechend verlängert werden kann. Wer dabei mithilft, kann einiges lernen. Gerade für Clubmitglieder aus nicht-technischen Berufen ergibt sich hierbei die Chance, an einer der vielen Lern- und Weiterbildungsmöglichkeiten teilzuhaben, die der Luftsport für seine Jünger bereithält.

In einem gut geführten Club werden während der Wintermonate auch Filmvorführungen und Lichtbildvorträge von Clubmitgliedern über ihre fliegerischen Ausflüge (etwa nach Fayence oder Zell am See) veranstaltet. Davon kann auch der Anfänger profitieren. Und dann: immer wieder fragen, fragen. In der Praxis ist keine Frage zu dumm; denn Leben und Gesundheit können eines Tages von dem »Gewußt-wie« abhängen. Wer sich vor Beginn der praktischen Schulung einige Monate theoretisch mit seinem neuen Sport befaßt hat, gewinnt noch einen anderen Vorteil: Für ihn ist das Selbstfliegen nicht mehr etwas so Ungewöhnliches wie für denjenigen, der sich völlig unbedarft oder auch nach nur wenigen Unterrichtsstunden Vorbereitung zum erstenmal ins Schulflugzeug setzt. Er wird weit weniger erregt und daher viel aufnahmefähiger sein für das, was er nun kennenlernen und lernen soll. Im Grunde ist es gleich, ob er in einem Club oder in einer Segelflugschule in die Praxis einsteigt. Es ist jedoch vorteilhaft, wenn die Anfangsausbildung möglichst kontinuierlich vor sich geht. In den Clubs wird normalerweise nur an den Wochenenden geschult. Wer auf diese Weise fliegen lernen muß, fängt zunächst jeden Samstag fast wieder von vorne an. Er braucht viele Monate bis zum ersten Alleinflug. Die Schwierigkeiten sind geringer, wenn täglich geschult werden kann, sei es in einem Anfängerkursus an einer Segelflugschule oder in einem vom Club veranstalteten Kursus. Dann genügen zwei bis drei Wochen, bis der Anfänger sich frei geflogen hat: Vor dem ersten Alleinflug sind erfahrungsgemäß 50 bis 70 Schulstarts mit Lehrer erforderlich. So falsch, wie es in der Schule ist, Klassen zu überspringen, so falsch wäre eine hastige Anfängerausbildung. Jede einzelne Übung, auch wenn sie dem Außenstehenden noch so simpel erscheint, muß sicher beherrscht werden, bevor mit der nächsten Übung begonnen werden kann. Ob jemand fliegerisch begabt ist oder nicht, zeigt sich in dieser Ausbildungsphase höchst selten. Viele später berühmte Piloten hatten als Anfänger ihre liebe Not, und nur ihrer Ausdauer und der ihrer Lehrer ist es zu verdanken, daß später der Knoten platzen konnte. Noch ist kein Meister vom Himmel gefallen – es sei denn, er hat den einen oder anderen Bruch hingelegt. Das wurde im Zeitalter der Alleinschulmethode noch als gelegentlich unausweichlich betrachtet und mit einem fatalistischen Wohlwollen hingenommen. Heute jedoch ist jeder Bruch, jeder Unfall zuviel.

Die Befürworter der Doppelsitzer-Schulung haben sich beim Wiederbeginn des Segelflugs in der Bundesrepublik Deutschland auch deshalb gegen die Verfechter der Alleinschulungsmethode durchsetzen können, weil sie den Gesichtspunkt der größtmöglichen Sicherheit für sich buchen konnten. Um Sicherheit zu gewährleisten, sind auch die in den Augen des Anfängers meist überflüssigen Einweisungen und Übungen vor dem ersten Start erforderlich.

Von der Bodeneinweisung war schon die Rede: Zur Vorbereitung der fliegerischen Ausbildung muß der Flugschüler mit dem Flugzeugmuster vertraut gemacht werden, mit dem er fliegen wird. Er sollte das Betriebshandbuch und die Klarlisten kennen, damit er das Flugzeug vor Beginn des Flugbetriebes selbst überprüfen kann. Außerdem ist eine Sitzprobe mit Fallschirm erforderlich – bequem sitzen ist eine der Voraussetzungen für unverkrampftes Fliegen. Der Flugschüler muß wissen, ob er ein Trimmgewicht braucht, falls er zu leicht ist, wie er den Steuerknüppel betätigt und wo die verschiedenen Hebel liegen: Haubenverschluß, Notabwurf, Ausklinkvorrichtungen, Trimmung (vor – zurück = kopflastig – schwanzlastig), Luftbremse (Bremsklappe). Damit muß er sich vertraut machen, ebenso mit der Anordnung der Instrumente. Wo ist der Fahrtmesser, wie ist er eingeteilt (Geschwindigkeitsbereiche)? Wo der Höhenmesser, wo und wie läßt er sich auf Null stellen? Auch das Variometer gehört zu den wichtigen Instrumenten, mit deren Anzeigen sich der Neuling vertraut machen muß. Dieses Eingewöhnen ist schwieriger, als der Laie annimmt. Es läßt sich mit dem Umgewöhnen etwa an ein neues Auto nicht vergleichen; denn Hebelanordnung und Instrumentenfunktion sind von Grund auf anders, neu und völlig ungewohnt. Darum sollte der Fluglehrer dem Anfänger Zeit lassen – umso erfolgreicher kann später die Schulung sein. Wichtig ist auch, daß der Flugschüler genau weiß, wie er sich auf dem Flugplatz und beim Flugbetrieb zu verhalten hat: Die Platzordnung und die Vorgänge beim Windenbetrieb müssen ihm ebenso bekannt sein wie Sicherheitsgebote, z. B.: Kein Aufenthalt vor startbereiten Flugzeugen! Der Flugbetrieb sollte zügig, aber stets in aller Ruhe vor sich gehen. Fehler müssen nüchtern-sachlich korrigiert, Leistungen aber auch anerkannt werden. Der jüngste wie der älteste Lehrgangsteilnehmer stehen zu ihrem Fluglehrer im selben Lehrer-Schüler-Verhältnis; grundsätzlich gibt es keine Extrawürste und keine Sonderbehandlung.

Gerade darin liegt der besondere Wert der Anfängerschulung – über das bloße Fliegenlernen hinaus.

Die Methodik der Segelflugausbildung

Die Methodik der Segelflugausbildung wurde von der Segelflugkommission im Deutschen Aero-Club e. V. aus den Erfahrungen der Praxis für die Praxis erarbeitet. Darin sind die »Richtlinien des Bundesministers für Verkehr für die Ausbildung und Prüfung des Luftfahrtpersonals« vom 9.1.1976 berücksichtigt. Diese Methodik erschien unter dem Titel »Die Segelflugausbildung« in Form eines Heftchens (siehe Literaturverzeichnis). Am Anfang heißt es:

»Die Sicherheit im Segelflug hat zwei Grundlagen:

a. Die Beherrschung des Segelflugzeuges

b. Das richtige Verhalten im Luftraum

Zu a: Die Beherrschung des Segelflugzeuges wird bestimmt durch flugtechnisch richtige Bedienung in allen Fluglagen und Flugbewegungen. Diese enthält die Betätigung der Steuer, der Ausklinkvorrichtung, der Luftbremse, der Trimmung, des Fahrwerkes und anderer evtl. noch vorhandener Einrichtungen. Hierfür wird der Begriff Technik der Segelflugzeugführung (z. B. Kurvenflugtechnik) angewandt.

Zu b: Das richtige Verhalten im Luftraum wird bestimmt durch Folgerichtigkeit. Sie enthält die Einteilung des Flugweges, das Einkalkulieren von jederzeit möglichen Störungen und die Beobachtung aller Umstände, die auf den Ablauf des Fluges einwirken oder einwirken können. Hierfür wird der Begriff ›Taktik der Segelflugzeugführung‹ angewandt.«

Die gesamte Ausbildung gliedert sich in drei Abschnitte:

Abschnitt 1: Flugausbildung bis zum ersten Alleinflug

Abschnitt 2: Erlangen der fliegerischen Fertigkeiten

Abschnitt 3: Ausbildung zum Streckenflug

Gerade die Ausbildung im Streckenflug ist es, die eine Aufwertung der Segelflug-Ausbildung mit sich gebracht, allerdings auch zu erheblich höheren Anforderungen in der Ausbildung geführt hat. Für die Praxis wird mehr Sicherheit gefordert. Wenn die Bodeneinweisung gründlich genug war, reichen meist schon 20 Flugminuten im Doppelsitzer aus, bis der Schüler mit dem Fliegen an sich zurechtkommt: Er bedient die Steuerorgane sinngemäß richtig und kann auch schon die Richtung halten oder nach seinem Willen verändern. Viel länger aber dauert es, bis er die nötige Sicherheit gewonnen hat. Zu dieser Sicherheit zwingt der Gesetzgeber nun insofern, als er vor der Erteilung der »Erlaubnis für Segelflugzeugführer« im Rahmen des Luftfahrerscheins für Privatflugzeugführer eine Mindestflugzeit von 30 Stunden innerhalb der letzten vier Jahre auf Segelflugzeugen verschiedener Muster fordert, davon 15 Stunden im Alleinflug. Bei einer Ausbildung innerhalb von 18 Monaten gibt es eine »Ermäßigung« auf 25 Stunden, davon 10 Stunden Alleinflug. Ein Teil dieser Flugstunden kann auch auf dem Motorsegler, der dem Segelflugzeug nah verwandten Flugzeuggattung, absolviert werden.

Das hat zur Beschleunigung der Segelflugausbildung wesentlich beigetragen. Einige Segelflugschulen haben bereits die Anfängerausbildung weitgehend auf den Motorsegler verlagert.

Außer den praktischen wurden auch die theoretischen Anforderungen wesentlich verschärft. Verlangt wird der Nachweis von mindestens 60 Unterrichtsstunden in den Sachgebieten:

1) Luftrecht, Luftverkehrs- und Flugsicherungsvorschriften
2) Navigation
3) Meteorologie
4) Technik
5) Verhalten in besonderen Fällen

Die Betonung von Luftrecht, Luftverkehrs- und Flugsicherungsvorschriften sowie Navigation, die früher bei der Segelflugausbildung gegenüber den flugpraktischen Fragen im Hintergrund standen, zeigt die Grundten-

denz der Richtlinien. Darin wird vorausgesetzt, daß der Segelflieger heute, im Zeitalter des Streckensegelfluges, gleichberechtigter Partner aller anderen Luftraumbenutzer ist. Darum muß er auch über die gleichen Grundkenntnisse verfügen. Selbst das Sprechfunkzeugnis ist für alle drei Sparten gleichermaßen erforderlich.
Seit Inkrafttreten der Richtlinien gibt es nur noch einen »Luftfahrerschein für Privatluftfahrzeugführer«. Die speziellen Erlaubnisse werden in Form von Beiblättern erteilt:
Beiblatt A für Privatflugzeugführer,
Beiblatt B für Motorseglerführer,
Beiblatt C für Segelflugzeugführer.
Damit hat der Segelflug, wie es schon lange fällig war, eine erhebliche Aufwertung erfahren.

Der erste Alleinflug

Ziel und Höhepunkt der ersten Ausbildungsstufe ist der erste Alleinflug – zugleich das größte persönliche Erlebnis, das der Luftsport für diesen Abschnitt der fliegerischen Entwicklung bereit hält.
Geübt wird immer wieder die sogenannte Platzrunde: das richtige Einteilen des Flugweges zu einer sicheren Landung. Dabei muß der Schüler lernen, alle Faktoren zu berücksichtigen, die den geplanten Flug beeinflussen: beispielsweise Windrichtung und -stärke, Auf- und Abwinde, plötzlich auftauchende Hindernisse im Landefeld. Zur Sicherheit muß auch eine Fahrt- und Höhenreserve mit einbezogen werden; denn anders lassen sich taktische Fehler im Segelflug nicht ausgleichen.
Nach und nach gewinnt der Schüler das richtige Gefühl für die Platzrunde, die aus dem Querabflug (nach dem Ausklinken), dem Gegenanflug- und Queranflugteil und schließlich aus dem Endanflug mit der Landung besteht. Meist ist er »alleinflugreif«, wenn er 50–70 Starts mit Lehrer und dabei eine Gesamtflugzeit von 8–12 Stunden hat. Auch in »Grenzflugzustände« sollte er eingewiesen sein.
Große Ereignisse werfen ihren Schatten voraus: Der Flugschüler spürt es selbst, aber auch am Verhalten des Fluglehrers, wenn er für den ersten Alleinflug reif ist. Er erhält vom Fluglehrer vor dem Start einen Flugauftrag, den er ausführt. Der Lehrer greift, wenn keine groben Fehler passieren, nicht mehr ein und verzichtet meist auch auf korrigierende Bemerkungen. Der Schüler soll allmählich den Lehrer vergessen.
Ein zweites Anzeichen: ein anderer Fluglehrer fliegt mit dem Schüler, sagt aber ebenfalls wenig oder nichts.
Es kann sein, daß in dieser Phase beim Windenhochstart plötzlich »das Seil reißt« – der Fluglehrer hat zu einer Seilrißübung vorzeitig ausgeklinkt. Jetzt erwartet er von seinem Zögling vor allem, daß er die Nerven

Der erste Alleinflug – im Einsitzer Ka 8, der in seinen Flugeigenschaften und -lei stungen der doppelsitzigen AS-K 13 entspricht.

behält und in aller Ruhe sinnvolle Entscheidungen trifft. Zunächst: vorsichtig und überlegt nachdrücken! Reicht der Platz aus, um geradeaus zu landen? Oder sind wir hoch genug, um noch eine Rückkehrkurve mit normaler Landeeinteilung zu fliegen? Nicht größtmögliche Bequemlichkeit für die Rückholer, sondern größtmögliche Sicherheit für Besatzung und Flugzeug gibt den Ausschlag.

Hat der Flugschüler bewiesen, daß er auch in Gefahrensituationen sicher und richtig reagiert, so heißt es im Anschluß daran oder beim nächsten ruhigen Flugwetter mit hoher Wahrscheinlichkeit: Na setz dich mal rein! Für manchen bedeutet das Vertrauen, das der Fluglehrer jetzt offenbart, eine große Befreiung. Andere beginnen sich aufzuregen. Wird das spürbar, so erwächst auch den Mitflugschülern eine große Aufgabe: Wenn sie kühl und gelassen wirken, gar nichts Besonderes in dem bevorstehenden Alleinflug zu sehen scheinen, ihrem Sportsfreund körperliche Belastung möglichst abnehmen, helfen sie ihm am meisten.

Einem nervösen Alleinflugkandidaten wird auch die Funkverbindung mit dem Fluglehrer eine psychologische Hilfe sein. So ganz allein ist er ja doch nicht da oben...

Nach dem ersten geglückten Alleinflug aber ist das Eis meist gebrochen. Oft endet der Tag mit der A-Prüfung, für die heute drei einwandfreie Platzrunden im Alleinflug mit Landung in einem Zielfeld von 50 x 200 m gefordert werden. Das Abzeichen, die weiße Möwe auf blauem Grund, ist noch das gleiche wie in den dreißiger Jahren.

Der Fluglehrer steht mit dem Alleinflieger in Funkkontakt – für beide ein beruhigendes Gefühl.

Der zweite Ausbildungsabschnitt

Im zweiten Ausbildungsabschnitt geht es darum, »fliegerische Fähigkeiten« zu erlangen. Dabei ist der Fluglehrer zeitweise wieder an Bord, um Einweisungen zu geben oder um die Übungen zu begutachten. Im Mittelpunkt steht zunächst das große Thema »Kreisen«. Kreisflüge mit verschiedener Querneigung werden geübt. Dabei soll der Flugschüler ein Gefühl für die notwendige Erhöhung der Geschwindigkeit bekommen. Gegenüber der Normalfluggeschwindigkeit muß er beispielsweise bei einer Querneigung von 30 Grad zwanzig Prozent, bei 45 Grad sogar vierzig Prozent zulegen. Das ist erforderlich, weil sich der dem Gewicht entgegenwirkende Auftrieb ja entsprechend der Querneigung verringert: ein Teil des Auftriebs muß der beim Kurvenflug entstehenden Zentrifugalkraft entgegenwirken. Hat der Flugschüler beim Kreisen die nötige Sicherheit gewonnen, so übt er den schnellen Kurvenwechsel. Das alles sind bereits Vorübungen für die sichere Beherrschung des Thermikfluges und die dabei manchmal nötigen schnellen Ausweichbewegungen, wenn sich ein anderes Segelflugzeug nähert. Als Vorübung für den Streckenflug folgt jetzt der Schnellflug geradeaus. Dabei soll der Flugschüler sich an die nun veränderten Steuerkräfte und Ruderwirkungen gewöhnen. Eine weitere Übung in diesem Abschnitt der Ausbildung ist der Seitengleitflug (Slip). Dabei muß beim Landeanflug zunächst in Richtung des späteren Seitengleitfluges Querruder gegeben werden. Mit dem entgegengesetzt eingetretenen Seitenruder wird das Flugzeug am Kurvenflug gehindert und in Landerichtung gehalten. Es schiebt jetzt der Landebahn zu, und da der Luftwiderstand auf diese Weise erheblich größer geworden ist, erhöht sich auch die Sinkgeschwindigkeit. Die Schwierigkeit liegt für viele darin, daß die dabei aufgetretene Fahrterhöhung ausgeglichen werden muß, um den beabsichtigten Sinkflug wirksamer zu machen. Der Fahrtmesser zeigt jedoch jetzt nicht mehr korrekt an, da die Meßöffnung außen nur noch schräg angeblasen wird. Der »Slip« kann also nicht nach Instrumenten, sondern nur nach Gefühl geflogen werden. In Bodennähe ist das nicht jedermanns Sache. Wer es aber zunächst in größerer Höhe

probiert, gewöhnt sich schnell daran. Die dadurch mögliche Verkürzung des Gleitweges zum Boden über die Wirkung der Bremsklappen hinaus kann später bei Ziel- und Außenlandungen wichtig werden.
Dieser Ausbildungsabschnitt wird mit der B-Prüfung (Abzeichen: zwei weiße Möwen auf blauem Grund) abgeschlossen. Die Bedingung dazu sind drei einwandfreie Platzflüge mit Vollkreisen rechts und links sowie ein Landeanflug im Slip mit Landung im Zielfeld 50 x 200 m. In der Theorie werden jetzt schon Grundkenntnisse in allen genannten Fachgebieten gefordert.

Thermikfliegen

Auch das »Handwerk« des Thermikfliegens läßt sich lernen. Die dazu erforderlichen Übungen werden noch dem zweiten Ausbildungsabschnitt zugerechnet.
Es kann sein, daß in einer Thermik mit geringem Durchmesser recht steile Kreise – bis zu 50 Grad Querneigung – geflogen werden müssen. Bei noch größerer Querneigung treten sehr hohe Belastungen auf – für das Segelflugzeug und wegen des hohen Sitzdrucks auch für den Piloten. Darum ist es nicht ratsam, über 50 Grad zu kurven. Hat der Schüler ein Gefühl für die richtige Querlage beim Kurven und für deren vernünftige Grenzen bekommen, so folgen – nach eingehendem theoretischen Unterricht in Meteorologie – die Übungen zum sinnvollen Suchen und richtigen Anfliegen der Thermik sowie zum »Zentrieren«.
Wichtige Voraussetzung für den Leistungssegelflug ist das sichere Beherrschen des Flugzeugs. Deshalb wird der verantwortungsbewußte Fluglehrer niemanden bei guter Thermik losschicken, mit dem er nicht nochmal »Grenzflugzustände« geübt hat. Früher wurde von »Gefahrenzuständen« gesprochen; man hat darauf verzichtet, weil man sich ja nicht in Gefahr begeben, wohl aber die Grenzen demonstrieren will, an denen die Gefahr beginnt. Schon bei Beginn der Ausbildung soll der Flugschüler erfahren haben, wie sich ein Flugzeug verhält, das langsam geflogen wird. Nun sind heutzutage praktisch alle zur Schulung benutzten Flugzeuge harmlos und gutmütig in ihrem Flugverhalten. Werden sie zu langsam geflogen, so kommt es zunächst zum »Sackflug«, bei dem sich das Flugzeug mit Seiten- und Querruder noch gut im Geradeausflug halten laßt. In der nächsten Phase geht es auf den Kopf, d. h. die Nase senkt sich nach unten, und das Flugzeug holt von selbst wieder Fahrt auf. Gefährlicher ist das Abkippen über die Tragfläche. Dieses »Abschmieren« war in den zwanziger und dreißiger Jahren eine der Hauptunfallursachen im Segelflug. Vor allem in Bodennähe beim Landeanflug endete es meist tödlich. In der Motorfliegerei ist das »Überziehen«, das zum Abschmieren führt, noch heute eine der häufigsten Unfallursachen.
Das Abschmieren kann zum Trudeln führen, das jeder Segelflugschüler einmal mitgemacht haben sollte. Trudeln ist eine sturzflugähnliche, aber schraubenförmige Drehbewegung des Flugzeugs nach unten. Jeder, der selbst fliegt, muß wissen, wie er diese Drehbewegung so schnell wie möglich beendet: Seitenruder schlagartig entgegen der Drehrichtung voll austreten. Höhen- und Querruder in Neutralstellung, wenn das Trudeln aufgehört hat, auch das Seitenruder. Aus dem steilen Gleitflug, in dem sich das Segelflugzeug immer noch befindet, muß es nun sanft abgefangen werden. So lernt der Flugschüler, das Flugzeug auch in »Grenzflugzuständen« sicher zu beherrschen.

Thermik suchen und finden

Die zweite Voraussetzung zum Leistungssegelfliegen ist die Fähigkeit, in aller Ruhe wohlüberlegt nach Aufwinden, vor allem nach Thermik zu suchen und diese so gut wie möglich zu nutzen. Das »Tanken« von Höhe füllt den Vorrat an potentieller Energie im Segelflugzeug immer wieder auf. Es ist ein notwendiges, manchmal schwieriges, aber auch unerhört reizvolles Spiel, immer wieder Energie statt durch klingende Münze durch Intelligenz (angewandte Kenntnisse, Erfahrungen und Geschicklichkeit) einzukaufen. Für den Anfänger ist dieses Spiel deshalb nicht ganz einfach und nicht ohne Risiko, weil in der Atmosphäre ja nicht nur Aufwinde, sondern im selben Maße auch Abwinde vorkommen. Und beide kann er nicht sehen. Zwar findet sich alljährlich in der Aprilausgabe von Luftfahrtzeitschriften die uralte Mär von der Thermikbrille in allen möglichen Variationen wieder, doch schade, bis heute ist sie noch nicht erfunden. Nach wie vor muß die Thermik gesucht und der Abwind möglichst vermieden oder schnell durchflogen werden.
Wieviele Sportsfreunde sind schon bei schönstem Thermikwetter hoffnungsfroh an der Winde gestartet und waren trotz guter Ausgangshöhe und planvoller Thermiksuche schon nach wenigen Minuten wieder unten. Andere, die kaum Ahnung hatten, trug es aus der Winde heraus gleich zweitausend Meter hoch. Der

Einsteigen zum
»Schnupperflug«

Segelflugschulung im
GFK-Doppelsitzer

Windenstart

vom Startplatz...

von der Winde gesehen

Ein Schleppzug startet in Feuerstein

Im Schlepp nach dem Start von der Hahnweide südlich von Stuttgart

(Frei durch Luftamt Hamburg, Nr. 3826/77)

Wie einst im Mai... Ein von Josef Kurz nachgebauter SG 38 (Schulgleiter 38) fliegt wieder auf der Wasserkuppe

Oben: Start mit Gummiseil

Rechts: Im Flug

Unten links: Landung

Unten rechts: Zurückholen

Hammerwetter!
Unter solchen Quellwolken (Cumuli) ist es nicht schwierig, gute »Aufwindbärte« zu finden. Man muß nur im Hinterkopf behalten, daß es an manchen Stellen ebenso runtergehen kann wie in der Thermik rauf!

Hamburger Segelflieger Heinz Huth vergleicht die Thermikbärte in der sommerlichen Landschaft mit einem Wald. So wie man dort mit verbundenen Augen unweigerlich irgendwann gegen einen Baum rennt, muß man mit dem Segelflugzeug beim Geradeausflug auch irgendwann in einen Thermikbart geraten. Bei der relativ geringen Höhe, die sich im Windenstart erreichen läßt, ist die Wahrscheinlichkeit dazu natürlich nicht so groß wie bei größerer Höhe, die sich beispielsweise im Flugzeugschlepp erreichen läßt. Am plötzlichen Steigen des Motorflugzeugs, das er vor sich hat, erkennt der Segelflieger deutlich den Bart, in den er Sekunden später ebenfalls hineingerät – Zeit zum Ausklinken.
Termiksuche ist jedoch nicht nur eine Sache des Zufalls. Es gibt eine ganze Reihe von Indizien, die auf Thermik schließen lassen. Augenscheinlich ist: wo andere Segelflugzeuge bereits kreisen, muß es aufwärts gehen – nichts wie hin! Dabei muß einkalkuliert werden, daß der Bart vom Wind versetzt wird. Ist man tiefer als die kreisenden Segler, muß man entsprechend vorhalten.
Zuverlässiger noch als die eigenen Sportsfreunde sind kreisende Raubvögel oder Störche. Wo sie auftauchen, ist mit Sicherheit Thermik vorhanden. Durch den großen Vogel lassen sie sich meist weder stören noch vertreiben. Offensichtlich haben sie noch keine schlechten Erfahrungen mit ihm gemacht. Doch sie äugen immer wieder neugierig herüber.
Ein weiteres Indiz für Thermik sind die berühmten Kumuluswolken, Quellwolken, die häufig die Aufwindbärte krönen – immer dann, wenn aufgrund der Temperatur- und Feuchtigkeitsverhältnisse an einer bestimmten »Basis« Kondensation eintritt. Da ein »Bart« nur ein begrenzte Lebensdauer hat, ist der Segelflieger mit den eben entstehenden und noch kräftig quellenden Wolken am besten bedient. Ebenso wie beim Anfliegen eines kreisenden Pulks von Segelflugzeugen muß er dabei bedenken, daß der Bart ja vom Wind versetzt wird, die Wolke also in Windrichtung weiter entfernt entsteht als der Bart zu finden sein wird. Das Berücksichtigen von Windgeschwindigkeiten und Anflughöhe ist Erfahrungs- und ein bißchen Glückssache, denn ein Aufwindbart ist kein geometrisch exaktes Gebilde, sondern eine vom Wind zerzauste oder gar zerrissene, sich ständig verändernde Warmluftblase.
Nach neueren Forschungen im DLR-Institut für die Physik der Atmosphäre von Dr. Manfred Reinhardt, der selbst Segelflieger und erfolgreicher Wettbewerbspilot ist, handelt es sich sogar um »Blasen in der Blase«. »Bubbles in the Bubble?« hatte er seinen mit großem Beifall aufgenommenen Vortrag auf dem 12. Segelflug-Symposium 1988 in Stuttgart genannt.
Aus ähnlichen Gründen ist es auch nicht gerade einfach, aus der Beschaffenheit des Erdbodens auf Thermik zu schließen. Gewiß stimmt die alte Segelfliegerweisheit, daß sich über einem Dorf und den umgebenden Getreidefeldern die Luft stärker erhitzt als über dem benachbarten See und Wald, über der stärker reflektierenden Bodenbedeckung also Thermik zu erwarten ist. Wo sich aber die dort sicherlich entstandene große Warmluftqualle tatsächlich vom Boden ablöst (wie umgekehrt ein Tropfen von einem Wasserrohr), ist schwer vorauszusagen, schon gar nicht aus der Luft. Daß hingegen ein sonnenbestrahlter felsiger Berghang recht zuverlässig Thermik liefert, die sogenannte Hangthermik, weiß jeder, der in den Alpen geflogen ist. Der Berggipfel ist ja bereits die »Abreißkante«, von der sich der aufsteigende Warmlufttropfen lösen muß. Im flachen Land oder im Mittelgebirge gibt es viele derartige Möglichkeiten: einen Waldrand, einen Steinbruch, ein einzeln stehendes Haus, eine Ziegelei... ja, wenn man das immer so genau wüßte.

Alpensegelflug in der Hangthermik.

Zentrieren

Wir haben einen Thermikbart gefunden und das zuerst am empfindlichen Hinterteil gespürt. Dann nahm die Fahrt zu, und zugleich zeigte das Variometer Steigen an. Ohne Zweifel: jetzt geht es aufwärts. Oh nein, nicht sofort einkurven. Der Variometerzeiger steigt noch immer. Das Flugzeug will nach einer Seite ausweichen. Kommt gar nicht in Frage: Gerade gegen den sich hebenden Flügel muß eingekurvt werden, denn dort ist offensichtlich der stärkere Aufwind, möglicherweise also das Zentrum, in dem das stärkste Steigen zu erwarten ist. Und das wollen wir ja finden, damit wir so schnell wie möglich hochkommen. Zum Finden des Zentrums, zum »Zentrieren«, gibt es mehrere Methoden. Jeder Segelflieger schwört auf seine eigene Methode. Alle beruhen aber auf der geometrischen Aufgabe, einen Kreismittelpunkt möglichst schnell zu verlagern und mit dem Mittelpunkt eines anderen Kreises zur Deckung zu bringen. Der eine Kreis ist der Drehkreis des Segelflugzeugs, der andere der Bereich des stärksten Steigens um das Zentrum der Thermik.

Der Segelflieger kann jetzt in Richtung des stärkeren Steigens einige Sekunden geradeaus fliegen und dann wieder normal weiterkurven. Ein anderer Weg: bei Nachlassen des Steigens sofort steil zurück und dann bei zunehmendem Steigen wieder mit normaler Schräglage kreisen.

Oder – und das ist die Methode des Altmeisters Heinz Huth – der Segelflieger durchquert den Bart, kreist normal weiter, bis das Steigen erneut stärker wird, und reißt das Flugzeug dann nach einigen Sekunden um 180 Grad herum. Danach kurvt er wie vorher weiter, aber jetzt im stärkeren Steigen. Allerdings muß er nach jedem zweiten, dritten Thermikkreis erneut zentrieren, wenn er das Beste aus dem Bart herausholen will.

Doch eines ist noch wichtiger: Bei allen seinen Flugmanövern darf der Thermikschnüffler kein anderes Segelflugzeug behindern. Wie Motten das Licht, so streben die Segelflieger aus der näheren und weiteren Umgebung zu dem Thermikbart, den einer von ihnen entdeckt hat. Jeder Nachkommende muß in der Richtung kreisen, mit der der erste begonnen hat. Einer steigt schneller, der andere langsamer, je nach Können und Flugzeugmuster. Dabei geht Rücksicht vor Erfolg. Gerade beim Kurbeln ist die akustische Variometeranzeige ein wichtiger Sicherheitsfaktor.
Irgendwann im Verlaufe dieser Übungen wird es dem Schüler auch gelingen, die praktische Anforderung der C-Prüfung zu erfüllen: einen längeren Thermikflug am Platz mit mehrmaligem Höhengewinn (mindestens 30 Minuten Flugdauer), bei dem der Ausklinkpunkt im Winden- oder Flugzeugschlepp nicht höher als 500 m über Grund liegen durfte. Da die reine Gleitzeit aus dieser Höhe nur etwa 6 bis 8 Minuten beträgt, kann die geforderte Mindestflugzeit nur im Segelflug erreicht werden. Die theoretische Prüfung erfordert schon weitgehende Kenntnisse, die für den späteren Luftfahrerschein Voraussetzung sind.

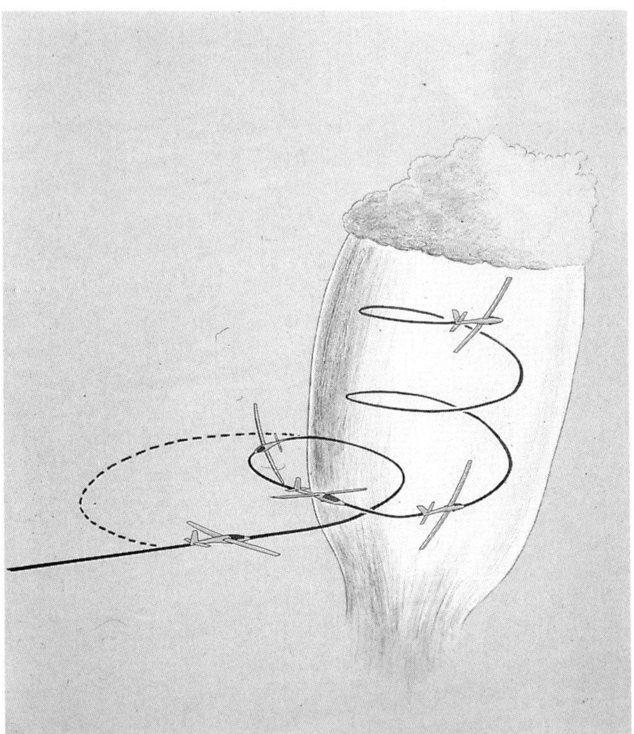

Zentrieren nach der Methode von Heinz Huth.

Und nun Streckenfliegen

Nach dem Höhengewinn wird der schnelle Gleitflug geübt, von dem später die Streckenflugleistung abhängt. Rasant geht es vorwärts – dabei zugleich aber auch abwärts. Aufwinde wie Abwinde werden durchquert, nach Möglichkeit schon bewußt nach der McCready-Einstellung, die sich aus den (ja bereits erflogenen) mittleren Steigwerten ergeben hat. Bald wird es Zeit, erneut an Höhengewinn zu denken. Die nächste am Sitzdruck spürbare Aufwindchance wird nicht durchflogen; wir setzen vielmehr unsere erhöhte Geschwindigkeit sogleich in Höhe um, wobei uns der Aufwind bereits unterstützt, und damit wir drinbleiben, geschieht das in Form einer eleganten hochgezogenen Kehrtkurve, mit der wir zum Thermikkreisen überleiten. Es erfordert viel Übung, bis uns das gelingt.
Der Fluglehrer läßt uns noch einige Male mit verschiedenen Flugzeugmustern und bei unterschiedlichem Thermikwetter fliegen. Wir müssen den Kompaß beobachten, Kurs halten und aus dem Kreisflug heraus Kurs aufnehmen lernen, und jetzt ahnen wir es schon: Es geht bald überland.
Es ist noch gar nicht lange her, da schickte der Fluglehrer den Schüler, der seine C-Prüfung und seinen Luftfahrerschein mit Platzflügen erworben hatte, bei geeigneter Wetterlage ohne besondere Einweisung und Vorbereitung auf gut Glück zum Streckenflug los.
Heute – seit Inkrafttreten der Luftfahrt-Personal-Verordnung von 1976 – gehört der Streckenflug zur Grundausbildung. Für den Luftfahrerschein müssen unter anderem nachgewiesen werden:

- drei Landungen mit oder ohne Fluglehrer auf mindestens einem anderen Flugplatz als dem, auf dem die Ausbildung durchgeführt wird.
- die selbständige Vorbereitung und Durchführung eines Überlandfluges als Alleinflug über eine Flugstrecke von mindestens 50 km im Segelflug.

Die letztgenannte Bedingung wurde bei ihrer Veröffentlichung von vielen Segelfliegern und vor allem von jenen, die es werden wollten, als besonders schwierig und hart empfunden. Sie rechtfertigt sich aber dadurch, daß an den Segelflieger heutzutage wegen der Enge des Luftraums und der starken Zunahme des Luftverkehrs eben viel höhere Anforderungen gestellt werden müssen als früher. Außerdem erfüllt der Segelflieger damit zugleich eine Bedingung für das Silberne Leistungsabzeichen (Zielflug von mindestens 50 km).

Die Praxis hat gezeigt, daß es trotz guten Willens und ausreichender Fähigkeiten oft lange dauert, bis die Möglichkeit zu einem solchen Flug besteht, vor allem im Vereinsbetrieb. Entweder spielt das Wetter nicht mit oder das geeignete Flugzeug steht nicht zur Verfügung, oder es sind erst andere an der Reihe. Deshalb kann, wenn alle sonstigen Voraussetzungen erfüllt sind, von der zuständigen Luftfahrtbehörde ein entsprechend eingeschränkter »Luftfahrerschein für Privatflugzeugführer mit Beiblatt C für Segelflugzeugführer« ausgestellt werden. Er berechtigt den Inhaber zu freien Platzflügen. Will er überlandfliegen, etwa um die ausstehende Bedingung zu erfüllen, muß er sich von einem Fluglehrer einen »Flugauftrag« geben lassen. Mit dem gelungenen 50 km-Flug wird die Einschränkung aufgehoben.
Nach den Richtlinien für die Segelflugausbildung der Segelflugkommission im Deutschen Aero-Club ist jedoch die vorhergehende Streckenflugeinweisung im Doppelsitzer heute verbindlich.
Da der Lehrer mitfliegt, ist das Risiko einer Außenlandung geringer. Er teilt es aber mit dem Schüler und kann deshalb seine Erfahrungen sicherlich besonders wirksam weitergeben.

Der Motorsegler in der Streckenflugausbildung

Als nahezu gleichwertiger Ersatz bietet sich die Streckenflugeinweisung mit Fluglehrer im Motorsegler an. Nach der methodischen Forderung sollte sie bis zu 100 km Flugstrecke gehen und eine Einweisung in die terrestrische Navigation (anhand der Karte von einem markanten Geländemerkmal zum anderen fliegen), in das Fliegen nach Kompaßkurs, in das Umfliegen und Beurkunden von Wendepunkten, in den Zielanflug und in das Verhalten bei Außenlandungen umfassen. Das erscheint etwas viel auf einmal, daher werden meist mehrere Flüge notwendig sein.
Alle Flugsituationen im Segelflug lassen sich mit dem Motorsegler simulieren: Thermikfliegen etwa durch Höhengewinn mit Motorkraft im Kreisflug, Gleiten im Geradeausflug mit der hohen Gleitzahl eines modernen Segelflugzeugs durch Fliegen mit entsprechend verminderter Tourenzahl. Noch besser ist es natürlich, wenn bei guter Thermik tatsächlich Höhengewinn und anschließender Gleitflug bei abgestelltem Motor geübt werden kann. Wichtig ist, daß der Schüler sich daran

Einweisungsflug mit einem Schüler im Motorsegler – hier in der Alpensegelflugschule Unterwössen.

gewöhnt, unverkrampft und frei von Panik immer wieder nach geeigneten Außenlandeplätzen Ausschau zu halten. Dabei müssen Windrichtung und -stärke, Bodenbeschaffenheit (ein gerade geeggter Acker ist oft besser als eine Wiese, auf der es zugewachsene Gräben und verdeckte Steinhaufen geben kann) und Anstieg oder Gefälle berücksichtigt werden. Wichtig ist auch, daß der Landeanflug nicht über Hindernisse (Hochspannungs- oder Telefonleitungen) führt und schließlich, daß der Landeplatz nicht zu weit vom nächsten Gehöft oder einer Ortschaft entfernt liegt, damit der Startplatz und damit die Rückholmannschaft benachrichtigt werden kann. Eine Außenlandung ist keine Schande; es gibt wohl keinen Leistungssegelflieger, der nicht schon einmal »abgesoffen« ist. An Außenlandungen knüpfen sich meist sogar unvergeßliche Erlebnisse und Begegnungen. Sie sind ein beliebter und nahezu unerschöpflicher Erzählstoff in froher Segelfliegerrunde.

Mit dem Motorsegler lassen sich für den Schüler Außenlandungen risikolos simulieren. Auch die geforderten drei Landungen auf fremden Plätzen – ebenfalls mit dem Motorsegler in Begleitung des Lehrers möglich – tragen dazu bei, die Sicherheit beim Streckenflug zu erhöhen.

Krönung dieses Ausbildungsabschnittes ist das »selbständige Vorbereiten und Durchführen eines Zielstreckenflugs im Segelflugzeug im Alleinflug mit schriftlichem Flugauftrag des Fluglehrers über eine Strecke von mindestens 50 km.« Er kann auch um einen, höchstens zwei Wendepunkte herum mit Rückkehr zur Startstelle absolviert werden, zählt dann aber nicht als Bedingung für das silberne Leistungsabzeichen.

Voraussetzung für die Erteilung des Luftfahrerscheins ist auch, daß der Flugschüler seine Kenntnisse und Fähigkeiten in einer theoretischen und praktischen Prüfung vor einer behördlichen Kommission nachgewiesen hat. Sofern er dann noch mindestens 17 Jahre alt ist, steht dem begehrten »PPL mit Beiblatt C« nichts mehr entgegen. Eingetragen sind dort auch die Startarten, die ihm je nach Ausbildung erlaubt sind (Winden- und/oder Flugzeugschleppstart). Die Erlaubnis gilt für 24 Monate. Damit sie verlängert werden kann, müssen 10 Flugstunden oder 30 Starts als verantwortlicher Flugzeugführer nachgewiesen werden. Für manchen Sonntagsflieger ist das eine harte Bedingung, aber schließlich lernt man ja fliegen, um zu fliegen.

Doppelsitzer

Auch der Inhaber eines Luftfahrerscheins muß im Doppelsitzer einen Checkflug absolvieren, wenn er in einem anderen Club oder an einer Segelflugschule fliegen will. Das wurde früher von manchem Piloten als lästig und überflüssig empfunden. Gerade Jüngere fühlten sich im Doppelsitzer in ihrer fliegerischen Freiheit eingeengt und wieder zum Schüler degradiert. Doch mehr und mehr setzt sich die Erkenntnis durch, daß solche Einweisungsflüge in jeder Hinsicht nützlich sind. Sie tragen wesentlich bei zur Sicherheit des Fliegens und des Flugbetriebes auf einem fremden Gelände und vermitteln neue fliegerische Erfahrungen; denn niemand hat je ausgelernt. Im Vereinsbetrieb kommen mit dem gleichen Aufwand, wie er sonst für einen Piloten erforderlich ist, gleich zwei in die Luft. Immer wieder zeigt sich: Wer viel fliegt, fliegt sicherer. Und der Doppelsitzer kann wesentlich dazu beitragen.

In vielen Segelflugschulen und -vereinen sind die »alten« Doppelsitzer noch uneingeschränkt im Einsatz. Muster wie die »AS-K 13« und der »Bergfalke« bewähren sich nach wie vor im rauhen Schul- und Vereinsbetrieb. Doch wie die Kunststoff-Einsitzer, sind auch die GFK-Doppelsitzer mächtig im Kommen.

Sie dienen

1. zur Einweisung von fortgeschrittenen Segelfliegern in die Eigenarten von Kunststoff-Segelflugzeugen und zur Erleichterung des Übergangs.
2. zur Einführung in den Leistungssegelflug mit Hochleistungsflugzeugen. Erfahrungen lassen sich auch dadurch gewinnen, daß man den erfahrenen Piloten (es muß kein Fluglehrer sein) im Flug beobachtet, seine taktischen Überlegungen »vor Ort« unmittelbar erfährt, ihn vielleicht in Streß-Situationen erlebt und seine jeweiligen Entscheidungen kritisch wertet.
3. zu gemeinsamen Leistungssegelflügen gleichwertiger Piloten, die sich ablösen und dadurch möglicherweise Spitzenleistungen erreichen. Es ist denkbar, daß auf diese Weise in Zukunft bei mehrtägigen Segelflügen die bestehenden absoluten Rekordleistungen gebrochen werden könnten.
4. GFK-Doppelsitzer werden heute bereits zur Anfänger-Ausbildung verwendet, nicht nur in den Segelflugschulen des DAeC, sondern auch in vielen Vereinen.

GFK-Doppelsitzer-Muster

Der erste GFK-Doppelsitzer war der »Janus«, konstruiert von Klaus Holighaus, der im Mai 1974 auf der Hahnweide südlich von Stuttgart auch den Erstflug unternahm. Bei Fernsehaufnahmen sagte er über sein Flugzeug, das zu den von der Form her schönsten und von der Flugleistung her besten GFK-Mustern gehört:
»Unsere Firma hat einige Jahre Entwicklungszeit benötigt, um dieses Flugzeug auf den Markt zu bringen. Bisher gab es nur Einsitzer in dieser Bauweise, die sich durch eine hervorragende Oberfläche auszeichnet, und wir entschlossen uns, diesen Vorteil der guten Oberfläche auch für einen Doppelsitzer anzuwenden. Der Erfolg dieses Flugzeuges ist darin zu sehen, daß es eine außergewöhnlich gute Schnellflugleistung hat. Es wurden schon einige Rekorde damit geflogen. Man kann damit Überlandflüge unternehmen, die normalerweise bisher nur einem Einsitzer vorbehalten waren. Das Flugzeug, der Janus, wird auch auf Wettbewerben in der Offenen Klasse geflogen. Eine Doppelsitzerklasse gibt es zur Zeit leider noch nicht. Wenn jedoch die Entwicklung in dieser Richtung weitergeht, also mehr Doppelsitzer dieser Leistungsklasse fliegen, werden wir irgendwann auch wieder eine Doppelsitzerklasse im Wettbewerb haben. Dann, glaube ich, wird das Fliegen zu zweit noch interessanter.«
Die gemessenen Flugleistungen des »Janus« sind noch besser als die berechneten (normalerweise ist es umgekehrt): Bei einer Spannweite von 18,20 m hat das Flugzeug eine beste Gleitzahl von 39,5 und ein geringstes Sinken von 0,70 m/s.
Mit einigen Verbesserungen ist inzwischen der »Janus B«-Wölbklappendoppelsitzer für fortschrittliche Grundausbildung, Überlandflugtraining und Hochleistungssegelflug auf dem Markt. Durch den »Janus C« mit 20 m Spannweite, Tragflügel in Kohlefaser-Bauweise, wird er aber noch übertroffen. Seine beste Gleitzahl von 43,5 erreicht er bei 110 km/h, sein geringstes Sinken von 0,60 m/s bei 90 km/h – ein Flugzeug für »Spitzenleistungen zu zweit«.
Nach dem »Janus« erschienen weitere Kunststoff-Doppelsitzer, darunter der »Twin-Astir«, der bei 17,50 m Spannweite eine beste Gleitzahl von 39 und ein geringstes Sinken von 0,73 m/s aufweist. Er war von vornherein für Schulungs- und Vereinsbetrieb vorgesehen. Die dabei gewonnenen Erfahrungen wurden in der G 103 Twin II verwertet. Auch der Twin III ACRO mit neuer

Der GFK-Doppelsitzer »Janus« von Klaus Holighaus auf dem Flugplatz Hahnweide südlich von Stuttgart.

Einer der neuesten GFK-Doppelsitzer: Twin III Acro von Grob Luft- und Raumfahrt.

Robust und als Schul-Doppelsitzer bewährt: AS-K 21 von Schleicher, Poppenhausen.

Flügelgeometrie (dreifach-Trapez und Pfeilung der Flügelvorderkante, wodurch Leistung und Wendigkeit gesteigert werden konnten) ist schon auf dem Markt. Von der »Twin« wurden an die 1000 Exemplare gebaut und in alle Welt geliefert, wo sie sich durch ihre Vielseitigkeit – von der Schulung bis zum Leistungsflug – und durch ihre Robustheit gut bewährt haben.
Als »Schuldoppelsitzer« konstruiert wurde die ASK 21 der Firma Schleicher/Poppenhausen. Es ist das erste GFK-Flugzeug von Rudolf Kaiser, dem schon mit dem Doppelsitzer AS-K 13 (17 m Spannweite) ein großer Wurf gelungen war. Das neue Muster, das besonders gutmütige Flugeigenschaften bei guten Leistungen (Gleitzahl 34, geringstes Sinken zweisitzig 0,72 m/s) aufweist, ist auch zweisitzig voll kunstflugtauglich. Die geteilte Haube ermöglicht ein bequemes Einsteigen. Das Flugzeug hat sich in der Segelflugschule Oerlinghausen und auf der Wasserkuppe im harten Schulbetrieb sehr gut bewährt.

Sport für die Jugend

Mit der Erteilung des Luftfahrerscheins sind Rechte verbunden. So darf der Segelflieger mit uneingeschränktem Luftfahrerschein in eigener Verantwortung fliegen und auch ohne Auftrag eines Fluglehrers einen Überlandflug unternehmen, doch muß er seine Wünsche immer, da ihm normalerweise das Segelflugzeug nicht oder nicht allein gehört, mit denen seiner Clubkameraden abstimmen. Fliegt er an Segelflugschulen, so wird er dort zwar in die Gruppe der Fortgeschrittenen eingestuft, doch letztlich wieder als Flugschüler behandelt. Und das ist gut so. Denn so stolz gerade der junge Segelflieger auf seinen Luftfahrerschein ist und sein darf – er wird bald merken, daß er mit seiner Ausbildung nie fertig ist. Gerade das Bewußtsein dafür kennzeichnet den Leistungssegelflieger – neben seinen tatsächlichen fliegerischen Leistungen, zu denen er aber nur durch ständiges Lernen, Sichbemühen, kritisches Auswerten eigener und fremder Fehler imstande ist.
Mit 17 Jahren kann er also lediglich für den Gesetzgeber »fertig« sein, indem er nachgewiesen hat, daß seine fliegerischen Kenntnisse und Fähigkeiten ausreichen, sich selbst und andere nicht zu gefährden. Es gibt eine ganze Reihe siebzehnjähriger Luftfahrerscheininhaber. Wie hoch der Leistungsstand mancher junger Segelflieger schon ist, zeigt sich vor allem auf den regelmäßig stattfindenden Junioren-Wettbewerben mancher Landesverbände des Deutschen Aero Clubs und auf den Deutschen Junioren-Meisterschaften.
Mehr um Begegnung und Beisammensein in der gemeinsamen Sportausübung geht es dagegen bei den internationalen Jugendfreizeiten, wie sie beispielsweise vom »Haus der Luftsportjugend e. V.« in Hirzenhain und vom Luftsportclub »Condor« auf dem Flugplatz Grube in Holstein veranstaltet werden. Hier treffen sich alljährlich junge Leute bis zu 25 Jahren aus aller Herren Länder, um gemeinsam segelfliegen zu lernen oder sich darin weiterzubilden. Tatsächlich gibt es wohl kaum eine Sportart, bei der man sich besser kennenlernen kann, als den Segelflug.

Sport für Frauen

Trotz der körperlichen Anstrengung am Boden und der Streßbelastungen im Flug hat der Segelflug seit jeher eine besondere Anziehungskraft auf das weibliche Geschlecht ausgeübt. Hier finden sich gerade diejenigen, bei denen die spezifisch weiblichen Eigenschaften – Sensibilität, Phantasie, Intuition, Instinkt – besonders ausgeprägt sind. Daß sich das auch im äußeren Anblick dokumentiert, wird jeder Besucher eines Damen-Segelflugwettbewerbs zu seiner Freude feststellen.
Voll anerkannt sind die Spitzen-Damen auch wegen ihrer fliegerischen Leistungen, in denen sie den Männern nicht nur nicht nachstehen, sondern wegen ihres Feingefühls manchmal sogar überlegen sind. Und es muß nicht immer eine Hanna Reitsch sein, die Spitzenleistungen vollbringt.
Sie war die erfolgreichste und bekannteste deutsche Segelfliegerin. Schon als Zwanzigjährige hatte sie 1932 Segel- und Motorflugscheine erworben. 1937 überquerte sie als erste Frau die Alpen im Segelflugzeug. Seit den dreißiger Jahren stellte sie immer wieder deutsche und internationale Frauen-Segelflugrekorde auf. Ihre Leistungen auf anderen Gebieten der Luftfahrt können hier nur am Rande erwähnt werden: 1937 wurde sie als erste Frau der Welt Flugkapitän. Als erste Frau flog sie Hubschrauber, Raketen- und Puls-Jet-Flugzeuge (V 1). In Anerkennung ihrer Verdienste um die Entwicklung der Luftfahrt wurde ihr 1975 die Pionierkette der Windrose zuerkannt.
Mit weit über 60 Jahren stellte sie noch einen Frauen-Weltrekord im Ziel-Rückkehrflug auf: am 7. April 1979 flog sie 801,7 km. Nur wenige Monate später, am 24. August, starb sie an Herzversagen.

Ihr Weltrekord ist seit langem überboten: Schon im September 1981 flog die Amerikanerin Doris F. Grove in den USA eine Zielrückkehrstrecke von 1127,7 km. Doch Hanna Reitsch ist unvergessen.
Deutsche Namen finden sich nur noch wenige in der Liste der Frauen-Weltrekorde. Für die Leistungen, die heute möglich und zum Überbieten bestehender Weltrekorde nötig sind, ist Mitteleuropa wohl zu eng geworden. Die USA, die Sowjetunion, Australien und Südafrika bieten dank ihrer Weiträumigkeit bessere Möglichkeiten. Deshalb finden Weltrekordleistungen im Segelflug fast nur noch dort statt.
Wenngleich spektakulär, vor allem für die Medien, ist Spitzensport doch die Ausnahme im Segelflug. Zwar setzt er neue Maßstäbe, demonstriert das Erreichbare, schafft Vorbilder – doch mindestens ebenso wichtig ist der Breitensport, wie er in den Vereinen betrieben wird, von Männern ebenso wie von Frauen. Doch die Frauen sind, das muß klar zugegeben werden, im deutschen Segelflug noch bei weitem unterrepräsentiert.
Im Rahmen einer Studien-Abschlußarbeit an der Deutschen Sporthochschule in Köln hat sich Manfred Zimmermann mit einer »Standortbestimmung« für den Vereinssegelflug in der Bundesrepublik Deutschland befaßt. Am Anfang stand 1987 eine umfassende Fragebogenaktion, mit der er sich an alle 754 segelflugtreibenden Vereine gewandt hat. Die Rücklaufquote betrug immerhin rund 70 Prozent, sodaß seiner Studie eine hohe Aussagekraft zugebilligt werden kann. In zwei Beiträgen im »Aerokurier« (12/1987 und 2/1988) hat er ausführlich darüber berichtet. Es kann den Vereinen und auch den Vereinssegelfliegern nur empfohlen werden, sich mit den aufschlußreichen Ergebnissen und ihrer sorgfältigen Analyse zu befassen. Diese werden sobald nicht veralten und sind wichtig für die Zukunftsplanung des Segelflugsports. Es würde aber den Rahmen dieses Buches sprengen, sich an dieser Stelle näher damit zu befassen.
Hier geht es um den Segelflug als »Sport für Frauen«, und auch in diesem Zusammenhang ist Zimmermanns Studie überaus aufschlußreich. In seiner Zusammenfassung schreibt er dazu: »...Laut Studie kann der Anteil der weiblichen Mitglieder an der Gesamtmitgliederzahl der im DAeC zusammengeschlossenen Segelflieger auf ungefähr 9 Prozent beziffert werden. Wird dabei die offizielle Zahl von 38000 Segelflugsportlern... zugrunde gelegt, ergibt sich eine absolute Zahl von ungefähr 3500 Segelfliegerinnen in der Bundesrepublik Deutschland. Erstaunlicherweise sind fast 20 Prozent der angeschriebenen Luftsport-Vereinigungen reine Männer-Fluggemeinschaften, nach eigenen Informationen ohne jegliche weiblichen Mitglieder...
Da aus physiologischer und sportmedizinischer Sicht das weibliche Geschlecht den Anforderungen des Segelfluges mindestens ebenso gut gerecht werden kann wie das männliche, scheint hier, insbesondere auch in Hinsicht auf das sich ändernde Rollenverhalten der Frau in unserer Gesellschaft, ein großer Nachholbedarf an Luftsportlerinnen zu bestehen. Bedeutung gewinnt diese Erkenntnis dadurch, daß nahezu alle Segelflugsportvereine (95 Prozent) tatsächlich in der Lage sind, weitere Mitglieder aufzunehmen. Nur fünf Prozent haben ihre volle Mitglieder-Kapazität bereits erreicht und halten eine Mitgliederaufnahme für nicht mehr möglich.
Die durchschnittliche Kopfstärke der Segelflug-Sportfachgruppen beziehungsweise reinen Segelflugvereine liegt bei etwa 60, der kleinste DAeC-Club meldet 5, der größte 292 Mitglieder...«
Im II. Teil seiner Ausführungen im »Aerokurier«, in der Analyse, differenziert Manfred Zimmermann seine Untersuchungen über den Frauenanteil:
»... Mit der Größe der Segelflugclubs steigt auch der prozentuale Anteil der Segelfliegerinnen an der Gesamtmitgliederzahl. Diese Kontinuität wird besonders in der am häufigsten genannten Prozent-Kategorie deutlich: Demnach haben die Hälfte aller Kleinvereine, zwei Drittel der mittelgroßen Vereine und sogar drei Viertel der Großvereine rund 10 Prozent weibliche Mitglieder. Die Menge der Vereine, die nach eigenen Angaben keine weiblichen Mitglieder in ihren Reihen haben, ist unter den Kleinvereinen mit rund 35 Prozent am höchsten, bei den mittelgroßen Clubs beträgt sie etwas mehr als zehn Prozent, und der niedrigste Wert taucht mit knapp vier Prozent bei den Großvereinen auf.
Im DSB (Deutschen Sportbund) hat sich die Zahl sporttreibender Frauen von 1970 bis heute in etwa verdreifacht, im Segelflug dagegen ist von dieser Entwicklung nichts zu bemerken. Der relative Anteil weiblicher Mitglieder tritt seit Beginn der siebziger Jahre mit Werten unter zehn Prozent auf der Stelle ...«
Woran liegt das?
Darüber hat sich die erfolgreiche Segelfliegerin Isolde Wördehoff, inzwischen »Beauftragte für den Frauensport« im DAeC, seit langem Gedanken gemacht.
In den »Mitteilungen« des Landesverbandes Westfalen im Deutschen Aero Club 3/88 schreibt sie unter dem Titel »Luftsport – frauenfeindlich?«:

»Die harte Realität vorweg: Das Flugplatzleben ist für Frauen zeitaufwendig, anstrengend, beschwerlich, nervenaufreibend, enttäuschend, hektisch, manchmal traurig – ebenso wie für Männer. Ich wehre mich deshalb mit aller Entschiedenheit dagegen, meinen Sport allein dieser Tatsachen wegen als frauenfeindlich abstempeln zu lassen. Alle Pilotinnen, die ich kenne, strafen dieser Einordnung ohnehin Lügen.

In Jahrzehnten haben sie um der Faszination des Fliegens oder Fallschirmspringens willen sich mit Phantasie mit den Unzulänglichkeiten des Flugplatzlebens arrangiert. Sie haben neben Haushalt und Beruf meist mehrere Kinder großgezogen, fliegen zum Teil Wettbewerbe mit und lieben ihren Sport noch immer wie in den ersten Tagen...

Zwangsläufig muß man mit Kindern seine Schwerpunkte anders setzen. Die Triebfeder des Fliegens, der Drang nach Freiheit und Ungebundenheit, ist durch sie stark eingeschränkt. Man sieht die anderen, gar den eigenen Mann fliegen und sich selbst nur mehr gut dazu, den Nachwuchs zu bewachen. Das weckt Aggressionen, Schuldzuweisungen an die Umwelt. Aber für den Kinderspielplatz, der in dieser Situation etwas helfen könnte, ist doch nicht der Verein zuständig! Das Konsumgesellschaftsdenken muß Grenzen haben...

Nun sollen hier keine Vorwürfe erhoben werden. Was ich bewirken möchte, ist ein Umdenken. Es ist absolut unzeitgemäß, an veralteten Vereinsstrukturen festzuhalten. Flexibilität in allen Lebensbereichen ist unerläßlich, und sie ist auch notwendig, bei jeder Mitgliederneuaufnahme. Durch jedes neue Mitglied verändern sich die sozialen Verhaltensweisen und Strukturen. Es zeigt sich in der Praxis, daß man sich bei Männern viel eher darauf einstellt, als bei Frauen. Leider sieht es im Vereinsalltag immer noch so aus, daß Frauen mit dem Wunsch nach einer fliegerischen Ausbildung als Paradiesvögel bestaunt und leider auch noch so behandelt werden...

Also nicht männlich oder weiblich sollen die Vereine sein, sondern menschlich. Deshalb mein Appell an die Vereine: Bemühen Sie sich immer wieder, Frauen in Ihre Gemeinschaft aufzunehmen. Viele Vereine müssen ums Überleben kämpfen. Die gezielten Versuche nehmen zu, dem Luftsport ein Negativimage anzuheften. Es muß doch in der Öffentlichkeit Wirkung zeigen, wenn man deutlich macht, daß kein harter Männersport betrieben wird. Auch die Hausfrau von nebenan kann mitmachen.

Meine Bitte an die Vereine: Nehmen Sie Frauen mit Überzeugung auf, nicht halbherzig. Üben Sie offen Kritik an weiblichen Verhaltensweisen, die nicht in Ihre Vereinslandschaft passen. Manches geschieht aus Unkenntnis der Sachlage.

Ein Appell an die Frauen: Sehen Sie den Luftsport nicht als ein Feld an, wo Sie eine Starrolle ausüben können... Bleiben Sie natürlich, zeigen Sie Engagement im Vereinsleben, es ist in unserem Sport nun einmal zwingend notwendig. Stellen Sie Fragen, seinen Sie bereit, Aufgaben zu übernehmen. Sagen Sie, was Sie möchten, oder noch nicht können, setzen Sie sich Ziele. Machen Sie sich aber auch bewußt, was Sie alles können. Üben Sie positives Denken.

Suchen Sie die Zusammenarbeit mit den Männern und geben Sie nicht schon bei den ersten kleineren Problemen auf. Lassen Sie sich Zusammenhänge erklären und üben Sie konstruktive Kritik. Nur so kann auf Dauer das wachsende Selbstbewußtsein den Frauen neue Möglichkeiten für die Verbesserung ihrer gesamten Situation erschließen.

Sie ganz allein haben es durch Ihr Verhalten in der Hand, einen Ansatzpunkt zur Bewußtseinsänderung gegenüber fliegenden Frauen in den Vereinen herbeizuführen. Ich kann Ihnen nur meine Ideen als Hilfe anbieten.

Wie ich eingangs bereits sagte: Das Flugplatzleben ist zeitaufwendig, anstrengend, beschwerlich, nervenaufreibend, hektisch, enttäuschend, manchmal traurig – aber ich möchte keinen einzigen Tag davon missen! Oder wissen Sie eine Alternative für das Glück des Fliegens?«

Soweit Isolde Wördehoff.

Besonders erfreulich: Die von ihr mit initiierte Werbekampagne des DAeC »Luftsport ist auch Frauensport« zeitigt bereits deutliche Erfolge. Es steht zu hoffen, daß dadurch auch die Namen und Leistungen erfolgreicher deutscher Segelfliegerinnen in der Öffentlichkeit bekannt werden.

Dazu gehören beispielsweise:

- Gisela Weinreich, dreifache Europameisterin (Rennklasse), 1983 in Belgien, 1985 in Jugoslawien und 1989 in der Sowjetunion.
- Marlis Bertram, 4fache Deutsche Meisterin und Europameisterin (Standardklasse) 1983 in Belgien.
- Ingrid Köhler, Inhaberin verschiedener Höhenweltrekorde – erflogen in Minden USA.
- Christa Räuscher, die den Deutschen Damenrekord im *Dreiecksflug* über 773 km hält – erflogen in Australien.

Ingrid Köhler in der »Kestrel« vor einem Höhensegelflug in Fayence.

Mit der Werbekampagne von Isolde Wördehoff ist aber nicht nur der Segelflug gemeint, sondern der Gesamtbereich des Luftsports im DAeC, denn auch alle anderen Sparten stehen Frauen offen. Darum gilt das hier Gesagte auch für alle folgenden Kapitel.

Spitzensport – Breitensport – Erholungssport

Hierzu ein Zitat von Fred Weinholtz, dem Sekretär der Internationalen Segelflugkommission:
»Segelflieger sind Sportler im wahrsten Sinne des Wortes. Im Spitzensport bringt der Leistungswille einzelner oder von Gruppen immer wieder neue, aufsehenerregende Ergebnisse hervor. Die Mehrzahl der Segelflieger betreibt Breitensport, stimuliert von den Höchstleistungen der Spitzenflieger. Alle sind ständig bestrebt, ihre eigenen Resultate zu verbessern und ihre persönlichen Rekorde hinaufzuschrauben. Im reinen Erholungssport suchen die Flieger allein oder mit dem Gleichgesinnten im Doppelsitzer das Erlebnis: die Auseinandersetzung mit den Kräften der Natur und die Freude am Steigen, Gleiten und Schauen.
Diese Dreischichtigkeit des Spitzen-, Breiten- und Erholungssportes ist gerade im Segelflug in höchstem Maße durchlässig. Alle drei Bereiche unterliegen keinerlei Begrenzung durch das Alter des Fliegers, solange er gesund ist. Zwanzigjährige können sich mit Sechzigjährigen messen, körperliche Fitness ist weitgehend durch Erfahrung und Gewöhnung zu kompensieren. Auch das Geschlecht ist kein Hindernis für die Ausübung dieses Sportes... Die enorme qualitative Leistungssteigerung des Damensegelflugs in den letzten Jahren dürfte die Richtigkeit meiner These untermauern.
Segelfliegen ist keinesfalls nur ein Sport für Reiche, wie man immer wieder hört. Sicher ist Segelfliegen teuer, rechnet man ausschließlich in Mark und Pfennig. Unsere Sozialstrukturanalyse zeigt aber eindeutig, daß nahezu dreißig Prozent aller Segelflieger nichtverdienende Jugendliche, Lehrlinge, Schüler und Studenten sind. Segelfliegen ist nämlich ein Sport, bei dem Geld noch weitgehend durch Arbeitsleistung ersetzt werden kann, in dem die Gemeinschaftsleistung der Gruppe die entstehenden Kosten auf rund ein Drittel reduziert. Ehrenamtliches Tun im wirklichen Sinne des Wortes ist eine der wesentlichen Grundlagen dieses Sports.
Segelflug ist echter Sport für jedermann, der bereit ist – und das ist unumgängliche Bedingung – auch für andere etwas zu tun, ohne Bezahlung Kraft, Zeit und Nerven einzusetzen. Wer gewillt ist, für die Gemeinschaft da zu sein, dem wird der ganze Reichtum an Erleben zuteil, den der Segelflug für seine Anhänger bereithält.«
Außer der sportlichen hat der Segelflug eine handwerklich-technische und eine wissenschaftliche Seite. Gerade diese Dreieinigkeit macht seinen besonderen Wert aus und führt dazu, daß die meisten Segelflieger in ihrem Sport zugleich ein technisch-wissenschaftliches Hobby sehen. Spitzenleistungen im Segelflug sind heute fast nur noch auf wissenschaftlicher Basis möglich. Sie beruhen auf Optimierung aller Faktoren und setzen daher auch mathematische Kenntnisse und Fähigkeiten voraus.
Die Mathematisierung des Spitzensegelflugs wird von vielen Alt-Segelfliegern bedauert. In ihren Augen hat sich das Frisch-Fromm-Fröhlich-Frei-Fliegen, wie es auch im Leistungssegelflug bis Ende der fünfziger Jahre üblich war, zu einem verbissenen Ringen mathematischer Gehirne um Sekundenbruchteile gewandelt. Tatsächlich kommt es gar nicht mehr so sehr darauf an, möglichst lange zu fliegen und dabei möglichst hoch und möglichst weit zu kommen.
Seitdem 500-km-Dreiecke für Leistungssegelflieger bei geeigneten Wetterlagen keine besondere Schwierigkeit mehr bedeuten, hat sich der Ehrgeiz der Besten darauf gerichtet, vorgegebene Strecken in möglichst kurzer Zeit zurückzulegen, also ein regelrechtes Rennen zu veranstalten. Daß sie dabei oft schneller sind als

moderne Motorflugzeuge, sei hier nur am Rande erwähnt. Es erscheint müßig, diese Entwicklung zu bedauern; denn sie hat sich durch den stets angestrebten technisch-wissenschaftlichen Fortschritt zwangsläufig ergeben. Zum Trost sei nochmals auf die Bandbreite des Segelflugsportes hingewiesen: vom reinen Erholungssport (fast ohne Mathematik) über den Breitensport (bei dem Mathematik noch Spaß ist) bis hin zum Spitzensport, bei dem der mathematische Anteil zwar lästig werden, aber bei durchschnittlicher Schulbildung und einiger Übung noch bewältigt werden kann.
Weiterer Trost: Auch Spitzensegelflieger geben zu, daß manche ihrer flugtaktischen Entscheidungen mehr vom Instinkt als von den Ergebnissen mathematischer Aufgaben bestimmt worden sind.

Weltrekorde

Sie lassen sich heute nur noch erreichen, wenn neben der Mathematik auch fliegerischer Instinkt und eine gehörige Portion Glück mitwirken. Voraussetzung sind extrem günstige Wetterlagen, die dann unter optimalen technischen und personellen Voraussetzungen genutzt werden. So kam es in den letzten Jahren zu Leistungen, die vor zwei Jahrzehnten noch für unmöglich gehalten worden wären. Lange Zeit galten tausend Kilometer im freien Segelflug als Traumgrenze – inzwischen sind schon weit über hundert Piloten im »Club der Tausender«. Der absolute, geradezu unwahrscheinlich anmutende Weltrekord in der Sparte »Strecke in gerader Linie« liegt bei 1460,8 km – eine Leistung, auf die selbst ein Sportflieger im Motorflugzeug stolz sein kann, wenn er sie an einem Tage schafft! Hans Werner Grosse flog diesen Weltrekord bereits am 25. April 1972 mit einem Kunststoff-Segelflugzeug vom Muster ASW 12 auf der Strecke von Lübeck nach Biarritz. Sein Flug dauerte knapp 12 Stunden; er erreichte dabei also immerhin eine Durchschnittsgeschwindigkeit von fast 125 km/h – motorlos. Diese Leistung wurde bis heute nicht überboten.
Inzwischen hat er um vierzig Weltrekorde im Segelflug aufgestellt, die meisten davon in Australien. Was in Europa zu solchen Flügen wie Lübeck-Biarritz gehört und welche Vorbereitungen dazu erforderlich sind, schilderte er vor der Fernsehkamera:
»So etwas kann man nur im Frühjahr machen, wenn wir ganz kalte, trockene Luft von Skandinavien runterkriegen. Diese Luft ermöglicht es uns, daß wir sehr früh morgens, um acht Uhr, starten können. Und wenn diese Luftmasse auch noch bis nach Biarritz reicht, ja, dann landet man eben am Abend nach einem Flug von ungefähr 12 Stunden in Biarritz und hat dann Norddeutschland, Belgien, Holland und Frankreich in seiner ganzen Ausdehnung überflogen. Wir sind jetzt schon so weit, daß wir uns überlegen, ob man nicht vielleicht an einem ganz besonders guten Tag abends sogar über die Pyrenäen nach Spanien fliegen könnte. Ein Ziel muß man immer haben!
Auf so lange Flüge muß man sich natürlich vorbereiten. Man sollte Sport treiben, Skilaufen, Waldlaufen vielleicht, auch Intervalltraining.
Und zwar deswegen, weil man seinen Kreislauf so in Ordnung haben soll, daß man es auch über lange Zeit, etwa 10 bis 12 Stunden, in diesem zwar sehr bequemen, aber doch relativ engen Segelflugzeug aushalten kann.

Hans Werner Grosse, bereits über 60 Jahre alt, einer der erfolgreichsten und bekanntesten Segelflieger der Welt, Spezialist für lange Streckenflüge. Rund 40 Weltrekorde hat er bis 1989 aufgestellt, ein großer Teil davon besteht noch. Seine fliegerische Laufbahn begann bereits 1939 mit der Anfängerschulung im Segelflug. Von 1956 an war er als Segelfluglehrer im Aero-Club Lübeck tätig. 1958 hatte er bereits das Goldene Leistungsabzeichen mit drei Diamanten als Zweiter im Bereich der Bundesrepublik Deutschland. 1963 gelang ihm der erste 500-km-Dreiecksflug in Europa, 1969 ein 700-km-Dreiecksflug als Weltbestleistung. Auch auf Wettbewerben war er erfolgreich: 1970 wurde er Vize-Weltmeister in der Offenen Klasse.

Dabei muß man natürlich genau mit dem Wetter leben. Man muß die Entwicklung des Wetters ständig beobachten und wissen, welche Wetterlage sich für solche Flüge eignet. Bei uns ist es also die Kaltluft, die aus dem Nordosten kommt; sie erscheint nicht von einem Tag auf den anderen, sondern sie deutet sich über mehrere Tage vorher an, und dann weiß man schon, wann man sein Flugzeug fertig haben muß. Man muß natürlich während des Fliegens auch etwas essen, und wir müssen auch trinken; denn so asketisch können selbst wir Segelflieger nicht leben. Auch für das Gegenteil muß gesorgt werden; dafür haben wir Plastikbeutel. Beim Zielflug muß man vorher anmelden, wo man hinfliegt und seine Karten vorbereitet haben. Bei mir macht diese Vorbereitungen meine Frau, so daß ich am Tage vor dem Fluge schlafen kann...«

Ein beispielhaftes Zusammenwirken, das seinen Höhepunkt in gemeinsamen Weltrekordflügen im Januar 1988 in Australien fand, darunter einem 1000 km-Dreieck im Doppelsitzer mit einer Geschwindigkeit von 157,6 km.

Und am 3. Juli 1989 überboten Hans-Werner und Karin Grosse mit einem Doppelsitzerflug gleich zwei Weltrekorde: Von Lübeck aus erreichten sie im Zielstreckenflug Laval in der Bretagne (Westfrankreich): 1028 km! Damit hatten sie auch die bisherige Höchstleistung für Doppelsitzer in »freier Strecke« übertroffen.

Tausend Meilen im Segelflug

Dem Amerikaner Karl Striedieck gelang am 19. Mai 1976 auf einer ASW 17 der erste Segelflug über die »Schallmauer« von 1000 Meilen: allerdings ein Ziel-Rückkehr-Flug, auf dem er in 13 1/2 Stunden insgesamt 1635 km zurücklegte! Karl Striediecks »Hausstrecke« liegt in den Appalachen, der Mittelgebirgskette im Osten der Vereinigten Staaten. Sie erstreckt sich von Pennsylvania (dort besitzt Striedieck eine Farm) in südwestlicher Richtung bis nach Tennessee.

Wenn Wind aus der richtigen Richtung ausreichend stark und dauerhaft gegen diesen gewaltigen Hang bläst, haben die »ridge runners«, die »Grat-Läufer«, ihre großen Stunden. Sie fliegen in der Regel nicht thermisch, nutzen auch nur selten Wellenerscheinungen aus, sondern segeln wie in den Anfangsjahren des Segelflugs im Hangaufwind. Zugute kommen ihnen dabei die erstaunlichen Schnellflugleistungen moderner Kunststoffsegelflugzeuge. Jeder überflüssige Meter Höhe wird sogleich in Geschwindigkeit umgesetzt, und so erreichen sie über lange Strecken Durchschnittsgeschwindigkeiten bis zu 250 km/h. Unter solchen Voraussetzungen hat auch Karl Striedieck seinen Weltrekord erflogen – nicht nur einmal, sondern zweimal. Da das Wendepunkt-Foto beim ersten Flug nicht den Regeln des Code entsprechend aufgenommen war, mußte Striedieck den Flug noch einmal unternehmen, glücklicherweise bei gleich günstigem Wetter. Da diesmal das Wendepunkt-Foto nicht beanstandet wurde, war an dem Weltrekord nicht mehr zu rütteln.

Die »1000 Meilen« wurde 1983 überboten, allerdings nur geringfügig: Thomas L. Knauff erreichte – ebenfalls in den Appalachen – in der Zielrückkehrstrecke 1646,7 km in 10 Stunden 36 Minuten. Das entspricht einer »Reisegeschwindigkeit« von 155 km/h!

Höhensegelflug

Fällt der Name Fayence, so denkt wohl jeder Segelflieger sogleich an Höhenflug und den ersehnten Höhendiamanten, obgleich es in Europa auch etliche andere Plätze gibt, von denen aus man sich an die Grenzen der Stratosphäre emportragen lassen kann. In Deutschland ist der Höhensegelflug hingegen ein Stiefkind der Entwicklung. Hauptgrund dafür sind die Luftraumbeschränkungen, die es dem Segelflieger seit 1975 verbieten, 3000 m Flughöhe zu überschreiten. Da er aber schon für die Höhenbedingungen der Goldenen C 3000 m Startüberhöhung und für den Höhendiamanten sogar 5000 m nachweisen muß, kann er diese Bedingungen in der Bundesrepublik Deutschland nicht mehr erfüllen. Fayence in Südfrankreich, das in ausreichendem Umkreis von Höhenbeschränkungen ausgenommen ist, bietet eine Ausweichmöglichkeit, ebenso Zell am See in Österreich. Neben einigen anderen Plätzen wurden vor allem diese zum Mekka der »Diamantensucher«.

Wellenaufwind

Die erforderlichen Höhen lassen sich dort im Wellenaufwind erreichen (Zeichnung S. 122). Voraussetzung dazu ist eine Luftströmung, die mit zunehmender Höhe stetig stärker wird, aber ihre Richtung beibehält. Sie muß einen Gebirgszug möglichst senkrecht anblasen. An der Luvseite entsteht Hangaufwind, die Luftströ-

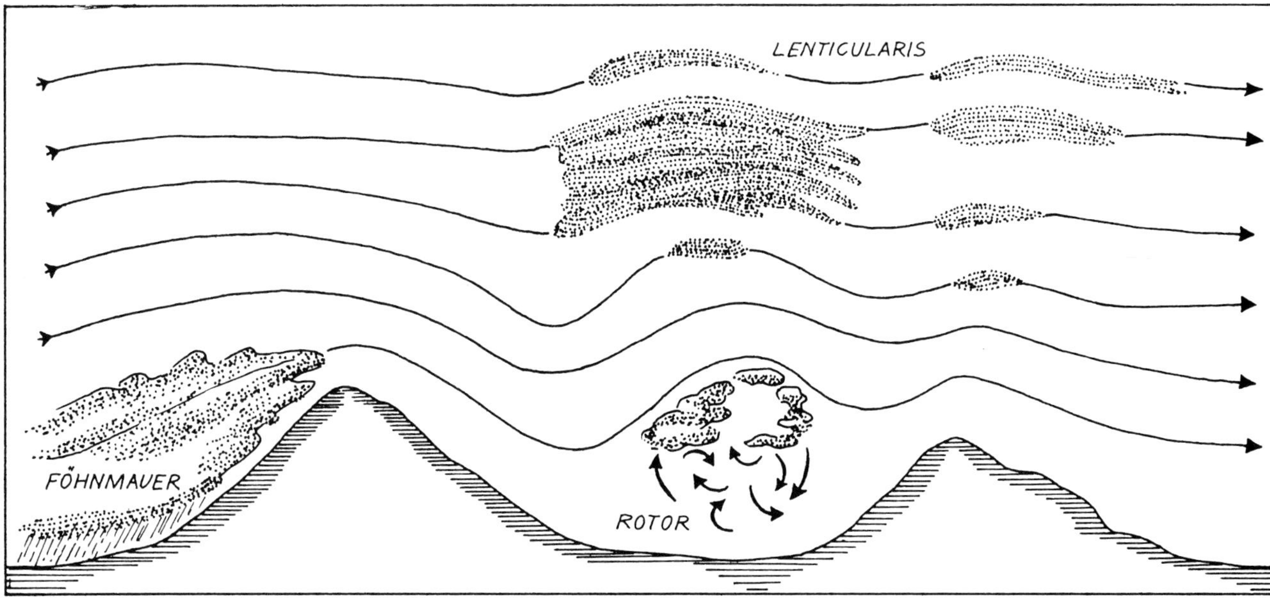

So entsteht der Wellenaufwind. Voraussetzung im Hochgebirge ist eine Föhnwetterlage.

mung wird ja nach oben abgelenkt. In Lee hingegen gerät die Luftmasse, die das Gebirge überströmt hat, in Schwingungen. Es entwickeln sich Leewellen, deren Länge einerseits von der Windgeschwindigkeit, andererseits von der Breite des Gebirges abhängig ist. Professor Georgii, der neben dem thermischen auch den Wellenaufwind wissenschaftlich erforscht hat, unterscheidet zwischen »natürlichen« Wellen (abhängig von der Windgeschwindigkeit) und zwischen »erzwungenen« Wellen (abhängig von der Gebirgsbreite). Ein einheitliches Wellensystem, das sich für den Segelflug nutzbar machen läßt, entsteht nur dann, wenn die natürlichen und die erzwungenen Wellen phasengleich sind. Man kann also, selbst wenn alle übrigen Voraussetzungen zutreffen, nur an wenigen Stellen im Gebirgen mit Wellenaufwinden rechnen. Es gibt bestimmte Wellengebiete, wo also die Bodenformen mit den jeweils vorkommenden starken Winden in einer bestimmten Größenbeziehung stehen. Dazu gehören in den Alpen beispielsweise Zell am See und Innsbruck, in den südfranzösischen Seealpen Fayence, in Kalifornien das Owens Valley. Auch im Mittelgebirge gibt es Wellengebiete, beispielsweise auf der Südseite des Taunus und bei Niedermendig in der Eifel. Segelfliegerisch besonders gut erforscht ist das Wellengebiet um die beiden benachbarten Höhenzüge Süntel und Deister am Nordrand der Mittelgebirge. Hier läßt sich zugleich beobachten, wie durch aufeinanderfolgende Bergketten, die in bestimmtem Abstand zueinander stehen, eine deutliche Verstärkung der Wellen eintritt. Süntel und Deister, bewaldete Bergrücken, liegen etwa 10 km voneinander entfernt. Nach Südwesten vorgelagert ist ein weiterer Gebirgszug, der zum Weserbergland gehört. Bei starkem Südwestwind entsteht dahinter eine »lange Welle«, die sich am Süntel und schließlich am Deister zusätzlich »aufschaukelt«, da die Entfernung dieser Gebirge voneinander in einem besonders günstigen Verhältnis zur Länge der Welle steht. Im Wellenaufwind dieser Bergrücken, die nur bis zu 440 m hoch sind, wurde Ende September 1974 eine Höhe von 4000 m erreicht. Heute müssen Wellenflüge dort jedoch bei 3000 m aus Gründen der Flugsicherung abgebrochen werden.

Im Hochgebirge sind die entstehenden Wellen naturgemäß noch länger und reichen noch höher hinauf – teilweise bis in die Stratosphäre! Dort sind jedoch auch die Nebenerscheinungen entsprechend stärker ausgeprägt, vor allem die Rotoren, die sich in Lee der Gebirgszüge bilden. Sie können durch Wärmezufuhr vom Boden her oder durch Kondensation noch verstärkt werden. Im Owens Valley in Kalifornien sind Rotoren von 7000 m Höhe, in den nördlichen Seitentälern des Großglockner-Massivs Rotoren bis zu 5000 m Höhe beobachtet worden. Nach den Berichten von Wellensegelfliegern übersteigt die Turbulenz in diesen

Rotoren alle Vorstellungen. Steig- oder Fallgeschwindigkeiten von mehr als 15 m/s sind keine Seltenheit, ja sogar 30 m/s wurden schon gemessen. Von Zell am See aus genügt eine Schlepphöhe von rund 2000 m, um diese Rotoren im freien Segelflug zu erreichen. Sie bilden sich in den Quertälern wie im Stubach- oder Felbertal. An ihrer Luvseite lassen sich die Wellensegelflieger in der gewaltigen Aufwärtsströmung bis auf etwa 5000 m Höhe tragen, und von dort erreichen sie erst die eigentliche Welle, in der sie weitersteigen – jetzt aber ganz ruhig und gleichmäßig. Die Steigwerte sind meist nicht mehr so stark wie im Rotor, dafür aber stetig, oft mit der Höhe zunehmend. Kennzeichen der Welle ist meist (nicht immer) eine mächtige linsenförmige Wolke mit ausgeprägten Rändern, die Lenticularis (nach dem lateinischen Namen für Linse). Das Merkwürdige an dieser Wolke ist, daß sie trotz des sehr starken Windes nicht fortgetragen wird, sondern unverrückbar stehenbleibt. Sie wird von der sehr starken Luftbewegung durchflossen. Die Kondensation, die sie als Wolke erkennbar macht, tritt bei Eintritt der Luft in einen bestimmten Temperaturbereich ein und hört auf, wenn die Luft bei der Abwärtsbewegung wieder austritt. Infolgedessen zeigt die Lenticularis oft den oberen Wellenkamm an; sie krönt die lange Welle wie eine Kappe. Setzt sich die Wellenbewegung fort oder kommt es sogar zu einem Aufschaukeln, so zeigt sich das an weiteren Linsenwolken, die oft aneinandergereiht wie an einer Kette am Himmel stehen. Ihr Abstand entspricht der Wellenlänge der »langen Wellen«.

Voraussetzung für ihr Entstehen ist stets eine sehr starke Luftströmung. In den Nordalpen tritt Wellenbildung bei Föhnwetterlagen ein; darum wird dort der Wellensegelflug auch als Föhnfliegerei bezeichnet. Föhnwetterlagen treten auf, wenn bei Herannahen eines Tiefs von der Biskaya her der Alpenraum zunächst von Süden angeströmt wird. Dabei gibt es an der Südseite des Alpen-Hauptkammes einen Stau mit starker Wolkenbildung und heftigen Niederschlägen. Die abgetrocknete Luft strömt über den Kamm hinweg. Die nun auftretenden starken Fallwinde lösen eine Wellenbildung bis in große Höhen aus.

In Fayence ist es der Mistral, der kalte Fallwind von den Alpen her, der die lange Welle hervorruft. Gleich welche meteorologische Erscheinung die notwendige starke Luftströmung bewirkt: das Grundmodell der Wellenentstehung ist immer ähnlich, auch wenn sich aufgrund der orographischen Gegebenheiten im einzelnen starke Unterschiede zeigen.

Geburtsstätte des Wellensegelfluges

Die Segelflugschule Grunau im Riesengebirge ist die Geburtsstätte des Wellensegelfluges. Bei Föhnlagen, die starken Südwind mit sich bringen, steht dort eine sehr große langgestreckte Linsenwolke, die im Riesengebirge damals »Moazagotl« genannt wurde. Gottlieb Motz, in schlesischer Mundart »Moatza Gottl«, soll ein Schäfer oder Bauer gewesen sein und die stehende Wolke als besonderes Wetterzeichen erkannt haben – so erzählte man sich im Riesengebirge. Segelflieger aus Grunau haben schon Anfang der dreißiger Jahre im Aufwind dieser Wolke Segelflüge unternommen. 1937 gelang es gleich einer größeren Zahl von Segelfliegern, unter dem »Moazagotl« erstaunliche Höhen zu erreichen. Einer von ihnen war Eugen Wagner, der bei den Filmaufnahmen zu den »Erben Lilienthals« von seinem damaligen Föhnflug erzählte:

»Ich habe den Flug am 21. Mai 1937 am Vormittag mit meinem Freund Erwin Ziller begonnen. Wir flogen vom Flugplatz Hirschberg-Hartau bei Grunau aus auf das Riesengebirge zu. Die Luft war sehr turbulent. Hier befand sich der Rotor hinter dem Riesengebirge, hervorgerufen durch den sehr starken Südwind, der damals herrschte. Wir flogen wieder zurück und erreichten über dem Hügel Grünbusch einen ungeheuer starken Aufwind, der mich mit mehr als zehn Metern pro Sekunde hochtrug. Als ich über 5000 Meter war, hatte ich Heini Dittmars Rekordhöhe von Brasilien überflogen. In über 6000 Metern – ich weiß es nicht mehr genau, da der Höhenmeßbereich schon längst überschritten war – sah ich unter mir andere Segelflieger an derselben Stelle nach oben steigen. An diesem Tag sind, soviel ich heute noch weiß, mehr als 25 Segelflieger über 3000 m hoch gewesen, zum Teil hemdsärmelig in offenen Segelflugzeugen. Wir hatten kein Sauerstoffgerät und auch keine Sonderbekleidung.«

Kurz darauf brach Paul Steinig von Grunau aus mit 5700 m über NN offiziell den Höhenweltrekord; denn er führte einen Barographen (Höhenschreiber) mit ausreichendem Meßbereich mit. Für seine segelfliegerische Leistung erhielt er den ISTUS-Ring (ISTUS = Internationale Studien-Kommission für den Segelflug, Vorläuferin der OSTIV).

Die größte Höhe, die je mit einem Segelflug im Wellenaufwind erreicht wurde, beträgt 14938 m (am 17. Februar 1986 in den USA durch Robert R. Marris). Den größten Höhengewinn mit 12894 m (bei einer absoluten Höhe von 14102 m) schaffte ebenfalls ein

Amerikaner: Paul Bikle über der Sierra Nevada in Kalifornien. Das war schon 1961.
Auch die deutschen Höhenrekorde sind schon ziemlich alt: Der größte Höhengewinn gelang Günter Cichon auf Ka 6 am 2. August 1967 über Bad Reichenhall mit 10075 m.
In Europa sind die 11460 m absolute Höhe im Wellensegelflug, die Erich Klöckner am 11. Oktober 1941 auf einem Forschungsflug im Großglocknergebiet erreichte, ebenfalls noch nicht überboten worden. Klöckner wurde im speziell ausgerüsteten Segelflugzeug »Kranich« von einer He 46 von Ainring aus bis auf 5700 m geschleppt – direkt in den Wellenaufwind hinein. Je höher er kam, desto stärker wurde das Steigen vor der Wellenwolke, die schätzungsweise bis über 13000 m hinaufreichte. Wegen der Kälte, die über 10000 m unerträglich wurde, mußte Klöckner den Flug abbrechen. Da sich die Landeklappen des Kranich nicht mehr ausfahren ließen, hatte er zunächst Mühe, überhaupt aus dem Steigen herauszukommen. Nach drei Stunden Flugzeit landete er aber wohlbehalten wieder in Ainring, wo die Auswertung der mitgeführten Meßgeräte eine absolute Höhe von 11460 m bei einer Außentemperatur von minus 55 Grad Celsius ergab.

Sportliche Höhenflüge

Bei sportlichen Höhenflügen, wie sie heute von jedem erfahrenen Segelflieger unternommen werden können, muß mit den gleichen harten Bedingungen gerechnet werden, wie sie Erich Klöckner damals vorfand. Eine gute Ausrüstung ist daher unerläßliche Voraussetzung. Wer ohne Sauerstoffgerät zu einem Wellensegelflug startet, kann leicht zum Selbstmörder werden. Schon von 4500 m Höhe an ist er nicht mehr Herr seiner selbst. Die große Gefahr liegt gerade in der Euphorie, die durch den Mangel an Sauerstoff hervorgerufen wird. Alles scheint gut zu gehen, Probleme kann es nicht geben, ein Hochgefühl unterdrückt jeden Gedanken an Vorsicht und rechtzeitigen Abstieg. Mit zunehmender Höhe steigt das Glücksgefühl, doch gleichzeitig schwinden die Sinne. Mag auch der Höhentod die angenehmste Methode sein, sich aus dieser Welt zu schleichen – die Absicht dazu hat sicherlich niemand, der eine Welle ausfliegen möchte. Das Mitführen eines einwandfrei funktionierenden Sauerstoffgeräts ist deshalb erste und oberste Bedingung.
Erforderlich ist auch eine Kleidung, die den nötigen Kälteschutz gewährleistet. Bewährt hat sich der Thermoanzug, wie ihn Skiläufer tragen. Auch eine Jacke mit breitem Pelzkragen kann sich als sehr nützlich erweisen. Der Pelz hat die angenehme Eigenschaft, daß sich die Eiskristalle, die sich beim Ausatmen in der Kälte bilden, darauf niederschlagen. Dadurch kann das Beschlagen der Haube an der Innenseite vermieden werden.
Um die erreichte Höhe dokumentieren zu können, muß ein Höhenschreiber mitgeführt werden. Da das Gerät lange genug arbeitet, sollte es grundsätzlich gleich morgens bei Beginn des Flugbetriebes eingeschaltet werden. Es ist zu ärgerlich, wenn bei der Erregung in den letzten Augenblicken vor dem Start dieser wichtige Handgriff vergessen wird.
Nützlich sind auch einige fliegerische Übungen, die dem Start zu einem Wellensegelflug vorangehen sollten. In Fayence wird beispielsweise bei dem Einweisungsflug, auf dem jeder Neuankömmling seine fliegerischen Qualitäten beweisen muß, auch der »touch and go« probiert. Aber das »Berühren und Starten« ist nicht ganz wörtlich zu nehmen; gemeint ist vielmehr die simulierte Landung im Flugzeugschlepp.
Zweck der Übung ist Sicherheit für den Fall, daß sich die Schleppkupplungen weder beim Segel- noch beim Motorflugzeug lösen lassen. Die für den Schlepp

Zum Höhensegelflug gut ausgerüstet: Guido Achlaitner in Zell am See.

Die Schweizer »Minimoa« von Werner von Arx im Schlepp und...

...segelnd über Land
Das Flugzeug ist inzwischen ein Glanzstück des Segelflugmuseums auf der Wasserkuppe.

Alpensegelflugplatz Unterwössen: Startaufstellung

Gute Ratschläge vor dem Start – Gastpiloten aus Norddeutschland

Flüge von Unterwössen über verschneite Hänge:
mit dem Übungssegelflugzeug Ka 8, und

mit der AS H 25, dem Doppelsitzer mit der Gleitzahl 60, mit dem auch Hans Werner Grosse seine Rekorde fliegt

Wellenwolken (Lenticularis) über dem Ennstal

Hangthermik in Unterwössen
Sie entsteht an den von der Sonne angestrahlten Felswänden.

»Touch and go« – Anflug in Fayence.

benutzten Nylonseile sind besonders reißfest; wegen der überaus starken Turbulenz in den Rotoren muß auf die sonst übliche Sollbruchstelle verzichtet werden, damit der Schleppzug nicht vorzeitig getrennt wird. Versagen tatsächlich die Kupplungen – etwa durch Vereisung – reichen mit Ruderkräften erzeugte Zugbeanspruchungen nicht aus, das Seil zum Reißen zu bringen. Die Flugzeuge bleiben verbunden, müssen also gemeinsam landen.

Einweisungsflug (»contrôl«) sowie »touch and go« waren die Domäne Leo Allkämpers; er galt als »Chef d'Equipe« und betreute als solcher die deutschen »Diamantensucher«. Leider ist er im Februar 1980 an einer tückischen Krankheit, die ihn schon lange quälte, gestorben. Leo hielt auch den theoretischen Unterricht ab – ein unnachahmliches Mittelding zwischen Hochschulvorlesung und kabarettistischer Improvisation – und bestätigte als Sportzeuge die Diamanten-Barogramme. Fayence hat er mit aufgebaut; seit fast 20 Jahren kannte er dort jedes Geländemerkmal, das ihm auch seine meist sehr einprägsame deutsche Bezeichnung verdankte. In der »Leographie« spielte der »Monte Mistral« verständlicherweise die Hauptrolle.

Fayence: Leo Allkämper bei seinem Unterricht über die »lange Welle«
Die Skizze an der Tafel zeigt die Wellenentstehung hinter dem »Monte Mistral« westlich vom Flugplatz.

Warten auf die »Welle« in Fayence. Auch wenn sie nicht kommt, lohnt sich die Anreise: Schon ab Februar reicht die Thermik für lange herrliche Segelflüge aus.

Das »Schokoladenfeld« – so braun ist es wirklich zwischen Januar und März – bietet als einzige kleine Fläche zwischen der Busch-Baum-Felsbedeckung doch keine Außenlandemöglichkeit. Der »Stuhl«felsen sieht wirklich so aus, und am »Storchennest« liegt wirklich das Gerippe eines Fieseler »Storchs«. Leo war eines der letzten Originale in der Segelfliegerei. Den »touch and go« erklärte er im Cockpit der ASK 13 vor dem Start so: »Wir meinen eine Rückführung im Gefahrenmoment, und zwar dann, wenn das Segelflugzeug im Flugzeugschlepp nicht ausklinken kann. Dann wackelt der vorne, gibt das Zeichen zum Ausklinken. Leider kann der Segelflieger nicht ausklinken, aus irgendeinem Grunde, sei es, daß sich der Haken verklemmt, was selten vorkommt, aber es ist schon vorgekommen. Dann muß die Sicherheit da sein, daß das Flugzeug mit dem Piloten heil herunterkommt. Infolgedessen, wenn das Motorflugzeug wackelt, wackelt das Segelflugzeug ebenfalls als Zeichen: Ich kann nicht ausklinken. Dann gibt der Motorflieger das Zeichen mit dem Seitenruder: Ich habe verstanden. Du bist ein lahmes Hühnchen, ich muß Dich heimschleppen. In dem Moment nimmt das Segelflugzeug die Klappen raus, setzt sich etwa 30 Grad unter das Motorflugzeug und wird dann als krankes Huhn im Bahnneigungsflug wieder zum Platz zurückgeschleppt.« Doch die Landung wird nur simuliert: Ran an den Boden, aber nicht berühren. Langsam (sonst fällt der Schleppzug herunter) die Klappen wieder rein und durchstarten. Wer das zu Leos Zufriedenheit gemacht hatte, durfte auch bei Mistral fliegen und bekam damit seine Diamanten-Chance – falls sich überhaupt eine Welle aufbaute. Das ist leider niemals sicher. Es gibt Sportfreunde, die sich schon viele Male die Reise nach Fayence samt Vereinsflugzeug zusammengespart, aber

Über den Gipfeln der Alpen: Guido Achlaitner in seiner »Kestrel«.

die lange Welle dort nie zu sehen oder gar unter den Flügeln zu spüren bekommen haben.
Ähnlich ungewiß und launisch wie eine Primadonna zeigt sich die lange Welle unter etwas anderen meteorologischen Verhältnissen in Zell am See. Planmäßig nutzen können sie nur diejenigen, die in der näheren Umgebung zu Hause sind, also ihr sporadisches Werden und Vergehen ständig vor Augen haben. Gastpiloten müssen sich darüber im klaren sein, daß sie Zeit und Reisekosten in ein Vabanque-Spiel investieren.

Alpensegelflug

Der Alpensegelflug ist für manchen Außenstehenden identisch mit Wellensegelflug, weil dieser ja gerade in den Alpen zu spektakulären Erfolgen geführt hat. Alpensegelflug, wie er heute betrieben wird, ist jedoch in erster Linie Streckensegelflug, und alles, was zu diesem Thema bereits gesagt wurde, gilt auch für das Streckenfliegen in den Alpen. Man sollte meinen, daß in erster Linie im Hangaufwind der hohen Bergketten geflogen würde. Eine weitaus größere Rolle spielt jedoch die Hangthermik: Durch Sonneneinstrahlung erwärmt sich die Luft über den nach Süden gerichteten Felshängen besonders stark, und da erwärmte Luft leichter ist als die umgebende kältere, streicht sie hangaufwärts, bis sie sich an einer Felskante oder am Gipfelgrat wie ein großer Tropfen ablöst. Diese Hangthermik, die auch im Mittelgebirge entsteht, tritt im Hochgebirge besonders stark auf. Nackter Fels reflektiert Wärme besser als etwa Wald, und die mutmaßlichen Abreißkanten der thermischen Ablösungen lassen sich im Hochgebirge besser lokalisieren. Zudem kann die

Hangthermik durch Hangaufwind noch verstärkt werden. Manch einer hat aus der Thermik heraus schon den Anschluß an lange Wellen gefunden, die gerade dann auch schon zum Streckenfliegen genutzt wurden. In den Alpen gibt es kaum Luftraumbeschränkungen in Form von Flugplatzkontrollzonen, Sichtflug- oder Flugbeschränkungsgebieten, die umflogen werden müssen und den Segelflieger im Flachland und im Mittelgebirge oft in Schwierigkeiten bringen.
Das alles ist vorteilhaft für das Streckenfliegen im Hochgebirge, das andererseits wegen oft fehlender Außenlandemöglichkeiten, heftiger und unberechenbarer Turbulenzen besonders beim Fliegen dicht am Felshang, wegen der Gefahr plötzlichen Wetterumschwungs ein beträchtlich größeres Risiko mit sich bringt. Trotzdem sind die Alpen seit den fünfziger Jahren zum Eldorado der Segelflieger geworden – ratsam allerdings nur für die erfahrenen.

Aus der Geschichte des Alpensegelfliegens

Versuche, die Alpen für den Segelflug zu erschließen, reichen bis in die zwanziger Jahre zurück.
Ernst Udet war mit einem Segelflugzeug bereits 1926 von der Zugspitze gestartet und nach einem reinen Gleitflug bei Ehrwald gelandet.
1931 startete Günther Groenhoff vom Jungfraujoch (3400 m hoch). Doch das Gummiseil gab dem »Fafnir« nicht genügend Fahrt zum Abheben. Das talwärts rutschende Flugzeug durchraste eine Schneewehe, die das halbe Höhenruder abriß. Als der »Fafnir« endlich freikam, war er kaum noch steuerbar und taumelte zu Tal. Groenhoff brachte das Kunststück fertig, auf einer Wiese bei Interlaken doch noch glatt zu landen.
Im Flugzeugschlepp wurden die Alpen erstmals im Jahre 1933 von zwei Schweizern, Fretz und Farner, überflogen. Vom Jungfraujoch aus gelang 1935 die erste Teilüberquerung der Alpen im reinen Segelflug durch den Schweizer Hermann Schreiber, und ebenfalls vom Jungfraujoch aus erreichte Heini Dittmar im »Condor« 4500 m Höhe.
Hangthermik wurde 1935 erstmals am »Wilden Kaiser« beobachtet und richtig gedeutet. Bei Forschungsflügen kam Heini Dittmar zu spektakulären Erfolgen. Als sich 1937 Segelflieger aus verschiedenen europäischen Ländern in Salzburg trafen, überflogen gleich sechs von ihnen die Alpen von Nord nach Süd. In umgekehrter Richtung gelang das dem Schweizer Sigbert Maurer erst 1948. Doch große Alpenflüge blieben zunächst Einzel-

Alpensegelflug 1952 am Nebelhorn:
»Condor IV« mit Heini und Edgar Dittmar.

leistungen, vor allem von Segelfliegern aus der Schweiz und aus Österreich. Erst mit dem Aufkommen der GFK-Segelflugzeuge, die sich wegen ihrer hohen Geschwindigkeit bei den meteorologischen Verhältnissen im Alpengebiet besonders bewähren, und mit der Weiterentwicklung der Streckenflug-Taktik wurden die Alpen zum Paradies vieler Leistungssegelflieger. Auch die Bücher, die Jochen von Kalkreuth über seine Alpensegelflüge veröffentlichte, trugen wesentlich dazu bei. Außer seinen großartigen Schilderungen des Flug- und Naturerlebens in den Alpen sind es auch die sehr genauen meteorologischen und flugpraktischen Erläuterungen, die sein Buch fast zu einer Bibel der Alpensegelflieger gemacht haben. Jochen von Kalkreuth kam leider im Frühjahr 1977 bei einem Höhensegelflug ums Leben.

Ein Zentrum des Alpensegelfluges: Unterwössen

In der Bundesrepublik Deutschland ist seit 1954 die »Deutsche Alpensegelflugschule Unterwössen« im Chiemgau Zentrum des Alpensegelfluges. Neben der Anfängerausbildung bis zum Luftfahrerschein besteht dort für erfahrene Segelflieger die Möglichkeit, sich theoretisch und praktisch (im Doppelsitzer) in den alpinen Leistungssegelflug einweisen zu lassen. Wer dadurch und durch Gebirgsflüge in der Umgebung des Platzes die nötige Übung gewonnen hat, kann sich an einer der vielfach erprobten und bewährten »Standardstrecken« von Unterwössen aus versuchen. Je nach Wetterlage stehen eine Reihe von 300 km-Rückkehrstrekken und -Dreiecken zur Wahl, und als Krönung ein 500 km-Dreieck.

Aus dem Prospekt der Schule sei hier nur eine dieser Standardstrecken zitiert. Wer die Alpen kennt und einige Phantasie besitzt, kann sich gewiß auch nach der nüchternen Aufzählung eine Vorstellung von dem unerhörten Flugerlebnis machen, das selbst bei einer relativ einfachen Standardstrecke auf den Alpensegelflieger wartet:

»Als Ausgangspunkt zum Flug nach Böckstein wählt man zweckmäßig den zu den Hausbergen von Unterwössen zählenden Rechenberg. Von hier aus fliegt man über die Winklmoosalm zum Kammerkörplatte, an der man sich die Ausgangshöhe zum Anflug auf die Südweststrecke der Loferer Steinberge holt. Von dort geht es an der Südseite der Leonganger Steinberge vorbei zum Hundstein-Massiv, einem ausgedehnten Aufwindgebiet. Über den Bernkogel am Böcksteiner Taleingang und die anschließende, südlich verlaufende Bergkette fliegt man dann nach Bahnhof Böckstein.

Der Weiterflug nach Aigen führt entlang der Luftlinie über die Niederen Tauern. Wenn es lohnend erscheint, kann man schon auf dem Hinflug nach Radstatt über das Ennstal zum Dachstein-Grimming-Massiv wechseln. Auf alle Fälle fliegt man nach der Umrundung von Aigen an der Südseite des Dachstein-Massivs vorbei zum Hochkönig und von dort über das Steinerne Meer nach Unterwössen. Als ungefähre Richtlinie für den Endanflug dient eine Ausgangshöhe über Lofer von etwa 2300 m NN. Wenn man in der Zeit von 11.00 bis 12.00 Uhr gestartet ist, kann man um 13.00 Uhr mit der Umrundung von Bhf. Böckstein rechnen und um 14.30 Uhr mit dem Überflug von Aigen, so daß man dann ab 16.00 Uhr die Landung in Unterwössen ansetzen kann.«

Segelflug und Sportmedizin

Wer sich vor einem Segelflug und während des Fluges nach medizinischen Gesichtspunkten richtig verhält, kann seine Leistungsfähigkeit erheblich steigern. Von dem Weltrekordflieger Hans Werner Grosse wurde bereits zitiert, wie er durch systematisches Training seinen Kreislauf in Ordnung und sich körperlich fit hält – immerhin ist er schon über 60 Jahre alt. Seine Art zu trainieren – Skilanglauf, Waldlauf, Schwimmen – entspricht durchaus den Erkenntnissen, die eine große Gruppe von Sport- und Fliegerärzten in der Bundesrepublik Deutschland in jahrelanger Forschungsarbeit gewonnen hat. Initiator ihrer regelmäßigen Zusammenkünfte war der inzwischen verstorbene Dr. Günther Stedtfeld aus Arnsberg, selbst ein erfahrener und erfolgreicher Pilot. In Fayence erklärte er vor der Kamera:

»Wir üben ja zwei Funktionen aus: Einmal sind wir Fliegerärzte – wir haben also Piloten daraufhin zu untersuchen, ob sie überhaupt fliegen dürfen – und zum anderen sind wir Sportärzte. Als solche setzen wir voraus, daß die Piloten fliegen dürfen, aber wir wollen aus guten Fliegern noch bessere machen. Und das gelingt mit bestimmten sportmedizinischen Maßnahmen, die wir hier am Ort praktizieren. Ferner arbeiten wir hier an Streßmessungen, an Stoffwechsel- und Ausscheidungsproblemen. Und dann haben wir die Möglichkeit, mancherlei, was wir in Deutschland nicht probieren können, hier in der Praxis zu studieren: Die extremen Temperaturen von minus 45 bis minus 55 Grad, die hier in der sehr großen erreichbaren Höhe angetroffen werden, lassen sich in Deutschland nicht einmal simulieren. Hier können wir sie in ihren Auswirkungen studieren. Es ist auch keineswegs einhellig, von welcher Höhe an Sauerstoff genommen werden muß. Wer biologisch am Leben bleiben will, wird damit in 4000 bis 5000 m Höhe anfangen. Der Wettbewerbspilot hat dagegen schon weit unter dieser Höhe einen deutlichen Leistungsabfall. Wir lassen ihn daher schon weit unter 4000 m Sauerstoff nehmen, damit er auch zwischen 2500 und 3000 m optimal fliegen kann. Grenzwerte herauszufinden, ist eine der Aufgaben, die wir uns hier gestellt haben.«

Über die Folgerungen aus ihren Forschungsergebnissen sind die Fliegerärzte jedoch nicht in jedem Fall einer Meinung, zum Beispiel nicht über die Frage, was und wieviel während eines langen Leistungssegelflugs vom Piloten gegessen oder getrunken werden soll. Einige sind der Ansicht, daß etwas Obst und Schokolade genügen und daß es durchaus nicht nötig sei, unterwegs viel zu trinken. Andere – und die sind in der Überzahl – vertreten eine beinahe gegenteilige Ansicht. Während seines Fluges soll der Leistungspilot nur wenig oder gar keine Nahrung zu sich nehmen, und schon gar keine Schokolade, auch keinen Traubenzucker. Wenn er nicht ohne Imbiß auszukommen glaubt, dann sei ein Vollkornbrot mit Schinken belegt, kleingewürfelt im Plastikbeutel mitgeführt, empfehlenswert. Demgegenüber soll der Leistungsflieger jedoch relativ viel und häufig trinken – alle ein bis zwei Flugstunden bis zu einem halben Liter. Von gezuckerten und kohlensäurehaltigen Getränken wird abgeraten, erst recht natürlich von Alkohol. Bewährt haben sich Tee mit Zitrone, ungezukkerte Fruchtsäfte und Mineralwasser. Aber wie die Flüssigkeiten mitführen? Am besten in Plastikflaschen mit Schlauch, wie sie auch von Radrennfahrern benutzt werden.

Wer aber viel trinkt, der »muß« dann sicherlich auch öfter mal. Das Wasserlassen sollte man sich auf keinen Fall verkneifen. Hans Werner Grosse benutzt kleine verschließbare Plastikbeutel. Noch sicherer und bequemer hingegen – und für Damen die einzige Möglichkeit – sind Schutzhosen mit Saugeinlage, die in der jeweils passenden Größe in jeder Drogerie erhältlich sind – zurück zum Windelstadium.

Ist Segelfliegen Sport?

Auf diese Frage antwortete Dr. Stedtfeld:

»Diese Frage, ob das, was wir hier tun, eigentlich Sport im Sinne einer Leibesertüchtigung sei, wird uns sehr oft gestellt.

Zunächst einmal ist es völlig irrig zu glauben, der Pilot säße brav und bieder auf einem Stück Holz und erfreue sich an der Schönheit der Natur. Der Segelflieger leistet

Startaufstellung bei einem Segelflugwettbewerb. Die Piloten sind beim »Briefing«.

im medizinischen Sinne echte Arbeit! Auch bei ruhigem Flug ist er voll angespannt und leistet muskuläre Arbeit, selbst wenn er keine wesentlichen Steuerausschläge vollbringt. Kommt er aber in eine ruppige Thermik hinein, dann muß der Segelflieger sogar schwer arbeiten. Er unterliegt G-Belastungen, Beschleunigungen und mit zunehmender Höhe zunehmender UV-Einstrahlung und Sauerstoffverarmung. Im Rahmen einer Weltmeisterschaft habe ich einmal gemessen, daß ein Pilot während eines einzigen Fluges an einem Wettbewerbstag 16 Pfund Gewicht abgenommen hat!
Die Beurteilung unseres Segelfluges geht für den Laien immer davon aus: Was treiben wir im Cockpit? Aber ganz zwingend ist ja mit dem Segelflug auch eine Bodentätigkeit verbunden, ohne die wir alle nicht in die Luft gelangen: Sie fängt morgens an beim Ausräumen der Maschinen, geht weiter mit dem ständigen Hin und Her bei Starts und Landungen und endet mit dem Zurückholen. Auch das haben wir sportmedizinisch überprüft.
Wir kommen auf Werte von 12 bis 15 km pro Tag, die außerhalb des eigentlichen Segelfluges während der Ausübung des Sports zurückgelegt werden müssen. Und so kann man also bei der Frage: »Ist Segelflug Sport?« nur davon ausgehen, daß alles, was um das Fliegen herum geschieht, mit einbezogen werden muß. Deshalb ist der Segelflug zweifellos Sport im Sinne von Leibesertüchtigung.«

Segelflug-Wettbewerbe

Für die Öffentlichkeit erkennbar wird die sportliche Qualität des Segelfluges vor allem bei den großen Wettbewerben, die alljährlich auf regionaler, nationaler und internationaler Basis stattfinden. Daß in Presse, Rundfunk und Fernsehen nur spärlich darüber berichtet wird, mindert nicht ihre Bedeutung und ihren sportlichen Rang. Es hat Gründe, die unter anderem mit der Erkennbarkeit des sportlichen Geschehens für den Laien zusammenhängen. Bei einem Fußballspiel beispielsweise findet der Sport immer um den Ball herum statt. Jeder Zuschauer im Stadion oder am Bildschirm erkennt sofort an der Richtung, in der sich der Ball bewegt, den Vorteil für die eine oder andere Mannschaft, auch wenn er die Regeln nicht genau beherrscht. Der Kampf um den Ball, den die Kamera oft in Großaufnahme zeigt, wird für ihn sofort erkennbar entschieden, und schließlich hat mit dem Torverhältnis am Schluß auch das Gesamtspiel ein eindeutiges Ergebnis gebracht, selbst wenn es »unentschieden« verlaufen sein sollte. Ähnlich ist es bei Lauf- oder Wurfwettbewerben, bei Rennen oder bei Box- und Ringkämpfen.
Segelflugwettbewerbe sind demgegenüber im Nachteil. Außer dem eindrucksvollen Massenstart am Vormittag und dem rasanten Zielüberflug nach Erfüllung der Tagesaufgabe, bei dem oft noch das Ballastwasser abgelassen wird, und der hochgezogenen Kehrtkurve mit

»Briefing« bei einem regionalen Segelflugwettbewerb in Schleswig-Holstein
Besprochen werden die Tagesaufgabe, die Wettermeldungen, Flugsicherungsfragen und dergleichen. Am Tisch: Heinz Huth (der »Lange«) und Robert Dobiasch.

Landung wird dem Zuschauer nicht viel geboten. Da die Segler nicht alle im selben Augenblick, sondern nacheinander auf Strecke gegangen sind, kann er nicht davon ausgehen, daß der Erste auch der Sieger ist, zumal oft noch ein Handicap-Faktor berücksichtigt werden muß. Da jeder Teilnehmer selbstverständlich ein guter Pilot mit der erforderlichen Qualifikation ist, nimmt der Zuschauer bei Segelflugwettbewerben auch kaum Unterschiede im Können der Teilnehmer wahr. Er sieht schneidige Starts und Landungen, erfährt allenfalls durch Lautsprecherdurchsagen den Stand des Wettbewerbs – den wirklichen sportlichen Kampf, der sich vor allem unterwegs abspielt, kann er nicht verfolgen. Auch das Fernsehen beschränkt sich bei seiner Berichterstattung meist auf Impressionen vom Start und von der Landung der Teilnehmer, auf einige Interviews mit Favoriten oder Siegern, und allenfalls begleitet der Berichterstatter den Pulk für einige Minuten in einem Motorflugzeug, aber ein Übersteigen oder Überholen, ein Um-die-Wette-Fliegen sieht die Kamera nicht. Das ist einer der Gründe, weshalb Segelflug- und andere luftsportliche Wettbewerbe nicht so publikumswirksam dargestellt werden können wie viele andere Sportkonkurrenzen. Eine Ausnahme bilden vielleicht manche Flugmodellwettbewerbe, weil sich der eigentliche Wettstreit überwiegend im Blickfeld des Zuschauers und nicht weitab von »Start und Ziel« abspielt.
Trotzdem sind Segelflugwettbewerbe meist sehr gut besucht. Vielen Zuschauern genügt es, wenn sie die knisternde Atmosphäre solcher Veranstaltungen spüren und einen »concours d'elegance« erleben, zu dem jedes Segelflugzeug am Boden und in der Luft beiträgt.
Von besonderer Spannung für die Schlachtenbummler sind die Endanflüge – gerade dann, wenn die Wetterbedingungen ungünstig geworden sind und die Piloten alles auf eine Karte setzen. Erreichen sie den Platz noch, oder sind Außenlandungen fällig – wie an einem der Wertungstage bei den Weltmeisterschaften in Paderborn-Haxterberg im Jahre 1981, als einige Piloten beim Endanflug in Sichtweite des Platzes außenlanden mußten?
Das heute übliche Wertungssystem bei Segelflugwettbewerben ist nicht unumstritten. Da die Geschwindigkeit vor allen anderen segelfliegerischen Leistungen gewertet wird, sind aus manchen Wettbewerben wahre Luftrennen geworden. Es bilden sich große Pulks, in denen sich die Piloten zwangsläufig gegenseitig behindern. Auch an den Wendepunkten kommt es immer wieder zu gefährlichen Begegnungen.

Aus dem Unbehagen auch der Piloten über diese Entwicklung erwuchs das Bestreben, durch Änderung der Aufgabenstellung und Wertung bei Segelflug-Meisterschaften dem einzelnen Piloten wieder mehr Möglichkeiten zu geben, sein Wissen und Können zu beweisen. Es dürfte beispielsweise genügen, nach einem Wetterbriefing eine Rahmenaufgabe (etwa: Dreieckflug) zu stellen und sechs bis zwölf Wendepunkte zur Wahl zu stellen. Der Pilot wählt nun seine Aufgabe je nach seiner Beurteilung der Möglichkeiten selbst, bestimmt die Richtung und die Reihenfolge der gewählten Wendepunkte und hinterlegt seine Entscheidung in einem verschlossenen Umschlag bei der Wettbewerbsleitung, die ihn erst nach Abflug des letzten Teilnehmers öffnet. Gewertet werden die geflogenen Kilometer und bei Rückkehrern die erzielte Geschwindigkeit nach einem bestimmten Punktsystem (Vorschlag von Fred Weinholtz). Luftrennen und Pulkfliegen können so vermieden werden. Segelflug-Wettbewerbe mit PST (Pilots Selected Tasks) wurden im Ausland regional bereits weitgehend angenommen. Besonders der »Freie Flug«, bei dem der Pilot – je nach Wetterentwicklung – die Entscheidung über Wendepunkte und damit auch über Streckenlänge in der Luft fällen kann, erfreut sich zunehmender Beliebtheit. Die neuen Wertungssyteme sind fester Bestandteil der Deutschen Meisterschaft im Streckensegelflug (DMSt) des DAeC und bestanden bei der 21. Segelflug-Wmeisterschaft 1989 in Wiener Neustadt ihre internationale Bewährungsprobe.
Manche Veranstalter sind jedoch dagegen. Sie fürchten – wohl nicht zu unrecht – »gähnende Langeweile« für Zuschauer und Helfer, da die jeweiligen Leistungen nach Auswertung der Flüge oft erst am folgenden Tag bekannt werden, wenn in der Öffentlichkeit kaum noch Interesse dafür besteht.

Wettbewerbsklassen

Für Wettbewerbe gibt es strenge Regeln, die in den »Internationalen Luftsportbestimmungen« (Code Sportif der FAI) zusammengefaßt sind. Wegen der unterschiedlichen Flugleistungen mußten die Segelflugzeuge in Klassen unterteilt werden. Bis zum 31. Dezember 1977 gab es zwei Klassen:

- die Offene Klasse und
- die Standardklasse.

Für die Flugzeuge der Offenen Klasse gibt es keine besonderen Regeln. Jede Spannweite, jedes Hilfsmittel,

Beispiel für die »Offene Klasse«:
Die AS W 17, konstruiert von Dipl. Ing. Gerhard Waibel, Segelflugzeugbau Schleicher Poppenhausen. Mit diesem Muster flogen Hans Werner Grosse und Karl Striedieck einige ihrer Weltrekorde.

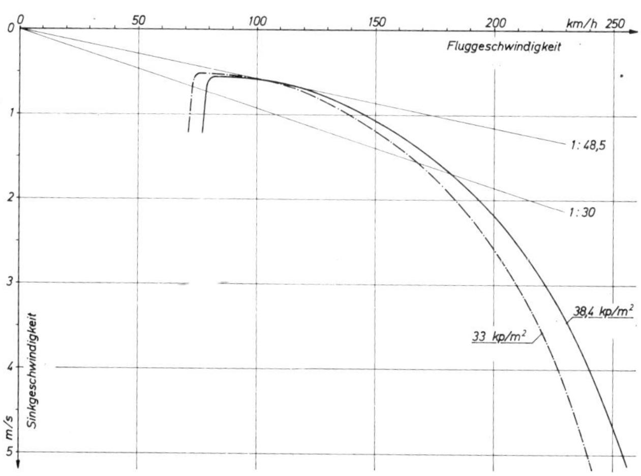

Die Polare der AS W 17
Die Kurve, die aus den Lilienthalschen Diagrammen entwickelt wurde, zeigt das Verhältnis von Fluggeschwindigkeit und Sinkgeschwindigkeit. Bei der ASW 17 beträgt die geringste Sinkgeschwindigkeit 0,5 m/s bei 68 km/h. Die Zunahme der Sinkgeschwindigkeit mit der Fluggeschwindigkeit läßt sich aus dem Kurvenverlauf ablesen. Je höher und je flacher die Polare verläuft, desto günstiger sind die Leistungswerte des Flugzeugs. Die Gleitzahl (hier 48,5) wird durch die Tangente angezeigt. Bei höherer Flächenbelastung (38,4 kg/qm) verläuft die Polare noch flacher als bei der geringeren (ohne Wasserballast 33 kg/qm).

das die Flugleistungen oder -eigenschaften verbessert, ist erlaubt. Für die Flugzeuge der Standardklasse hingegen wurde die Spannweite auf 15 m beschränkt. Außer den normalen Querrudern sind Hilfsmittel zur Veränderung des Tragflügelprofils sowie Bremsfallschirme nicht zulässig. Wasserballast darf hingegen mitgenommen und auch im Flug abgelassen werden. Einziehfahrwerke sind ebenfalls erlaubt und heute die Regel.
Zweck dieser Klasse ist es, unter Verzicht auf besondere technische und aerodynamische Hilfsmittel die Konstruktion erschwinglicher und leicht zu handhabender Segelflugzeuge zu fördern. Die technische Entwicklung insbesondere der Wölbklappen hat aber dazu geführt, daß noch eine weitere Klasse geschaffen wurde.
Seit dem 1. Januar 1978 gibt es neben der Offenen Klasse

- die FAI-15-m-Klasse und
- die Standardklasse.

Die FAI-15-m-Klasse weist außer der Höchstspannweite keine weiteren Beschränkungen mehr auf. Wölbklappen und andere Hilfsmittel zur Profilveränderung sind erlaubt. Für diese Klasse, die populär die »neue Rennklasse« genannt wird, sind bereits eine ganze Reihe von GFK-Mustern speziell konstruiert worden. Heute sind bereits rund die Hälfte aller ausgelieferten

(Frei durch Luftamt Hamburg, Nr. 231/89).

Beispiel für die FAI-15-m-Klasse:
Die LS 6 b über den Marsch- und Dünengebieten südlich des Flugplatzes Boberg bei Hamburg. Die Buchstaben WK am Seitenleitwerk sind das Wettbewerbskennzeichen von Flugkapitän Winfried Kaiser, dem das Flugzeug gehört.

Die LS 6 b war auf vielen Wettbewerben, auch auf Weltmeisterschaften, überaus erfolgreich und gilt als eines der besten Muster seiner Klasse. Die Reihe der »LS«, die 1967 mit der LS 1 begann, stammt von den Konstrukteuren Lemke/Schneider, die das schon sehr gute Anfangsmuster bis zu der neuesten LS 7 immer weiter vervollkommnet und den sich ebenfalls entwickelnden Anforderungen angepaßt haben.

Beispiel für die Standardklasse:
Der »Diskus« von Klaus Holighaus, eines der neuesten und fortschrittlichsten Segelflugzeuge seiner Klasse, erfolgreich in vielen Wettbewerben und beliebt wegen seiner guten Flugeigenschaften, die zum Teil auf die diskusartig gerundete Flügelform zurückzuführen sind.

15 m-Segelflugzeuge mit Klapptriebwerken ausgerüstet, die ihnen entweder den unabhängigen Eigenstart oder zumindest mit Hilfe des »Flautenschiebers« bei fehlenden Aufwinden das Halten der Flughöhe oder die Rückkehr zu einem Flugplatz ermöglichen. Obwohl sie als Motorsegler zugelassen sind, dürfen sie an reinen Segelflugwettbewerben teilnehmen, wenn das Triebwerk vorher unbenutzbar gemacht wird, so beispielsweise durch den Abbau des Propellers.
Um die Teilnahme an nationalen und internationalen Wettbewerben auch solchen Piloten zu ermöglichen, denen nur Vereinsflugzeuge zur Verfügung stehen, wurde die »Clubklasse« geschaffen. Mit dem Fortschritt in den anderen Klassen war zwangsläufig auch eine sprunghafte Erhöhung der finanziellen Aufwendungen verbunden, bei denen nicht jeder Leistungssegelflieger oder Club mithalten konnte.
Diese Klasse wurde 1962 in Nordrhein-Westfalen, 1968 bundesweit und ab 1969 international eingeführt. Als »Sportklasse« erfreut sie sich zunehmender Beliebtheit in Übersee, vor allem in den USA.
Bei uns erfüllt die Clubklasse heute den guten Zweck, Vereinen und privaten Eigentümern den Wert ihrer alternden Segelflugzeuge zu erhalten, denn sie können in Handicap-Wettbewerben gegeneinander fliegen und haben so auch bei Leistungsnachteilen faire Chancen. An Meisterschaften können in der Clubklasse heute noch Segelflugzeuge mit einem Index zwischen 0.92 und 1.02 teilnehmen (die Indexliste des DAeC, siehe unten, ist weltweit anerkannt). Leider ist dadurch die alte

Indexliste des DAeC 1989

für die Bewertung von Segelflugzeugleistungen

SEGELFLUGZEUG- UND MOTORSEGLERMUSTER	Index
● Offene Klasse	
Nimbus 3/25,5 m; ASW 22 B/25 m	126
Nimbus 3/24,5 m; ASW 22/24 m; Nimbus 3 d; AS 22-2; ASH 25	124
Nimbus 3/22,9 m; ASW 22/22 m; Glasflügel 604/24 m	120
SB 10/26 m	118
ASW 17; Jantar 2; Jantar 2 b; Glasflügel 604; Kestrel/22 m; Nimbus 2; Nimbus 2 b; Nimbus 2 c; LS 5	116
ASW 12; Jantar/19 m; Kestrel/19 m; SB 9; Ventus/17,6 m; FS 29	114
ASW 20 B und C/16,6 m; Ventus a und b/16,6 m; DG-500/22 m	112
ASW 20/16,5 m (alle außer ASW 20 B und C); DG-200/17 m; Kestrel/17 m; LS 3/17 m, DG-200/17 m; Glasflügel 402/17 m;	110
DG-400/17 m	110
Diamant/18 m; Janus C/20 m; Mü 27; SB 8	108
FK-3	106
Diamant/16,5 m; Mü 26; B 12; Janus B/18m; Calif; Cirrus/18 m	104
Cirrus/17 m; Cobra/17 m; Phöbus C; Std.-Cirrus/16 m; Std.-Libelle/17 m, D 37	103
● FAI-15-m-Klasse	
ASW 20 B und C; Ventus a; Ventus b; LS 6; LS 6 b; DG-600	110
ASW 20 (alle außer ASW 20 B und C); DG-200; DG-202; Libelle H 301; LS 3; LS 3-a, Mini-Nimbus; Mosquito;	108
Pik 20 D; SB 11; Speed Astir; Glasflügel 304; PIK 20 E; DG-400; D-40	108
LS 2	104
● Standardklasse	
LS 4; Falcon; DG-300; LS 3 Std.; Std.-Jantar III; SB 12; Discus a und b; Pégase D; ASW 24; LS 7; DG-300 Club/Einziehfahrwerk	104
DG-300 Club/festes Fahrwerk	103
● Standard-/Clubklasse	
ASW 19; DG-100; Cirrus 75; Std.-Cirrus; Hornet; Std.-Jantar (alle außer III); LS 1-F; G 102 Std. III; D 38; Pégase A und B	102
ASW 15; Astir CS; Cobra/15 m; Elfe S 4 D; Std.-Libelle; LS 1-0; LS 1 C und D; Phöbus B; FVA 20; PIK 20 F; D 39 B; ASW 19 Club;	100
Mistral C; DG-101 Club	100
● Clubklasse	
LSD-Ornith; FS 31	102
PIK 20 F Club; Club Astir II; Salto/15 m; IS 29; Lo 150; SHK; Elfe S 4 D/festes Fahrwerk; Twin Astir/Einziehfahrwerk; Mü 22 b	98
Twin Astir/festes Fahrwerk; G 103 Twin II; Club-(Jeans)-Astir; Club-Libelle; FS 25; Phöbus A; ASK 21; G 102 Club III und III b;	96
Sports-Vega; ASK 23	96
Foka 5; Zugvogel III b; SFH 34; Globetrotter; IS 28 B 2	94
ASK 18; Foka 4; Phoenix; Salto H 101/13 m; SF 30; SB 5 E; Zugvogel III a; Geier, Puchacz; SF 27 B	92
Ka 6 E; LCF II; SB 5 a; SB 5 b; SF 27 a; SIE 3; Std.-Austria	90
Bergfalke IV; Dart 15; Ka 10; Vasama; Zugvogel IV; Pilatus B 4/mit Einziehfahrwerk	88
Ka 6 (alle außer Ka 6 E); Pilatus B 4/festes Rad; Condor IV; Kranich III; SF 26; Zugvogel II; LCF II	86
G 109; H 36 Dimona; SF 36; ASK 14; MS 100; Pirat; Sagitta; SF 25 E; SF 28; RF 5 B; ASK 16	84
ASK 13; Bergfalke III; Ka 7; Bocian	82
L-Spatz III; Bergfalke II; Blanik; Ka 2 B; SF 25 A; SF 25 B; SF 25 C	80
Ka 8; L-Spatz; L-Spatz 55; Mü 17	76
Spatz (außer L-Spatz-Baureihen)	72
Grunau-Baby 2 B	60

● Doppelsitzer-Klasse
In der Doppelsitzer-Klasse werden ausschließlich doppelsitzig geflogene Segelflugzeuge mit Index ≤ 108 gewertet.
Einsitzig geflogene Doppelsitzer werden wie Einsitzer gewertet.
Bei Doppelsitzern mit Index > 108 erfolgt (gleichgültig ob ein- oder doppelsitzig geflogen) eine Wertung immer in der Offenen Klasse.

Motorsegler (selbststartende und nicht selbststartende), die ein Segelflugzeugmuster als Basis haben, werden mit demselben Index bewertet wie das entsprechende Segelflug.
Die Indexliste des DAeC 1989 erhebt keinen Anspruch auf Vollständigkeit. Für die Einteilung noch nicht aufgeführter Flugzeuge ist beim DAeC ein Antrag an das Referat Leistungssegelflug zu stellen.

Ka 6 mit der Indexziffer 86 (bzw. 90 für die Ka 6 E) aus dem Meisterschaftsgeschehen ausgeklammert. Flugzeuge dieses Musters werden aber immer noch gern bei regionalen Wettbewerben eingesetzt. Bei heutigen Meisterschaften der Clubklasse dominieren die Standard-Segelflugzeuge der siebziger und der frühen achtziger Jahre.

Diese Klasse dient aber keineswegs nur dazu, technisch überholte, doch noch viel und gern geflogene Segelflugzeuge aufzufangen. Sie hat auch Neukonstruktionen hervorgerufen. Eine der fortschrittlichsten stammt von einem ganz gewöhnlichen Luftsportclub: das Schul-, Leistungs- und sogar Kunstflugzeug LCF 2, konstruiert und gebaut in rd. 4000 in drei Jahren abgeleisteten Arbeitsstunden von Mitgliedern des Luftsportclubs Friedrichshafen am Bodensee. Die LCF 2 ist ein einsitziger Hochdecker in Gemischtbauweise. Der Rumpf besteht aus Stahlrohr mit Stoffbespannung, sein Vorderteil ist jedoch eine GFK-Schale. Mit nur 13 m Spannweite ist das Flugzeug ziemlich klein, erreicht aber eine gemessene Gleitzahl von 28 bei 89 km/h. Das beste Sinken beträgt 0,81 m/s bei 77 km/h. Die LCF 2 hat sich im Clubbetrieb bestens bewährt und wurde bereits mehrfach nachgebaut. Auch GFK-Muster haben Eingang in die Clubklasse gefunden. Das erste war der »Salto« von Ursula Hänle. Segelflugzeuge wie der »Club-Astir« und »Mistral« gehören ebenfalls dazu (siehe Indexliste).

Die bisher ausgetragenen Clubklasse-Wettbewerbe beweisen, daß auch in dieser Klasse hervorragende Leistungen möglich sind – ein Zeichen dafür, daß die Fortschritte in der Taktik des Leistungssegelfluges mindestens ebensoviel wiegen wie die technischen Fortschritte durch die GFK-Bauweise. 300-km-Dreiecke bei durchschnittlichen Wetterlagen sind an der Tagesordnung. Dabei werden Durchschnittsgeschwindigkeiten bis über 80 km/h erreicht.

Die »Weltklasse«

Hierbei handelt es sich um einen Vorschlag der Internationalen Segelflugkommission, der in einer Pressemitteilung vom 20. November 1988 veröffentlicht wurde. Hier einige Auszüge aus dem deutschen Text von Fred Weinholtz:

»Die Internationale Segelflugkommission (IGC) der FAI hat eine wichtige Initiative ergriffen: Die Schaffung einer neuen Einheitsmusterklasse für Segelflugzeuge. Diese »Weltklasse« soll den vorhandenen FAI-Weltmeisterschaftsklassen Standard-, 15 m- und Offene Klasse hinzugefügt werden.

Damit wäre erstmalig eine Einheitsmusterklasse in Segelflugwettbewerben eingeführt, während in den vorhandenen Klassen, die durch allgemeine Spezifizierungen bestimmt sind, oft Segelflugzeuge ganz verschiedener Eigenschaften und Leistungen zusammentreffen.

Eine ähnliche Initiative wurde vor 50 Jahren unternommen, als der Segelflug nahe daran war, olympischer Sport zu werden. Der Krieg verhinderte die Realisierung dieses Bemühens, aber der Anstoß war gegeben. Man schrieb einen Prototyp-Wettbewerb aus und verglich fünf Einzelmuster am Boden und in der Luft. (Sezze Romano, Italien, Februar 1939). Die deutsche ›Meise‹ wurde schließlich ausgewählt.

Die gegenwärtige Initiative der IGC sollte ähnlichen Überlegungen folgen. Oberstes Ziel ist, ein unverfälschtes Maß für das Können des Piloten zu ermöglichen, unter der Voraussetzung, daß alle Wettbewerbsteilnehmer in der ›Weltklasse‹ Segelflugzeuge des gleichen Musters fliegen. Die IGC beabsichtigt, daß das neue Segelflugzeug für Clubs und Privateigner, für Übungs- einschließlich früher Alleinflüge, für das Erfliegen von Leistungsabzeichen und für den Gruppenbau auf Baukastenbasis geeignet sein sollte.

Die grundsätzlichen Forderungen sind:

– Niedrige Kosten
– Sicherheit
– Einfache Handhabung am Boden und in der Luft.

Die Leistungsfähigkeit braucht nicht sehr hoch zu sein. Eine Gleitzahl von nicht weniger als 1:30 und ein minimales Sinken von nicht mehr als 0,75 m/sec sind festgelegt.

Viel bessere Leistungen als diese Minima werden nicht für so wichtig angesehen werden wie niedrigere Kosten, sichere Flugeigenschaften und einfachere Handhabung am Boden und in der Luft

Die Mindest-Geschwindigkeit sollte 65 km/h nicht überschreiten, Auf- und Abrüsten muß für zwei Personen möglich sein.

Eine Spannweitenbegrenzung wurde nicht festgelegt. Der notwendige Kompromiß zwischen den oft gegensätzlichen Anforderungen könnte jedoch zu einer Flügelspanne zwischen 12 und 15 Metern führen.

Solch ein Segelflugzeug soll helfen, den Segelflug auf zwei Wegen in der Welt weiter zu verbreiten: Einmal ihn dort einzuführen, wo es ihn noch nicht gibt, und zum anderen schon vorhandene Segelflugaktivitäten zu stär-

ken, indem mehr, insbesonders junge Menschen angezogen werden...
Es ist vorgesehen, den Vergleich der Prototypen und die nachfolgende Wahl des Siegermusters zwei Jahre nach Ausschreibung des technischen Wettbewerbes stattfinden zu lassen. Danach sollten die Zeichnungen und anderen Dokumente der ausgewählten Konstruktion jedem Hersteller in jedem Land zugänglich gemacht werden, der bereit ist, das Segelflugzeug komplett oder in Baukastenform herzustellen.
Zu gleichem Zeitpunkt wird die IGC Welt und/oder kontinentale Segelflug-Meisterschaften für die neue Klasse ankündigen. Durch diesen wichtigen Schritt sollten Produktion und Nutzung des neuen Segelflugzeugs stimuliert werden, wie Erfahrungen aus der Vergangenheit deutlich zeigen.«

Die »Deutsche Meisterschaft im Streckensegelflug«

Als »Dezentraler Segelflugwettbewerb« wurde er nach einer Idee von Paul Krekel schon Mitte der fünfziger Jahre eingeführt. Auch unter seinem neuen Namen ist er noch immer der beliebteste deutsche Segelflugwettbewerb, zumal die Teilnahme daran jedem Segelflieger mit der erforderlichen Qualifikation offensteht. Für viele heute weltbekannte Spitzenpiloten war er der Anstoß zu ihrer Karriere. Und vor allem: Er hat entscheidend dazu beigetragen, den Streckensegelflug in den Vereinen beliebt und zum wichtigsten Leistungskriterium zu machen.
Die Grundidee ist folgende:
Dieser Wettbewerb findet nicht wie die üblichen in einem bestimmten Zeitraum an einem bestimmten Ort, sondern während der gesamten Segelflugsaison eines Jahres von März bis September von beliebigen Flugplätzen in ganz Europa aus statt.
Jeder Segelflieger, der daran teilnehmen will (und sich Chancen ausrechnet), meldet und beurkundet seine jeweils besten Streckensegelflüge. Die Leistungsunterschiede der einzelnen Segelflugzeugmuster werden in der Indexliste berücksichtigt.
Der Deutsche Segelflugwettbewerb dient in erster Linie der Förderung des Streckensegelfluges und Nachwuchses an Leistungsfliegern. Zwar entfällt der unmittelbare Wettbewerb, das Ringen um Kilometer und gute Durchschnittsgeschwindigkeiten unter denselben meteorologischen Bedingungen. Andererseits aber kann auf diese Weise wettbewerbsmäßig auch auf den »Hausstrecken« geflogen werden, die es von jedem Segelflugplatz aus gibt. Außerdem liegen die Leistungsschwerpunkte sehr häufig an denselben Tagen – an solchen nämlich, die sich durch günstiges »Streckenwetter« auszeichneten. Die bisher gemachten Erfahrungen zeigen jedoch, daß wegen ungenauer oder fehlerhafter Beurkundung viele hervorragende Flüge (bisher rund 9 Prozent) nicht in die Wertung eingehen konnten. Auch in dieser Hinsicht wirkt der Deutsche Segelflugwettbewerb erzieherisch; denn wer einmal aufgrund von Formfehlern eine gute Placierung eingebüßt hat, wird sich beim nächsten Mal mehr Mühe geben. Denn wohl jeder hat das Ziel, zu den zentralen regionalen, nationalen oder internationalen Wettbewerben zugelassen zu werden. Das »Treffen der Besten« sind die Weltmeisterschaften, die üblicherweise alle zwei Jahre stattfinden.
Dabei sind allerdings »Segelflug-Länder« wie die Bundesrepublik Deutschland, wo es – und das ist bei dem Geburtsland des Segelfluges ja auch nicht anders zu erwarten – sehr viele hervorragende Segelflieger gibt, benachteiligt. In Ländern, in denen der Segelflug nur eine mittlere Rolle spielt, ist die Chance für gute Segelflieger erheblich größer, an einer Weltmeisterschaft teilzunehmen.

Plätze – Vereine – Schulen

In einer so großen Sportlergruppe, wie sie die Segelflieger bilden, muß es nahezu täglich Veränderungen geben. Deshalb hat es an dieser Stelle keinen Sinn, genaue Zahlen zu nennen. Sie sind vielmehr je nach dem herrschenden Trend auf- oder abgerundet und dürften demnach für längere Zeit annähernd gültig sein.
In der Bundesrepublik Deutschland wird auf über 550 Plätzen Segelflug betrieben. Rund 350 davon sind ausgebaut; es gibt dort feste Hallen, ein abgesperrtes Flugfeld mit Landepiste, vielleicht sogar einen »Tower« mit einem Luftaufsichtsbeamten. Viele davon sind auch für Motorflug, zumindest für Motorsegler, zugelassen. Die anderen Segelflugplätze sind nur zeitweise in Betrieb, meist nur am Wochenende und während der Ferienzeit. Für manche genügt eine langgestreckte Wiese mit einem Schuppen für die Flugzeuge. Doch sie tragen bei zu der großen Zahl der Segelflugplätze in der Bundesrepublik Deutschland.
Schlägt man um diese Plätze Kreise von jeweils 20 km Radius, so ergibt sich in vielen Gebieten eine mehrfache

Überdeckung; »weiße Flecken« sind hingegen nur an wenigen Stellen vorhanden und fast nur im Norddeutschen Tiefland, während Süddeutschland nahezu gedeckt ist. Das bedeutet, daß für die weitaus meisten Bewohner der Bundesrepublik Deutschland der nächste Segelflugplatz nicht weiter als 20 km entfernt ist.
So ist es beinahe kein Wunder, daß es in unserem Land an die 40000 aktive Segelflieger gibt; davon ist im Durchschnitt jeder Dritte noch in der Ausbildung. Ihnen stehen fast 7000 zugelassene Segelflugzeuge zur Verfügung. Hinzu kommen mehr als 1300 Motorsegler, die heute in der Segelflugausbildung eine große Rolle spielen.
Wer segelfliegen lernen will, kann in einen der 820 Luftsportvereine eintreten, die Segelflug betreiben und im Deutschen Aero-Club zusammengefaßt sind. Er kann sich aber auch an einer der neun Segelflugschulen anmelden:

- Segelflugschule Oerlinghausen
  4811 Oerlinghausen/Lippe, Flugplatz
  Telefon 0 52 02/43 23
- Segelflugschule Wasserkuppe, Flugplatz
  6412 Gersfeld
  Telefon 0 66 54/3 64
- Segelflugschule Hornberg
  7070 Schwäbisch-Gmünd
  Telefon 0 71 71/8 21 04
- Fränkische Fliegerschule Feuerstein e. V.
  8553 Ebermannstadt, Flugplatz
  Telefon 0 91 94/3 34 oder 80 98
- Deutsche Alpensegelflugschule, Windseestr. 40
  8211 Unterwössen/Chiemgau
  Telefon 0 86 41/83 90
- Haus der Luftsportjugend e. V.
  6345 Eschenburg 4
  Telefon 0 27 70/6 25
- Segelflugschule Lübeck, Flughafen Blankensee
  2400 Lübeck
  Telefon 0 45 09/20 77
- Fliegerschule Saure, Str. von Avranches 13
  Postfach 12 64
  3540 Korbach
  Telefon 0 56 31/33 44
- Sportschule Edersee, Dr. Mauser-Straße 2
  3544 Waldeck
  Telefon 0 56 23/53 82

Segelflugschulen bestehen auch in der Schweiz und in Österreich. Auskünfte:

- Zentralsekretariat des Aero Clubs der Schweiz (AeCS)
  Lidostraße 5
  CH 6006 Luzern
  Telefon 00 41/41/31 21 21
- Österreichischer Aero Club (ÖAeC)
  Prinz Eugen-Straße 12
  A 1040 Wien
  Telefon 00 43/1/5 05 10 28

Das neue Segelflugmuseum auf der Wasserkuppe

Bis 1987 gab es dort schon ein Segelflugmuseum, das in einer Halle untergebracht war und dank des Sammeleifers der alten Segelflieger, die es initiiert hatten und liebevoll betreuten, aus allen Nähten platzte. Nach langen Bemühungen kam es mit Unterstützung des Landes Hessen, des Landkreises Fulda und der Stadt Gersfeld sowie einer großzügigen Spende der Deutschen Lufthansa zu einem Neubau auf dem Traditionsgelände. Das neue Segelflugmuseum, das 1500 qm Ausstellungsfläche bietet, konnte am 31. August 1987 eröffnet werden.
Sehenswert ist schon die freitragende Holzkonstruktion des großen Rundbaues von 37 m Innendurchmesser. Inzwischen ist sie für die »Meilensteine der Segelflugentwicklung«, die dort gezeigt werden, schon fast wieder zu klein. Das älteste Segelflugzeug, wahrscheinlich das älteste komplett erhalten gebliebene in der Welt, ist das Übungsflugzeug »Falke« aus dem Jahre 1928. Von den in diesem Buch genannten Mustern, die »Geschichte gemacht« haben, sind als restaurierte und teilweise noch flugfähige Originale vorhanden: Schulgleiter 38 und »Baby«, »Minimoa«, »Rhönsperber« und »Rhönbussard«, »Kranich«, »Condor IV«, »Wolf«, »Olympia-Meise«, »Weihe«, »Goevier«, »Bergfalke«, Ka 1, Ka 6, L-Spatz und das erste GFK-Flugzeug von 1957, der »Phönix« in der Serienversion.
Als Nachbauten im Maßstab 1 : 1 werden gezeigt: der »Normal-Segelapparat« von Otto Lilienthal, der Doppeldecker-Hängegleiter von Willi Pelzner, der »Besenstiel« von Ferdinand Schulz und der Schulgleiter »Grunau IX«. Aber nicht nur die historischen Flugzeuge finden großes Interesse (im ersten Jahr seines Bestehens hatte das Museum schon an die hunderttausend Besucher!), sondern auch die erläuternden Schautafeln, die dokumentarischen Fotos und die Erinnerungsstücke in den Vitrinen. In einem großen Vorführungsraum werden alte und neue Filme sowie eine Multivision gezeigt, die dem Besucher einen Eindruck geben von der Faszination und der Entwicklung des Segelfliegens. Auch Fachinteressierte sowie Schüler- und Studentengruppen kommen auf ihre Kosten, denn das Museum bietet eine Fülle von Anschauungs- und Informationsmaterial für

(Frei durch Luftamt Hamburg, Nr. 376/88).

So sahen die Gebäude auf der Wasserkuppe 1988 aus:
In der Bildmitte, neben dem »Hotel Deutscher Flieger«, der Rundbau des neuen Segelflugmuseums.

Ein Blick ins Innere des Segelflugmuseums:
Unter der freitragenden Holzkonstruktion hängt seit 1989 die »Minimoa« des Schweizers Werner von Arx (siehe die Farbbilder). Davor der doppelsitzige »Condor IV«. Hinten links eine »Grunau IX«.

zahlreiche verschiedenen Fachgebiete:
In erster Linie natürlich

- *Luftfahrtgeschichte*, speziell Geschichte des Gleit- und Segelfluges, aber auch
- *Flugphysik und Aerodynamik*,
- *Flugzeugbau* (Holz- und Kunststoffverarbeitung),
- *Meteorologie*,
- *Technik und Taktik des Segelfliegens*,
- *Biologie* (Vogelkunde und -forschung),
- *Geographie* (Oberflächenformen der Rhön als Voraussetzung für den Segelflug; soziale und strukturelle Veränderungen im Umfeld der Wasserkuppe auch unter dem Einfluß der Segelflugentwicklung; Segelflug und Fremdenverkehr)
- *Sportwissenschaft* (Segelfliegen als Breiten- und Leistungssport),
- *Kunstbetrachtung* (Ästhetik des Segelfluges, Segelflug in darstellender Kunst, in Bild und Film).

Motorsegeln

»Der Motorsegler ist ein Loblied auf den Segelflug, aber es kann sein, daß es manche nicht merken.«

(Dipl.-Ing. Hans Zacher)

Mancher wird sagen, Motorsegeln ist ein Widerspruch in sich: Entweder fliegt man mit Motor, dann segelt man nicht. Oder man betreibt Segelflug, dann braucht man keinen Motor. Schon der Begriff scheint zu verdeutlichen, daß Motorsegeln eine Weder-Noch-Angelegenheit und der Motorsegler weder ein »richtiges« Motor- noch ein Segel-Flugzeug ist, ein Zwitter also. Soweit die Kritiker, die zwar früher lauter zu hören waren, aber bis heute nicht verstummt sind.

Doch ungeachtet aller Unkenrufe hat sich der Motorsegler als eigene Kategorie durchgesetzt: als selbststartendes Segelflugzeug. Die Flegel- und Entwicklungsjahre sind vorüber; gleichberechtigt stehen die Motorsegler heute neben den Segel- und den Motorflugzeugen.

Zu den Befürwortern des Motorseglers gehört von Anbeginn Dipl.-Ing. Hans Zacher, der als Angehöriger der Deutschen Forschungsanstalt für Segelflug seit Jahrzehnten dem Segelflug verbunden ist. Zum Thema »Motorsegler« schreibt er:

»Wir sind dem deutschen Gesetzgeber, dem Bundes-Verkehrsministerium und dem Luftfahrt-Bundesamt dankbar, daß der Motorsegler als eigene Kategorie anerkannt und mit seinem Namen auch gesetzlich verankert wurde. Aus dem scheinbaren Zwitter wurde ein selbständiges, wohleingeordnetes Luftfahrtgerät. Aber leider wird es von den Behörden und von den Sportkommissionen vieler anderer Länder nicht einheitlich und einmütig anerkannt. Allzu viele werten es als Motorflugzeug. Nur wenige erlassen erleichternde Bedingungen und kaum einer erkennt seinen wahren Wert. Man beherzigt zu wenig, so glaube ich, von dem Geheimnis des Fuchses im ›Kleinen Prinzen‹ unseres Flieger-Dichters Antoine de Saint-Exupéry: ›Man sieht nur gut mit dem Herzen. Das Wesentliche ist für die Augen unsichtbar.‹

Mit den Augen wird nur der Motor gesehen; das Wesen des Motorseglers findet kaum Berücksichtigung in den Forderungen, die an ihn gestellt werden müssen. Man möchte allen Gegnern, Zweiflern, Gleichgültigen, allen Augen-Menschen einmal das Märchen von Richard Bach ›Die Möwe Jonathan‹ zu lesen geben, in dem so viel von der Flugsehnsucht einer jungen, außergewöhnlichen Möwe steht. Aber vielleicht versteht man es nicht, weil es kein technisches oder juristisches, sondern ein dichterisches, seherisches Buch ist. Auch die Möwe Jonathan frönt meist dem Leistungsflug, aber das Wesentliche ihres Fliegens sieht sie doch im Lustflug.

Nur einer von hundert aktiven Segelfliegern ist vielleicht ein besessener Leistungsflieger, die 99 anderen aber möchten zur Freude, zur Entspannung, eben zur Lust fliegen. Ich meine, daß der Motorsegler gerade geschaffen ist eben für die 99 anderen ...«

Dipl. Ing. Hans Zacher, einer der bedeutendsten Pioniere des Motorseglers, auf dem Flugplatz Feuerstein in der Fränkischen Schweiz, der »Rhön der Motorsegler«.

Der Traum des Motorseglers: Segelfliegen!
Motorsegler, erkennbar an den Kennzeichen D – K..., mit eingeklapptem Triebwerk unter der Wolke.

Seit März 1976 gibt es für die Motorseglerausbildung eine eigene Prüfordnung. Vom Deutschen Aero-Club wurde dafür eine »Methodik, Richtlinien und Bestimmungen« geschaffen. Darüber hinaus sind die Motorsegler auch in den Richtlinien der Segelflug- und der Motorflugausbildung jeweils zu Übungszwecken anerkannt: Ein Teil der geforderten Flugstundenzahl mit Fluglehrer kann auf Motorseglern absolviert werden. Aus dem Bereich der Ausbildung sind sie schon heute nicht mehr wegzudenken.

Die Anhänger dieser Kategorie – und der Verfasser gehört dazu – halten den Motorsegler für das vielseitigste Fluggerät, das es überhaupt gibt. Es ist nicht ein Weder-Noch-, sondern ein Sowohl-Als-Auch-Flugzeug. Es dient der Schulung, dem Sport und dem Spaß, dem Übungs- und dem Leistungssegelflug gleichermaßen. Für Motorflieger ist es – abgesehen vom Ultraleichtflugzeug – das billigste Motorfluggerät, für Segelflieger bietet es die bequemste und schnellste Möglichkeit, in die Luft zu kommen, da kein besonderer Startaufbau und keine Helfer erforderlich sind. Schwierig ist allerdings, es zur einen wie zur anderen Kategorie hin eindeutig abzugrenzen. Ist es lediglich ein Segelflugzeug mit Hilfsmotor, ein Motorflugzeug mit Segeleigenschaften oder eine Klasse für sich?

Diese Frage ist nach jahrzehntelanger Diskussion heute beantwortet. Das Luftfahrtbundesamt hat sich die Auffassung des Deutschen Aero-Clubs über den Motorsegler zu eigen gemacht und in den »Lufttüchtigkeitsforderungen für Segelflugzeuge und Motorsegler« vom 1.11.1975 folgendes festgelegt:

»Motorsegler sind Luftfahrzeuge ›schwerer als Luft‹ mit starren Tragflächen und einem oder mehreren Motoren zur Erzeugung von Vortriebsleistung. Sie unterscheiden sich dadurch von den Flugzeugen, daß sie mit stillgelegtem Motor das Betriebsverhalten eines Segelflugzeugs aufweisen.

Motorsegler müssen so gestaltet sein, daß Landungen

Motor abgestellt, Luftschraube in »Segelstellung« (Blätter auf geringsten Luftwiderstand gedreht): RF5 B »Sperber«, ein heute noch beliebter Motorsegler der zweiten Generation.

auf unvorbereitetem, weichen Boden ohne Gefährdung der Insassen möglich sind.

Motorsegler weisen insbesonders die nachstehend aufgeführten technischen Merkmale auf:

a) Das Fluggewicht darf 750 kg nicht überschreiten.

b) Die Startstrecke vom Stillstand bis zum Überfliegen eines Hindernisses von 15 m Höhe darf mit Höchstgeschwindigkeit bei Windstille und trockener Grasnarbe 600 m nicht überschreiten.

c) Die Steigzeit vom Abheben bis auf 300 m Höhe über Start darf 4 Minuten nicht überschreiten, und zwar mit
 (1) nicht mehr als höchster Dauerleistung aller Motoren,
 (2) Fahrwerk eingefahren,
 (3) Flügelklappen in Startstellung.

d) Mit eingefahrenen Luftbremsen darf die Überziehgeschwindigkeit des Motorseglers 75 km/h nicht überschreiten.

e) Die geringste Sinkgeschwindigkeit des Motorseglers darf mit stillgelegtem Triebwerk bei Höchstgewicht und ungünstigster Schwerpunktlage die folgenden Werte nicht überschreiten:
 (1) bei Einsitzern 1,0 m/s
 (2) bei Doppelsitzern 1,2 m/s

f) Die Insassenzahl darf höchstens 2 betragen.«

(Zum besseren Verständnis für den Nicht-Fachmann geringfügig gekürzt und vereinfacht).

Gefordert wird für Motorsegler außerdem eine Mindest-Gleitzahl von 20.

Als Sportgerät ist der Motorsegler schon seit dem 5. März 1971 international anerkannt. An diesem Tag wurde auf einer Sitzung der Segelflugkommission der FAI (Féderation Aeronautique Internationale) in Paris ein entsprechender Antrag des Deutschen Aero Clubs angenommen. Seitdem gilt folgende Charakteristik des Motorseglers:

»Ein Motorsegler ist nach den neuen Bestimmungen der FAI ein eigenstartfähiges Segelflugzeug mit eigener Antriebsquelle, die im Flug wieder gestartet werden kann. Bei Leistungsflügen oder Rekordflügen darf der Motor bis zur Landung nicht wieder gestartet werden.«

Mit diesem Passus war es möglich, Segelflugleistungen mit dem Motorsegler auch international anerkennen zu lassen.

Was der Motorsegler alles kann

Die Verfechter des Motorsegelns in Deutschland haben sich bei jedem ihrer Treffen, die vor allem in Feuerstein stattfanden, Gedanken über die vielseitigen Verwendungsmöglichkeiten des Motorseglers gemacht und diese schließlich im September 1975 formuliert. Der folgende Absatz lehnt sich weitgehend an diese von Willibald Collée, Jan Eilers, Gerd Stolle, Fred Weinholtz und Hans Zacher gefundenen Gesichtspunkte an, weil sie das Wesentliche erschöpfend zum Ausdruck bringen.

Wie sich in der neueren Entwicklung gezeigt hat, ermöglicht der Motorsegler weiteren Kreisen als bisher die aktive Beteiligung am Luftsport, da er preisgünstiger ist als der Motorflug und weniger Zeitaufwand des Einzelnen erfordert als der Segelflug. Er kommt also den Interessenten beider Luftsportarten entgegen.

Neben den Vorteilen vereint das Motorsegeln in sich aber auch die Nachteile des Motor- und des Segelflugs. Sie zeigen sich bei jeder der Verwendungsmöglichkeiten des Motorseglers, von denen noch die Rede sein wird. Als ein Nachteil, den das Segelflugzeug nicht hat, muß das Geräusch vor allem des startenden Motorseglers angesehen werden. Zwar wurden in den letzten Jahren durch besonders konstruierte Auspuffanlagen große Erfolge bei der Lärmminderung erzielt, doch läßt sich das Motorengeräusch nicht völlig vermeiden, und es stört gerade auf den Plätzen, wo bislang nur Segelflug betrieben wurde. Auf Motorflugplätzen fallen dagegen moderne Motorsegler nicht unangenehm auf. Die Geräuschentwicklung ihrer Triebwerke ist im Durchschnitt wesentlich geringer als die von Motorflugzeugen.

Der Motorsegler dient:

- der Ausbildung und der Inübunghaltung der Luftfahrer,
- dem sportlichen Leistungssegelflug,
- dem Reiseflug,
- dem »Luftwandern«,
- für Doppelsitzerflüge (Gastflüge)
- für Forschungsflüge,
- für Auftragsflüge –

eine Aufgabenpalette, die kein anderes Luftfahrzeug für sich verbuchen kann.

Aus der Geschichte des Motorseglers

Worin liegt der Unterschied zwischen einem Leichtflugzeug und einem Motorsegler? Schon der Wright-Doppeldecker, mit dem am 17. Dezember 1903 der erste kurze Motorflug gelang, erfüllte einige der heutigen Kriterien, hatte jedoch viel zu geringe Flugleistungen. Er war aus einem Gleitflugzeug entwickelt worden, besaß bei 12,25 m Spannweite ein Fluggewicht von 340 kg und eine Motor-Startleistung von 16 PS. Der Grade-Eindecker von 1909 wog bei 10 m Spannweite mit Nutzlast nur 190 kg. Mit der 24-PS-Startleistung seines Zweitaktmotors hob er nach 30 m Rollstrecke ab. Seine Höchstgeschwindigkeit betrug 70 km/h, sein Kraftstoffverbrauch 13 l pro Stunde.

Das nahezu gleich große Vowi 10, ein Ultra-Leichtflugzeug aus Kunststoff aus den siebziger Jahren, das in seinem Aufbau dem uralten Grade-Eindecker ähnelt, weist vergleichbare Flugleistungen auf. Es konnte mit dem Motorseglerschein geflogen werden. Doch es war so wenig wie Grades Konstruktion oder das Wright-Flugzeug ein Motorsegler; denn obgleich mit abgestelltem Motor damit schon gesegelt – also auch Höhe gewonnen – wurde, entspricht es nicht den Kriterien eines Segelflugzeugs, wie wir sie heute auch mit dem »Motorsegler« verbinden. Vor allem ist die Sinkgeschwindigkeit zu groß.

Hat der Motorsegler ein Vorbild in der Natur? Von allen Luftfahrzeugen kommt er dem Vogelflug am nächsten. Auch der Vogel startet selbst. Im Aufwind segeln vor allem große Vögel. Flauten überbrücken sie mit Flügelschlägen.

Ähnliche Beobachtungen mögen Otto Lilienthal bewogen haben, Kohlensäuremotoren zum Antrieb von Schlagflügeln in zwei seiner Hängegleiter einzubauen. Mit dem ersten ist er sogar flügelschlagend geflogen, und nach dem Bericht eines Augenzeugen habe sich dadurch sein Gleitflug wesentlich gestreckt. In einem Zeitungsartikel aus den zwanziger Jahren wurde er deshalb sogar »der erste Motorflieger« genannt. Allenfalls könnte er »der erste Motorsegler« gewesen sein.

Die Geschichte des Motorseglers beginnt jedoch erst mit den Rhön-Segelflugwettbewerben 1920 und 1924, und zwar wegen der damals bereits vorhandenen Grundvorstellung von einem Segelflugzeug, das mit Hilfsmotor möglichst eigenstartfähig sein sollte. Die wenigen Konstruktionen, die damals aufgrund der Ausschreibung zur Wasserkuppe kamen, entsprachen dagegen bei weitem noch nicht der Vorstellung vom Motor-

segler. Es waren Gleit- und Segelflugzeuge, die mit ihren zu schwachen und unzuverlässigen Motoren allenfalls einen gestreckten Gleitflug ausführen konnten. Zu fliegerischen Erfolgen kamen lediglich Flugzeuge, die keine Motorsegler, sondern Leichtflugzeuge waren. Dazu gehörte die U7 »Kolibri« von Ernst Udet, dem mit diesem immerhin 32 PS starken Flugzeug zwar erfolgreiche Wettbewerbs-, aber keine Segelflüge gelangen. Willy Messerschmitt hatte bei seiner S-15, die ebenfalls ein kaum segelfähiges Leichtflugzeug war, Schwierigkeiten mit der Kraftübertragung zum Propeller.
Ebenfalls 1924 fand in Rossitten auf der Kurischen Nehrung ein Wettbewerb statt, den man vorsichtshalber gleich für Leichtflugzeuge ausgeschrieben hatte. Doch daran nahmen nun auch motorisierte Segelflugzeuge teil wie der »Max« und »Moritz« von Martens.
Wegen der schwachen Motoren von 5 bis 8 PS waren sie jedoch nicht eigenstartfähig, sondern mußten mit dem Gummiseil in die Luft katapultiert werden wie jedes andere Segelflugzeug. Erfolgreicher war die Messerschmitt S-16 mit einem 20-PS-Motor – bei der es sich jedoch auch um ein Leichtflugzeug handelte, wie bei fast allen erfolgreichen »Motorseglern« der zwanziger Jahre. Dazu gehörte auch »Karl der Große« der Akaflieg Darmstadt, mit dem Otto Fuchs – wie schon erwähnt – mit abgestelltem Motor über Babenhausen der wahrscheinlich erste bewußte und beabsichtigte Thermikflug gelang. Ein ausgesprochenes Leichtflugzeug, von dem allerdings ebenfalls echte Segelflüge bekanntgeworden sind, war die Klemm L 20 mit einem 20-PS-Daimler-Motor, die zwei Personen befördern konnte.
Die L 20, gebaut zwischen 1924 und 1928, wurde zur L

1924: Der Motorsegler »Max« von Martens.

25 D VII der Baujahre 1931 bis 1939 weiterentwickelt, dem wohl beliebtesten Sportflugzeug der dreißiger Jahre. In Größe und Motorleistung entspricht die L 25 etwa dem Motorsegler RF 5 von Sportavia-Pützer aus den siebziger Jahren.
Beide Flugzeuge sind sich in Aufbau (Tiefdecker in Holzbauweise, Stoffbespannung) und Größe (um 13 m Spannweite) sehr ähnlich. Ein Leistungsvergleich, wie ihn der »Aerokurier« in den siebziger Jahren vorgenommen hat, liegt nahe.
Überraschend war die Leistungsfähigkeit der L 25, die in einigen Werten die viel modernere RF 5 weit übertraf: Die Startstrecke über ein 15 m Hindernis ist mit 180 m weitaus geringer (RF 5: 480 m), ebenso die Landegeschwindigkeit (60 zu 85 km/h). Steiggeschwindigkeit (2,5–3 m/s), Gipfelhöhe (etwas unter 5000 m) und Reichweite (720–850 km) liegen nahe beieinander. In der Zuladung (320 kg) übertrifft die Klemm L 25 wegen ihres dicken, hohen Auftrieb liefernden Flügelprofils die RF 5 mit ihrem dünneren und nur wenig gewölbten Profil bei weitem (230 kg). Nur in der Reisegeschwindigkeit hat die RF 5 die besseren Werte bei geringerem Kraftstoffverbrauch (170 km/h bei ca. 13 l pro Flugstunde zu 140 km/h zu 20 l). Zur Zeit wird von Josef Kurz, dem auch schon ein »neuer« Schulgleiter SG 38 und ein »Habicht« zu danken sind, eine Klemm L 25 dem Original entsprechend nachgebaut. Man darf gespannt sein, ob sich die fliegerischen Leistungswerte bestätigen.
Der entscheidende Unterschied, der die RF 5 gegenüber der Klemm zum Motorsegler macht, liegt in der Gleitzahl, die mit 18 bei der RF 5 etwa doppelt so groß ist wie die der alten Klemm. Unterschiedlich ist auch der Komfort: offener Pilotensitz und spartanische Instrumentierung bei der Klemm gegenüber dem geschlossenen Cockpit mit Rundumsicht und den heute als notwendig erachteten Flug- und Navigationsinstrumenten der RF 5.
Obgleich die Gleitflugleistung der RF 5 an der unteren Grenze der heutigen Motorsegler-Anforderung liegt, ist sie mit ihrer Gleitzahl und Sinkgeschwindigkeit bei günstigen Bedingungen durchaus segelfähig, während ein Segelflug mit der Klemm 25 doch auf Ausnahmefälle beschränkt blieb. Andererseits gehört die RF 5 zu den schnellsten unter den modernen Motorseglern und besitzt daher eine besondere Eignung für den Reiseflug. Die Gleitzahlen von doppelsitzigen Motorseglern, bei denen die Betonung auf »Segler« liegt, erreichen heute Werte über 30. Leistungs-Motorsegler (Kunststoff-

Eine »Klemm 25« in der Luftfahrtabteilung des Deutschen Museums in München.

Segelflugzeuge) mit Klapptriebwerken – davon wird noch die Rede sein – erreichen praktisch die gleichen Werte wie die nicht motorisierten Muster – bis zu 60!
Wolf Hirth hat eine solche Entwicklung (wenn auch nicht solche Gleitzahlen) schon in den dreißiger Jahren vorausgeahnt und gefordert. Er unterschied zwischen echten Motorseglern und Motorgleitern, die analog zu den damals üblichen Schulgleitern allein der Ausbildung dienen und Segelfliegern den Übergang zum Motorflug erleichtern sollten.
Was er 1938 über das Thema Motorsegler geschrieben hat, gilt im wesentlichen noch heute. Es sei hier mit nur geringen Kürzungen zitiert:
»Der motorlose Streckenflug ist etwas einzig Schönes. Darüber gibt es bei allen, die ihn kennen, nur eine Meinung. Ich möchte auch vorweg bemerken, daß ich ihn so, wie wir ihn heute ausüben, nie missen möchte. Aber wir können ihn für die Meister des Segelfluges noch vervollkommnen.
Ist man nach vielen Stunden beglückenden Schwebens irgendwo gelandet, dann liegt man mit seiner Kiste auf einem Feld oder einem Flugplatz und wartet, bis man gelegentlich abgeholt wird. Das geht ziemlich rasch und reibungslos mit einer geübten Mannschaft bei einem Wettbewerb.
Es soll in diesem Fall ruhig so bleiben, weil auch im ›Bodenbetrieb‹ unbestreitbare Werte stecken. – Wie ist es aber bei einem reinen Übungsflug, dem ›Lustflug‹

Eine RF 5 startet in Feuerstein. Das Fahrwerk ist einziehbar.

eines Einzelnen? Wenn man da zusammenrechnet, welcher Aufwand zu einem Flug von 200 km an Transportwagen, Anhänger, Mannschaft, Telephon und anderem gehört, dann wird man doch etwas stutzig ...

Ich will nicht alle einzelnen Punkte hier anführen, kurz, alle Überlegungen führen immer wieder – zum Motorsegler! Wir haben da doch die schöne Parallele zum Wassersegelsport. – Wenn es sich nicht gerade um eine Rennyacht handelt, wird man in sein Segelboot einen kleinen Motor einbauen, der das Schiff aus dem Hafen heraus in den Wind blubbern läßt und es am Abend bei Flaute wieder dorthin zurücktreibt. Dasselbe und nichts anderes will der zünftige Segelflieger mit dem ›Motorsegler‹ erreichen.

Freilich ist das Problem hier viel schwieriger! Beim Segelboot spielen Gewicht und Fahrtwiderstand nicht die Rolle wie beim Segelflugzeug. Das Boot schwimmt auch, wenn es großen Widerstand hat. Das Flugzeug kann sich aber nur dann gut in der Luft halten, wenn sein ›schädlicher Widerstand‹ so gering wie möglich ist, so klein eben wie bei unseren hochwertigen Leistungsseglern.

Das Gewicht spielt dabei eine kleinere Rolle, immerhin darf auch hier nichts verschenkt werden. – Der Motorsegler, wie ihn sich der Segelflieger als Endziel der Entwicklung vorstellt, muß also so aussehen:

Auf den ersten Blick wie ein normales Leistungssegelflugzeug, aber mit einem eingebauten Rad, noch besser mit einem richtigen, kleinen, einklappbaren Fahrgestell...

Weiter muß der Motor im Rumpf oder Flügel eingebaut sein, damit man beim Segeln mit abgestelltem Motor nicht dauernd dessen Luftwiderstand, der dann ja völlig zwecklos ist, in Kauf nehmen muß. Auch das Triebwerk, Luftschraube und Ferntrieb, sollte aus dem gleichen Grund verschwindbar sein...

Die Hauptforderung an den Motor ist nicht geringstes Gewicht, kleiner Betriebsstoffverbrauch oder lange Lebensdauer, sondern unbedingte Startzuverlässigkeit. Der Motor ist ja hier nur ein Hilfsgerät. Er läuft nicht während des ganzen Fluges, sondern hauptsächlich beim Start und Steigflug, bis der ›Thermikanschluß‹ erreicht ist. Auf 1000 Segelflugstunden sollten nur 100 Motorstunden kommen, eine Lebensdauer also, die man auch von einem kleinen, billigen Motor verlangen kann.

Der Betriebsstoffverbrauch spielt aus dem gleichen Grund keine große Rolle. 10 kg genügen für einen Tagesausflug. Das Gewicht ist auch nicht von besonderer Bedeutung, denn schwerer als ein doppelsitziges Segelflugzeug braucht solch ein Motorsegler nicht zu werden...

Das unbedingt zuverlässige Anspringen des Motors jedoch muß verlangt werden, damit im Fall einer Flaute der Flugzeugführer sich blind darauf verlassen kann, daß sein Motor ihm hilft, wenn er ihn braucht. Die Beschreibung eines Fluges mit diesem ›Motorsegler‹ wird alle noch offenen Fragen besser klären als lange Erläuterungen.

Zusammen mit einem Helfer bringt der Flugzeugführer seine Maschine vor die Halle. Alles weitere macht er allein. Er setzt sich in die Kiste, kurbelt seinen Gummianlasser auf und klappt dann den Motor heraus. Dabei öffnen sich automatisch die Kühlluftkanäle und der Benzinhahn, die Einspritzpumpe gibt einen Spritzer, der Kontakt wird geschlossen, und sobald das Triebwerk in seine Sperre eingerastet ist, löst sich der Kraftspeicher ebenfalls automatisch aus und der Motor läuft. Unser Mann rollt zum Start, gibt Vollgas und steigt in 10 bis 15 Minuten auf 600 Meter Höhe, wo er Thermikanschluß bekommt. Er fliegt ein bis zwei Kreise noch mit gedrosseltem Motor. Genügt der Aufwind, dann klappt er seinen Laden zu und segelt 5 oder 6 Stunden, wohin er Lust hat.

Beim Einklappen schließen sich die Luftkanäle und der Benzinhahn wieder automatisch, ebenso wird der Zündstrom unterbrochen. Das Fahrgestell hat der Pilot natürlich sofort nach dem Start hereinschnappen lassen. Beim Segeln hoch oben hat er viel Zeit, den Kraftspeicher für alle Fälle wieder aufzuladen. (Ein Gummizug wird gespannt.)

Nun wird unterwegs der Aufwind mager, unser Motorsegler verliert mehr und mehr Höhe, was seinen Piloten aber nicht aufregt. Als er 100 m über Grund noch immer nichts gefunden hat, klappt er in wenigen Sekunden den Motor heraus, läßt ihn eine halbe Minute warmlaufen und steigt wieder im Kraftflug, bis er einen neuen Aufwind hat.

Muß er aber doch irgendwo außenlanden, dann kann er das auf der Kufe tun, falls ihm das Gelände für eine Landung mit dem Fahrgestell zu unsicher erscheint. – Weitere Variationen kann man sich selbst ausmalen, festgestellt sei nur, daß der Motorsegler kein Gerät für ›Luftreisen‹ ist, sondern eines zum ›Luftwandern‹. Er ist nicht für die Leute gedacht, für die Zeit Geld ist und das Fliegen nur ein Mittel zum schnellen Vorwärtskommen, wohl aber für jene, die lange und genußreich fliegen wollen...«

Der Motorsegler »La Falda« mit aufgesetztem Triebwerk, geflogen von Peter Riedel.

1938 beschrieb Wolf Hirth mit diesen Worten seinen Traum-Motorsegler. Voraussetzungen dazu bestanden schon. Im Jahre 1934 hatte der Wittenberger Ingenieur Köller einen Zweizylinder-Zweitakt-Flugmotor speziell

Der Kroeber-Leichtmotor von 18 PS aus dem Jahre 1934. Es ist der Original-Motor der »La Falda«.

für Motorsegler entwickelt. Bei 2700 Umdrehungen pro Minute leistete er 18 PS. Sein Benzinverbrauch betrug nur knapp 9 l pro Stunde. Als Kroeber »M 4« wurde er in größerer Stückzahl gebaut und vertrieben. Deshalb ist dieses Leichttriebwerk sowohl als »Köller-« als auch als »Kröber-Motor« bekannt geworden. Er wurde damals unter anderem in das bewährte Übungssegelflugzeug Grunau »Baby« mit Druckschraube eingebaut. Das Motor-»Baby« wurde dadurch zum ersten fabrikmäßig hergestellten und vertriebenen Motorsegler vor dem Zweiten Weltkrieg. Ein Einzelstück des Bley-Segelflugzeugbaues in Naumburg blieb der Motor-Condor »La Falda«. Geflogen wurde er 1936 von Peter Riedel, der von diesem Motorsegler und dem (übrigens noch vorhandenen) Kröber-Motor folgendes erzählt: »Was mit damals vorschwebte, war, daß ich diesen Motor abnehmbar machte. Ich hatte gedacht, ich würde nach einem Streckenflug nicht den ganzen Transportwagen nachkommen lassen, sondern nur den Motor in einem Automobil. Wir würden ihn draufbauen auf die Maschine, und dann würde ich sie zurückfliegen zur Wasserkuppe. Das hat sich damals nicht durchführen

Der Motorsegler Hi 20 von Wolf Hirth, aufgenommen nach dem ersten Eigenstart am 16. Dezember 1942. Vorher waren versuchsweise Schleppflüge mit laufendem Motor hinter einer Klemm 25 unternommen worden.

lassen; denn wir hatten dann doch Schwierigkeiten, den Motor schnell genug abnehmen und aufbauen zu können... Die Flugleistungen des ›Condor‹ wurden leider durch die Anbringung des Motors oberhalb der Tragfläche doch sehr ungünstig beeinflußt. Die Maschine, die sonst in ihren Flugeigenschaften sehr gutmütig war, bekam die Neigung, plötzlich ›wegzugehen‹, d. h. die Strömung in der Mitte riß leicht ab, und ich habe damals aus niedriger Höhe beinahe einen bösen Unfall erlebt. Glücklicherweise bekam ich die Maschine kurz über dem Boden nochmal in die Hand. Meine damalige selbstgestellte Aufgabe war, nachzuweisen, daß man ein Leistungssegelflugzeug mit einem nur achtzehnpferdigen Motor in die Luft bekommt. Diesen Nachweis hat der Motor erbracht. Der ›Condor‹ hob sehr schnell (nach nur 60 m) vom Boden ab und stieg auch mit annehmbarer Steiggeschwindigkeit in ruhiger Luft.
Was uns damals in Wirklichkeit vorschwebte, war die Idee des Wandersegelfluges, und wir hofften auch zu erreichen, daß durch den Motorsegler der Wandersegelflug überall möglich wird. Man fliegt heute hier ab, läßt den Motor zwei, drei Minuten laufen, segelt dann ein paar hundert Kilometer zu einem entweder vorbestimmten Platz oder zu einem Gelände, das sich einem abends anbietet, landet dort, übernachtet. Am nächsten Morgen fliegt man wieder mit eigener Kraft ab. Ich könnte mir vorstellen, daß jemand durch ganz Europa mit vielleicht 10 oder 15 l Benzinverbrauch während seiner Ferien von Flugplatz zu Flugplatz segelt, je nach Windrichtung und je nach Lust und Laune.«
Ein wesentlicher Fortschritt gegenüber den bisherigen Motorsegler-Konstruktionen war die C 10 der Flugtechnischen Arbeitsgemeinschaft Chemnitz. Das einsitzige Flugzeug besaß 12,50 m Spannweite bei 12 qm Fläche. Der Kröber-M-4-Motor trieb einen Zweiblatt-Druckpropeller, der bei Stillstand des Motors in den Leitwerksträger eingeklappt werden konnte und daher im Segelflug keinen großen zusätzlichen Widerstand erzeugte. Dadurch erreichte die C 10 eine Gleitzahl von 22 bei einer geringsten Sinkgeschwindigkeit von nur 0,85 m/sec. Mit dem 18-PS-Motor kam das Flugzeug auf eine Steigleistung von 1,90 m/sec, eine Reisegeschwindigkeit von 130 km/h und eine Höchstgeschwindigkeit von 155 km/h. Die Landegeschwindigkeit betrug nur 58 km/h. Die C 10 gab es nicht allein auf dem Papier, sondern sie ist 1940 tatsächlich geflogen. Wegen der Kriegszeit aber wurde diese richtungsweisende Konstruktion von Hans Wünscher kaum bekannt.

Ebenso erging es der Hi 20 von Wolf Hirth, die 1941/42 geflogen ist. Mit diesem Motorsegler hat Wolf Hirth seine Vorstellungen bereits annähernd verwirklicht. Besonderes Merkmal des »Mose« war ein 20-PS-Schwenktriebwerk, das bei Stillstand in den Rumpf eingeklappt werden konnte. Dadurch wurde der Motorsegler im Flug zu einem vollwertigen Segelflugzeug. Er ähnelte dem damaligen Doppelsitzer »Goevier«, und hatte auch die gleiche Spannweite (14,80 m). Über die erreichten Flugleistungen liegen keine genauen Berichte vor.
Die Idee des Schwenktriebwerks wurde auch später immer wieder aufgegriffen und hat gerade in der jüngsten Entwicklungsphase zu spektakulären Erfolgen geführt.

Motorsegler im Eigenbau

In den zwanziger und dreißiger Jahren entstanden eine ganze Reihe von Motorseglern, die Enthusiasten selbst entworfen und gebaut hatten. Der Motorsegler-Gedanke lag in der Luft, und viele begeisterte Segelflieger hofften darauf, mit Hilfe kleiner und leichter Motoren ihren Sport auch im Flachland ausüben zu können. Doch was damals nicht in Luftfahrtzeitschriften wie dem berühmten »Flugsport« von Oskar Ursinus mitgeteilt wurde, ist in Vergessenheit geraten.

Um nur ein Beispiel zu nennen: Jan Eilers, noch heute Verfechter des Motorseglers, hat in seiner Heimatstadt Oldenburg schon 1932 ein motorisiertes Segelflugzeug gebaut. Es hatte 10 m Spannweite. Der verkleidete Rumpf lief in einen dreieckigen Leitwerksträger aus – damals neuartig. Angetrieben wurde das Flugzeug von einem 13 PS Zündapp-Motor, den Eilers übrigens von Bernd Rosemeyer, dem berühmten Rennfahrer, erhalten hatte. Mit dem Flugzeug gelangen kurze Flüge. Jan Eilers schreibt dazu: »Durch Motorisierung eines Segelflugzeugs sollte es möglich werden, nach Start durch Schlepp mit Hilfe des Motors thermische Aufwinde zu finden, um danach Höhe zu gewinnen und diese in Strecke zu verwandeln.« Gedacht war der Motorsegler außerdem als Schulflugzeug, das bei der damals üblichen Alleinschulmethode längere Flüge ermöglichen sollte.
Auch Gerhard Blessing hat sich schon seit den dreißiger Jahren mit den Motorseglern befaßt. Als in der ersten Nachkriegszeit die Entwicklung auf Eigenbauten beschränkt blieb, war er einer der ersten, die sich wieder dem Motorsegler widmeten. Der Verfasser erinnert sich an einen Besuch bei Gerhard Blessing im Februar 1949 in Hamburg-Harburg. Blessing baute schon damals an einem selbstkonstruierten, leicht transportablen Motorsegler. In seinem winzigen Kellerraum hatte er die Rippen dazu bereits fertiggestellt. Angelehnt an die Vorstellungen von Wolf Hirth sah er im Motorsegler das

Gerhard Blessing vor seinem Motorsegler »Rebell«.

Sportfluggerät der Zukunft. Über die zahlreichen Motorsegler, die Blessing seit dieser Zeit gebaut und der Öffentlichkeit vorgestellt hat, führt eine gerade Entwicklungslinie zu seinem »Rebell«, der 1971 fertiggestellt wurde. Mit diesem Einsitzer von 15 m Spannweite und 642 kg Startgewicht, der zunächst von einem Hirth-28-Motor von 55 PS angetrieben wurde und später einen im Eigenbau modifizierten Volkswagenmotor von über 60 PS erhielt, konnte Blessing beachtliche Erfolge erzielen. In seinen Grundzügen war der »Rebell« als Tiefdecker mit Druckschraube und Leitwerksträger bereits 1949 vorgezeichnet.
Gerhard Blessing sei hier als Beispiel für viele Motorsegler-Konstrukteure genannt, die in den fünfziger und sechziger Jahren in Kellern und Garagen ihre Flugzeuge bauten und oft auch ihre eigenen Einflieger und Wettbewerbspiloten waren. Für den Serienbau fehlte es fast immer an Geld und geeigneten Partnerschaften. Auch schien das Interesse zunächst nicht so groß zu sein, denn der Wiederaufbau des bis 1951 verbotenen Segelfluges in Deutschland erforderte alle Kräfte.

Motorsegler im Serienbau

Dazu gehörte damals besonderer unternehmerischer Mut. Den bewiesen in der Nachkriegszeit vor allem zwei Motorsegler-Konstrukteure: Alfons Pützer und Egon Scheibe. Beide waren als Konstrukteure auch in anderen Kategorien erfolgreich, Pützer vor allem bei Leichtflugzeugen, Scheibe bei Segelflugzeugen. Die bekanntesten und erfolgreichsten Serien-Motorsegler sind mit ihren Namen verbunden.
Alfons Pützer erinnerte sich bei den Aufnahmen zu den »Erben Lilienthals«:
»Nach dem Zweiten Weltkrieg befaßte ich mich damit, Motorsegler zu bauen. Der Gedanke, den Volkswagenmotor zum Antrieb zu verwenden, wurde von mir bereits 1953 im ›Motorraab‹ verwirklicht, einem doppelsitzigen Übungssegelflugzeug, das in meiner Bonner Werkstatt motorisiert worden war und mit großem Erfolg zum Einsatz kam. Die aerodynamischen Eigenschaften dieses Segelflugzeugs waren natürlich nicht so gut. Aber die Erfahrungen mit dem Volkswagenmotor waren so hervorragend, daß wir uns entschlossen, diesen Gedanken weiterzuverfolgen. Es folgten einige weitere Entwürfe, so die ›Dohle‹, bei der allerdings ein Zweizylinder-Zweitakt-Motor verwendet wurde (1956/57) und die MS 60 mit dem gleichen Triebwerk (1961). Nach meiner Bekanntschaft mit dem französischen Konstrukteur Fournier stieß ich wieder auf den Volkswagenmotor, der damals von der Firma Rectimo als Flugmotor modifiziert worden war. Dieser Motor hatte bereits einen so hohen Zuverlässigkeitsgrad, daß außer seiner Verwendung für den Motorsegler auch der Dauerbetrieb für lange Überlandflüge völlig problemlos

Alfons Pützer vor einer RF5.

wurde. Bemerkenswert ist, daß mit diesem Motor in einer von Fournier konstruierten RF 4 der Atlantik sowohl in Ost-West- als auch in West-Ost-Richtung zweimal überquert wurde.
Nachdem wir in unserem 1964 gegründeten Werk auf der Dahlemer Binz in der Eifel 160 RF-4-Einsitzer mit dem modifizierten VW-Motor bauen und in über 30 Länder ausliefern konnten, mußte ein Zweisitzer kommen. Der Gedanke, mit dem Motorsegler auch zu schulen und damit den Segelflugbetrieb zu erleichtern, lag auf der Hand. So entstand bei uns die RF 5, die ein großer Erfolg wurde. Zusammen mit ihrer Weiterentwicklung RF 5 b Sperber wurden mehr als 250 Exemplare ausgeliefert.
Die Zuverlässigkeit der Motoren konnte noch gesteigert werden, so daß wir unsere Flugzeuge nach Nordafrika, Kenia, in den Kongo, die Türkei, nach Finnland – kurz, bis zu Entfernungen um 10000 Kilometer – auf dem Luftweg überführen. Es ist billiger, ein Flugzeug fliegen und die Piloten mit einer Linienmaschine zurückkommen zu lassen, als es in Kisten zu verpacken und alle Transportrisiken in Kauf zu nehmen.«

Triebwerke für Motorsegler

Seit Beginn der Entwicklung war der Motor das eigentliche Problem des Motorseglers gewesen. Gute Konstruktionen scheiterten an dem zu hohen Gewicht oder an der Unzuverlässigkeit der verwendeten Triebwerke. Erst die aus dem Volkswagenmotor modifizierten Leichtmotoren erwiesen sich als brauchbar und zuverlässig.
In der Bundesrepublik Deutschland hat sich ein Hersteller auf diese Motoren spezialisiert. Die Produktionsstätte befindet sich in Königswinter-Sassenberg im Westerwald. Niemand wird in dem kleinen, abgelegenen Dorf ein inzwischen weltbekanntes Motorenwerk vermuten. Wer es besuchen will, hat einige Mühe, es in der ländlichen Umgebung ausfindig zu machen.
Gegründet wurde das Werk von Peter Limbach, der 1951 nach Kanada ausgewandert, 1963 aber in seine Heimat zurückgekehrt war. In Kanada hatte er ein Flugzeug mit Volkswagenmotor gesehen. Man konnte also einen in Großserie gebauten Automotor auch als Flugmotor verwenden, wenn auch nur nach umfangreichen Änderungen und Ergänzungen. 1968 ermutigte Alfons Pützer den welterfahrenen Motorenfachmann, ihm für seine RF 5 ein leistungsfähiges Triebwerk auf der Basis des Volkswagenmotors zu liefern. Peter Limbach investierte in die Entwicklung der verschiedenen Muster rund eine halbe Million DM, an der sich Pützer beteiligte. Eine staatliche Förderung blieb aus.
Das Unternehmen war ein großes Wagnis, bis das Luftfahrtbundesamt 1971 die Limbach-Motoren für Luftfahrzeuge zuließ. Seitdem floriert der Betrieb.

Peter Limbach vor den Teilen eines seiner Triebwerke.

Die Basis dieser Motoren ist das VW-1600-Triebwerk, von dem jedoch nur wenige Teile unverändert übernommen werden können. Sie unterliegen einer sorgfältigen Eingangskontrolle, werden genau vermessen und geprüft. Erst dann genügen sie den strengen Vorschriften an ein Luftfahrtteil. Dazu gehören beispielsweise Gehäuse, Pleuel und Nockenwelle. Auch die Kurbelwelle stammt von VW, wird aber noch mit einem Konus versehen, damit der Propellerflansch angebracht werden kann. Diese Verbindung zwischen Motor und Luftschraube ist das wichtigste Teilstück des Motors; sie muß absolut sicher sein und darf sich nie lösen. Andere Teile des Motors werden teils im Werk selbst hergestellt, teils von anderen Herstellern bezogen. Sie sollen leicht, dabei aber unbedingt zuverlässig und möglichst bereits luftfahrtgeprüft sein. Durch sorgfältige Auswahl aller Teile konnte das Gewicht der Motoren auf 71 bis 74 kg (je nach Anforderung) gesenkt werden; ein normaler VW-Motor wäre für Motorsegler viel zu schwer. Bei einer Leistung zwischen 60 und 72 PS bei Drehzahlen bis zu 3400 U/Min. beträgt das Leistungsgewicht des Motors um 1 kg/PS. Im Vergleich zu anderen Motoren ist auch der Treibstoffverbrauch erstaunlich gering. Bei Sparbetrieb genügen 8 l je Flugstunde. Der Normalverbrauch liegt bei etwa 12 l je Flugstunde.
Eine Weiterentwicklung dieses Motors leistet bei ebenso geringem Gewicht und derselben maximalen Drehzahl 80 PS. Der neue, etwas größere und schwerere (82 kg) L 2400 EB 1 hat 87 PS.
Andere Hersteller wie Rotax haben eine ähnliche Entwicklung durchgemacht. Auch diese Firma bietet heute unter anderem einen 80 PS-Motor zum Einbau in Motorsegler an.

Vom Motorspatzen zum Motorfalken

Motorsegler von Egon Scheibe sind von allen gängigen Mustern in der Bundesrepublik Deutschland am meisten verbreitet. Sie sind einfach aufgebaut, wegen ihrer Holzbauweise leicht zu reparieren, robust, anspruchslos und leicht zu fliegen, allerdings nicht ganz so elegant und schnell wie etwa die vergleichbaren RF 5 von Sportavia-Pützer. In ihren Segeleigenschaften übertreffen sie jedoch die RF 5; auch für die Schulung sind sie, da fliegerisch einfacher, besser geeignet. (Die RF 5 b nimmt mit ihrer größeren Spannweite von 17 m und den dadurch wesentlich verbesserten Segeleigenschaften eine Sonderstellung ein).

Der Flugzeugbau Egon Scheibe wurde schon 1951 in Dachau gegründet. Seitdem haben mehrere tausend Segelflugzeuge und Motorsegler und neuerdings sogar eine Reihe von Ultraleichtflugzeugen das Werk verlassen.
Noch heute fliegen einige Muster des Mitteldecker-Übungssegelflugzeugs »Spatz« aus den Anfangsjahren. Die verbesserte Ausführung, der L-Spatz von 1953, ist mit seiner etwas größeren Spannweite von 15 m noch immer ein beliebtes Clubflugzeug. Weitere Verbesserungen bot der L-Spatz 55, ein Schulterdecker, mit dem Baptist Hofmann im Jahre 1957 ein deutscher Streckenrekord von 678 km gelang. Ebenso bekannt wie die »Spatzen« sind die verschiedenen Muster des »Bergfalken« von Egon Scheibe geworden. Auf diesen Doppelsitzern haben in der Nachkriegszeit ganze Generationen von Piloten segelfliegen gelernt. Noch heute gelten die »Bergfalken« als gute Schulflugzeuge. »Specht«, »Sperber« und »Zugvogel« sind weitere erfolgreiche Segelflugzeugmuster von Egon Scheibe, der in den fünfziger Jahren auch leichtere Motorflugzeuge (»Sperling«) baute. Schwerpunkt der Entwicklung seit Ende der fünfziger Jahre aber wurde der Motorsegler.
Schon als junger Ingenieur hatte Egon Scheibe 1936 in das von ihm konstruierte Segelflugzeug Mü 13 einen 18-

Flugbild des »C-Falken« im Segelflug:
Luftschraube auf Segelstellung. Obgleich er im Vergleich zu den »Super Orchideen« etwas plump wirkt, ist er wegen seiner geringen Sinkgeschwindigkeit und seines engen Kurvenradius ein ausgezeichneter Thermiksegler, der manchen Kunststoffvogel schnell übersteigt. Doch auf Strecke kann er natürlich nicht mithalten.

Ein »Falke« von Egon Scheibe startet auf dem Flugplatz Feuerstein.

PS-Kröber-Motor eingebaut und so den Motorsegler »Merlin« geschaffen. Ende der fünfziger Jahre versah er einen L-Spatzen mit einem 20-PS-Brände-Motor. Ein weiterentwickeltes Muster ging 1961 als »Motor-Spatz« SF-24 in Serie. Es erhielt später einen 25-PS-Vierzylinder-Motor, mit dem die Leistungen wesentlich verbessert werden konnten. Von den 50 Motorspatzen, die gebaut wurden, fliegen noch einige. Für Übung und Schulung wurde jedoch ein doppelsitziger Motorsegler erwartet. Der erste Motorfalke SF 25 A, der 1964 zugelassen wurde, hatte als Schulterdecker mit nebeneinanderliegenden Sitzen nur einen 26-PS-Motor. Der verbesserte Falke SF 25 B von 1967 war ein Tiefdecker und besaß bereits ein 45-PS-Triebwerk. Von diesem Muster wurden mehr als 400 Exemplare gebaut. Der C-Falke von 1971 wurde mit dem 60-PS-Limbach-Motor ausgestattet. Immer wieder verbessert, gilt er als der erfolgreichste Scheibe-Motorsegler. Bei einer Spannweite von 15,30 m und einem Fluggewicht von 610 kg (210 kg Zuladung) erreicht er (doppelsitzig) eine Steiggeschwindigkeit von 2 m/sec und eine Reisegeschwindigkeit von 150 km/h. Im Gleitflug bei stehender Luftschraube liegt die Sinkgeschwindigkeit um 1 m/sec und die Gleitzahl um 22. Besser ist die Gleitzahl beim Tandem-Falken SF-28, der einen schmaleren Rumpf mit hintereinanderliegenden Sitzen hat und darum einen geringeren Luftwiderstand aufweist. Mit einer SF-28 flog Gerd Stolle 1973 das erste 300-km-Dreieck mit einem doppelsitzigen Motorsegler. Der Tandem-Falke wird auch von denjenigen bevorzugt, die bei der Schulung hintereinanderliegende Sitze (wie in den meisten Doppelsitzer-Segelflugzeugen) für besser halten. Die Verfechter des Nebeneinandersitzens scheinen jedoch zu überwiegen, denn der Tandem-Falke erreicht bei weitem nicht die Verkaufszahlen des C-Falken. Auch der SF 25 E »Superfalke« hatte darum nebeneinanderliegende Sitze. Die Spannweite wurde auf 18 m erhöht. Der 65-PS-Limbach SL 1700 gab ihm eine beste Steiggeschwindigkeit von 3 m/sec und eine maximale Reisegeschwindigkeit von 160 km/h. Die Leistungen bei abgestelltem Motor waren gegenüber dem C-Falken ebenfalls verbessert worden: Gleitzahl 28, Sinkgeschwindigkeit (doppelsitzig) 0,9 m/s. Fliegerisch gilt der »Superfalke« als ebenso gutmütig wie die übrigen Mitglieder

der Falken-Familie. Wegen seines »tragenden« Profils beträgt seine Startstrecke über ein 15 m hohes Hindernis nur knapp 450 m. Seine Mindestgeschwindigkeit liegt bei 68 km/h.

Der Falke SF 25 C wird mit Limbach-Motoren von 65 und 80 PS heute noch gebaut und neuerdings sogar mit Zwei- oder Dreibeinfahrwerk angeboten. Es besteht aus federnden Kunststoffblättern; die Räder sind windschnittig verkleidet. Der Zweibein-Falke sieht weitaus eleganter aus als die etwas plump wirkende Normalausführung mit Hauptrad und Stützrädern.

Neben diesen robusten Motorsegler-Mustern baute Scheibe auch einsitzige Leistungs-Motorsegler. Der SF-27-M von 1967 wurde aus dem Leistungssegelflugzeug SF 27 (Gleitzahl 32, Sinkgeschwindigkeit 0,65 m/sec) entwickelt. Mit dem 26-PS-Triebwerk war er eigenstartfähig; es konnte nach Erreichen der gewünschten Höhe in den Rumpf eingeklappt werden. Da der Luftwiderstand des Triebwerks wegfiel, standen die Segelflugleistungen des Motorseglers denen des »reinen« Segelflugzeugs kaum nach. Im Mai 1975 gelang Kurt Heimann mit der SF 27 M nach Eigenstart ein Zielflug mit Rückkehr von 531 km – damals Weltrekord für Motorsegler. Die Weiterentwicklung der SF 27 M ist der Motorsegler SF 32 von 1975. Sein ebenfalls einklappbares Rotax-Triebwerk hat 40 PS. Im Segelflug erreicht er eine Gleitzahl von 37 und eine geringste Sinkgeschwindigkeit von 0,65 m/sec. Das Triebwerk kann elektrisch aus- und eingefahren werden und hat einen elektrischen Anlasser. Eine weitere Leistungssteigerung ist nur mit motorisierten GFK- (Glasfaserkunststoff-) Segelflugzeugen

Egon Scheibe vor seinem GFK-Motorsegler SF 36.

möglich, wie sie mit der SF-36 ebenfalls bereits vorgestellt und erprobt worden sind.

Serien-Motorsegler baut außer Sportavia-Pützer und Scheibe auch Flugzeugbau Schleicher in Poppenhausen am Fuß der Wasserkuppe. Rudolf Kaiser, Konstrukteur der erfolgreichen Ka 6 und des Doppelsitzers ASK 13, hat sich schon in den sechziger Jahren auch mit Motorseglern befaßt. Die ASK 14 von 1967 gehörte zu den elegantesten und leistungsfähigsten einsitzigen Motorseglern. Trotz des im Bug eingebauten 26-PS-Triebwerks, mit dem sie eigenstartfähig war, erreichte sie eine Gleitzahl von 28 bei 0,75 m/sec Sinken. Die Startrollstrecke betrug nur wenig über 100 m. Auch der Doppelsitzer ASK 16 von 1971 wirkt heute noch modern. Mit 16 m Spannweite und einem Limbach-Triebwerk von 72 PS erreicht er 2,5 m/sec Steiggeschwindigkeit. Bei abgestelltem Triebwerk hat er (Luftschraube auf Segelstellung) eine beste Gleitzahl von 25 und ein geringstes Sinken von 0,88 m/sec. Sein Cockpit mit zwei nebeneinanderliegenden Sitzen ist komfortabel ausgestattet und bietet durch die ungeteilte Plexiglashaube hervorragende Sicht. Das Zweibeinfahrwerk ist einziehbar.

Motorsegler-Treffen und -Wettbewerbe

Sie finden alljährlich statt und sind Meilensteine der Entwicklung; denn sie ermöglichen einen Vergleich der technischen und fliegerischen Leistungen unter gleichen Bedingungen. Von der Begegnung der Piloten und Konstrukteure, dem Erfahrungs- und Ideenaustausch gehen wesentliche Impulse für die weitere Entwicklung aus – erkennbar gerade in einem so überschaubaren Bereich wie dem der Motorsegler. Experten und Adepten sind dort unter sich. Sie kennen sich seit langem, beobachten, beargwöhnen, aber helfen einander wie die Mitglieder einer Großfamilie, die von Zeit zu Zeit zusammenkommen. Das erste Treffen nach dem Zweiten Weltkrieg fand im August 1959 in Augsburg statt. Franz Medicus, leidenschaftlicher Verfechter der Motorsegler-Idee, hatte es organisiert. 1962 folgte ein Treffen in Leutkirch, das Rudolf Müller und Hans Zacher leiteten, und 1964 hatte Gerhard Blessing in Vennebeck ein Treffen organisiert. 1968 war erstmals Feuerstein der Schauplatz einer Zusammenkunft, zu der wieder Blessing, Müller und Zacher eingeladen hatten. Als »Luftwandergebiet« erschien ihnen die Fränkische Schweiz besonders geeignet.

Die einsitzige AS K 14 von Rudolf Kaiser.
Das Fahrwerk wurde gleich nach dem Abheben eingeklappt.

In Feuerstein fand schließlich 1970 der erste Deutsche Motorsegler-Wettbewerb statt. Von den Treffen hob er sich vor allem dadurch ab, daß nach einer festgelegten Formel und nach Wettbewerbsregeln geflogen werden mußte. Die Wettbewerbsleitung hatten Gerhard Blessing, Jan Eilers und Gerd Stolle als Leiter der Segelflugschule Feuerstein. Unterschieden wurde zwischen der Einsitzer- und der Doppelsitzerklasse. In der einen überwogen SF 27 M und AS-K 14, in der anderen die Motorfalken (SF 25 A und B). Eine RF 5 unter Pater Hugo Jänichen errang bei einer für ihn und die RF 5 günstigen Wetterlage überraschende Erfolge. Dem Hamburger Günter Brodersen gelang auf der SF 27 M nach nur einer Minute Motorlaufzeit für den Start ein 300-km-Dreiecksflug. Bei diesem Wettbewerb stand das Fliegen im Vordergrund; für die Diskussion technischer Fragen blieb wenig Zeit. Wegen ungünstigen Wetters war es beim Zweiten Deutschen Motorseglerwettbewerb, der 1971 ebenfalls in Feuerstein stattfand, gerade umgekehrt. Diesmal hatte die Wettbewerbsleitung (Blessing, Eilers, Stolle, Zacher) den Teilnehmern drei Klassen angeboten:

- Klasse I Leistungseinsitzer,
- Klasse II Leistungsdoppelsitzer,
- Klasse III Übungsmotorsegler.

Gleichzeitig hatte der technische Ausschuß des Deutschen Aero-Clubs einen technischen Wettbewerb ausgeschrieben, der sieben Wettbewerbsgruppen umfaßte. Preise erhielten der Umbau eines Schneeschlitten-Motors zu einem Motorsegler-Triebwerk, ein Motorlaufzeitschreiber (zur Wettbewerbs- und Leistungsbeurkundung bei Motorseglern), ein motorisierter Doppelsitzer, der Einbau zweier Motoren in die Tragflächen eines Übungssegelflugzeugs und Bauteile eines neuen Motorseglers (»Rebell« von Blessing). Diese Aufstellung zeigt die Vielfalt der Entwicklungsmöglichkeiten im Bereich der Motorsegler.
Neu waren 1971 der RF 5 b »Sperber« und der »Tandem-Falke« als Weiterentwicklungen vorhandener Motorseglermuster, vor allem zur Verbesserung der Segelflugleistungen. Es flog auch der erste Motorsegler mit Tragflächen in Kunststoffbauweise: Willibald Collée hatte an den Rumpf einer SF 27 M Flügel des GFK-Musters »Cirrus« angebracht. Diskutiert wurde über

1974: Nimbus II M – das erste Hochleistungssegelflugzeug mit Klapptriebwerk. Piloten waren Willibald Collée und Alois Obermeier (vorn, startbereit). Mit diesem Muster wurden eine Reihe aufsehenerregender Motorsegler-Weltrekorde aufgestellt.

neue Wettbewerbsregeln, eine Erhöhung der Zuladung bei Doppelsitzern auf 230 kg, elektrische Anlasser, Verstell-Luftschrauben und Einziehfahrwerke für Motorsegler sowie Fragen der Ausbildung. Die Erfahrungen des Wettbewerbs von 1971 führten 1972 – wieder in Feuerstein – zu einer erneuten Ausweitung der Wettbewerbsklassen. Sowohl in der Leistungs- als auch in der Übungsklasse wurde jetzt in Ein- und Doppelsitzer

Nimbus II M: So wird das 55 PS-Klapptriebwerk ein- oder ausgefahren – auch im Flug.

unterteilt, so daß es insgesamt 4 Wettbewerbsklassen gab. Bei der Wertungsformel wurde die Motorlaufzeit stärker berücksichtigt.

30 Motorsegler beteiligten sich. Ernst Günter Haase und Heinz Huth, die im Segelflug zu Weltmeister-Ehren gekommen waren, schlugen als Motorseglerpiloten eine Bresche in noch vorhandene Vorurteile. Interessenten kamen aus allen Himmelsrichtungen nach Feuerstein, das seinen Ruf als »Rhön der Motorsegler« festigen konnte. Die Segelflugleistungen waren wieder hervorragend. Technische Neuerungen boten der Schweizer Turbinensegler Diamant »Prometheus«, die »Austria-Krähe« von Brditschka aus Österreich und der Sirius I von Hanno Fischer mit Mantelstromtriebwerk. Beim Vierten Motorsegler-Wettbewerb 1973 fanden sich noch mehr Teilnehmer in Feuerstein ein; insgesamt kamen 55 Motorsegler. Der fünfte Wettbewerb wurde international ausgetragen: Außer den bundesdeutschen hatten sich Teilnehmer aus Österreich, der Schweiz, den USA, aus Dänemark und Polen angemeldet.

Technischer Höhepunkt des Fünften Motorsegler-Wettbewerbs 1974 war der Nimbus II M von Willibald Collée und Klaus Holighaus. In das GFK-Hochleistungs-Segelflugzeug der Offenen Klasse (20,3 m Spannweite, beste Gleitzahl 46, geringstes Sinken 0,48 m/s war ein schwenkbarer 55-PS-Motor (Hirth 028 R 4 E) eingebaut worden. Er konnte während des Fluges nach hinten in den Rumpf eingefahren werden. Die Leistung des Nimbus II M sprengte alle bisherigen Vorstellungen von Motorseglern. Am letzten Wertungstag erreichte Klaus Holighaus nach Eigenstart mit diesem Hochleistungssegelflugzeug bei mittlerer Wetterlage über ein Dreieck von 172,5 km eine Durchschnittsgeschwindigkeit von 100 km/h. Damit stand der Motorsegler nicht mehr hinter dem Segelflugzeug zurück. Der einklappbare Motor – wie bei der Hi 20 von Wolf Hirth – verursacht im Segelflug keinen zusätzlichen Widerstand. Das Mehrgewicht führt (wie Wasserballast) zu einer Erhöhung der Flächenbelastung und damit der Fluggeschwindigkeit. Bei günstiger Wetterlage ist das kein Handicap – im Gegenteil. Damit hatte sich der Traum vom selbststartenden »echten« Leistungssegelflugzeug erfüllt.

Europameisterschaften

Im Frühsommer 1978 fand in Feuerstein die erste Europameisterschaft im Motorsegelflug statt. Hierzu fanden sich 32 Motorsegler ein, darunter auch Teilnehmer aus Österreich und der Schweiz sowie aus England und Dänemark. Beim Wettbewerb wurde in drei Klassen geflogen:
- in der Offenen Klasse für einsitzige Motorsegler über 15 m Spannweite,
- in der Standard-Klasse – ebenfalls für Einsitzer, aber nur bis zu 15 m Spannweite
- und in der Doppelsitzer-Klasse für alle doppelsitzigen Motorsegler. Die unterschiedliche Leistungsfähigkeit der einzelnen Muster wurde bei der Auswertung berücksichtigt. In dieser Klasse flogen die meisten Teilnehmer, insgesamt 21.

1978: Erste Europameisterschaft im Motorsegelflug in Feuerstein.
Schon prägen die »Super-Orchideen« mit Klapptriebwerk das Erscheinungsbild.

Janus M, der Star der ersten Europameisterschaft 1978.
Mit diesem Flugzeug stellten Walter Binder und Kurt Heimann im Mai 1980 einen neuen Streckenweltrekord für Motorsegler auf. Nach dem Start in Ostheim segelten sie 950 km bis zum Flugplatz Chalet in Frankreich. 1000 km Zielstrecke bis Bordeaux waren geplant, doch wegen Sichtverschlechterung mußten sie vorher in Chalet niedergehen. Am nächsten Tag kehrten sie im reinen Kraftflug nach Ostheim zurück – Beweis für die Zuverlässigkeit des Triebwerks.

War bislang das Hochleistungssegelflugzeug mit Klapptriebwerk noch die vielbestaunte Ausnahme gewesen, so bestätigte sich bei diesen ersten Europameisterschaften der Trend zum »Motorsegler als eigenstartfähigem Segelflugzeug«. In der Offenen Klasse bestimmten die »Nimbus II M« das Bild. Nach dem Erscheinen dieses Flugzeugmusters waren schon nach und nach fast alle bisherigen Motorseglerrekorde gepurzelt, denn mit eingeklapptem Triebwerk steht dieser »Nimbus« seiner motorlosen Version nicht im mindesten nach: beide erreichen die Gleitzahl 46.
Gegen diese »Super-Orchideen« kamen die Motorsegler älterer Bauart (und aus Holz) mit Gleitzahlen um 25 natürlich nicht an. Immerhin: Auch sie schafften von Feuerstein aus motorlose Dreieck- und Zielrückkehr-Segelflüge bis zu 230 km, während die Kunststoffsegler mit Klapptriebwerk bis zu 500 km umrundeten.
Star der ersten Europameisterschaften war unbestritten der Janus M, ein Kunststoff-Doppelsitzer, der von Walter Binder mit einem 55-PS-Klapptriebwerk ausgerüstet worden war. Mit ihm erreichte er die höchste Punktzahl des Wettbewerbs, bei dem an zehn Wertungstagen in rund 1000 Flugstunden 60000 Kilometer zurückgelegt wurden. Dabei betrug die Gesamtmotorlaufzeit aller teilnehmenden Motorsegler nur 30 Stunden – das sind 3 Prozent der Gesamtflugzeit. 400 Liter Treibstoff wurden dabei verbraucht – 400 Liter für eine Strecke, die dem anderthalbfachen Erdumfang entspricht. Sparsamer und umweltfreundlicher geht's wirklich nicht.
Der Trend zu Kunststoffsegelflugzeugen mit Klapptriebwerk bestätigte sich auch bei den weiteren Motorseglerwettbewerben, gleich ob bei regionalen Treffen oder bei Europameisterschaften, wie sie auch weiterhin stattfanden und stattfinden.
Mit diesen Flugzeugen wurden außerdem die Motorsegler-Rekorde immer wieder überboten. Heute stehen sie den »reinen« Segelflugleistungen kaum noch nach.
Die »jüngsten« (von 1988) sind:

Zielstreckenflug mit Rückkehr im Doppelsitzer von Otto Wegscheider und Otmar Röder	1017,7 km
– Zielstreckenflug mit Rückkehr im Einsitzer von Otto Schäuble	1089,94 km

Der zweisitzige Motorsegler Grob G 109 – nur die große Spannweite und Flügelstreckung läßt erkennen, daß es sich um einen Motorsegler und nicht um ein Leichtflugzeug handelt.

– Geschwindigkeit um ein 500 km-Dreieck im Doppelsitzer von Otto Wegscheider und Wilhelm Schöfer	156,93 km/h
– Geschwindigkeit um ein 750 km-Dreieck im Doppelsitzer von Walter Binder und Otto Wegscheider	127,57 km/h
– Höhengewinn im Einsitzer (Frauen) von Ingrid Köhler, die damit auch	8444 m
– die absolute Höhe derselben Kategorie überbot.	10245 m

Die dritte Generation

Auch die biederen, braven Motorsegler-Doppelsitzer aus Holz, die »Motorfalken« und »Sperber« und dergleichen, bekamen Wind von vorn. Für die Schulung und Inübunghaltung, für Reise- und Lustflüge haben sie sich in den siebziger Jahren mehr als bewährt. Sie waren – nach den Eigenbauten der Pioniere in den fünfziger und sechziger Jahren – die zweite Motorsegler-Generation. Die dritte Generation ist da: die der doppelsitzigen Kunststoff-Motorsegler. Unter Verzicht auf Höchstwerte an Gleitzahl im Segelflug haben sie das (einfacher zu handhabende) übliche Bugtriebwerk, weisen aber infolge ihrer hervorragenden aerodynamischen Durchbildung und ihrer speziell entwickelten Flügelprofile trotzdem gute Segelflugleistungen auf. Ihre harmlosen Flugeigenschaften qualifizieren sie – wie ihre hölzernen Vorläufer – für Schulung und Luftsport-»Breitenarbeit«. Darüber hinaus sind sie äußerst elegant anzusehen.

Wegen ihres hohen Cockpit-Komforts, den Leistungsvorteilen der GFK-Bauweise und ihrer Wirtschaftlichkeit sind sie selbst für eingefleischte Motorflieger interessant. Angesichts der Kostensteigerung vor allem der Flugtreibstoffe haben schon manche ihre früheren Vorbehalte gegen Motorsegler aufgegeben. Wegen ihres geringen Treibstoffverbrauchs im Vergleich zu manchen

Grob G 109, zusammengeklappt
So ist der Platzbedarf in der Halle nur gering.

Die »Dimona« – alles wohlgerundet, ein ebenfalls sehr bequemer und leistungsfähiger Motorsegler.

älteren Leichtflugzeug-Mustern kann man sie als wahre »Energiespar-Flugzeuge« bezeichnen.
Hier eine Übersicht über die wichtigsten GFK-Motorsegler, die nach 1980 ihren Erstflug unternommen haben und seitdem zum Teil wesentlich weiterentwickelt worden sind:

Alle diese Flugzeuge haben mit den Motorseglern der »1. Generation« nicht mehr viel gemeinsam. Waren jene noch spartanisch schlicht ausgestattet, so sind diese im Cockpit ebenso komfortabel wie ein modernes Leichtflugzeug. Navigationsinstrumente und Funkgerät, bequeme Sitze und gute Belüftung sind selbstverständ-

Einige Motorsegler der »Dritten Generation«

	Grob G 109	**H 36 Dimona**	**HK 36 Super Dimona**	**Valentin Taifun 17 E II**	Zum Vergleich: **Stemme S10**
Spannweite	16,60 m	16,20 m	16,20 m	17 m	23 m
Motor	80 PS	80 PS	90 PS	90 PS	90 PS
Rüstgewicht	580 kg	560 kg	574 kg	610 kg	635 kg
Zuladung	245 kg	210 kg	204 kg	240 kg	215 kg
Startrollstrecke	220 m	200 m	185 m	250 m	300 m
Steiggeschwindigkeit	2,7 m/s	2,8 m/s	3,5 m/s	3 m/s	3,3 m/s
Reisegeschwindigkeit	200 km/h	165–180 km/h	180–205 km/h	max 210 km/h	200 km/h
Kraftstoffverbrauch	15 l/h	12 l/h	13,5 l/h	13,5 l/h	14,0 l/h
Reichweite	1000 km	1000 km	650 km	1100 km	1300–2000 km
Segelflugleistungen					
beste Gleitzahl	30	27	27	30	50
geringstes Sinken	1,14 m/s	1,16 m/s	1,16 m/s	geschätzt: 1,15	0,55 m/s

Valentin »Taifun 17 E«,
bekannt durch die Langstreckenflüge nach und in den USA von Michael Schulz.

lich. Allerdings steht auch der Preis dem eines vergleichbaren Leichtflugzeuges nicht nach.
Der andere Zweig der Motorseglerentwicklung scheint zum Segelflugzeug zurückzuführen, das durch den Motor, meist ein Klapptriebwerk, lediglich eigenstartfähig gemacht wird. Fast alle Hersteller bieten für ihre Spitzenprodukte heute eine Version mit Klapptriebwerk an. Eine Variante ist der Hilfsantrieb nach Prof. Dr. Claus Oehler, wie er in Segelflugzeuge von Schempp-Hirth, beispielsweise in den »Ventus« und »Diskus«, eingebaut werden kann. Es handelt sich um ein kleines Klapptriebwerk (knapp 20 PS) mit einem Vier- oder Fünfblatt-Faltpropeller, das diese Segelflugzeuge zu sogenannten Einfach-Motorseglern macht. Sie sind damit zwar nicht eigenstartfähig; man kann mit einem solchen »Turbo« aber beim »Absaufen« der drohenden Außenlandung entgehen und zum Flugplatz zurückkehren. Das hat ihm den Namen »Flautenschieber« eingetragen.
Zwischen diesen beiden Entwicklungsrichtungen Leichtflugzeug und Segelflugzeug gibt es neuerdings ein Bindeglied: die (in der Übersicht oben zum Vergleich genannte) »Stemme S 10«, eine Sonderentwicklung, die den Weg zum idealen Motorsegler weist – wenn es gelingt, den heute noch sehr hohen Preis zu reduzieren. Sie ist ein Doppelsitzer mit nebeneinanderliegenden Sitzen in einem bequemen Cockpit und entspricht in ihren Segelflugleistungen etwa der (größeren und noch aufwendigeren) SB 10 der Akaflieg Braunschweig. Sie hat jedoch kein Klapptriebwerk wie die vergleichbaren Hochleistungs-Motorsegler, sondern ein völlig neues Antriebskonzept: Der Motor befindet sich im Rumpf hinter den Sitzen unterhalb der Tragfläche, also etwa im

Hilfsantrieb für den »Ventus« von Holighaus
Die Propellerblätter aus Kunststoff sind flexibel.

Der neue Motorsegler »Stemme S 10« auf der Aero 89 – meist von Interessenten umlagert.

Schwerpunkt. Über eine Fernwelle aus CFK (Carbonfaserverstärktem Kunststoff, leichter und härter als Stahl) und ein Untersetzungsgetriebe treibt er den in der Rumpfnase angeordneten Propeller an. Und hier liegt nun eine weitere Besonderheit: Der Propeller, der aus einem hochfesten Aluminium-Mittelstück und angelenkten Propellerblättern aus Faserverbundwerkstoff (Glas-Aramid-Carbon) besteht, ist nur bei Start und Reiseflug sichtbar. Er dreht sich in einem breiten Spalt der vorgeschobenen Rumpfnase. Zum Segelflug wird der Motor abgestellt; durch Federkraft klappen die Propellerblätter ein und werden durch Zurückziehen der Rumpfnase abgedeckt – fertig. Es gibt keine Lastigkeitsänderung wie beim Klapptriebwerk und so gut wie keine Leistungs- oder Verhaltensänderung des Flugzeugs, wenn der Motor wieder angestellt werden soll – auch wieder im Gegensatz zum Klapptriebwerk, das wegen des hohen Luftwiderstandes beim Ausfahren die Leistungen und Flugeigenschaften beeinflußt. Beim »Stemme« wird die Rumpfnase durch einen Handgriff vorgeschoben, der Spalt öffnet sich – erst dann läßt sich der Motor starten. Und wenn er läuft, fahren die Propellerblätter durch die Fliehkraft selbsttätig aus. Bemerkenswert ist hierbei unter anderem der Sicherheitsaspekt: Eine der Unfallursachen mit Motorseglern liegt darin, daß bei einem sportlichen Segelflug von der Motorkraft meist erst recht spät wieder Gebrauch gemacht wird, oft erst weit unterhalb der Sicherheitshöhe von 500 m über Grund – man möchte ja die sportliche Segelflugleistung vollbringen und hofft darauf, auch noch unterhalb der Sicherheitshöhe Aufwind zu finden. Zum Ausfahren und Anlassen des Triebwerks, das ja einige Zeit kostet und Konzentration erfordert, wird es manchmal reichlich spät – oder zu spät, und in der Erregung fehlt es dann an der nötigen Konzentration für die Außenlandung. Das Antriebsprinzip der »Stemme« dürfte in einer kritischen Situation harmloser sein.

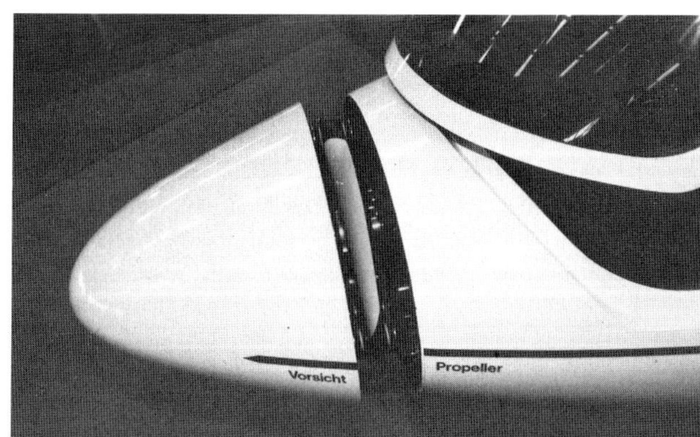

Der Faltpropeller in der vorgeschobenen Rumpfnase des »Stemme S 10«.
Beim Anlassen des Motors fahren die schwenkbaren Blätter durch die Fliehkraft aus – ideal, aber kompliziert.

Das Segelflugzeug »Kiwi« wird mit TOP (dem Buckel hinter dem Cockpit) zum Motorsegler.

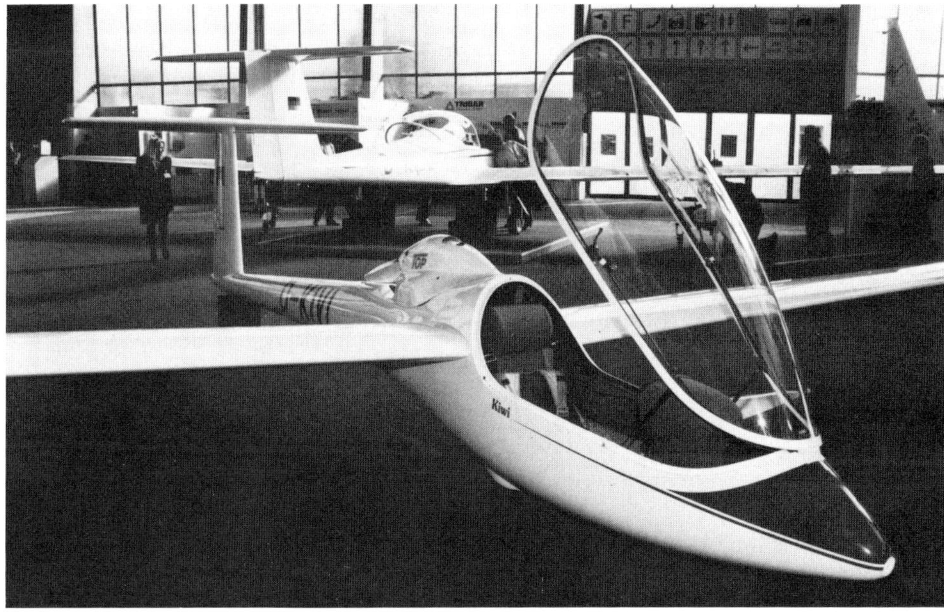

Die »Stemme S 10« ist in Berlin entwickelt worden und wird auch dort gebaut. Vertrieb und Service befinden sich am Flugplatz Braunschweig.
Eine weitere originelle Sonderentwicklung ist der »Kiwi« der Firma Valentin Flugzeugbau in Hassfurt. Weshalb man für das relativ preisgünstige, aber leistungsfähige und gutfliegende Segelflugzeug ausgerechnet den Namen eines nichtfliegenden neuseeländischen Vogels gewählt hat, bleibt unerfindlich. Mit aufgesetztem »Kiwi-TOP« wird es zum eigenstartfähigen Motorsegler – ohne komplizierten und kostspieligen Klappmechanismus. Der Rumpf ist zur schnellen Befestigung und zum Anschluß des »TOP« (= Take Off Power) entsprechend vorbereitet. Ist nur Segelflug beabsichtigt, kann die dafür vorgesehene Einbuchtung strömungsgünstig abgedeckt werden. Das Flugzeug hat dann eine Gleitzahl von 37, die der ebenfalls strömungsgünstig verkleidete Motoraufsatz mit Dreizylinder-Sternmotor (24 PS von König) nur um zwei Punkte mindert. »Kiwi« mit TOP ist ein preiswertes, vielseitig verwendbares Vereinsflugzeug. Mit dem von Thomas Fischer entwikkelten Falttriebwerksaufsatz lassen sich auch andere Segelflugzeuge wie ASW 20, ASW 24 und »Astir« ausrüsten – selbst nachträglich. Segelflugzeuge mit TOP sind nach Überflugmessungen die leisesten Motorsegler überhaupt.

TOP mit Motor und Faltluftschraube – ausgefahren.

Der Motorsegler in der Ausbildung

Im Bereich der Ausbildung bietet der Motorsegler so viele Möglichkeiten, daß seine Bedeutung ständig zunimmt. Selbstverständlich kommt für Ausbildungszwecke nicht ein Supervogel mit Klapptriebwerk, sondern nur ein möglichst einfach aufgebauter, robuster Standardmotorsegler in Frage. Hierfür wird immer noch besonders gern der »C-Falke« benutzt, der bis heute aus Holz (mit Stoffbespannung, Rumpf aus Stahlrohr) wei-

tergebaut wird (»SF 25 C-Falke 89«). Bei 15,30 m Spannweite wird er von einem 65 oder wahlweise 80 PS-Limbach-Motor angetrieben, der eine Startrollstrecke von 180 bzw. 100 m ermöglicht. Der Kraftstoffverbrauch liegt bei nur 11 bzw. 12 l/h, die Gleitzahl bei 23, die Sinkgeschwindigkeit um 1 m/s. Für die Schulung besonders günstig ist seine Robustheit.
Zunächst absolviert der Flugschüler ein Bodentraining, bei dem er in alle Einzelheiten der Bedienung und in den Check, der vor jedem Start erforderlich ist, eingewiesen wird. Darauf folgt ein Einweisungsflug von etwa 40 Minuten Dauer, an den sich rund 40 – allerdings kürzere – Starts und Landungen anschließen. Dabei lernt der Flugschüler den Motorsegler, der dem Segelflugzeug ja sehr verwandt ist, manuell zu beherrschen. Es ist ein großer Vorteil des Motorseglers, daß er weitaus unabhängiger vom Wetter eingesetzt werden kann als das Segelflugzeug. Es kommt oft vor, daß die Wolkenhöhe für einen Windenhochstart mit dem Segelflugzeug noch zu gering ist, mit dem Motorsegler aber problemlos geflogen werden kann. Dadurch wird die Zeit, die dem Flugschüler während eines Lehrgangs zur Verfügung steht, besser genutzt.
Ein weiterer Vorteil ist, daß die jeweilige Flugdauer nicht allein von der Gleitflugzahl aus der erreichten Schlepphöhe abhängig ist, sondern den methodisch-didaktischen Erfordernissen angepaßt werden kann.
Nach den Motorseglerstarts wechselt der Flugschüler zum Segelflug über, wo er erfahrungsgemäß nach 30 bis 35 weiteren Starts auf dem Doppelsitzer den ersten Alleinflug machen kann. Die Ausbildung bis zur A-Prüfung dauert durch das Einbeziehen des Motorseglers im Lehrgang nur etwa 10 bis 14 Tage. Fliegerisch Begabte oder Vorbelastete (wie Flugmodellbauer) haben die »A« sogar schon in der Hälfte der Zeit geschafft.
Daß der Motorsegler sich auch vorzüglich zur Fortgeschrittenenschulung, vor allem für die Streckenflugausbildung eignet, versteht sich von selbst. Dabei ist er nicht nur für Navigationsübungen ideal; je nach Wetterlage kann die Streckenflugtaktik im reinen Segelflug ohne das Risiko einer Außenlandung geübt oder im Kraftflug simuliert werden.
Für die Motorsegler-Ausbildung wurden im März 1977 von der Segelflugkommission im Deutschen Aero-Club »Methodik, Richtlinien und Bestimmungen« herausgegeben. Das 82 Seiten umfassende Werk (siehe Literaturangaben) läßt erkennen, daß die Motorsegler-Ausbildung (PPL Beiblatt B) der Motorflug-Ausbildung (PPL Beiblatt A) nicht nachsteht, sondern im Gegenteil einige zusätzliche Anforderungen stellt. Sie geht von der Erkenntnis aus, daß jeder Teilnehmer am Luftverkehr heute über die gleiche qualifizierte Grundausbildung verfügen muß, damit höchstmögliche Sicherheit im Luftverkehr gewährleistet ist.

Regelmäßiges Fliegen – eine Notwendigkeit

Regelmäßiges Fliegen ist ein wichtiger Sicherheitsfaktor, zu dem der Motorsegler in starkem Maße beitragen kann; denn er ermöglicht es, ganzjährig zu fliegen. Wer nur Segelflug betreibt, muß die mehrmonatige Winterpause in Kauf nehmen. Bei Wiederbeginn der Flugsaison ist erfahrungsgemäß eine Anlaufzeit erforderlich, bis der Pilot wieder seinen früheren Leistungsstand erreicht hat. Mit der Phase des Wiederbeginns ist, wenn der Pilot seine mangelnde Übung ignoriert, nicht selten auch ein gewisses Risiko verbunden. Der Motorsegler kann mithelfen, es zu vermindern. Auch während der Segelflugsaison trägt er zur Inübunghaltung der Piloten und damit zur Sicherheit bei; denn der Motorsegler kann auch außerhalb des üblichen Vereinssegelflugbetriebes benutzt werden. Wer wochentags ein paar Stunden erübrigen kann, nutzt die Zeit für einen Motorseglerstart, für den er keinen Startaufbau und keine Helfer benötigt. Er kann das Flugzeug meist sogar allein aus der Halle schieben. Wenn am Wochenende beim Vereinsflugbetrieb kein Thermikwetter herrscht, erreicht der Motorseglerpilot trotzdem lange Flugzeiten und sammelt entsprechende Flugerfahrung. Der Motorsegler ist also auch im Hinblick auf den Zeitaufwand des (ja meist berufstätigen) Sportfliegers im Vergleich zum Segelflugzeug ein äußerst wirtschaftliches Fluggerät.

Sportlicher Leistungsflug

Auch beim sportlichen Leistungsflug weist der Motorsegler Vorteile auf. Wer mit dem Motorsegler (mit geeigneten Beurkundungsgeräten) Flüge für Segelflieger-Leistungsabzeichen vorhat, auf Wettbewerben starten will oder gar Rekorde plant, braucht keine Start- und Rückholmannschaft. Daran, daß keine Helfer zusammengetrommelt werden konnten, ist schon manche Leistungs- oder gar Rekordabsicht gescheitert. Beim Motorsegler entfällt auch der zeitraubende und unfallträchtige Rücktransport auf der Landstraße.

Durch die Möglichkeit, aus eigener Kraft zum Startplatz zurückzufliegen, ergibt sich etwa bei Wettbewerben eine kürzere Startfolge oder bei Übungsbetrieb die Möglichkeit der Nutzung auch durch andere Anwärter. Der Pilot steht nicht Schlange, bis er bei Windenbetrieb oder Flugzeugschlepp endlich dran ist. Er bestimmt seine Startzeit weitgehend selbst. Wenn er nicht gleich Aufwind findet, muß er nicht wieder in die Warteschlange zurück. Gelassen sucht er im Kraftflug weiter, bis das berühmte Rütteln die Thermik anzeigt. Er kann sie auch in der weiteren Umgebung suchen, um die ebenfalls suchenden Segelflieger in Platznähe nicht zu behindern. Wer sucht, der findet, wenn er genügend Zeit hat – darum lassen sich Motorsegler-Wettbewerbe auch noch bei Wetterlagen austragen, bei denen die »reinen« Segelflieger nicht vom Platz wegkommen.

Reiseflug

Weitere Möglichkeiten bieten sich für den Motorsegler im Reiseflug; er kann wie ein Motorflugzeug genutzt werden, jedoch sind die Betriebskosten dabei erheblich geringer. Welche Entfernungen überbrückt werden können, hängt von dem Fassungsvermögen des Tanks, vom Treibstoffverbrauch des Motors und von der Reisegeschwindigkeit ab. Wegen ihrer hohen Reisegeschwindigkeit kommt beispielsweise die RF 5 auf respektable Werte. Selbst wenn die Tankfüllung (68 l) nicht voll ausgenutzt wird, ergibt sich bei einem Verbrauch von 12 l bei Reiseflug eine Flugdauer von 5 Stunden. Bei 170 km/h Reisegeschwindigkeit lassen sich also, wenn nicht gerade starker Gegenwind herrscht, Streckenleistungen bis zu 850 km ohne Zwischenlandung erreichen. Die ASK 16 hat mit Zusatztanks eine Reichweite von 1400 km. Der Motorsegler hat bei Reiseflug gegenüber dem Motorflugzeug zudem noch einen Sicherheitsvorteil: Wird aus irgendwelchen Gründen eine Notlandung erforderlich, so ist sie beim Motorsegler wegen seiner geringen Sinkgeschwindigkeit und hohen Gleitzahl mit einem weitaus geringeren Risiko verbunden als beim Motorflugzeug, das viel schneller »unten« ist. Beim Motorsegler ist jedoch die Leistungsreserve des Motors geringer, die Kabine (bei den älteren Mustern) nicht so bequem und die Instrumentierung im allgemeinen sparsamer.

Eine RF5 wird aufgetankt. Eine Tankfüllung reicht für fast fünf Stunden Motorflugzeit.

Luftwandern

Luftwandern bedeutet zweckfreies Überlandfliegen teils (wo nötig) mit Motorkraft, teils (wo möglich) im Segelflug. Es ist ein Fliegen um des Fliegens willen, aus reiner Freude am Schweben und Schauen und am Erleben der ungebändigten Natur. Das sportliche Element des Streckensegelfliegens verbindet sich mit dem Flugerlebnis und der Sicherheit, die das Motorflugzeug bietet. Dieses Luftwandern, erträumt von Wolf Hirth und vielen anderen Segelfliegern, ist die Domäne des Motorseglers. Kein anderes Fluggerät bietet diese Möglichkeit, an der, wenn es ein Doppelsitzer ist, noch jeweils ein Fluggast teilhaben kann. Überhaupt sind Motorseglerflüge ideal, um Interessenten in den Luftsport einzuführen. Vor dem steilen Windenhochstart im Segelflugzeug und vor dem motorlosen Fliegen schrecken manche zunächst zurück. Ein längerer Flug mit einem Motorflugzeug ist vielen zu teuer. Übrig bleibt der Motorsegler, mit dem unter geringen Selbstkosten das Erlebnis des Fliegens mit und ohne Motor vermittelt werden kann. Es hat schon Wunder gewirkt, wenn Kritiker des Luftsports oder Leute, die sich durch Fluglärm belästigt fühlten, zu einem Gastflug eingeladen wurden. Hier bietet der Motorsegler die besten und billigsten Voraussetzungen.

Forschungsflüge

Wegen seiner speziellen Eigenschaften und seiner Wirtschaftlichkeit wird der Motorsegler seit langem für Forschungsaufgaben verwendet. Einmal in eigener Sache: Was liegt näher, als den Motorsegler für die Segelflugforschung einzusetzen? Er kann mit Motorkraft in Gebiete oder Höhenbereiche gelangen, wo Aufwinde vermutet oder bekannte Aufwindmöglichkeiten näher erforscht werden sollen. Speziell bei der Erforschung der Aufwindverhältnisse in den Alpen bewährt sich der Motorsegler allein schon aus Sicherheitsgründen, da bei ihm das Risiko der Außenlandung in ungünstigem Gelände nicht besteht.
Der Motorsegler als Schrittmacher der weiteren Entwicklung des Segelflugs! Untersuchungen von Aufwinden sind ein Teilbereich der meteorologischen Forschung, für die der Motorsegler ebenfalls umfassend genutzt werden kann. Als Beispiel seien hier nur die Flüge von Gerd Stolle und dem Meteorologen Dr. Walter Schulte auf Teneriffa angeführt. Sie dienten teils dem Erfliegen von Wellenaufwinden hinter dem Pico de Teide (mit 3718 m der höchste Berg der Insel und Spaniens), teils der Erforschung der Konvergenz und Turbulenz im Anflugbereich des neuen Flughafens im Süden Teneriffas. Bei solchen Forschungsflügen hat der Motorsegler den Vorteil, daß er langsamer, sensibler, »hautnäher« geflogen werden kann als jedes andere Motorflugzeug. Von der DLR (Deutsche Forschungs- und Versuchsanstalt für Luft- und Raumfahrt) werden Motorsegler im Forschungsbereich Physik zu Untersuchungen der Atmosphäre verwendet. Unter anderem dienen sie der regelmäßigen »Befliegung« von Kühltürmen, um deren Einflüsse auf die Umwelt unter wechselnden Bedingungen exakt zu messen.
Der Weiterentwicklung der Luftfahrt dient der Motorsegler als Versuchsträger: Profile, Flügelformen, Stör- und Landeklappen, Flügelohren (zur Verminderung des induzierten Widerstandes) können mit ihm fliegerisch erprobt und vermessen werden.
Daß er darüber hinaus für alle Arten wissenschaftlicher Beobachtungen aus der Luft eingesetzt werden kann, versteht sich von selbst. Bei Tierbeobachtungen und -zählungen bewährt sich der Motorsegler nicht zuletzt wegen seiner geringen Lärmentwicklung. Aus dem gleichen Grund kommt er auch zur Überwachung von Natur-, speziell von Vogelschutzgebieten, in Frage. Untersuchungen im Zusammenhang mit Umweltschutz und Infrastruktur lassen sich durch Luftbeobachtung, wofür sich eben aus wirtschaftlichen Gründen wieder der Motorsegler anbietet, wirkungsvoll ergänzen. Selbstverständlich eignet sich der Motorsegler auch für Luftbilder oder Luft-Filmaufnahmen, jedoch reicht bei aufwendigem Gerät (Großfotos oder professionelle Filmaufnahmen) der im Cockpit vorhandene Bewegungsraum nicht immer aus.
Bekannt wurden auch archäologische Forschungen mit dem Motorsegler im Augsburger Raum. So haben interessierte Sportflieger zusammen mit Archäologen bestimmte Gebiete, in denen man römische Siedlungen vermutete, mehrfach abgeflogen. Und sie hatten Erfolg: Zu bestimmten Jahreszeiten und unter bestimmten Blickwinkeln zeigten sich Bodenspuren, die am Boden nie erkennbar gewesen wären. Grabungen bestätigten die Beobachtungsergebnisse. Gleichzeitig wurden aus der Luft Zusammenhänge sichtbar, die am Boden ebenfalls nicht gesehen werden konnten. Bei diesen Erkundungsflügen bewährte sich neben der guten Sicht auch die Langsamkeit des Motorseglers.
Prinzipiell sind die meisten der genannten Forschungs-

möglichkeiten natürlich auch mit anderen Luftfahrzeugen durchführbar. Wenn jedoch nur geringe Mittel zur Verfügung stehen, aber mehrfache oder gar regelmäßige Beobachtungen erforderlich sind, ist der Motorsegler wegen seiner Wirtschaftlichkeit und seiner Umweltfreundlichkeit (geringer Fluglärm) meist vorteilhafter.

Die Wirtschaftlichkeit des Motorseglers

In der Anschaffung ist ein gut ausgestatteter, zweisitziger Motorsegler heute zwar kaum billiger als ein entsprechendes Motorflugzeug. Auch die Versicherungskosten bringen keine nennenswerte Ersparnis. In der Hauptsache wirken sich der geringe Treibstoffverbrauch und die einfache Wartbarkeit günstig auf die Betriebskosten aus. Zum einen braucht der meistverwendete Limbach-Motor nur etwa 12 bis 15 l Treibstoff pro Betriebsstunde, zum anderen ist es der Sinn des Motorseglers, möglichst oft und möglichst lange als Segelflugzeug benutzt zu werden. Besonders wirtschaftlich ist der Motorsegler im Vereinsbetrieb, wobei der größte Teil der Wartungsarbeiten von Fachleuten im Club selbst ausgeführt werden kann. Zum anderen wird er als Clubflugzeug erfahrungsgemäß so viel geflogen, daß die festen Kosten (Versicherung, Hallenunterstellung) anteilig immer geringer werden.
Eine andere Form, einen Motorsegler wirtschaftlich zu betreiben, ist die Haltergemeinschaft. Der Anschaffungspreis wird von den Mitgliedern (selten mehr als vier) gemeinsam aufgebracht, die fixen Kosten werden ebenfalls zu gleichen Teilen getragen, die Betriebskosten jedoch nach dem jeweiligen Nutzungsanteil aufgeschlüsselt. Vorteil der Haltergemeinschaft ist die größere Nutzung des Fluggeräts und damit eine erhebliche Verbilligung der Kosten pro Flugstunde.
Da nur wenige Flieger wirtschaftlich dazu in der Lage sind, sich einen eigenen Motorsegler anzuschaffen und diesen schon aus zeitlichen Gründen auch kaum voll ausnutzen könnten, ist die Haltergemeinschaft der beste Kompromiß. Die damit verbundenen Kosten (Anschaffungspreis und Unterhalt etwa in Höhe eines Mittelklassewagens) sind für einen größeren Personenkreis noch tragbar und übersteigen nicht die Kosten für andere verbreitete Freizeitgeräte, etwa für Motor- oder Segelboote. Der Verfasser, selbst jahrelang Mitglied einer Motorsegler-Haltergemeinschaft, hat es nie bereut, sich den Jugendtraum vom eigenen Flugzeug auf diese Weise erfüllt zu haben.

Erhöhtes Risiko?

Es soll nicht beschönigt werden, daß der Motorsegler statistisch gesehen gegenüber dem Segel- und dem Motorflugzeug eine höhere Unfallziffer aufweist. Zu berücksichtigen ist jedoch, daß ein Motorsegler dreimal soviel fliegt wie ein Segelflugzeug. In der Vergangenheit waren einige Unfälle darauf zurückzuführen, daß der Ausbildungsstand des Piloten nicht genügte. Ein Segelflieger konnte beispielsweise bis 1976 nach fünf Einweisungsstarts und fünf Alleinflügen die Motorseglergenehmigung erhalten. Diese Bestimmung ging davon aus, daß der Motorsegler zunächst ja nur ein Segelflugzeug mit »Hilfsmotor« war.
Bei den heutigen strengen Ausbildungsvorschriften für Motorsegler, die denen der Motorflieger entsprechen, dürften solche Unfälle kaum noch vorkommen. Auch Rollschäden, die ja statistisch den Unfällen zugerechnet werden, lassen sich nach ausreichender Gewöhnung des Piloten an die große Spannweite des Flugzeugs vermeiden. Eine Reihe weiterer Unfallmöglichkeiten, wie vergessener oder mangelhafter Startcheck, Schätzfehler bei der Landung, Kehrtkurven nach Triebwerkausfall in zu geringer Höhe, Fehleinschätzung behindernder Wetterfaktoren bis zum verhängnisvollen Einflug in Schlechtwetter betreffen das Motorflugzeug genauso wie den Motorsegler. Ein zusätzliches Risiko bietet allerdings das Wiederanlassen des (nach langer Gleit- oder Segelflugzeit kalten) Motors. Wird das zu spät und in der gewissen Erregung angesichts einer drohenden Außenlandung versucht, so kann es zu Bedienungsfehlern kommen. Erneute Versuche lenken davon ab, sich das passende Landefeld auszusuchen und mit einer vernünftigen Landeeinteilung zu beginnen. Schon mancher hat bis zum Boden versucht, seinen Motor in Gang zu setzen und dabei die Bedienung des Flugzeugs vernachlässigt: Abschmieren wegen zu langsamen Fliegens oder Berührung feststehender Hindernisse – so lautet dann die amtlich festgestellte Ursache eines oft tödlich verlaufenden Unfalls
Ein solcher Unfall läßt sich vermeiden, wenn nicht erst bei 200 m, sondern bereits bei 500 m über Grund der Motor wieder angelassen wird. Dann bleibt genügend Zeit, um in aller Ruhe und Sicherheit die erforderlichen Handgriffe in der richtigen Reihenfolge vorzunehmen. Übungen zum Wiederanlassen sollten in noch größerer Höhe beginnen. Es gibt keinen größeren Sicherheitsfaktor in der Fliegerei als »in Übung sein«. Man erreicht diese Sicherheit durch viel fliegen.

Motorfliegen

Bei diesem Zweig des Luftsports geht es – in Abgrenzung zum Segelfliegen und zum Motorsegeln – nicht um das Ausnutzen von Aufwinden. Der Schwerpunkt liegt auf »Motor«, der ein – je nach Ausrüstung mehr oder minder – wetterunabhängiges Fliegen ermöglicht. Aufs »Fliegen« kommt es hier wie dort gleichermaßen an, auch wenn Motorfliegen weniger Hochgefühl des Schwebens mit sich bringt als Segelfliegen. Motorfliegen umfaßt die mehr rationalen Werte des Fliegens: schnell und bequem und (angesichts des ständigen Nahkampfes auf unseren Straßen) auch sicherer von einem Ort zum anderen zu gelangen und dabei die Perspektive von oben zu erleben. Die Befriedigung für den Piloten liegt hierbei weniger im Überlisten der Naturkräfte als in der präzisen Bewältigung der fliegerischen, navigatorischen und technischen Anforderungen, die jeder Flug mit sich bringt, wobei die Schwerpunkte häufig wechseln.
Präzision in der Erfüllung der Aufgaben ist darum auch die Hauptforderung bei den sportlichen Wettbewerben im Motorfliegen.
Da der Motor im Vordergrund steht, unterscheidet sich auch das Erscheinungsbild der Sportart Motorfliegen ganz wesentlich vom Segelfliegen oder Motorsegeln.
Der Motorflieger ist nicht im selben Maße wie der

Morgennebel auf dem Flugplatz Uetersen nördlich von Hamburg.

Segelflieger und selbst der Motorsegler auf die Hilfe anderer angewiesen, um seinen Sport ausüben zu können. Er braucht kaum Helfer. Wartungsarbeiten und Reparaturen müssen – wenn im Club nicht gerade ein lizenzierter Fachmann vorhanden ist – wie Inspektionen oder Reparaturen am Auto von einer dazu berechtigten Firma ausgeführt werden. Das alles kostet Geld. Auch die Anschaffungskosten eines Motorflugzeuges liegen im Durchschnitt höher als für Segelflugzeuge oder Motorsegler (die etwa zweisitzigen Motorflugzeugen entsprechen; es überwiegen jedoch Drei- und Viersitzer). Der Treibstoffverbrauch von Motorflugzeugen übertrifft den von Motorseglern um das Doppelte bis Dreifache. Die Versicherungskosten liegen höher, die Ausbildung ist teurer – kurzum: Motorfliegen kostet mehr Geld, das nicht, wie etwa beim Segelfliegen, weitgehend durch eigene Arbeitsleistung ersetzt werden kann. Darum ist die Sozialstruktur von reinen Motorfliegerclubs anders als die von Segelflugvereinen: Die Jugend ist weniger zahlreich vertreten; den Schwerpunkt bildet die ältere Generation der Etablierten. Es sind vor allem beruflich erfolgreiche Handwerker, Unternehmer mittelständischer Betriebe, Lehrer, Ärzte, Apotheker, Wirtschaftler, Juristen – jedoch nicht oder nur in den seltensten Fällen die sogenannten Reichen. Diese finden sich nicht einmal in augenfälligem Anteil in der großen Gruppe derjenigen, die eigene Flugzeuge besitzen, aber keinem Club angehören. Die »Reichen« halten sich, wenn überhaupt, ein- oder zweimotorige Reiseflugzeuge der größeren Klasse oder gar Privatjets – fast immer auf »Geschäftskosten«.
In der vorletzt genannten Gruppe läßt sich die Grenze zwischen sportlicher und geschäftlicher Fliegerei nur schwer bestimmen. Ein flugbegeisterter Geschäftsmann wird sich ein Privatflugzeug auch deshalb zulegen, weil er damit auf Reisen Zeit gewinnen und zugleich einen anspruchsvollen, ihn geistig fit haltenden, aber auch entspannenden Sport ausüben kann. Ein fliegerisch interessierter Architekt und Stadtplaner, Biologe, Zoologe, Geologe oder Geograph wird sein Flugzeug zu Beobachtungsaufgaben und für fotografische Dokumentationen benutzen, ein Journalist oder Fotograf vielleicht für Luftaufnahmen, die gedruckt werden sollen – doch das ist noch keine Geschäftsfliegerei. Diese beginnt erst bei ausschließlichem Geschäfts- oder Werksverkehr, bei gewerbsmäßiger Personenbeförderung oder Vercharterung. Die meisten hierfür benutzten Flugzeuge haben ein Abfluggewicht zwischen 2000 und 5700 kg, während »Leichtflugzeuge« bei 2000 kg enden.

Flugplätze für die Allgemeine Luftfahrt

Die Allgemeine Luftfahrt – General Aviation – umfaßt alle Zweige der Luftfahrt, die nicht zum zivilen Luftverkehr oder zur Militärluftfahrt gehören. Insgesamt gibt es in der Bundesrepublik Deutschland rund 840 Flugplätze unterschiedlicher Größe. Rund 180 davon werden überwiegend militärisch genutzt, und 11 sind Verkehrsflughäfen im Netz der Fluglinien. Der Allgemeinen Luftfahrt stehen also mehr als 650 Flugplätze zur Verfügung. Diese sind über das gesamte Gebiet der Bundesrepublik Deutschland nahezu gleichmäßig verteilt. Während die Verkehrsflughäfen durchaus nicht alle durch Fluglinien untereinander verbunden sind, können doch alle der Allgemeinen Luftfahrt zugänglichen Plätze mit den heutigen Reiseflugzeugen untereinander erreicht werden – in Mitteleuropa meist sogar im Direktflug ohne Zwischenlandung zum Nachtanken. Privat- und Geschäftsflugzeuge eignen sich daher auch für schnelle Verbindungen zwischen entlegenen Gebieten innerhalb der Bundesrepublik Deutschland, ja des westlichen Europas, sowie als Zubringer zu den großen Verkehrsflughäfen.
Mit der gewerblichen und Geschäftsfliegerei wollen wir uns in diesem Zusammenhang aber nicht weiter beschäftigen. Wir legen den Schwerpunkt auf die leichten Motorflugzeuge mit einem Abfluggewicht bis zu 2000 kg, die überwiegend dem Luftsport dienen.

Aus der Geschichte der Leichtflugzeuge

Einiges zur Entwicklung und Geschichte wurde schon im Zusammenhang mit der Entwicklung der Motorsegler angeführt. Besonders in den Anfängen lassen sich diese beiden Entwicklungsrichtungen nicht eindeutig auseinanderhalten. Das erste bewußt als Sportgerät konzipierte Motorflugzeug dürfte die »Demoiselle« gewesen sein. Der flugbegeisterte brasilianische Kaffeekönig Santos Dumont hat dieses geflügelte Stahlrohrgestell von 5,50 m Spannweite, das von einem 20-PS-Motor angetrieben wurde, zwischen 1906 und 1908 tatsächlich zum Fliegen gebracht. Wenn damit auch nur kurze Sprünge gelangen, so sah er in der »Demoiselle« doch ein Gerät, mit dem das Fliegen populär, ja ein Volkssport werden sollte. Erfolgreicher war ein Jahr später der Deutsche Hans Grade, der mit einem ähnlich zierlichen offenen Eindecker von 10 m Spannweite den »Lanzpreis der Lüfte« gewann (Seite 252). Immerhin

Eine »Demoiselle« von 1908, aus Originalteilen wiederaufgebaut von Arthur Williams.

wurde dafür eine Achterschleife von 2,5 km um zwei Wendepunkte verlangt – damals in der Zeit der Sprünge eine große Leistung. Wie bei der »Demoiselle«, so saß auch bei dem Grade-Eindecker der Pilot zwischen dem Fahrwerk offen im Luftstrom, schräg über sich Motor und Luftschraube. Bei der geringen Fluggeschwindigkeit störte jedoch weniger der Fahrtwind als vielmehr das Öl, das der Motor verspritzte. Trotzdem ist das offene Fliegen heute noch eine Traumvorstellung vieler alter Piloten. Zumindest am Kopf wollen sie noch den freien Luftzug spüren – einer der Gründe, weshalb das Fliegen mit Oldtimern aus den dreißiger Jahren heute noch so beliebt ist. Die Muster der zwanziger Jahre allerdings, die wesentlich zur Entwicklung der Leichtflugzeuge beigetragen haben, sind heute allenfalls noch in Museen zu finden.

Am Ende des Ersten Weltkriegs hatten sich einige Hochdecker-Jagdflugzeuge sehr bewährt – kein Wunder also, wenn die ersten Sportflugzeuge der Nachkriegszeit diesen Mustern entsprachen. Hochdecker waren der

Messerschmitt M 17, zweisitziges Leichtflugzeug von 1925/26. Es könnte auch der Ahnenreihe der Motorsegler und der Ultraleichtflugzeuge zugeordnet werden. Das Ein- und Aussteigen war denkbar unbequem. Mit diesem Flugzeug unternahmen Werner von Langsdorff und von Conta im Herbst 1926 einen Fernflug von Bamberg nach Rom.

Charles Lindbergh vor seinem Kabinenhochdecker »Spirit of St. Louis«, mit dem er am 20./21. Mai 1927 in 33½ Stunden allein von New York nach Paris flog und dabei den Atlantik überquerte. Auch in seiner Motorleistung von 200 PS entsprach das Flugzeug etwa den heutigen »Leichtflugzeugen«.

Udet-»Flamingo« der Bayerischen Flugzeugwerke AG
Charakteristisch für das Flugzeug, das mit einem 125-PS-Siemens-Sh-12-Motor ausgerüstet war, sind die breiten I-Stiele. Neben Udet selbst errangen auch Thea Rasche und Willy Stör mit diesem Muster große Erfolge.

Rieseler M III von 1921 und der Daimler-Mercedes L 14, eine Konstruktion von Hanns Klemm, der später die berühmten Klemm-Tiefdecker schuf und damit den Leichtflugzeugen eine neue Entwicklungsrichtung gab.
Auch die ersten Konstruktionen von Willy Messerschmitt waren Hochdecker: Die M 17 (1925/26) besaß einen 24-PS-Kraftradmotor, mit dem sie zweisitzig geflogen werden konnte. Ein Original hängt im Deutschen Museum in München.
Der offene Sporthochdecker erwies sich aus Sicht- und Leistungsgründen als Sackgasse der Entwicklung. Mit dem Kabinenhochdecker aber, wie er mit Lindberghs »Spirit of St. Louis« von 1927 entwickelt worden war, wurde ein neuer Weg beschritten. Mit den erfolgreichen amerikanischen Hochdeckern von Piper und Cessna führt er bis in die Gegenwart.
Die Entwicklung des Doppeldeckers, die auf erfolgreiche Jagdflugzeugmuster im Ersten Weltkrieg zurückgeht, endete dagegen schon in den dreißiger Jahren. Von Raab-Katzenstein, Udet und Fieseler stammten

Der »Sausewind« des Hamburger Flugzeugwerkes Bäumer Aero als maßstabgetreues Modell
Der »Sausewind« hatte erstmals den (von der Auftriebsverteilung her idealen) elliptischen Flügelgrundriß. Konstrukteure waren die Gebrüder Günther, die später bei Heinkel die schnellsten Flugzeuge der dreißiger Jahre entwarfen.

Der Ganzmetall-Tiefdecker Junkers »Junior« von 1930, wegen der typischen Junkers-Bauweise und der Wellblechbeplankung ein äußerst robustes Flugzeug, das noch lange nach dem Zweiten Weltkrieg erfolgreich an Rallyes und Wettbewerben teilnahm. Es hat einen 80 PS-Motor. Im Deutschen Museum steht es neben der Ju 52 (links).

gute Sport- und Schuldoppeldecker, die zu ihrer Zeit zu den beliebtesten Mustern gehörten. Vor allem der Udet-»Flamingo« fand als Schul- und Kunstflugzeug weite Verbreitung. Hunderte von Flugschülern haben auf diesem Flugzeug das Fliegen gelernt. Mit ihm vollführte Ernst Udet seine gewagte Bodenakrobatik wie den Looping in Bodennähe und das Aufheben eines Taschentuchs mit dem Flächenende. Nostalgische Begeisterung rufen noch heute Doppeldecker wie der Bücker »Jungmann« und »Jungmeister« hervor. Der Focke-Wulf »Stieglitz« wird ebenfalls noch gern geflogen. Doch er stand am Ende einer fast zwanzigjährigen Entwicklung.

Überflügelt wurde der Doppeldecker sogar im Kunstflug vom Tiefdecker, dessen Entwicklung 1919 mit der Junkers F 13, dem ersten Ganzmetall-Verkehrsflugzeug, begonnen hatte. Während die Klemm-Tiefdecker einfach aufgebaut und leicht zu fliegen waren, forderten so windschnittige Konstruktionen wie der »Sausewind« der Firma Bäumer-Aero schon erheblich mehr vom Piloten. Die Entwicklung stammte von den Brüdern Siegfried und Walter Günther, die mit dem »Sausewind« bereits den Weg zu ihren späteren Schnellflugzeugen wie den bei Heinkel konstruierten He-70 »Blitz« und He-111 andeuteten.

Hans Klemm entwickelte seine L-25 zur Klemm-35 mit Stahlrohrrumpf und verkleidetem Fahrwerk weiter – ein Flugzeug, das unter Joseph Hoessl im Kunstflug bis in die siebziger Jahre hinein Triumphe feiern konnte und bis heute als eines der elegantesten Sportflugzeuge gilt. Ein anderer Entwicklungszweig führte zum Kabinenflugzeug. Aus der dreisitzigen Klemm 32, die bei Rundflugwettbewerben mehrfach erfolgreich war, entstand das Reiseflugzeug Klemm 105, das zwar wegen des Kriegsausbruchs 1939 zunächst kaum bekannt wurde, in den fünfziger Jahren aber zur Klemm 107 weiterentwikkelt und von der Firma Bölkow gebaut, als eines der ersten deutschen Nachkriegsflugzeuge doch noch zu einigem Erfolg kam.

Die Klemm-Muster waren Holz- oder Stahlrohr-Holz-Konstruktionen. Daneben hatte die Zukunft aber auch schon mit Metallflugzeugen begonnen: 1930 erschien als Ganzmetall-Tiefdecker der zweisitzige Junkers-Junior mit 80 PS, dessen Erfolg sich ebenfalls noch in der Nachkriegszeit fortsetzte. Das fällige Ganzmetall-Kabinen-Reiseflugzeug entstand aber nicht bei Junkers, sondern 1933/34 bei Messerschmitt: die berühmte Me 108 »Taifun«. Sie besaß ein einziehbares Fahrwerk, Landeklappen und in späteren Versionen wahlweise sogar Verstell-Luftschraube. Bei einer Spannweite von 10,62 m erreichte das schnittige, mit einer luxuriösen Kabine ausgestattete viersitzige Reiseflugzeug mit 240 PS-Reihen-Triebwerk eine Höchstgeschwindigkeit von 330 km/h, während wegen der Landeklappen die Minimalgeschwindigkeit nur bei knapp 100 km/h lag – eine Geschwindigkeitsspanne, die kaum wieder erreicht wurde.

Einer der bekanntesten deutschen Piloten, Dieter

Me 108 »Taifun« von 1934 – noch heute »modern«.

Schon ein Oldtimer: der »Motorspatz« von 1961

Die AS K 16 von Rudolf Kaiser – auch nicht mehr ganz neu, aber nach wie vor einer der besten zweisitzigen Motorsegler.

Motorseglerwettbewerb auf dem Feuerstein: allmorgendliche Wettbewerbsvorbereitungen, – und die Startaufstellung

(Frei durch Luftamt Hamburg, Nr. 1860/79)

Motorflugwettbewerb in Flensburg. Oben: alle Teilnehmer sind eingetroffen. – Unten: Ziellandung einer »Piper«

Im Cockpit einer »Robin« über den Wolken

Robin DR 400/180 Remorqueur, eine französische Konstruktion aus dem Jahre 1972. Sie gehört noch heute wegen ihrer Wirtschaftlichkeit und Zuverlässigkeit zu den beliebtesten Schleppflugzeugen und ist zugleich ein gutes viersitziges Reiseflugzeug.

Bücker Bü 181 »Bestmann« war das letzte Sportflugzeug, das vor dem Kriegsausbruch 1939 entwickelt wurde, ein Kabinen-Zweisitzer, geeignet für Kunstflug. Die hier abgebildete D – EBYH war das erste Motorflugzeug in Schleswig-Holstein nach Wiederzulassung des Luftsports. Der Lübecker Verein für Luftfahrt hatte es aus Schweden zurückgekauft.

Schmitt (siehe Seite 185), hatte kürzlich Gelegenheit, eine von MBB als »Traditionsflugzeug« restaurierte Me 108 nach heutigen Maßstäben ausgiebig zu testen – und war begeistert (Artikel im »Aerokurier« 2/1989). Für ihn gehört die »Taifun« zu den besten Flugzeugen, die er je geflogen hat, und das will bei seinen 15000 Flugstunden auf 310 verschiedenen Flugzeugmustern schon etwas heißen.

Erstaunliche Leistungen erreichte auch der zweisitzige Ganzmetall-Tiefdecker Arado 79, der ebenfalls mit Landeklappen und Einziehfahrwerk ausgestattet war. Mit diesem Flugzeug konnten mehrere Langstrecken-Weltrekorde aufgestellt werden.

Im Rahmen dieses Buches ist es nicht möglich, alle wesentlichen Leichtflugzeug-Entwicklungen der dreißiger Jahre aufzuführen. Fest steht, daß sowohl in Deutschland als auch in anderen europäischen Ländern sowie in den USA damals ein erstaunlich hoher Leistungsstand erreicht war. Das geht nicht zuletzt daraus hervor, daß es seit dieser Zeit weder im Zellen- noch im Motorenbau grundlegende Fortschritte gegeben hat – allenfalls die Einführung der Klebetechnik für Leichtmetallbleche. Erst in jüngster Zeit zeichnen sich einige zukunftsweisende Neuerungen ab. Doch niemand kann voraussagen, ob sie sich tatsächlich durchsetzen werden.

Leichtflugzeugbau heute

Die hervorragende Marktstellung, die sich die deutsche Luftfahrtindustrie in den zwanziger und dreißiger Jahren durch die Qualität ihrer Produkte auch auf dem Sektor der Leichtflugzeuge erworben hatte, ging mit dem Zweiten Weltkrieg verloren. Nach der Wiederzulassung des Motorfluges in Deutschland im Jahre 1955 gelang es den deutschen Herstellern nicht mehr, sich mit neuen Konstruktionen gegen die übermächtige Konkurrenz aus dem Ausland durchzusetzen. Wenn auch der Motorflugsport auf breiter Basis wieder einsetzte und Tausende ihren Pilotenschein erneuern oder neu erwerben konnten, blieb die deutsche Luftfahrtindustrie zunächst im Hintertreffen. Nur die Segelflugzeug-Hersteller konnten sich international durchsetzen, vor allem nach der Einführung der GFK-Bauweise.

International spielten dagegen deutsche Motor-Leichtflugzeuge keine nennenswerte Rolle. Nicht einmal im Inland fanden sie soviel Interesse, daß sich ein Serienbau gelohnt hätte. Weder die »Möwe« von Heini Dittmar noch die »Elster« von Alfons Pützer, nicht der »Junior« von Bölkow, ein schwedischer Lizenzbau, oder gar die (hervorragende) Bölkow 209 »Monsun« konnten sich durchsetzen.

Die Motorflugvereine und Privatpiloten in der Bundesrepublik Deutschland deckten ihren Bedarf überwiegend mit ausländischen Mustern, wie die gesamte »General Aviation«.
Das zeigt der gegenwärtige Bestand, wie er in der Statistik des Luftfahrtbundesamtes veröffentlicht wurde:
Danach sind (nach den Segelflugzeugen mit 6745 Stück) die Flugzeuge bis 2000 kg mit einer Gesamtzahl von 5774 Exemplaren die zweitgrößte Luftfahrzeuggruppe. Zu dieser Gruppe gehören 5572 einmotorige (Kennzeichen D-E...) und 202 zweimotorige Flugzeuge (Kennzeichen D-G...).
Von den Neuzulassungen von 1985 bis 1988 (525 einmotorige Flugzeuge) waren 195 fabrikneu. Herkunftsländer waren:

Frankreich (einschließlich Cessna Reims)	42 %
USA	40 %
Bundesrepublik Deutschland	19 %

Für die deutschen Hersteller besteht zur Zeit eine Chance, diesen Rückstand aufzuholen. Cessna und Piper, die wohl bekanntesten amerikanischen Hersteller, haben die Produktion einmotoriger Leichtflugzeuge zeitweise eingestellt. Noch Ende der siebziger Jahre hatten sie zusammen mit Beech rund 17000 Flugzeuge jährlich ausgeliefert; 1988 waren es nur noch 1143 Flugzeuge. Dieser gewaltige Einbruch hatte seine Ursache in dem überdurchschnittlichen Preisanstieg, auch für Flugbenzin. Gleichzeitig waren die Versicherungsprämien für die in den USA extrem praktizierte Produkthaftung gewaltig emporgeschnellt. Von den beiden Herstellern ist Piper seit 1989 wieder auf dem Markt.
In die entstandene Marktlücke drängen nun neue deutsche Flugzeugmuster, die moderner als die bisherigen Typen und damit durchaus konkurrenzfähig sind. Allerdings fehlt es an geeigneten Triebwerken. Die einzige Neuentwicklung ist der Porschemotor, der mit seinen 240 PS nur für die »gehobene Mittelklasse« infragekommt. Für kleine Schul- und Reiseflugzeuge gibt es noch kein neues Triebwerk, das, wie das LBA schreibt, »ein kleiner ›Porsche‹ oder ein großer ›Limbach‹ sein müßte«.
Der Markt hierfür ist vorhanden, denn 58% des Gesamtbestandes sind im wesentlichen zweisitzige Schulflugzeuge unter 950 kg. Die Viersitzer (bis 1240 kg), die von den Vereinen und zur Fortgeschrittenenschulung verwendet werden, machen 27% aus. Auch nach der Altersstruktur der vorhandenen Flugzeuge, von denen der größte Teil noch aus den sechziger und siebziger Jahren stammt, ergeben sich für die Gewichtsklassen bis

Grob G 115 im Verband über Alpengipfeln.

»Speed Canard«. Vorn das Höhenleitwerk. Das Bugrad ist einziehbar. – Rechts: Flugrichtung nach links.

1240 kg die besten Marktchancen.
Das hat der Grob Flugzeugbau in Mindelheim wohl am frühesten erkannt. Der Kunststoff-Zweisitzer G 115 wird bereits in Serie hergestellt. Allein 1988 konnten 90 Flugzeuge ausgeliefert werden. Kunststoff-Zweisitzer werden auch von den Firmen Valentin und Hoffmann-Flugzeugbau angeboten. Vor allem in der H 40 von Wolf Hoffmann und Dieter Oppel wurden viele neue Ideen verwirklicht. Bemerkenswert ist die Rundumsicht aus den vollverglasten, tief heruntergezogenen Flügeltüren. Erstaunlich ist die hohe Reisegeschwindigkeit (210 km/h) bei nur 95 PS (Limbach-Triebwerk) und dem sehr geringen Verbrauch von nur 14 l pro Flugstunde.
Ungewöhnlich ist die Konfiguration der »Speed Canard«, die von der Firma Gyroflug – FFT Gesellschaft für Flugzeug- und Faserverbund-Technologie mbH am Flugplatz Mengen im Allgäu gebaut wird. Der Zweisitzer ist ein »Ententyp«: das Höhenleitwerk liegt vorn – wie einst bei den ersten Motorflugzeugen der Gebrüder Wright. Der Vorteil dieser Konfiguration ist, daß es hierbei nur tragende Flächen gibt, während bei den Normalflugzeugen die Höhenflosse aus Gründen der Flugstabilität Abtrieb liefert. Für »Speed Canard« genügt eine Spannweite von 7.70 m. Ein weiterer Pluspunkt liegt darin, daß eine »Ente« praktisch trudelsicher ist, da bei überzogener Fluglage die Strömung immer erst an dem kleineren und stärker angestellten Vorderflügel abreißt. Das Flugzeug macht lediglich eine Nickbewegung und holt wieder Fahrt auf. Auch »Speed Canard« ist ein reines Kunststoff-Flugzeug mit einer

Neue Kunststoff-Leichtflugzeuge (Zweisitzer/Viersitzer)

	Grob G 115	*SC 01 Speed Canard*	*Hoffmann H 40*	*Ruschmeyer MF-85 P*
Spannweite	10,00 m	7,77 m	10.84	9,50
Motor	115 PS (160 PS)	160 PS	95 PS	212 PS
Rüstgewicht	600 kg	440 kg	530 kg	680 kg
Zuladung	250 kg	275 kg	270 kg	470 kg
Startrollstrecke	250/500 m (15 m Hindernis)	350/540 m (15 m Hindernis)	180 m	239/374 m (15 m Hindernis)
Steiggeschwindigkeit	3,5 m/s	6,5 m/s	4,0 m/s	8,2 m/s
Reisegeschwindigkeit	205 km/h	285 km/h	210 km/h	280 km/h
Höchstgeschwindigkeit	210 km/h	365 km/h	275 km/h	324 km/h
Kraftstoffverbrauch	ca 20 l/h	ca 20 l/h	14 l/h	33 l/h
Reichweite	900 km	1200–1600 km	1200 km	1600 km

Die Schweizer »Enten-Staffel«, gegründet von drei Flugkapitänen, demonstriert auf einer Flugschau fliegerische Präzision.

extrem glatten Oberfläche, wie man sie von GFK-Segelflugzeugen her gewohnt ist.
Gleiches gilt für den Viersitzer MF-85 mit Porsche Flugmotor der Firma Ruschmeyer Luftfahrttechnik GmbH in Melle. Der Erstflug hat am 8.8.88 stattgefunden. Nach jahrelanger Stille tut sich also wieder einiges bei den deutschen Motorflugzeug-Herstellern, was zu gedämpften Hoffnungen Anlaß gibt.

Weltrekorde

Kommen Präzision des Fliegens und Zuverlässigkeit des Flugzeugs zusammen, so lassen sich auch heute noch, nach mehr als acht Jahrzehnten Luftfahrtentwicklung, Weltrekorde überbieten. Aus der Fülle der Möglichkeiten soll hier nur ein Beispiel, das die Stichworte Präzision und Zuverlässigkeit treffend belegt, herausgegrif-

Der neue Viersitzer Ruschmeyer MF – 85 bei der Flugerprobung.

fen werden: der »Lindbergh-Memorial-Flight 1977« von Dieter Schmitt.
Zum Zeitpunkt dieses Fluges war der Heidelberger Dieter Schmitt 53 Jahre alt. Wie bei den meisten der älteren Fliegergeneration, hatte seine Laufbahn mit der Gleitflugschulung begonnen: Der Vierzehnjährige erlebte seinen ersten Alleinflug in einer »Grunau 9«. Als Segel- und Motorflieger (im militärischen und zivilen Bereich) hat er seitdem 310 verschiedene Muster geflogen – vom Schulgleiter bis zum Starfighter. Bekannt wurde Dieter Schmitt vor allem als Leistungssegelflieger und als Mitglied der Segelflug-Nationalmannschaft. Noch heute hält er einen Deutschen Segelflugrekord: Zusammen mit Karl Pummer erreichte er im Januar 1959 in Fayence (Var) auf der Ka 2 b einen Höhengewinn von 6907 m.
Schmitt kostete von allen »Delikatessen« der Fliegerei, vom Kunstflug bis zum Langstreckenflug, und sammelte in Tausenden von Starts in allen Erdteilen einen wahren Schatz fliegerischer und meteorologischer Erfahrungen. Dabei vernachlässigte er nie, sich körperlich fit zu halten: Gymnastik, Expanderübungen und 45 Minuten Waldlauf sind sein tägliches Pensum. Nur so hält er im Cockpit eines Leichtflugzeugs die Langstreckenflüge durch, die manchmal mehr als fünfzehn Stunden dauern.
Für einen Piloten mit dem Training und den Erfahrungen von Dieter Schmitt lag der Gedanke an eine ungewöhnliche sportliche Leistung nahe. So planmäßig und exakt, wie er an jeden Flug herangeht, betrieb er auch die Vorbereitungen für seine Weltrekordflüge. So gelang es ihm am 23./24. Juni 1977, auf dem Flug von Gander nach München, eine Geschwindigkeit von 242,29 km/h zu erreichen: Weltrekord mit Geschwindigkeit auf vorbestimmter Strecke in der Klasse C1c bis 1750 kg Startgewicht.
Weitaus spektakulärer aber war der zweite Rekordversuch: Nonstop von New York Kennedy International Airport nach München-Riem über eine Flugstrecke von 7100 km in der gleichen Rekordkategorie. Es sollte der »Lindbergh Memorial Flight« werden.
Charles Lindbergh hatte im Mai 1927 den Atlantik als erster im Alleinflug bezwungen. Sein Flugzeug war die einmotorige Ryan NYP »Spirit of St. Louis« mit 14 m Spannweite, einem Leergewicht von 975 kg und einem Startgewicht von 2380 kg (siehe Seite 174). Die Treibstoffzuladung übertraf das Leergewicht fast um das Anderthalbfache (rund 1700 l). Der Wright »Whirlwind« Neunzylinder-Sternmotor von 220 PS gab dem

Dieter Schmitt vor der Zusatzausrüstung, die er auf dem »Lindbergh Memorial Flight« mitführte. Die zusätzlichen Treibstoffbehälter machten die Kabine so eng, daß er sich nur mit Mühe hineinzwängen konnte.

Flugzeug bei einem Treibstoffverbrauch von 50 l pro Flugstunde eine Reisegeschwindigkeit von 180 km/h. Die physische und psychische Leistung des damals 25jährigen ist für Außenstehende kaum vorstellbar. Lindbergh hatte kein Funkgerät an Bord. Er flog eingezwängt in eine enge Kabine, die nur durch kleine Seitenfenster, nicht aber nach vorn, einen Ausblick bot. Wegen des ungünstigen Wetters über dem Atlantik mußte er weite Strecken im Tiefflug wenige Meter über den Wellen zurücklegen. Sein Flug war ein Kampf gegen die widrigen Elemente, aber auch gegen den Schlaf, der ihn immer wieder zu übermannen drohte. Die Chance, dieses Wagnis zu überstehen, war gering. Wie viele waren vor ihm bei einem ähnlichen Versuch im Atlantik verschollen? Doch Lindbergh gelang der Flug des Jahrhunderts, die wohl größte persönliche Leistung der Fluggeschichte. Nach 33 1/2 Stunden Flugzeit landete er im Licht von Scheinwerfern, begrüßt von einer nach Tausenden zählenden Menschenmenge, in Le Bourget bei Paris.
Als Dieter Schmitt nach seinem »Lindbergh Memorial Flight« in München ausrollte, empfingen ihn nur wenige Freunde und Reporter. Die deutsche Öffentlichkeit erfuhr zunächst kaum etwas von seinem denkwürdigen Flug, der nur in Fachzeitschriften ausführlicher gewürdigt wurde. Auch der spätere ZDF-Film über dieses Unternehmen ging im Überangebot der Medien unter.

1927 fand der Lindbergh-Flug in aller Welt eine Anteilnahme, die sich nur noch mit der an der ersten Landung von Menschen auf dem Mond im Jahre 1969 vergleichen läßt. Selbst Raumfahrtereignisse werden seitdem kaum noch als etwas Besonderes zur Kenntnis genommen. War für einen »Lindbergh Memorial Flight« außer in Fachkreisen mehr zu erwarten?

Der Flug war ein Wagnis, wie es heutzutage nur noch selten unternommen wird. Er führte durch wahre Unwetter über den Atlantik, es gab Störungen im Funksprechverkehr; der Kampf mit dem Schlaf war wohl ebenso hart, wie ihn Lindbergh durchstehen mußte. Die persönliche Leistung des damals Dreiundfünfzigjährigen war außerordentlich, zumal sich schwierige Navigationsaufgaben unablässig aneinanderreihten. Wie sich herausstellte, wurde der Kurs trotz aller Widrigkeiten im Ein-Mann-Betrieb genauestens eingehalten. Nur dank dieser Präzision des Fliegens gelang der Rekordversuch. Die eingeplante Flugzeitreserve wurde vom ungünstigen Wetter nahezu völlig aufgezehrt. Für die 7100 km von New York nach München benötigte Dieter Schmitt 25 Stunden 47 Minuten.

Für seinen Flug nennt er selbst folgende Gründe: »Zum fünfzigsten Jubiläum wollte ich mit diesem Flug an einen berühmten und mutigen Flugpionier erinnern. Er war ein großer amerikanischer Patriot, aber er ist dennoch in Deutschlands schwerster Zeit nach dem verlorenen Krieg für uns eingetreten. Durch die immerhin nicht alltägliche Leistung wollte ich überall in den USA mit diesem friedlichen Flug eine Goodwill-Aktion durchführen, mit geradem Rücken, als Botschafter unseres Landes ... Daß mir mein Vorhaben in den USA geglückt ist, davon bin ich überzeugt. Die Amerikaner verliehen mir die ›Lindbergh Memorial Medal‹. Die Berichte über diesen Flug gingen um den ganzen Globus...«

Allein über den Nordpol

Bei seinem dritten Weltrekordversuch im Jahre 1980 wurde Dieter Schmitt von einem NDR-Team begleitet, das – als Einzelbeitrag nach den »Erben Lilienthals« – seine umfangreichen Vorbereitungen einschließlich der Trainingsflüge, seinen nächtlichen Start und den Ablauf des Fluges (soweit möglich) für einen 45-Minuten-Film einfing.

Dieter Schmitt hatte sich etwas vorgenommen, was vor ihm noch keiner gewagt hatte: Mit einem leichten, einmotorigen Sportflugzeug – einer »Beech Bonanza A 35« – wollte er allein von Anchorage in Alaska direkt über den Nordpol nach München fliegen – ohne Zwischenlandung 8200 km! Er benutzte dazu ein serienmäßiges Flugzeug. Alle entbehrlichen Teile wurden herausgenommen, die Instrumentenausrüstung jedoch um einen Hochleistungs-Kreiselkompaß und eine Kurzwellenstation erweitert. Das Leergewicht betrug trotzdem nur 970 kg. Mit Zusatztanks in der Kabine mußte es 1450 l Treibstoff aufnehmen – war also weit über das zulässige Höchstgewicht überladen. Doch der Start am 17. August um 23.00 Uhr Alaska-Zeit gelang. Allerdings kam die »Bonanza« erst kurz vor dem Ende der über 3000 m langen Startbahn vom Boden frei. Während seines Fluges mußte Dieter Schmitt wegen ungün-

Dieter Schmitt in der serienmäßigen Beech Bonanza A 35, mit der er allein über den Nordpol flog – hier bei einem Trainingsflug in den USA.

stigen Wetters und Vereisung weite Umwege in Kauf nehmen. Das Unternehmen schien fast gescheitert, als günstiger Rückenwind von der norwegischen Küste ihn doch noch ans Ziel brachte: Am 18. August um 17.32 Uhr landete er nach einer Flugzeit von 32 Stunden 30 Minuten auf dem Flughafen München-Riem – buchstäblich mit den letzten Litern Kraftstoff!
Außer seiner Frau, einigen Freunden und Journalisten empfing ihn das Fernsehteam, das ihn inzwischen mit einem Linienflugzeug auf einer Route 1000 km weiter südlich überholt und zeitweise mit ihm in Funkverbindung gestanden hatte. Der Film »Allein über den Nordpol – Protokoll eines Abenteuers« wurde in allen III. Programmen und auch in der Schweiz ausgestrahlt. Zur Nachahmung aber sei ein solcher Flug niemandem empfohlen – die Risiken sind zu groß. Selbst die Erfahrungen und die Sorgfalt eines Dieter Schmitt konnten das große Wagnis nicht zur Routine verkleinern.
Seitdem hat Dieter Schmitt weitere Weltrekorde geflogen, meist mit »Leichtflugzeugen« bis zu 2000 kg Fluggewicht.
Wer finanziert das? Ist er ein »Reicher?« Dieter Schmitt ist »Ferry-Pilot«; er überführt Flugzeuge, meist von den USA nach Europa, aber auch von Europa in alle Welt. Die meisten seiner Weltrekorde hat er mit serienmäßigen Flugzeugen bei Überführungsflügen aufgestellt.

Flugzeuge selbst bauen und fliegen

Zu der Leidenschaft des Fliegens tritt bei manchen Sportfliegern noch die Leidenschaft des Konstruierens und Bauens von Flugzeugen. Hier hat der Pioniergeist, der in den meisten Fliegern steckt, trotz aller Fortschritte der Technik noch ein weites Betätigungsfeld. Hier können die »Erben Lilienthals« beweisen, wieviel schöpferische Phantasie, wieviel technisch-handwerkliches Können und wieviel Ausdauer und Durchsetzungsvermögen sie noch besitzen. Fast alle Flieger der ersten Stunde waren zugleich Tüftler und Bastler. An sie, die Pioniere der Luftfahrt, knüpft ein großer Kreis von Piloten und Technikern an, die sich ein Flugzeug auf den Leib schneidern, neue Möglichkeiten erproben – oder ganz einfach ein bewährtes Flugzeug aus Kostengründen selbst bauen oder restaurieren wollen. Daß viele es dabei zu konstruktiven und handwerklichen Spitzenleistungen bringen, sei schon jetzt hervorgehoben, ganz zu schweigen von den starken Impulsen, die von dieser Gruppe auf die Luftfahrt- und Triebwerkindustrie ausgegangen sind.
Gegenüber den zwanziger und dreißiger Jahren ist die Zahl der Träumer und Phantasten stark zurückgegangen. Unsinnige, technisch unmögliche Konstruktionen gelangen kaum noch an die Öffentlichkeit. Auch der Vogelflug gilt heute nicht mehr als nachahmenswert. Konstruktionen von vogelähnlichen Schlagflügelflugzeugen, wie sie noch aus den dreißiger Jahren bekannt wurden, hat es in den letzten drei Jahrzehnten wohl nicht mehr gegeben.

Die Oskar-Ursinus-Vereinigung (OUV)

Die Oskar-Ursinus-Vereinigung ist der Zusammenschluß einer Gruppe von Fachleuten und Laien, die sich in der Bundesrepublik Deutschland für den Amateurflugzeugbau interessieren und sich damit beschäftigen oder beschäftigen wollen. Als »Verein zur Förderung des Eigenbaues von Luftfahrtgerät« besteht sie seit 1968. Der Name des in aller Welt bekannten »Rhönvaters« Oskar Ursinus wurde gewählt, weil gerade er sich von seinen ersten Aufrufen zu Rhönwettbewerben an stets dafür eingesetzt hat, Segel- und Motorflugzeuge auch selbst zu bauen. In den Anfangsjahren gab es dazu allerdings auch keine Alternative. In seiner Zeitschrift »Flugsport« hat Ursinus immer wieder Erfahrungen mit dem Selbstbau von Flugzeugen publiziert und so dazu beigetragen, Amateure vernünftig zu beraten und ihnen kostspielige und manchmal auch gefährliche Irrwege zu ersparen.
Genau das ist auch das Ziel der Oskar-Ursinus-Vereinigung, die heute schon weit über 700 Mitglieder hat. Es sind Angestellte, Beamte, Handwerker, Studenten, Techniker, Ingenieure – also Angehörige der verschiedensten Berufs- und Altersgruppen.
Nicht nur aus Deutschland meldeten sich Interessenten, sondern auch aus den umliegenden Ländern Österreich, Schweiz, Luxemburg, Dänemark und Tschechoslowakei, ja sogar aus Nordamerika, Australien und Südafrika. Die Fachleute der OUV beraten die Amateure beim Eigenbau von Luftfahrtgerät; sie prüfen und fördern Projekte. Besonderes Interesse finden naturgemäß technische Neuerungen. Der Projektausschuß der OUV arbeitet darüber hinaus bei den oft schwierigen Zulassungsverfahren eng mit dem Luftfahrtbundesamt (LBA) zusammen und kann in vielen Fällen Projekte durchsetzen, für die der einzelne Amateur nicht stark genug ist.

Präsident der OUV ist seit 1988 Dipl. Ing. Karl Kössler, der bis zu seiner Pensionierung Direktor des Luftfahrtbundesamtes war.
Eine weitere wichtige Aufgabe der OUV ist, für gute Kontakte zwischen den Mitgliedern zu sorgen. So finden zahlreiche regionale Treffen statt. Höhepunkt des Jahres aber ist »Hobbyflug«, die alljährliche große Zusammenkunft der OUV-Mitglieder, zu der sich stets auch zahlreiche ausländische Gäste einfinden. Hierzu bringen die meisten mit, was sie vorzuweisen haben. Viele reisen sogar im selbstgebauten Flugzeug an. Vorträge werden gehalten, Projekte vorgestellt und besprochen, Erfahrungen ausgetauscht. Die Diskussionen setzten sich oft bis in die Nächte hinein fort. Beim »Hobbyflug« werden alljährlich Preise für Eigenbauflugzeuge vergeben. Bewertungskriterien dafür sind

- beste Sicherheitsvorkehrungen
- umweltfreundlichste Konstruktion
- fortschrittlichste Entwicklung
- beste Bauausführung.

Auch dabei wird das Bestreben der OUV deutlich, das Fliegen sicherer und umweltfreundlicher zu machen. Es müssen nicht immer Motorflugzeuge sein, die Oskar-Ursinus-Preise erhalten. Auch Segelflugzeuge, Motorsegler, Tragschrauber, Konstruktionseinzelheiten und sogar Motoren sind schon ausgezeichnet worden.
Außer den Eigenkonstruktionen sind auch Nachbauten bereits bewährter Selbstbau-Flugzeugmuster beim »Hobbyflug« vertreten. Hauptmotiv der Erbauer ist, mit möglichst geringem finanziellen Aufwand ein eigenes Flugzeug zu bekommen. Doch allein das Material kostet mindestens 8000 DM, meist aber mehr als doppelt so viel. Je nach Konstruktion und handwerklicher Vorbildung und Geschicklichkeit sind meist mehrere tausend Baustunden erforderlich. Wer nur in seiner Freizeit an seinem Flugzeug arbeiten kann, benötigt für den Bau mehrere Jahre. Für die Zulassung von Eigenbauflugzeugen gelten beim Luftfahrtbundesamt besondere Bestimmungen. Eine umfassende Musterzulassung wie bei Industrieflugzeugen ist nicht erforderlich; es genügt die Zulassung in der »Beschränkten Sonderklasse«. Trotzdem kann sich jeder einem zugelassenen Eigenbauflugzeug ohne Angst anvertrauen, denn nach der Statistik sind die »Selbstgestrickten« nicht häufiger an Unfällen beteiligt als Industrieflugzeuge. Ohnehin ist in der Allgemeinen Luftfahrt der Prozentsatz der Unfälle, die auf technische Mängel zurückzuführen sind, nur sehr gering.
Innerhalb der OUV bestehen mehrere Fachgruppen. Die einen interessieren sich beispielsweise hauptsächlich für die Konstruktion von Segelflugzeugen und Motorseglern, andere bauen kleine Motorflugzeuge nach, wieder andere restaurieren Oldtimer (darunter mehr im Kapitel »Oldtimer«) oder konstruieren Ultraleichtflugzeuge oder Hängegleiter. In jedem Fall müssen die Amateurflugzeugbauer die Holz-, Metall- und Kunststoffverarbeitung so gut beherrschen, daß sie auf diesen Gebieten kaum noch Amateure genannt werden können. Sie müssen sich außerdem mit Motoren und Instrumenten auskennen – kurzum Allround-Handwerker sein. Und schließlich sollen sie auch noch selbst fliegen können.
Außer dem Wunsch, ein eigenes Flugzeug zu besitzen, ist die Leidenschaft, Flugzeuge zu konstruieren, zu

Evans VP II (Volksplane), die »fliegende Zigarrenkiste«.

Die »Himmelslaus« von Hermann Frebel bei einem OUV-Treffen.

bauen und gerade diese dann auch selbst zu fliegen, der Hauptbeweggrund der OUV-Mitglieder. Sie betrachten ihre oft sehr intensive Arbeit hauptsächlich als Hobby. Nur die wenigsten können damit rechnen, daß ihre Konstruktionen von der Industrie entdeckt und wirtschaftlich auswertbar werden. Es gibt nur wenige Beispiele dafür, daß es zu einer solchen Zusammenarbeit gekommen ist. Meist bleibt's beim »Hobby«. Hier nun einige Amateurflugzeuge, die in den vergangenen Jahren in der Fachwelt besondere Aufmerksamkeit gefunden haben:

In seinem einfachen Aufbau und mit seinem eckigen Rumpf- und Flügelgrundriß entspricht der »Evans VP II« der Vorstellung vom »Amateurflugzeug« in besonderem Maße. Konstruiert wurde der »Volksplane« (Volksflugzeug) von dem Amerikaner Evans. In den USA fliegt bereits eine ganze Reihe von Evans Volksplanes. Der erste Nachbau dieses Musters in Deutschland stammt von Dr. Eckert und Herbert Steinhauer. Die handwerklich hervorragende Ausführung ist unter der farblosen Lackierung gut erkennbar. Wegen der schönen Maserung des Sperrholzes erhielt der zweisitzige, offene Tiefdecker vom Publikum den Namen »Fliegende Zigarrenkiste«. Bei einer Spannweite von 8,23 m und einem Fluggewicht von 471 kg (181 kg Zuladung) steigt das Flugzeug, das von einem Limbach-Motor angetrieben wird, mit etwa 2 m/sec. Die Höchstgeschwindigkeit liegt bei 160, die Reisegeschwindigkeit bei 120 km/h.

Die »Himmelslaus« von Hermann Frebel ist kein konventionelles Flugzeug. Mit den beiden gestaffelt angeordneten Tandem-Flügeln, von denen der vordere beweglich ist, entspricht es dem Volksflugzeug-Konzept eines französischen Konstrukteurs aus den dreißiger Jahren: Henri Mignet hatte mit dem »Pou du ciel« (Himmelslaus) versucht, das Bauen und Fliegen von Flugzeugen wesentlich zu vereinfachen. Dieses winzige Flugzeug, das durch einen Motorradmotor angetrieben wurde, war nur um die Hoch- und Querachse steuerbar, besaß aber keine Querruder. Für die nötige Stabilität um die Längsachse sorgten nach oben gezogene Flügelohren (wie bei Flugmodellen). In der allein durch das Seitenruder eingeleiteten Kurve gab sich der »Pou« von selbst die erforderliche Neigung. Laien sollen das Flugzeug schon nach wenigen Einweisungsstarts allein geflo-

Begegnung mit »VariEze« – ein ungewohnter Anblick.

(Frei durch Luftamt Hamburg, Nr. 608/80)

gen haben. Wegen einiger schwerer Unfälle wurde 1935 in Frankreich ein Flugverbot für den »Pou du ciel« erlassen. Mignet entwickelte später nach dem gleichen Konzept eine Reihe weiterer Konstruktionen, die nicht erfolglos waren. Die dabei gesammelten Erfahrungen hat Hermann Frebel in seine Konstruktion einbezogen. Die Flügel haben GFK-Holme, der Rumpf ist eine GFK-Schale. Mit dem Steuerknüppel wird zur Höhensteuerung der Einstellwinkel des Vorderflügels durch Ziehen und Drücken verändert; das große Seitenruder schlägt bei Querbewegungen des Knüppels sinngemäß aus. Der Hinterflügel enthält zwei große Trimmruder. Das Triebwerk der F 5 ist ein 45-PS-VW-Motor. Hermann Frebel, der inzwischen verstorben ist, erhielt für sein Flugzeug einen OUV-Preis für Einrichtungen, die ein Höchstmaß an Sicherheit bei dieser Flugzeugart ermöglichen.

Der Zweisitzer »VariEze« verwirklicht ein völlig neues Konzept. Die Flugzeugleistungen und -eigenschaften dieser GFK-Entenkonstruktion sind so ungewöhnlich, daß von ihr starke Impulse für die weitere Entwicklung ausgehen werden. Die Konstruktion stammt von dem Amerikaner Bert Rutan, der bereits Erfahrungen mit Entenflugzeugen (Höhenleitwerk vorn) sammeln konnte und davon überzeugt ist, daß sich mit dieser Bauform bessere Leistungen erzielen lassen als mit der konventionellen Anordnung.

»VariEze« bedeutet soviel wie »Very Easy« und bezieht sich auf die überaus einfache Konstruktion.

Zur Erleichterung des Ein- und Aussteigens wird die VariEze mit eingekurbeltem Bugrad abgestellt; zum Rollen läßt es sich mühelos im Stand wieder ausfahren. Das Leergewicht des ganz aus Kunststoff hergestellten Flugzeugs beträgt bei 6,50 m Spannweite des Hauptflügels und 3,60 m des Entenflügels nur 180 kg, das Startgewicht 400 kg (!). Mit einem 85-PS-Motor erreicht die VariEze um 300 km/h Reisegeschwindigkeit. Auch alle anderen Leistungsdaten liegen nahezu doppelt so hoch wie bei der vergleichbaren Cessna 150.

In der Bundesrepublik Deutschland wurde die schlanke, pfeilförmige Ente in fast 3000 Stunden aus GFK von Peter Krauss und Jörg Elzenbeck nachgebaut. Wo das Flugzeug erscheint, erregt es Aufsehen. Beim »Hobbyflug« 1977 war VariEze der Star, der zudem den Preis für die beste Bauausführung in seiner Klasse für seine Erbauer einheimsen konnte.

Eine Weiterentwicklung, die »Speed Canard«, wird inzwischen in Serie gebaut (siehe Seite 183).

Mylius My 102 »Tornado«: Den Laien wird es überraschen, daß selbst Flugzeuge für hohe Belastungen im Kunstflug im Eigenbau entstehen. Bei der »Tornado« handelt es sich zudem um ein Ganzmetallflugzeug. Dipl.-Ing. Hermann Mylius hat den Kunstflug-Einsitzer aus seiner MHK 101 entwickelt, aus welcher der von MBB (Messerschmitt-Bölkow-Blohm) zeitweise gebaute Bo 209 »Monsun« hervorgegangen war, ein zweisitziges Reiseflugzeug.

Der »Tornado« ist einsitzig und hat einen 200-PS-Lycoming-Motor, der eine Dreiblatt-Verstelluftschraube antreibt. Das Flugzeug, das mit 8,10 m Spannweite ein Rüstgewicht von 465 kg hat, erreicht eine Steiggeschwindigkeit von 14 m/sec und eine Geschwindigkeit bis zu 320 km/h. Zahlreiche Wettbewerbserfolge beweisen die Qualität dieses Flugzeugs.

Das Kunstflugzeug Mylius My 102 »Tornado«.

»Pitts Spezial« mit Manfred Strössenreuther.

»Pitts Spezial« heißt das Flugzeug, das Kunstflugbegeisterte in aller Welt vom Stuhl reißt. Die in Deutschland vorhandenen Exemplare dieses Musters sind im Eigenbau hergestellt worden; die Gemischtbauweise (Holz und Stahlrohr) bereitet keine besonderen Schwierigkeiten. Die Konstruktion stammt noch aus den vierziger Jahren; der »Oldtimer-Look« trägt in Verbindung mit der geringen Größe (5,28 m Spannweite) und der gedrungenen, doch eleganten Form wesentlich zur Beliebtheit gerade dieses Musters bei. Der 180-PS-Lycoming-Motor macht die Hummel zu einem Kraftpaket: Wie »Tornado« erreicht auch die »Pitts Spezial« eine Steiggeschwindigkeit von 14 m/sec und eine Höchstgeschwindigkeit von 285 km/h. Mit diesem Flugzeug haben Kunstflieger wie Josef Hößl, Manfred Strössenreuther und Richard Hecht ihre großen Erfolge errungen. »Pitts« wirbeln bei jeder Meisterschaft auf die vorderen Plätze und zählen dank ihrer langen Erfolgsliste zu den besten Kunstflugzeugen der Welt.

Vo Wi-8: Anfang der siebziger Jahre machte dieses unkonventionell aufgebaute zweisitzige Motorflugzeug von sich reden. Von diesem Muster wurde aber nur ein Prototyp hergestellt. Da der sehr begabte Konstrukteur Helmut Wilden leider bald darauf mit einem anderen Flugzeug tödlich abstürzte, wurde das Projekt nicht weiterverfolgt. Die noch vorhandenen, aber teilweise beschädigten Teile der Vo Wi-8 erwarb 1982 der Schweizer Amateurflugzeugbauer M. Monostory, der das Flug-

Neu aufgebaute Vo Wi – 8 auf dem OUV-Stand der Aero 89 in Friedrichshafen.

Ebenfalls auf der »Aero«: »Flair 30« von Günter Rochelt, erstmals gezeigt.

zeug in mühevoller Arbeit wieder restaurierte. Es hat eine Spannweite von 8.20 m und ist mit einem 82 PS VW-Porsche-Motor ausgerüstet. Die Steiggeschwindigkeit beträgt 4,5 m/s, die Reisegeschwindigkeit 194 km/h, die Reichweite 850 km. Bemerkenswert ist die hervorragende Rundumsicht aus dem Cockpit.
Nicht nur Motorflugzeuge, sondern auch Flugzeuge ohne Antrieb werden von OUV-Mitgliedern gebaut. Ein Mittelding zwischen Hängegleiter und Segelflugzeug ist »Flair 30«: ein Nurflügelflugzeug von 12 m Spannweite, das wie ein Drachen per Fußstart in die Luft gebracht werden kann und die Gleitzahl 30 erreicht. Mit ausgefahrenen Klappen läßt sich die Gleitzahl zur Landung auf 5 reduzieren. Der Segler wird nicht wie ein Drachen durch Gewichtsverlagerung, sondern aerodynamisch gesteuert. Auf einer ausfahrbaren Kufe kann auch im Liegen (der normalen Position des Piloten) gelandet werden. »Flair 30«, das weniger als 30 kg wiegt, besteht aus einer Kunststoff-Schalenkonstruktion und kann in zwei Hälften auf jedem Autodach transportiert werden. Der Aufbau mit Hilfe eines Zentralbolzens dauert zwei Minuten.
Das Flugzeug stammt von Günter Rochelt, der bereits durch eine ganze Reihe origineller und erfolgreicher Konstruktionen von sich reden machte. Von ihm wurde das »Solair 1« konstruiert (siehe Seite 269). Rochelt baute ferner zwei erfolgreiche Muskelkraftflugzeuge, »Musculaire I und II«.
Auch das Restaurieren und der Nachbau von Oldtimern gehört zu den selbstgestellten Aufgaben von OUV-Mitgliedern.

Oldtimer

Oldtimer stehen heute hoch im Kurs, erst recht, wenn sie kunstfluggeeignet und von ihrem Erhaltungszustand her auch noch dafür zugelassen sind. Ein Bücker-Jungmeister, der Kunstflug-Traum der dreißiger Jahre, kann auch heute noch bei einem Flugtag die Show an sich reißen. Die Klemm 35, die Josef Hössl noch in den sechziger Jahren zu seinen Kunstflug-Erfolgen verhalf, war für die Zuschauer eine Augenweide. Dieses Flugzeug ist leider bei einem Hallenbrand zerstört worden, aber noch fliegen einige Klemm 35, liebevoll gepflegt und behütet von ihren beneideten Besitzern. Der Schweizer Flugkapitän Werner Ammann erregt überall Aufsehen, wo er mit seiner meisterhaft restaurierten Klemm 35 erscheint. Das Flugzeug sieht aus, als habe es eben erst das Werk verlassen. Vor der Fernsehkamera erzählte er (im Schweizer Tonfall, der sich leider nicht aufschreiben läßt): »Ich habe dieses Flugzeug in Deutschland in Baden-Baden in einem Hangar gesehen, und es hat mir sofort sehr imponiert. Es war leider in einem schlechten Zustand, aber flugbereit. Ich habe mir gesagt, wenn so ein altes Flugzeug schon etwas Spezielles ist, dann sollte es auch in einem speziellen Zustand sein. Ich habe mir das Flugzeug gekauft und es mitgenommen in die Schweiz, wo ich es verzollen mußte. Schließlich habe ich die Klemm zum Schrecken meiner Mutter mit nach Hause gebracht und in der Garage restauriert. Sie hat bestimmt gedacht, es würde ein endloses Werk geben, doch nach zweieinhalb Jahren war das Flugzeug fertig. Ich habe es auf einem Wagen zum Flugplatz Altenrhein transportiert und war natürlich sehr gespannt auf den ersten Flug. Zunächst kam noch der Kontrolleur vom Luftamt, der Prüfer, wie man in Deutschland sagt. Er hat das Flugzeug sehr genau unter die Lupe genommen, doch dann durfte ich mich zum ersten Flug in die Luft wagen. Das war für mich ein ganz spezielles Erlebnis, da ich normalerweise große Flugzeuge fliege. Die kleine Klemm hat überhaupt keine Radio-Navigationshilfen. Man fliegt damit wie früher, mit einer Landkarte auf den Knien, einfach so den Straßen nach. Sehr gut sind auch die Eisenbahnlinien zu sehen und die Flüsse. Und so freue ich mich immer, mit diesem Flugzeug auf Strecke zu gehen.«
Verhältnismäßig zahlreich unter den Oldtimern ist auch noch der Focke-Wulf »Stieglitz« vertreten, ein verspannter Doppeldecker, Konstruktionsjahr 1932 (siehe Farbfoto). Mit dem berühmten Siemens-Halske-Siebenzylinder-Sternmotor SH 14 a und Holzluftschraube hatte das Flugzeug eine Steigleistung von 3,4 m/sec und eine Reisegeschwindigkeit von knapp 170 km/h. Der Zweisitzer ist wendig und stabil und wurde in den dreißiger Jahren gern zur Kunstflugausbildung verwendet. 1936 gewann Graf Hagenburg mit dem »Stieglitz« die Internationale Kunstflugmeisterschaft. Zum Kunstflug sind die meisten der Stieglitz-Oldtimer auch heute noch befähigt – nach vierzig Jahren und tausenden von Starts. Der Norddeutsche Horst Petersen hat einen »Stieglitz« wieder wie neu aufgebaut: »Es gibt kein Rezept dafür, wie man heutzutage an ein solches Flugzeug herankommt. Man muß eigentlich die Augen und die Ohren überall offenhalten. Man muß jedes Teil, das es von diesen alten Vögeln noch gibt, sammeln, und muß zusehen, daß man diese Teile im Laufe der Zeit und mit Hilfe von Leuten, die noch etwas davon verste-

Die »Klemm 35« des Schweizer Flugkapitäns Amann.
Der Original Hirth-Motor wird von Hand angeworfen.

hen, wieder zusammenbaut. Mein ›Stieglitz‹ stammt aus dem Jahre 1937. Fliegerisch lassen sich diese Flugzeuge kaum mit anderen vergleichen. Mit einem solchen Doppeldecker lassen sich Flugfiguren machen, die mit modernen Sport- und Reiseflugzeugen gar nicht möglich sind. Diese Oldtimer haben ganz enorme Flugeigenschaften, vor allem in Bezug auf Start und Landung. Mit leichtem Gegenwind benötigen sie nur rund 50 Meter, um vom Boden freizukommen. Und bei der Landung kommen sie notfalls mit derselben Strecke aus. Wegen der Langsamflugeigenschaften lassen sich damit auch alle Kunstflugfiguren sehr langsam fliegen, was den Kunstflug wesentlich erleichtert.«

Nicht nur Kunstflugzeuge finden das Interesse der Oldtimer-Fans. Ihnen ist alles recht, was noch aus den dreißiger und vierziger Jahren stammt. Jedes Flugzeug hat seine Geschichte, die zu erforschen für manchen Oldtimer-Besitzer geradezu Ehrensache ist. Reinhold Ficht aus Bayern hat mit Hilfe von Josef Schels eine Me 108 »Taifun« aus dem Jahre 1943 meisterhaft restauriert:

»Ich habe im Laufe der Zeit herausgebracht, daß die Maschine 1945 in Oslo auf dem Abstellplatz stand. Ein junger Schwede hat sie vom britischen Flugplatz-Kommandanten gegen einen elektrischen Rasierapparat eingetauscht. In Schweden hatte das Flugzeug drei verschiedene Besitzer. Der letzte unternahm damit sehr große Flüge, so Malmö-Wien, Wien-Paris oder Wien-Rom. Vor sechs Jahren habe ich die Maschine in Schweden gekauft. Alle Teile sind noch original, lediglich die Instrumente teilweise neu. Was noch aufzutreiben war an neuwertigen Originalinstrumenten, habe ich eingebaut. Original ist auch noch die Argus-Luftschraube und der Windflügel, der für die automatische Verstellung sorgt. Das Flugzeug hat außerordentlich wenig Teile, und seine aerodynamischen Eigenschaften sind hervorragend. Die Langsamfluggeschwindigkeit liegt ungefähr bei 100 km/h, die Maximalfluggeschwindigkeit bei 330 km/h – ein großer Bereich, der durch die heutigen Flugzeuge nur sehr selten erreicht wird. Der Motor, ein Achtzylinder Argus AS 10 C, leistet 240 PS. Früher hieß die Formel: 50 PS für die Zelle und für jede Person weitere 50 PS. Das ist heute noch gültig, obwohl in Amerika die Motorenleistungen bei viersitzigen Flugzeugen wesentlich niedriger sind. Die Maschine ist als Reiseflugzeug voll einsatzfähig, und es macht großen Spaß, damit zu fliegen – und auch daran zu arbeiten, denn irgendwelche Kleinigkeiten sind immer daran zu tun.«

Die Me 108 »Taifun« ist auch im Flug kein ratternder Oldtimer, sondern ungewöhnlich leise. Das liegt an der relativ niedrigen Drehzahl des Motors, der seine höchste Leistung bereits bei 2000 U/Min. erreicht. Die Reisedrehzahl liegt um 1850 U/Min. Die heute üblichen

Motoren haben weit höhere Drehzahlen, die bei direkter Übertragung auf die Luftschraube ein wesentlicher Geräuschfaktor sind. Verringerung der Drehzahlen auf Werte, wie sie in den dreißiger Jahren üblich waren, ist auch ein Weg, den Fluglärm an der Quelle zu bekämpfen.

Oldtimer-Treffen

Die Oldtimer-Sammler-Flieger und -Restaurateure sind keine Eigenbrötler. Sie lieben es, sich irgendwo in Europa mit ihren Flugzeugen zu treffen, Erfahrungen auszutauschen und auch ein bißchen für Show und Publicity zu sorgen. Die meisten kennen sich untereinander, sind sogar miteinander befreundet. Die nationale Zugehörigkeit spielt keine Rolle, ebensowenig wie bei der Oskar-Ursinus-Vereinigung, der einige von ihnen angehören. Nur durch enge persönliche Kontakte in alle europäischen Länder ist es möglich, seltene Oldtimer flugtüchtig zu halten, denn ein Originalteil, das nicht mehr funktioniert, läßt sich, wenn überhaupt, nur noch durch einen uneigenützig zusammenspielenden, breit gestreuten Freundeskreis beschaffen. Manche Oldtimer-Treffen sind zugleich eine Art Börse für Ersatzteile, ja ganze Flugzeuge, aber auch für die (leider nach und nach aussterbenden) Fachtechniker, die sich mit diesem und jenem alten Flugzeugmuster noch ganz genau auskennen.
Eines der schon zur Tradition gewordenen Jahrestreffen findet in Stauning statt, einem in Privatinitiative hervorragend angelegten und ausgebauten Flugplatz am Ringkøbingfjord an der dänischen Westküste. Veranstalter ist der dänische Veteranenfly Klubben, ein Zusammenschluß von Oldtimer-Freunden und -Besitzern. Der Club gibt sogar eine eigene Zeitschrift heraus. Im Rahmen des dänischen Luftsports spielen die Oldtimer eine weitaus größere Rolle als bei uns. So wie der Tourist auf den dänischen Straßen sich über auffallend viele alte Autos freut, so kommt der Motorflieger in Dänemark im Hinblick auf Oldtimer-Flugzeuge auf seine Kosten. Es entspricht offenbar einer in Dänemark weit verbreiteten Mentalität, das Alte, Bewährte zu bewahren, selbst wenn man sich etwas Neues mühelos leisten könnte. Diese Art des Understatements ist auch in England das Hauptmotiv für das Sammeln von Oldtimern, während es in Frankreich mehr nationale und sportliche Züge trägt.
Beim Oldtimer-Treffen in Stauning fühlt sich der Besucher in eine Luftsport-Großveranstaltung der fünfziger Jahre zurückversetzt. Da stehen sie in Reih und Glied: die britischen Tiger Moths, die amerikanischen Pipers (der Zahl nach meist am stärksten vertreten), die britischen Austers, die dänischen KZ (Kramme und Zeuthen)-Muster, dazwischen einige deutsche Bücker 181 »Bestmann«, einige Focke-Wulf »Stieglitz«, einige Klemm 35. Vertreten ist stets der älteste noch flugfähige dänische Oldtimer, eine De Havilland »Hornet« aus dem Jahre 1934, und meist auch eine Fairchild 24 H, ein eleganter Reise-Hochdecker ebenfalls noch aus den dreißiger Jahren. Alle diese Flugzeuge haben den Zweiten Weltkrieg in Scheunen oder anderswo versteckt überstanden. Man fand sie meist stark lädiert auf Schrottplätzen, unter Hallentrümmern oder als Wracks. Da es noch nichts anderes gab, waren sie nach zeitraubender Wiederinstandsetzung das Fluggerät bei Wiederbeginn des Luftsports in Europa.
Fast vier Jahrzehnte später ist die Ansammlung so vieler Oldtimer wie alljährlich in Stauning fast eine Sensation. Fünfzig bis hundert sind es, die sich dort jedesmal einfinden: aus England, Frankreich, Deutschland, der Schweiz und Schweden, die meisten natürlich aus dem Gastgeberland selbst.
Zum Einstellen in Luftfahrtmuseen sind die meisten dieser Oldtimer noch zu flugtüchtig. Manche, vor allem die offenen Doppeldecker, gelten als fliegerische Delikatessen, wie sie die heutige Luftfahrtindustrie nicht mehr zu bieten hat. Wieder andere eignen sich wegen ihrer besonderen Eigenschaften, etwa Kurzstart und Langsamflug, besser als heutige Muster für die Bedürfnisse ihrer Besitzer, wieder andere sind einfach nur schön oder originell – Gründe gibt's genug, Oldtimer zu halten, zu erhalten.
Die Dänen wollen um keinen Preis auf ihre KZ-Muster verzichten. Diese Hoch- und Tiefdecker, größtenteils mit Kurzstarteigenschaften, sind unter Leitung der Konstrukteure Kramme und Zeuthen von der Skandinavisk Aero Industrie zwischen 1937 und 1953 gebaut worden. Insgesamt entstanden in diesem Werk rund 200 Flugzeuge der Muster KZ I bis KZ X. Der Veteranenfly Klubben sieht es als seine Hauptaufgabe an, den Restbestand dieser Flugzeuge flugfähig zu erhalten. Wie gebrauchstüchtig beispielsweise der Hochdecker KZ III heute noch ist, wird dem staunenden Zaungast mit Flügen zu einsamen Stränden oder Starts und Landungen neben Bauernhöfen immer wieder vorgeführt. Hauptvoraussetzung dazu ist zwar in erster Linie die relativ große Freiheit des Luftsports in Dänemark, aber

Oldtimertreffen in Stauning.
Vorn vier »Piper«, dahinter Oldtimer-Tiefdecker. Im Landeanflug ist eine dänische »KZ IV«. Von diesem leichten, zweimotorigen Holzflugzeug wurden 1944 nur zwei Exemplare gebaut. Eines davon hat bei den Waffenstillstandsverhandlungen 1945 als Kurierflugzeug eine Rolle gespielt.

ohne die Kurzstart- und -landeeigenschaften der KZ III ließe sie sich kaum nutzen. Jens Toft, Mitglied des Veteranenfly Klubben, setzte seinen in Ehren ergrauten Vogel mit und vor Kameraleuten des NDR auf einen schmalen Feldstreifen neben seinem elterlichen Bauernhof. Da er bei solchem Tun niemanden belästigt oder gefährdet und das Stück Land ihm gehört, wird er von keiner Luftfahrtbehörde daran gehindert.

Die KZ-Muster dominieren jedoch nicht in Stauning. Am stärksten vertreten sind meist die Piper Cub, die – obgleich aus den frühen fünfziger Jahren stammend – optisch noch gar nicht wie Oldtimer wirken. Eindrucksvoll sind die Staffelflüge, die dänische Piloten mit diesem Muster veranstalten. Am ältesten wirken die englischen Tiger Moths, verspannte Doppeldecker mit teilweise noch außenliegenden Steuerzügen. Der Kraftstofftank ist Mittelteil des Oberflügels. Auf aerodynamische Feinheiten wurde wenig Wert gelegt, wohl aber auf einfache und robuste Bauweise. Wie sehr sie sich bewährt hat, wird durch die Zahl der heute noch fliegenden Tiger Moths aus den dreißiger Jahren schlagend bewiesen. Ganze Generationen von Sportfliegern haben auf diesem Flugzeug fliegen gelernt. Man braucht sich daher nicht zu wundern, daß einige grauhaarige, aber noch halbwegs sportlich wirkende Herren in auffallender Weise gerade um diese Flugzeuge herumstreichen, ins Cockpit blicken, an den (damals verachteten) Spanndrähten wie an einer Harfe zupfen und andere Betrachter darauf aufmerksam machen, daß sich außen angebrachte Steuerseile besonders gut kontrollieren lassen und daher ein nicht zu unterschätzender Sicherheitsfaktor sind.

Der 1969 gegründete Veteranenfly Klubben hat über 300 Mitglieder aus vielen europäischen Ländern und ist damit eine der stärksten Oldtimer-Vereinigungen. Oldtimer-Treffen finden jedoch nicht nur in Stauning statt. In der Schweiz, in Frankreich und in Österreich treffen sich Oldtimer-Freunde auf wechselnden Plätzen. In der Bundesrepublik Deutschland sind es die »Hobbyflug«-Treffen der OUV, zu denen stets auch Oldtimer erscheinen. Der Oskar-Ursinus-Vereinigung vergleichbar ist die britische Popular Flying Association. Ihre Treffen finden alljährlich stets auf dem gleichen Platz statt, und zwar in Sywell (Northampton). Dort ist man inzwischen für das Ereignis bestens gerüstet. Die Teilnehmerzahlen sind noch um ein Vielfaches höher als in Stauning. Meist sind es über 500 Flugzeuge, überwiegend Eigenbauflugzeuge und Oldtimer, die sich in Sywell einfinden. Es ist einfach umwerfend, welche Vielfalt an historischem und modernem Fluggerät sich dort am Boden präsentiert und in den Lüften tummelt. Sywell macht zeitweise den Eindruck, als hätten sich auf einen Zauberspruch hin die Tore eines riesigen Luftfahrtmuseums geöffnet und alle sonst verstaubten Exemplare, auf geheimnisvolle Weise verjüngt, sich ins einst vertraute Element geschwungen. Wer nennt die Muster, die vertrauten, aber uns Mitteleuropäern fast nur aus alten Luftfahrtbüchern bekannten Namen, die in Sywell greifbare Gestalt annehmen: Comper Swift, Miles Messenger, Dewoitine...

Zwischen den Lustflügen der Oldtimer finden in Sywell Flugrennen winziger, meist im Eigenbau hergestellter Rennflugzeuge statt. Sie tragen so klangvolle Namen wie Cosmic Wind, Cassutt, Rollanson Beta. Kurzum: Sywell ist ein Fest der Freude an alten und neuen Flugzeugen, am zahmen und am wilden Fliegen, wie es wohl nur die Angelsachsen auf die Beine stellen können.

Und wer schon in England ist, der sollte auch einen Besuch der Shuttleworth Collection in Old Warden möglichst am letzten Sonntag der Monate März bis September mit einplanen. Dann nämlich finden dort Flugtage mit den historischen Flugzeugen statt, die in diesem Luftfahrtmuseum sonst nur ausgestellt sind. Nach 50 Minuten Bahnfahrt ab London, Bahnhof Kings Cross, bis Biggleswade, anschließend noch wenige Minuten Taxifahrt nach Old Warden, erschließt sich dort die bunte Welt der Luftfahrtgeschichte in einer einzigartigen Sammlung, die vom Blériot-Eindecker, Baujahr 1909, bis zu den Mustern der fünfziger Jahre reicht.

Etwas Vergleichbares gibt es in der Bundesrepublik Deutschland nicht. Dabei ist die Shuttleworth Collection nur eins von vielen britischen Luftfahrtmuseen. In Deutschland wurden leider im Zweiten Weltkrieg fast alle Luftfahrtmuseen und -sammlungen zerstört. Was gerettet oder nach dem Zweiten Weltkrieg neu zusammengetragen werden konnte, besitzt im wesentlichen die Luftfahrt-Abteilung des Deutschen Museums in München. Nur das Deutsche Segelflugmuseum auf der Wasserkuppe kann in seiner Sparte damit konkurrieren. Ein privates Auto- und Technik-Museum in Sinsheim zeigt im wesentlichen alte Verkehrs- und Militärflugzeuge. Darüber hinaus gibt es noch einige private Sammler – doch nur wenige der dort vorhandenen Muster sind noch flugtüchtig.

»Great Lakes« – Nachbau eines amerikansichen Doppeldeckers von 1929.

Focke-Wulf Fw 44 »Stieglitz« aus den dreißiger Jahren, startbereit

Bücker Bü 131 »Jungmann«, ebenso betagt, rollt nach einer Kunstflugvorführung auf der Aero 89 in Friedrichshafen wieder an seinen Abstellplatz.

Aus der Arbeit der OUV:

Die »Himmelslaus« von Hermann Frebel im Bau …

… und flugbereit auf einem OUV-Treffen

Flugtag.

Hinter dem Rumpfende der »Slin« eine »Pitts Spezial« und ein Ultraleichtflugzeug

Die »Slin Z 50 L« mit Manfred Strössenreuther

Naturschutzflüge in Schleswig-Holstein:

Brennende Müllkippe. Von dem Piloten, der den Brand schon im Entstehen aus der Luft entdeckte, wurde über die Luftaufsicht Uetersen die Feuerwehr verständigt.

Die Dünen-Halbinsel Bottsand in der Kieler Bucht. Sie darf nicht betreten werden, um die Vegetation vor Zerstörung zu schützen. Gegenüber jedoch liegt Marina Wentorf, ein belebter Sportboothafen. Die Überwachung aus der Luft ist ein wirksames Mittel zur Erhaltung des Naturschutzgebietes.

Das Oldtimer-Zentrum am Flugplatz Günzburg besteht leider nicht mehr. Der Amerikaner Arthur Williams, ehemaliger Major der US-Streitkräfte, ein Oldtimer-Fanatiker, ist nach Florida zurückgekehrt. In seinem 1973 gegründeten Betrieb war er mit der Restauration und dem Nachbau von Oldtimern voll ausgelastet. Bekannt wurde er durch den flugfähigen Nachbau des Fokker-Dreideckers, den Richthofen im Ersten Weltkrieg geflogen hat. Er brachte es jedoch auch fertig, für wohlhabende amerikanische Sammler eine Me 109 E mit dem legendären DB-601-Motor und eine FW 190 D 12 mit Jumo 213 E, Jagdflugzeuge aus dem Zweiten Weltkrieg, wieder voll flugfähig zu machen. Außer weiteren Fokker-Dreideckern, von denen einer im Deutschen Museum in München zu bewundern ist, baute er auch andere Jagdflugzeuge des Ersten Weltkriegs neu, so allein vier Nieuport Typ XI Bébé-Doppeldecker. Selbst die Demoiselle von Santos Dumont, das winzige »Volksflugzeug« aus dem Jahre 1909, reizte ihn, zumal er für den Nachbau noch einige Originalteile auftreiben konnte. Ein Exemplar lieferte er an das Musée de L'Air in Paris, ein zweites behielt er für sich.
Für Liebhaber bestimmt war auch der Doppeldecker »Great Lakes«, Nachbau einer amerikanischen Konstruktion aus dem Jahre 1929. Eine ganze Reihe davon sind verkauft worden. In den USA war die Nachfrage so groß, daß die Kunden monatelange Lieferzeiten in Kauf nehmen mußten. Gebaut und restauriert hat Williams auch einen Curtiss-Doppeldecker und ein Deperdussin-Rennflugzeug aus der Zeit vor dem Ersten Weltkrieg sowie einen österreichischen Aviatik D I Jagdeinsitzer.
Zu seinen Steckenpferden gehörte außerdem das französische Kleinstflugzeug Cri-Cri, von dem er eine Reihe Bausätze verkaufen konnte. Sein Knüller dürfte jedoch eine einsitzige »Great Lakes« mit einer Allsion-Gasturbine von 420 PS und Dreiblatt-Verstelluftschraube gewesen sein; sie erreicht 16 m/sec Steiggeschwindigkeit und war wohl in erster Linie für Schau-Kunstflüge auf Flugtagen gedacht.
Gewiß war es eine reizvolle Aufgabe, durch Verstärkung der Tragflügel aus einem Lustobjekt für sportliche Großväter einen Feuerstuhl für Kunstflugasse zu machen.
Wenn es gelingt, mit dem Wiederaufgreifen alter Konstruktionsideen unter Ausnutzung moderner technischer Möglichkeiten auf Spezialgebieten Fortschritte zu erzielen, gewinnt die Oldtimer-Liebhaberei eine neue Dimension.

Kunstfliegen

In den zwanziger und dreißiger Jahren kannte jedes Kind die Namen der großen Kunstflieger wie Ernst Udet und Gerhard Fieseler. Auf Flugtagen waren sie Zugnummern von ähnlicher Wirkung wie heutzutage die großen Showstars. Diese füllten die Kassen und wurden bejubelt. Kunstflug galt auch im Bewußtsein der Öffentlichkeit als die hohe Schule des Fliegens. Fliegerische Präzision verband sich mit dem technisch-aerodynamischen Fortschritt und führte zu Spitzenleistungen, für die es auch ein sachkundiges Publikum gab.

CAP 10 – zweisitziger Kunstflugtrainer aus Frankreich.

Selbstverständlich gehört Kunstflug auch heute noch zu den Attraktionen von Flugtagen, doch der Kreis der Sachkundigen ist klein, und die Namen der Kunstflugasse dringen kaum über ihn hinaus. Wer außer den unmittelbar Interessierten weiß etwas von ihren nationalen und internationalen Erfolgen, kennt ihre Schwierigkeiten?
Walter Wolfrum, alterfahrener Kunstflieger und Deutscher Meister von 1962, sagte hierzu:
»Wir Kunstflieger in Deutschland haben einen sehr schweren Stand. Man hat bei uns in der Bundesrepublik vergessen, welchen hohen Wert und welche Bedeutung der Kunstflug für die Flugsicherheit schlechthin hat. Früher war sich jeder, der vom Fliegen etwas versteht, darüber im klaren, daß ein Pilot in der fliegerischen Handhabung nur durch den Kunstflug perfektioniert werden kann und der Kunstflug die einzige Möglichkeit ist, ihn mit Grenzzuständen in der Fliegerei vertraut zu machen.
Bei uns wurden jedoch in der Nachkriegszeit die amerikanischen Ausbildungsmethoden übernommen, und daher wird der Kunstflug in der Form, wie wir ihn uns wünschen und als Kunstflug betrachten, eigentlich überhaupt nicht mehr gelehrt. Diese Tendenz hat sich weiter fortgesetzt, als man in den sechziger Jahren sogar darauf verzichtete, daß die Fluglehrer im Besitz eines Kunstflugscheines sein mußten. Das war bis dahin obligatorisch gewesen. Es ist paradox deshalb, weil auch Fluglehrer ohne Kunstflugschein heute noch gehalten sind, ihre Flugschüler in sogenannte Grenzflugzustände einzuweisen, das heißt in Grenzbereiche, die sie selber weder kennen noch beherrschen. So weit sind wir also heute in Deutschland, einem der beiden Mutterländer des Kunstflugs!
Das andere Mutterland des Kunstflugs ist Frankreich. Dort weiß man auch heute noch um den hohen Wert des Kunstfliegens für die Flugsicherheit schlechthin. Dort genießt der Kunstflug noch weitgehend staatliche Förderung, wie überhaupt der gesamte Flugsport.«
Im gleichen Sinne wie Walter Wolfrum äußerst sich auch Dr. Stölzle, Mitglied der 1975 gegründeten Bayerischen Kunstfliegervereinigung:
»In Frankreich ist man sehr positiv zum Kunstflug eingestellt, um eben die Elemente des Kunstflugs auch für die allgemeine Fliegerei nutzbar machen zu können. Dies war auch der Grund, warum wir die Bayerische Kunstfliegervereinigung gegründet haben. Wir möchten die Elemente des Kunstfluges wieder in die Ausbildung der Fluglehrer und der Piloten einbauen. Im kritischen, überkritischen Bereich sind sie wichtig für die Flugsicherheit. Jeder Pilot sollte einmal diese Flugzustände erfahren haben und sich daraus auch wieder einwandfrei befreien können. Der Leistungsflug in Deutschland, speziell der Kunstflug, ist fast ein Stiefkind der Fliegerei. Wir sind der Meinung, daß der Kunstflug in Deutschland einer Förderung bedarf. Hierzu ist es erforderlich, daß geeignete Plätze und Flugzeuge zur Verfügung stehen. Auf den Flugplätzen ergibt sich das Lärmproblem, das sich aber bei gutem Willen ohne weiteres lösen ließe.«
Zur Schulung und Weiterbildung im Kunstflug ist ein zweisitziger Trainer unerläßlich. Das französische

Richard Hecht auf »Acrostar« startet in Straubing.

Muster Avions Mudry CAP 10 ist nach Meinung vieler Fachleute dafür hervorragend geeignet und hat darüber hinaus den Vorteil, daß man es wegen seiner guten Flugeigenschaften auch zur Anfänger- und Fortgeschrittenenschulung und wegen seiner bequemen Kabine als Reiseflugzeug benutzen kann. Die CAP 10 ist ein Tiefdecker in Gemischtbauweise; sie hat einen Stahlrohrrumpf und Holzflügel. Die Verwendung von Holz für ein hochbeanspruchtes Kunstflugzeug ist kein Mangel. Manche Fachleute sehen darin gegenüber der Metallbauweise sogar einen Vorteil, denn Holz, das sorgfältig verarbeitet und mit modernen Kunstharzleimen geklebt wurde, behält seine Festigkeit. Metall dagegen ermüdet unter hoher Belastung, wodurch die ursprüngliche Festigkeit allmählich nachläßt.

Die CAP 10 hat 8,06 m Spannweite und ein Rüstgewicht von 540 kg. Bei Kunstflug beträgt die maximale Zuladung 220 kg, bei Normalflug 290 kg. Der Lycoming-Einspritzmotor von 180 PS treibt einen Hoffmann-Holzpropeller an. Die Steigleistung beträgt 5,6 m/s, die Höchstgeschwindigkeit 270 km/h (im Sturzflug maximal 340 km/h), die Reisegeschwindigkeit 250 km/h. Für den Reiseflug ist die Reichweite von 1000 km interessant.

Aus der CAP 10 wurde inzwischen die einsitzige CAP 20 entwickelt. Mit ihrem 200-PS-Motor, der ihr eine höhere Steigleistung und Geschwindigkeit gibt, dürfte sie bei Wettbewerbskunstflug auch der internationalen Konkurrenz gewachsen sein.

Dazu gehört die schon erwähnte »Pitts Spezial«, von der es auch eine zweisitzige Trainer-Version gibt, die Pitts S-2 A, deren Steigleistung mit 9,15 m/sec (zweisitzig) naturgemäß nicht so groß ist wie die des einsitzigen »Kraftpakets« S-1 (14 m/sec). Damit können alle Kunstflugfiguren, auch die negativen, am Doppelsteuer geflogen werden. Die Einführung von Piloten in den negativen Kunstflug und das Umsteigen von anderen Mustern auf die einsitzige Pitts Spezial lassen sich mit einigen Übungsstunden schnell und gefahrlos bewerkstelligen.

Zu internationalen Erfolgen kam auch die Hi-27 »Acrostar«, eine Konstruktion des Schweizer Kunstflugpiloten Arnold Wagner. Der Flügel hat ein symmetrisches Profil, wodurch der Rückenflug sehr erleichtert wird. Außerdem ist das Profil ungewohnt dick. Kunstflugfiguren lassen sich dadurch verhältnismäßig langsam fliegen. Zugleich hat der Flügel wegen der großen Bauhöhe eine sehr hohe Festigkeit, auch bei negativer Belastung wie beim Looping nach vorn. Querruder und Wölbklappen sind miteinander kombiniert. Dadurch läßt sich das Flugzeug um die Längsachse sehr schnell drehen. Die

Rückenflug in Bodennähe – Manfred Strössenreuther auf der Slin Z 50 L.

Wölbklappen sind außerdem mit dem (ungedämpften) Höhenleitwerk verbunden, wodurch das Flugzeug auch um die Querachse außerordentlich wendig ist. Die Spannweite beträgt 8 m, das Rüstgewicht 640 kg, das Fluggewicht 760 kg.

Mit einem 220-PS-Franklin-Motor (Sechszylinder) erreicht die »Acrostar« über 12 m/sec Steiggeschwindigkeit und 340 km/h Reisegeschwindigkeit. Zu Wettbewerbserfolgen kam das elegante Flugzeug vor allem durch seine Wendigkeit.

Zu den besten Kunstflugzeugen zählen seit langem der »Zlin-Trener«, von denen es mehrere ein- und zweisitzige Versionen gibt. Zwar können die Veteranen international nicht mehr voll mithalten. Doch wurde die Weiterentwicklung dieser Muster, die 1976 erstmals vorgestellte Moravan Zlin Z 50 L, zu einem großen Erfolg für die tschechoslowakische Luftfahrtindustrie.

Die Zlin Z 50 L ist ein einmotoriger, einsitziger Ganzmetall-Tiefdecker mit festen Federbeinen und Spornrad. Der freitragende Flügel hat einen durchgehenden Hauptholm und wie die Acrostar ein symmetrisches, allerdings weitaus dünneres Profil. Mit einem Lycoming-Motor von 240 PS erreicht das Flugzeug (720 kg Fluggewicht bei 150 kg Zuladung) eine Steiggeschwindigkeit von 12 m/sec und eine Reisegeschwindigkeit über 260 km/h. Für Überführungsflüge können an den Flügelenden Zusatztanks von je 50 l Fassungsvermögen montiert werden.

Die Zlin Z 50 L wurde von Manfred Strössenreuther

Wolfgang Dallas auf »Diabolo« im Messerflug

meisterhaft geflogen. Der mehrfache Deutsche Meister und Weltmeister lag damit Anfang der achtziger Jahre auch bei internationalen Konkurrenzen meist auf den ersten Plätzen. Leider ist Manfred Strössenreuther im März 1986 tödlich verunglückt – bezeichnenderweise nicht beim Kunstflug, sondern bei seiner alltäglichen Routinetätigkeit als Fluglehrer, als sein Flugzeug in der Platzrunde mit einem anderen zusammenstieß.
Bekannt wurde auch Wolfgang Dallach als Mitglied der Nationalmannschaft. In vierjähriger Arbeit hatte er eine Stephens Acro »Diabolo« (»Teufelchen«) nachgebaut und mit einem 260-PS-Motor ausgestattet. Der Erstflug am 20. Mai 1980 auf dem Flugplatz Karlsruhe-Forchheim verlief erfolgversprechend. Der Schulterdecker hat einen Einstellwinkel von Null Grad, ein symmetrisches Profil und einen Dreiblatt-Verstellpropeller. Seine Steigfähigkeit und Wendigkeit bewies dieses Muster schon in den USA, wo Leo Loudenslager mit ihm dreimal die amerikanische Meisterschaft gewann und 1978 Weltmeister in der »bekannten Pflicht« wurde.
Für die Zuschauer sind Kunstflug-Meisterschaften attraktiver als die meisten anderen Wettbewerbsveranstaltungen im Luftsport, weil die Konkurrenz in Sichtweite ausgetragen wird. Wie schon in der Vorkriegszeit, so halten sich auch heute einige wenige Namen meist mehrere Jahre in der Spitzengruppe.
Gerhard Fieseler kam allein fünfmal zu Meisterehren – von 1928 bis 1933, wobei ihm nur einmal, 1931, ein anderer den Rang ablief: Gerd Achgelis. 1935 und 1936 siegte Willi Stör. 1938 und 1939 setzte sich Albert Falderbaum an die Spitze. 21 Jahre später, 1960 bei den Deutschen Kunstflug-Meisterschaften in Münster, trug er noch einmal den Sieg davon. Gerhard Pawolka kam 1961 und 1964 zum Erfolg, 1963 und von 1965 bis 1967 war Herbert Greb der Meister vom Dienst. Ihm schloß sich Josef Hößl an, der die Meisterschaft 1969 in Giebelstadt, 1971 in Kassel und 1973 in Marl gewinnen konnte. 1975 in Straubing siegte Manfred Strössenreuther vor Richard Hecht. Strössenreuthers Erfolge – auch auf Weltmeisterschaften – rissen bis zu seinem tragischen Unfalltod nicht ab.
Bei Kunstflug-Weltmeisterschaften treten die Piloten aus der Bundesrepublik Deutschland gegen Mannschaften an, die von Staats wegen jede Trainingsmöglichkeit haben und sich ihre Flugzeuge nicht selbst finanzieren müssen. Bei den Russen beispielsweise ist die gesamte fliegerische Ausbildung kostenlos – auch das Kunstflugtraining.
Umso höher ist es zu bewerten, daß die deutsche Mannschaft bei den Weltmeisterschaften der vergangenen Jahre fast jedesmal gut abschneiden konnte.
Referent für Kunstflug im DAeC ist Frank Gerstenberg, der in den achtziger Jahren selbst manchen Erfolg auf Wettbewerben erringen konnte.
Inzwischen gibt es sogar einen Bundestrainer für Kunstflug: Walter Extra. Er ist der derzeit erfolgreichste deutsche Kunstflieger auf Motorflugzeugen und deutscher Kunstflugmeister. Am Flugplatz Dinslaken konstruiert und baut er spezielle Kunstflugzeuge wie die »Extra 230«, einen Einsitzer. Internationales Aufsehen erregte er mit seiner »Extra 300«, einem Doppelsitzer, der gegenüber Einsitzern keinen Kompromiß bedeutet. Das bewies der Schweizer Erik Müller, als er auf diesem Flugzeug bei der Motorkunstflug-Weltmeisterschaft in Red Deer in Kanada 1988 gegen stärkste internationale Konkurrenz Weltmeister in der »Unbekannten Pflicht« wurde.
Die »Extra 300« ist ein Mitteldecker von 8 m Spannweite, der mit einem 300-PS-Motor eine Steiggeschwindigkeit von 18,7 m/s erreicht.
Bei der Weltmeisterschaft 1988 in Kanada stellten auch die Russen mit der »Sukhoi M-26« ein neues hervorragendes Kunstflugzeug vor, in der Nachfolge der ebenfalls 360 PS starken, seit Jahren international erfolgreichen Yak 50. Einige davon sind nach Mitteleuropa importiert worden und rufen bei Flugvorführungen durch ihre kraftvolle Wendigkeit immer wieder Erstaunen hervor.

Die Entwicklung zeigt, daß schwach motorisierte Flugzeuge im internationalen Wettbewerb keinen Lorbeer mehr gewinnen können. Die Zeiten der Bodenakrobatik, mit der ein Ernst Udet die Massen begeistern konnte, sind vorbei. Sein Doppeldecker »Flamingo« hatte mit 110 PS eine Steigleistung von 2,8 m/sec. Damit wagte er einen Looping wenige Meter über dem Flugfeld. Und ebenso verschlug es den Zuschauern den Atem, wenn ein Gerhard Fieseler mit seiner allerdings viel stärkeren »Tigerschwalbe« im Messerflug den Boden zu streifen schien.
Das gibt es heute nicht mehr. Kunstflug spielt sich – von Ausnahmen abgesehen – in größerer Höhe ab, sodaß kein Zuschauer um seine Sicherheit fürchten muß, aber die Ästhetik des Kunstfluges und die Geschicklichkeit der Piloten trotzdem bewundern kann.

Motorflug-Wettbewerbe

Auch Motorflug-Wettbewerbe (siehe Farbbilder) locken oft Massen von Zuschauern an; doch ähnlich wie bei Segelflug-Wettbewerben besteht im Vergleich zu Wettkämpfen in anderen Sportarten das Handicap, daß der Außenstehende kaum weiß, um was es eigentlich geht, und schon gar nicht den Stand der Konkurrenzen oder einen Zweikampf miterleben kann. Er sieht startende und landende Sportflugzeuge, manchmal mehr als hundert innerhalb kurzer Zeit, und das ist für ihn schon interessant genug. Doch Spannung wie bei anderen Sportarten erlebt er kaum mit – allenfalls beim Kunstflug. Das ist ein Nachteil luftsportlicher Veranstaltungen, die alljährlich in großer Zahl stattfinden. Vereine veranstalten ihre Rallye, Landesverbände ihren jährlichen Wettbewerb; auf der Initiative einzelner Clubs beruhen so bekannte Luftsportereignisse wie die Rallye Baden-Baden, das Wyker Fliegertreffen, die Ostsee-Rallye, der Freundschaftsflug rund um Egelsbach, um nur einige wenige zu nennen. Ein nationaler Wettbewerb, der sich regelmäßig wiederholt, ist der Deutschlandflug (1989 zum 18. Mal seit der Wiederzulassung des Luftsports nach dem Zweiten Weltkrieg). International sind die Piloten-Weltmeisterschaften für Leichtflugzeuge.
In der Hauptsache geht es bei all diesen Wettbewerben um navigatorische und fliegerische Geschicklichkeit. Für Navigationsflüge muß der Pilot aus der Eigengeschwindigkeit seines Flugzeuges und den bekanntgegebenen Windwerten seinen rechtweisenden Steuerkurs, seine Geschwindigkeit über Grund und seine Flugzeit genauestens berechnen und schließlich in die fliegerische Praxis umsetzen. Beim Flug geht es darum, Kurse und Flughöhen genauestens einzuhalten. Dabei werden häufig noch Suchaufgaben gestellt. Geländemerkmale, einzelne Gebäude, ausgelegte Zeichen müssen gefunden und genau vermerkt werden. Manchmal erhält der Pilot nur die Koordinaten solcher Punktziele, deren Position er danach auf der Fliegerkarte festlegen muß. Bei anderen Gelegenheiten gilt es, »Reifeprüfungen« in Heimatkunde abzulegen, Burgen, Schlösser, Seen, Fabriken zu erkennen und zu benennen. Schließlich kommt es darauf an, sekundengenau Ziellinien zu überfliegen und metergenaue Ziellandungen zu machen. Der Findigkeit der Veranstalter sind keine Grenzen gesetzt, und oft sind zur Durchführung solcher Wettbewerbe wochenlange Vorbereitungen erforderlich. Waghalsigkeit ist nicht gefragt, nur das Können des Piloten und die Präzision in der Erfüllung der Aufgaben entscheiden. Das Ergebnis schlägt sich in der Punktwertung nieder. Baumuster und Leistungsfähigkeit der verwendeten Flugzeuge spielen keine wesentliche Rolle. Oftmals wird sogar Oldtimern oder von weit her angeflogenen Teilnehmern ein Punktvorsprung eingeräumt. Aus den Siegerlisten läßt sich erkennen, daß Sieg oder Niederlage mit Preis, Geschwindigkeit oder Ausstattung des Flugzeugs tatsächlich nichts zu tun haben. Freilich sind es oft ältere, erfahrene Piloten, die sich im oberen Drittel finden. Heißsporne haben bei solchen Wettbewerben kaum eine Chance. Sicherheit und Fliegerkameradschaft stehen an erster Stelle.

Die Motorflug-Ausbildung

In jeder Luftfahrtzeitung inserieren Flugschulen und bieten Lehrgänge oder individuelle Ausbildung zum Erwerb des Privatpilotenscheins an. Während früher auch gleich Fristen genannt wurden, sind heute Bemerkungen wie »PPL in fünf Wochen« die Ausnahme. Seit Inkrafttreten der Ausbildungsvorschriften vom 1. März 1976 sind die Anforderungen beträchtlich gesteigert und der Erwerb der PPL Beiblatt A (Motorflug) im Laufe von fünf Wochen nur wenigen Hochbegabten oder Vorbelasteten unter günstigen meteorologischen Voraussetzungen möglich. Daß Schulung und Prüfung damit auch teurer geworden sind, versteht sich von selbst. Die heutigen Anforderungen sind im folgenden zusammengefaßt.

Daß höhere Anforderungen als bisher gestellt werden müssen, bestreitet niemand. Im Gegenteil: Manchem erfahrenen Fluglehrer erscheinen die 40 Flugstunden (35 bei Ausbildung innerhalb von 5 Monaten) und die 80 Stunden theoretischer Unterricht innerhalb von 24 Monaten vor der Prüfung bestenfalls ausreichend. Auch das Motorfliegen ist dem »long-life-learning« unterworfen. Der gewaltige Berg theoretischer Kenntnisse, wie er dem Neuling heute vorgesetzt wird (und er soll sich in 80 Stunden hindurchfressen; verdauen kann er es meist nicht), ist nur ein bescheidener Anfang. Ausgelernt hat selbst der älteste Pilot nie. Diese Feststellung mag manchen davon abhalten, überhaupt mit der Ausbildung zu beginnen. Andererseits aber macht dieses Nie-fertig-sein auch den großen Reiz des Fliegenlernens aus. Langweilig und zur Routine kann es nicht werden.
Der Privatpilotenschein ist nur die erste Stufe. Mit der theoretischen und praktischen Prüfung beweist der Anfänger, daß er ein Flugzeug unter normalen Voraussetzungen beherrscht und alle Regeln kennt, die der Sicherheit des Luftverkehrs dienen. Der wunde Punkt ist nun, daß manche Privatpiloten nach der Prüfung nicht mehr genügend Zeit (oder auch Geld) aufbringen, um sich in Übung zu halten. Für die Scheinverlängerung nach 24 Monaten müssen zwar mindestens 25 Starts und 24 Flugstunden, darunter drei Streckenflüge zu einem mindestens 100 km entfernten Flugplatz mit Landung, nachgewiesen werden, doch lassen sich diese Bedingungen in relativ kurzer Zeit konzentriert erfüllen; sie erzwingen keine kontinuierliche Inübunghaltung im Laufe der gesamten Zeitspanne. Die Erfahrung zeigt, daß hierin ein gewisses Sicherheitsrisiko liegt. Nur wer viel und regelmäßig und möglichst unter wechselnden Bedingungen fliegt, erwirbt für sich und andere ein Höchstmaß an Sicherheit. Erfahrung ist das Kostbarste in der Fliegerei.

Motorfliegen lernen im Deutschen Aero Club

Meistens langwieriger, aber normalerweise etwas billiger als an einer kommerziellen Flugschule ist die Motorflugausbildung im Rahmen eines Luftsportvereins, der über einen Landesverband zum Deutschen Aero-Club gehört. Fluglehrer, Techniker und alle Helfer am Start und in der Werkstatt arbeiten ehrenamtlich; dadurch beschränken sich die Aufwendungen auf die reinen Unkosten für die Benutzung der Clubflugzeuge, Lehrbücher, Rechner, Kursdreiecke, Fliegerkarten und Prüfungsgebühren. Auch der Funksprechlehrgang kann, wenn geeignete Lehrkräfte vorhanden sind, im Verein absolviert werden. Die Prüfungsgebühren sind jedoch in letzter Zeit ständig gestiegen und für manchen, vor allem für Jugendliche, eine spürbare Belastung.
Aus einer Veröffentlichung des DAeC:
»Das in den DAeC-Vereinsflugschulen praktizierte Ausbildungskonzept zum PPL-A (mindestens 80 Stunden Theorie, mehr als 35 beziehungsweise 40 Flugstunden) hat sich trotz mancher Kritik von außen bewährt und entspricht nach wie vor den Erfordernissen. Dies gilt auch für die gemäß der Verordnung für Luftfahrtpersonal (LuftPersV) vorgeschriebene Einweisung in den Gebrauch von Funknavigationsgeräten und Transponder.
Die Erfahrung hat gezeigt, daß im Rahmen der gesetzlichen Mindestanforderungen eine solide Ausbildung zum verantwortungsbewußten Flugzeugführer, der sein Flugzeug unter Sichtflugbedingungen beherrscht, möglich ist. Das Verhältnis Lernaufwand, Leistung und aufzubringende Kosten bleibt dabei in einem vertretbaren Maß, das den Einstieg in die Motorfliegerei für jedermann möglich macht: vom Auszubildenden, Studenten, Handwerker, Angestellten, Beamten bis hin zum Pensionär usw.
Das DAeC-Ausbildungskonzept hört aber nicht beim amtlichen Luftfahrerschein PPL-A als dem Einstieg in die Motorfliegerei auf. An diesen ersten Schritt schließt sich ein stufenweiser Ausbau der Fähigkeiten an, der je nach Flugzeugführer variierbar ist. Mögliche Stufen lassen sich direkt aus den Luftverkehrsordnungen ableiten: beschränkt gültiges Sprechfunkzeugnis I (englisch), Allgemeines Sprechfunkzeugnis, Kunstflugberechtigung, CVFR-Berechtigung, Nachtflugberechtigung, Lehrberechtigung, Instrumentenflugberechtigung.
Die Ausbildung zum Erwerb der Instrumentenflugberechtigung ist im DAeC-Stufenplan als letzter Schritt aufgeführt und wird normalerweise durch kommerzielle Schulen angeboten.
Die Mittel, die von den DAeC-Motorflugvereinen bei der Schulung und Weiterbildung eingesetzt werden, sind unterschiedlich. Sie reichen von einfachem Ausbildungsmaterial und einer Cessna 150 bis zum Flugsimulator und voll IFR-zugelassenen Flugzeugen. Entscheidend ist immer der Ausbildungszweck und die dazu erforderliche kostengünstigste Methode. Um dieses Ziel zu erreichen, ist der DAeC auch ständig bemüht, die Grundlagen, zum Beispiel den Prüfungsfragenkatalog PPL-A, von unnötigem Ballast zu befreien und den

veränderten Gegebenheiten anzupassen.«
Für die Flüge zur Scheinerhaltung müssen jährlich bei kommerzieller Charterung wohl mindestens 1500 DM angesetzt werden. Im Club-Betrieb sind die unbedingt notwendigen 12 Flugstunden sicherlich billiger, zumal ein Teil davon auf Motorseglern oder Segelflugzeugen abgeleistet werden kann; jedoch muß auch die Arbeitsleistung einkalkuliert werden, die der Club von seinen Mitgliedern erwartet und von der die Mitglieder ja auch profitieren. Über die geforderte Mindeststundenzahl hinaus ist im Club auch das so notwendige Training zur Erhaltung und Steigerung der fliegerischen Sicherheit leichter möglich. Die meisten erfahrenen Piloten geben ihr Wissen in Theorie und Praxis gern weiter, und nichts ist für den Anfänger so lehrreich, wie mit einem Könner zu fliegen, vor allem, wenn dieser auch zu erklären bereit ist, weshalb er jetzt gerade das und jenes tut.
Es ist nicht nur das Fliegen in der Praxis, das ständig geübt und verfeinert sein will. Notwendig ist auch, immer wieder die einzelnen theoretischen Sachgebiete durchzugehen, deren oft umfangreicher Stoff dem Piloten in Fleisch und Blut übergehen sollte. Kein Problem ist das meist im Bereich der Technik, denn gerade das Interesse dafür hat viele veranlaßt, ausgerechnet den Luftsport zu ihrem Hobby zu machen. Die Frage »Warum fliegt ein Flugzeug?« hat schon manchen bewogen, sich ausgiebig mit Aerodynamik zu befassen. Wer beispielsweise vor seiner praktischen Ausbildung Flugmodelle gebaut hat, bringt einen Teil des erforderlichen Wissens in der Aerodynamik bereits mit. Er weiß, welche Rolle Auftrieb und Widerstand spielen, er kennt den Unterschied zwischen Einstell- und Anstellwinkel, er weiß, welche Luftkräfte am Flugzeug auftreten und unter welchen Voraussetzungen ein stabiler Flug gewährleistet ist. Auch das Prinzip der Luftschraube ist ihm geläufig, und natürlich weiß er erst recht, wie ein Flugzeug aufgebaut ist, aus welchen Materialien die einzelnen Baugruppen bestehen, welche Steuerungsteile erforderlich sind, wie sie wirken und welche Arten von Landehilfen es gibt.
Weniger geläufig ist den meisten Anfängern die Triebwerkskunde – es sei denn, daß sie aus einem Kraftfahrzeugberuf kommen. Gewiß kennen sie in großen Zügen etwa die Arbeitsweise eines Viertaktmotors; die speziellen Anforderungen an einen Flugmotor, die Probleme etwa der Vergaservereisung sind ihnen jedoch fremd. Bei manchen ist das Interesse daran schon nicht mehr so groß wie an Aerodynamik und Flugzeugkunde. Das gleiche gilt für die Funktionsweise und die Aufgaben der Bordinstrumente.
Die Meteorologie dagegen wird durchweg als hochinteressant, wenn auch als zunehmend schwierig empfunden. Gerade auf diesem Gebiet ist der reine Wissensstoff sehr umfangreich – doch immerhin läßt er sich von Anfang an auf die fliegerische Praxis beziehen.
Das gleiche gilt zwar für das umfangreiche Sachgebiet der Navigation, doch wegen der Anforderungen an geographische Grundkenntnisse, an geometrisches Vorstellungsvermögen und an mathematische Lösungsformen ist es bei vielen nicht sonderlich geschätzt.
Am wenigsten beliebt ist aber wohl bei jedem Anfänger der Abschnitt »Luftrecht, Luftverkehrs- und Flugsicherungsvorschriften«. Hier muß regelrecht gepaukt werden. Allein dieses Fachgebiet entspricht in seinen Anforderungen etwa denen beim Erwerb des Autoführerscheins. Die Rechtsvorschriften, die teilweise auswendig gelernt werden müssen, sind ein sehr abstrakter Stoff, dessen Notwendigkeit dem Anfänger erst mit zunehmender Praxis aufgeht. Erforderlich sind auch Kenntnisse über die nationale und internationale Organisation der Luftfahrt, über Luftfahrt-Institutionen und ihre Aufgaben, über Veröffentlichungen der Luftfahrtbehörden, über Flugplätze, über Luftfahrzeuge und die Bedingungen ihrer Zulassung, über Ausbildung und Erteilung, Erweiterung, Verlängerung, Erneuerung und Entziehung der Erlaubnisse und Berechtigungen, und vor allem über alle mit der Teilnahme am Luftverkehr zusammenhängenden Fragen: Pflichten, allgemeine Regeln, Sichtflügregeln, Luftraumgliederung, Flugsicherungsvorschriften und dergleichen mehr – kurzum, was hier bereits in der Übersicht manchem als umfangreich erscheint, bringt denjenigen, der es abfragbar lernen muß, mehr als einmal zum Stöhnen. Und es wäre auch nicht gut, dieses Wissen nur einmal zur Prüfung abrufbar im Kurzzeitgedächtnis zu speichern – es sollte durch ständiges Üben und Wiederholen tatsächlich unvergeßlich werden; denn Sicherheit und Leben können davon abhängen.
Niemand, der sich dem Luftsport zuwendet, wird Bequemlichkeit und träges Vorsichhindämmern damit verbinden. Er weiß, daß Anforderungen an seine Lernbereitschaft, seine Konzentrationsfähigkeit und sein Reaktionsvermögen auf ihn warten. Für manchen war das sogar der Hauptgrund, ausgerechnet diesen Sport zu wählen. Er sollte aber auch bei seinem »Ja« bleiben, wenn – zumindest am Anfang – die Anforderungen höher sind als das Vergnügen. Wer durchhält, wird es nie bereuen!

Luftsport – Beschränkungen und Konflikte

Von der kontroversen Diskussion über Luftsport, die in der Öffentlichkeit anhält, sind alle Sparten betroffen, besonders aber der Motorflug.

Die beschränkte Freiheit im Luftraum

Heutzutage kann man sich kaum noch vorstellen, daß es die große Freiheit im Luftraum, vergleichbar mit der Freiheit der Meere, tatsächlich einmal gegeben hat. Die Piloten der Pionierjahre unterlagen wohl den Beschränkungen ihrer unvollkommenen Technik; im Luftraum selbst aber waren ihnen noch keine Grenzen gesetzt. Selbst in den zwanziger und dreißiger Jahren gab es kaum Reglementierungen. Nur die Staatsgrenzen mußten beachtet werden, und im Gefolge der Kriegsrüstung kamen militärische Sperrgebiete auf.
Nach dem Zweiten Weltkrieg aber begannen die Luftraumbeschränkungen üppig zu wuchern. Für jede Beschränkung gibt es jedoch gute Gründe, und an eine Lockerung oder gar Aufhebung ist nicht zu denken – eher im Gegenteil.
Hauptursache für diese Beschränkungen ist das sprunghafte Anwachsen des Luftverkehrs und der Militärluftfahrt in Mitteleuropa, vor allem innerhalb der engen Grenzen der Bundesrepublik Deutschland. In erster Linie kommt es darauf an, Zusammenstöße in der Luft zu vermeiden. Seit die Zahl der Passagiere in Verkehrsflugzeugen in die Hunderte geht, übersteigen die Folgen einer Katastrophe jedes menschliche Vorstellungsvermögen. Darum wird jeder vernünftige Mensch akzeptieren, daß die Flugbewegungen in bestimmten Bereichen des Luftraumes und in der Umgebung der Flughäfen kontrolliert werden müssen. Ähnliches gilt für die Militärluftfahrt. Zivile und militärische Flüge werden jedoch getrennt kontrolliert, sind also voreinander nicht absolut sicher! Alle Versuche, die Arbeit der zivilen und militärischen Fluglotsen perfekt zu koordinieren, sind bisher fehlgeschlagen. Hier liegt die eigentliche, noch nicht gebannte Gefahr für die heutige Luftfahrt.
Im zivilen Bereich jedoch sind durch Aufgliederung in kontrollierten und unkontrollierten Luftraum, durch Errichtung von Kontrollbezirken, Nahverkehrsbereichen, Kontrollzonen, Flugplatzverkehrszonen, Luftsperrgebieten und Gebieten mit Flugbeschränkungen nahezu alle Möglichkeiten ausgeschöpft, vom Gesetzgeber her die Sicherheit der Luftverkehrsteilnehmer zu gewährleisten. Doch jede Reglementierung birgt zugleich Gefahren in sich: Menschliches Versagen wird umso wahrscheinlicher, je mehr Vorschriften beachtet und eingehalten werden müssen; die eigene Aufmerksamkeit läßt nach, wenn man sich kontrolliert, also behütet wähnt; Irrtümer und Mißverständnisse können tödlich sein, wie es leider immer wieder vorkommt.

Kampf um den Luftraum

Wo ein Mangel auftritt, setzt der Verteilungskampf ein, selbst im Luftraum. Verteilungskämpfe werden meist mit großer Rücksichtslosigkeit geführt – trotz der oft bemühten großen Kameradschaft aller Flieger ist es beim Kampf um den Luftraum nicht anders. Um es ganz klar auszusprechen: Zwar gefährden sich ziviler Luftverkehr und Militärluftfahrt gegenseitig nicht unerheblich. Der große Buhmann für beide ist jedoch der Luftsport. Alle Probleme scheinen gelöst, wenn die Segelflugzeuge und Motorsegler, die Cessnas und Pipers und was da sonst noch kreucht und fleucht, vom Himmel verschwinden, zumindest an den Wochentagen. Versuche in dieser Richtung haben in den vergangenen Jahren die Luftfahrtpolitik in der Bundesrepublik Deutschland geprägt. Fair und maßvoll reagierte der Deutsche Aero-Club, machte seinerseits Vorschläge aus Verständnis für die Besorgnisse beider Partner im Luftraum, rief seine Mitglieder zu besonders diszipliniertem Verhalten auf, wandte sich gegen Verleumdungen und Falschmeldungen. So konnten bisher allzu schmerzhafte Einschränkungen für den Luftsport vermieden werden.

Luftraum für den Luftsport

In einem Maßnahmenkatalog, den die Bundesregierung im Spätherbst 1975 zur Erhöhung der Sicherheit im Luftraum aufgestellt hatte, waren eine Reihe restriktiver Maßnahmen vorgesehen, die besonders den Luftsport betroffen hätten. So sollten alle Flüge ziviler Luftfahrzeuge innerhalb des 500-Fuß-Tiefflugsystems verboten und die Höhen zwischen 500 bis 1500 Fuß (150 bis 450 m) fast überall den militärischen Strahlflugzeugen vorbehalten bleiben. Während der militärischen Flugbetriebszeiten an Wochentagen zwischen 6.00 und 17.00 Uhr hätten also Flugzeuge der Allgemeinen Luftfahrt den Luftraum über 1500 Fuß nur innerhalb von Kontrollzonen und Flugplatzverkehrszonen erreichen können. Damit wäre an Wochentagen praktisch der gesamte Luftverkehr nach Sichtflugregeln unterbunden worden.
Eine Welle des Erschreckens und der Empörung erfaßte die Betroffenen. In einem Anhörungsverfahren vor den Mitgliedern des Verkehrs- und Verteidigungsausschusses des Bundestages konnte der Generalsekretär des Deutschen Aero-Clubs Bedenken und Gegenargumente vortragen. Doch dabei blieb es nicht. Nach mehreren Beratungen im Verkehrsministerium und bei der Bundesanstalt für Flugsicherheit folgte ein konstruktiver Vorschlag des Deutschen Aero-Clubs zur Entmischung der zivilen und militärischen Flüge im militärischen Tiefflugsystem, der von den übrigen Partnern begrüßt und unterstützt und vom Bundesminister für Verkehr akzeptiert wurde: ein auf zwei Jahre befristeter Großversuch zur Verdünnung des Luftverkehrs im 500-Fuß-Tiefflugsystem.
Gleichzeitig begann die umfangreichste Aufklärungsaktion, die bisher im Einflußbereich des Deutschen Aero-Clubs stattgefunden hat. Alle Publikationsmöglichkeiten wurden genutzt, um die Piloten davon zu informieren und zu überzeugen, daß der Großversuch notwendig und die einzige Chance sei, die drohende Gefahr für die Allgemeine Luftfahrt überzeugend und nachhaltig abzuwenden. Tausende von Plakaten und Aufklebern wurden an alle Vereine und Ausbildungsbetriebe verteilt sowie auf allen Flugplätzen ausgehängt. Die Aufkleber fanden ihren Platz sogar im Cockpit vieler Flugzeuge, um die Piloten ständig darauf hinzuweisen, daß sie das militärische Tieffluggebiet zwischen 500 und 1500 Fuß möglichst meiden sollten. »Da halten wir uns raus!« lautet der einprägsame Slogan. Die »heiße« Zone soll bei Start und Landung so schnell wie möglich durchquert und der Flug selbst, wenn vom Wetter her irgend möglich, in Höhen zwischen 1500 und 10000 Fuß durchgeführt werden, also etwa zwischen 450 m und 3000 m. Oberhalb 3000 m (Flugfläche 100 = 10000 Fuß) hat die

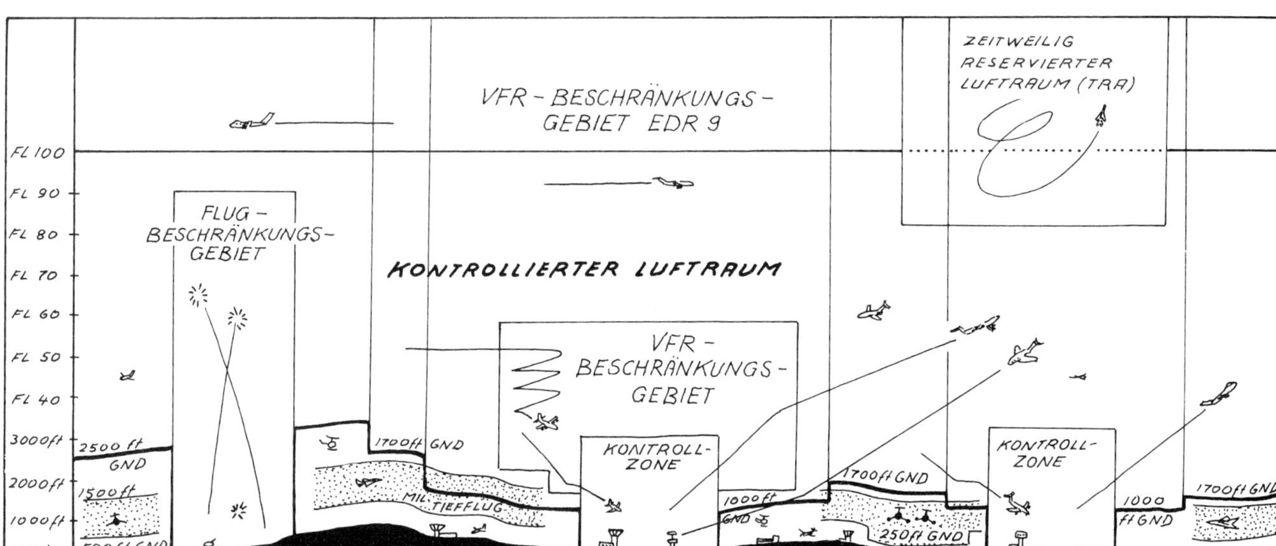

Flugbeschränkungen im unteren Luftraum.

große Freiheit des Luftraumes für die Allgemeine Luftfahrt allerdings bereits wieder ein Ende; denn dort sind Flüge nach Sichtflugregeln auf wenige Ausnahmefälle beschränkt. (Deshalb ist es in der Bundesrepublik Deutschland beispielsweise kaum möglich, im Segelflug die für das Goldene Leistungsabzeichen erforderlichen 3000 m Startüberhöhung zu erreichen.)

»Da halten wir uns raus!« war keine bindende Verordnung, sondern nur eine Empfehlung, die aber dank der wirkungsvollen Aufklärungskampagne, die auch die Bundesanstalt für Flugsicherung mit Veröffentlichungen unterstützte, praktisch überall eingehalten wurde.

Schon vor Ablauf der zweijährigen Frist für den Großversuch zeichnete sich der Erfolg der Aktion ab. Die Zahl der »gefährlichen Begegnungen« hatte sich 1977 gegenüber dem Vorjahr um 20 Prozent verringert; einige waren darauf zurückzuführen, daß die Führer militärischer Strahlflugzeuge die Schutzzonen nicht ausreichend beachtet hatten. Oberhalb des Tiefflugsystems und außerhalb der »Betriebszeiten« für militärische Tiefflüge kam es jedoch zu zwei Zusammenstößen: eine »Phantom« kollidierte mit einem Motorsegler, wobei die Insassen des Motorseglers ums Leben kamen, ein »Starfighter« mit einem Segelflugzeug.

Trotzdem: die dringende Empfehlung, »Da halten wir uns raus!« hatte sich bewährt. Sie wird bis heute von den Sportfliegern befolgt.

Hierzu gehören auch neue Regelungen für den Luftraum zwischen dem Tiefflugband und der Flugfläche 100. Seit Einführung dieser Höhenbegrenzung für den Sichtflugverkehr und für Propellerflugzeuge haben dort die gefährlichen Begegnungen spürbar zugenommen, vor allem in der Nähe der Verkehrsflughäfen und an den Funkfeuern (Navigationshilfen). Das macht deutlich, daß vorher ein beträchtlicher Teil des Sichtflugverkehrs oberhalb der Flugfläche 100 stattgefunden und dort nie zu spürbaren Behinderungen geführt hatte. Die Zusammendrängung des Sichtflugverkehrs auf Höhen zwischen 450 m und 3000 m erhöht dagegen offenbar die Wahrscheinlichkeit gefährlicher Begegnungen. Die Luftsportler haben bewiesen, daß sie aus Einsicht Beschränkungen hinnehmen und sich im Luftverkehr diszipliniert verhalten. Umso eher sollte auf überflüssige Reglementierungen verzichtet werden.

Sichtflugregeln

»Sehen und gesehen werden« lautet das Grundprinzip des Fliegens nach Sicht, wie es in der Hauptsache für den Luftsportler in Frage kommt. Dafür muß er die Sichtflugregeln (VFR = Visual Flight Rules) genau kennen und einhalten. Fliegt er nach VFR beispielsweise im kontrollierten Luftraum, also innerhalb von Kontrollzonen, Nahverkehrsbereichen und Kontrollbezirken, so muß er stets eine Flugsicht (Sicht voraus im

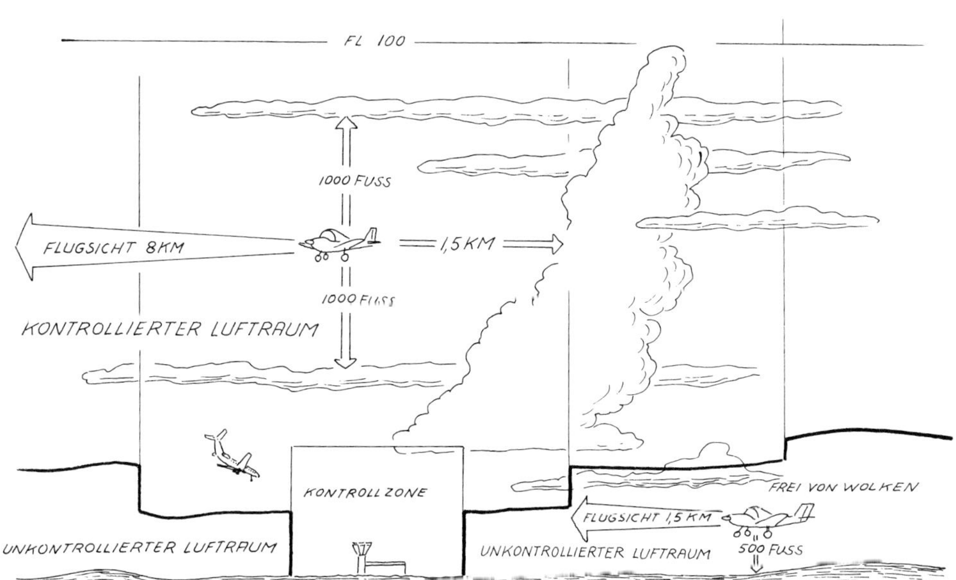

Die Sichtflugregeln
Sie gelten nicht nur in der Bundesrepublik Deutschland, sondern auch in vielen anderen Ländern, in denen Luftsport betrieben wird.

Flug vom Pilotensitz) von mindestens 8 km haben und zu Wolken einen Abstand von mindestens 1,5 km in waagerechter Richtung und 300 m (1000 Fuß) in der Senkrechten einhalten. In der Kontrollzone, in die der Luftfahrzeugführer ohnehin nur nach vorheriger Genehmigung der zuständigen Flugverkehrskontrollstelle einfliegen darf, gelten noch zusätzliche Wetter-Mindestbedingungen: Die Bodensicht muß mindestens 8 km betragen, und die Hauptwolkenuntergrenze darf nicht unterhalb von 600 m (2000 Fuß) liegen. Bei schlechten Bedingungen, jedoch auch nur bis zu einer Flugsicht von mindestens 1,5 km, wenn Wolken nicht berührt werden und Erdsicht jederzeit gewährleistet ist, kann per Sprechfunk eine Freigabe für einen Sonder-VFR-Flug beantragt werden. Sie wird erteilt, wenn die Verkehrsverhältnisse auf dem Platz es zulassen und die Bodensicht nicht unter 1,5 km liegt.

Im unkontrollierten Luftraum über 3000 Fuß (900 m) über Grund oder Wasser gelten wieder die gleichen Sichtflugregeln wie bei VFR-Flügen im kontrollierten Luftraum. Im unkontrollierten Luftraum unter 900 m hingegen sind die Forderungen nicht so streng; dort reicht eine Flugsicht von mindestens 1,5 km aus. Die Erdoberfläche muß aber ständig sichtbar sein, und Wolken dürfen nicht berührt werden. Soweit die wichtigsten der streng einzuhaltenden Sichtflugregeln.

Wenn das Flugzeug entsprechend instrumentiert ist und der Pilot die entsprechende Qualifikation besitzt, kann auch nach den »Instrumentenflugregeln« (IFR = Instrument Flight Rules) geflogen werden, selbst bei Sichtflugbedingungen. Normalerweise aber werden die Instrumentenflugregeln erst dann angewendet, wenn die Wetterbedingungen für VFR nicht mehr ausreichen. Im gewerblichen Luftverkehr wird praktisch ausschließlich nach IFR geflogen. Wer nach VFR fliegt, unterliegt unter bestimmten Voraussetzungen ebenfalls der Flugverkehrskontrolle. Beispiele dafür wurden schon genannt. Deshalb muß heute auch jeder Privatpilot das Funksprechzeugnis besitzen und Funksprechverkehr in der vorgeschriebenen Form, unter Verwendung bestimmter Sprechgruppen, durchführen können.

Flug»lärm«

Die Auseinandersetzung um Luftraumprobleme dringt nur selten an die Öffentlichkeit. Das Problem des Flug»lärms« hingegen wird in allen Medien mit einer solchen Lautstärke behandelt, daß die tatsächliche Geräusch-

Der Straßenverkehr verursacht Geräusche, ein Flugzeug aber macht »Lärm«.

entwicklung dagegen nur ein Flüstern ist. Die Diskussion darüber entzündete sich ursprünglich an dem Düsenlärm startender und landender Verkehrs- und Militärflugzeuge. Doch darüber ist es merkwürdig still geworden. Umso häufiger aber wenden sich Bürgerinitiativen, Interessengruppen und einzelne Bürger gegen die Allgemeine Luftfahrt, gegen den Luftsport, gegen die »Playboys«, die ihnen rücksichtslos die Mittagsruhe nehmen, gegen die »Reichen«, denn wer sonst könnte sich ein Flugzeug leisten. Um Mißverständnisse zu vermeiden: Hier soll nicht dem Fluggeräusch zu jeder Tages- und Nachtzeit, den lauten Flugzeugmustern und den rücksichtslosen Piloten das Wort geredet werden. Es geht lediglich gegen unangemessene, manchmal gar hysterische Reaktionen, die oft auf Unkenntnis, manchmal auf Verhetzung und gelegentlich sogar auf bösen Willen und wirtschaftlichen Interessen beruhen. Hierfür einige Beispiele:

In unmittelbarer Nähe von Flugplätzen, die schon seit Jahrzehnten in Betrieb sind, wurden auf dem dort relativ billig angebotenen Grund und Boden Wohnsiedlungen errichtet. Anschließend versuchte man über Bürgerinitiativen, den Flugbetrieb wegen des »unzumutbaren Lärms« zu unterbinden. Landende Sportflugzeuge wurden vom Boden her gelegentlich beschossen und tatsächlich beschädigt.

Wegen der »Lärmbelästigung« durch einen Flugmodellwettbewerb wurde die Polizei alarmiert – obwohl nur Segelflugmodelle am Start waren.

Es gibt viele ähnliche Fälle, die allein durch Feindseligkeit gegenüber dem Luftsport erklärt werden können. Von dem auch in den Medien spürbaren Trend ließen sich sogar Regierungsstellen anstecken: 1975 kam es zum »Entwurf einer Rechtsordnung über die zeitliche Einschränkung des Flugbetriebs mit Leichtflugzeugen und Motorseglern an Landeplätzen«, der in seinen Auswirkungen wohl der Todesstoß für den Luftsport in der Bundesrepublik Deutschland gewesen wäre. Glücklicherweise konnten die Vertreter des Deutschen Aero-Clubs dagegen so berechtigte sachliche wie juristische Argumente vorbringen, daß die Verordnung nur in einer abgemilderten Form in Kraft trat. »Aus Gründen des Umweltschutzes die Sportfliegerei vom Himmel holen, bedeutet, mit Kanonen auf Spatzen schießen«, hieß es damals in einer Stellungnahme. Einem Individualverkehr von 15,5 Millionen Personenkraftwagen stünden nur 5000 Sport- und Privatflugzeuge gegenüber. Lärmmessungen auf dem Flugplatz München-Oberwiesenfeld ergaben Motorengeräusche zwischen 54 und 78 dB – das entspricht Werkstattlärm. An derselben Stelle wurde die Lautstärke vorbeifahrender Mopeds ebenfalls mit 78 dB ermittelt – 1,5 Millionen davon fahren in der Bundesrepublik Deutschland.

Den berechtigten Lärmschutzwünschen haben sich die Sportflieger dagegen nicht verschlossen. Es gibt Beispiele dafür, daß Bürgerinitiativen gegen Fluglärm zusammen mit Flugplatzhaltern und Piloten brauchbare Lösungen erarbeiteten und seitdem in gutem Einvernehmen leben. Berechtigte Klagen werden sofort abgestellt – der Ton macht die Musik!

Der Kampf gegen das Fluggeräusch darf jedoch nicht auf örtliche Regelungen beschränkt bleiben. Es muß zunächst »an der Quelle« bekämpft werden, durch technische Maßnahmen also, und zum zweiten durch die Bereitschaft aller Sportflieger zu lärmminderndem Verhalten.

Tatsächlich wurden Erfolge erzielt, aber nicht durch restriktive Aktionsprogramme gegen die Sportfliegerei, sondern durch Initiativen der Sportflieger selbst. Auch die Industrie bemühte sich um die Geräuschdämpfung der Flugzeuge. Lärm verursachen in erster Linie die Luftschraube und der Motor. Also wurden leisere Luftschrauben erprobt und wirksamere Schall- oder Nachschalldämpfer für die Motoren entwickelt. Das geschah auch im Rahmen von Luftsportvereinen und Fliegerschulen. In der Fliegerschule Feuerstein beispielsweise wird die Robin DR 400, ein französisches Muster, als Schleppflugzeug verwendet. Nach Messungen erzeugte sie im Start einen Lärmpegel von 72 dB. Obgleich es sich dabei nur um eine mittlere Geräuschentwicklung handelte, wollte man doch wegen der Häufigkeit der Schleppstarts im Tagesablauf den Lärmpegel senken. Durch Verwendung einer Holzluftschraube und eines zusammen mit einer Firma entwickelten Nachschalldämpfers gelang es, den Lärmpegel auf 64 dB herunterzudrücken. Nach zweijähriger Erprobung wurde für diese Konstruktion vom Luftfahrt-Bundesamt eine Musterzulassung erteilt.

Ähnliche Beispiele gibt es in Hülle und Fülle. Auch für Motorsegler, die früher zum Teil recht laut waren, wurden durch verbesserte Auspuffanlagen Lärmminderungen bis zum »Flüstern« erreicht. Auf manchen Flugplätzen ist es geradezu eine Mode geworden, möglichst das leiseste Flugzeug zu haben. Mit donnerndem Motor zu starten, ist überall verpönt. Bei Start und Landung wird so geflogen, daß sich für die Bewohner der Randgebiete der Fluglärm so wenig wie möglich bemerkbar macht. Dafür haben Fachleute Hinweise erarbeitet, an die sich alle Piloten halten sollten.

Dazu gehören:

- Startbahnen möglichst in voller Länge ausnutzen, damit am Ende des Flugplatzes schon eine möglichst große Höhe erreicht ist.
- Unmittelbar nach dem Start mit voller Motorleistung steigen, um schnell Höhe zu gewinnen, über Wohngebieten aber sofort die Motorleistung reduzieren.
- Sich genau an den Verlauf der für jeden Platz vorgeschriebenen Platzrunden halten, denn er wurde bereits unter dem Gesichtspunkt der Lärmminderung für Anwohner festgelegt.

Schalldämpfer an einer Robin DR 400.

- Bei der Landung mit dem Endanflug möglichst hoch beginnen, um möglichst steil in den Platz hineinzukommen. Sogenannte Schlepplandungen (sich mit Motorkraft in geringer Höhe in den Platz hineinmogeln) möglichst vermeiden, schon gar, wenn dabei Häuser überflogen werden müssen.
- Bebaute Gebiete grundsätzlich so hoch überfliegen, daß keine Lärmbelästigung mehr zu erwarten ist.
- Bei häufigeren Flugzeugschleppstarts den Flugweg möglichst verändern, um eine wiederholte Geräuschbelästigung zu vermeiden. Über Wohngebieten mit verminderter Leistung schleppen.

Solche praktischen Maßnahmen haben dazu geführt, daß der Lärm um den Fluglärm in letzter Zeit etwas abgeebbt ist.

Doch Aversionen gegen den Luftsport, vor allem gegen den Motorflug, blieben bestehen.

Im April 1980 kam es auf dem Flugplatz Lüneburg zu einer Brandstiftung, bei der eine Halle mit Flugzeugen zerstört wurde. »Wegen ruhestörenden Lärms an Wochenenden« stand auf einem Pappkarton, der in der Nähe gefunden wurde. Diese Ungeheuerlichkeit fand kaum ein Echo in der Presse, die andererseits häufig gegen die Sportflieger Partei ergreift.

Flugunfälle

Flugunfälle sind das Schlimmste, was im Luftsport geschehen kann. Niemand will und darf sie beschönigen, denn fast immer haben sie katastrophale Auswirkungen, auch wenn im Vergleich zu Unfällen im Linienluftverkehr nur wenige Menschen davon betroffen sind. Im Straßenverkehr gibt es täglich hunderte von Unfällen – die Öffentlichkeit nimmt kaum Notiz davon. Die (glücklicherweise relativ seltenen) Flugunfälle in der Allgemeinen Luftfahrt aber machen Schlagzeilen und werden häufig – ohne Kenntnis der Ursache und der Verhältnisse – verallgemeinernd oder gar diskriminierend kommentiert.

Zuständig für fast alle technischen und organisatorischen Fragen der Zivilluftfahrt in der Bundesrepublik Deutschland, auch für Flugunfälle, ist das Luftfahrt-Bundesamt am Flughafen Braunschweig-Waggum.

Wolfgang Politt, bis zu seiner Pensionierung bei dieser Behörde Referent für die Flugsicherheitsmitteilungen und die Öffentlichkeitsarbeit, sagte zum Thema Unfälle im Luftsport folgendes:

»In der Öffentlichkeit hören wir eigentlich nur bei drei Gelegenheiten von dem sogenannten ›Kleinvieh‹ der Luftfahrt, der Masse der einmotorigen Flugzeuge, der Motorsegler und Segelflugzeuge: bei Flugtagen, bei Lärmfragen und bei Unfällen. Flugtage bieten die Faszination des Fliegens. Bei Lärmfragen geht es um den Ärger, den das Fliegen verursachen kann, und bei Unfällen eindeutig um die Sensation. Wie steht es nun wirklich mit den Unfällen? Wir haben im Jahr knapp drei Millionen Flüge nicht gewerblicher deutscher Flugzeuge in der Bundesrepublik Deutschland, und wir haben dabei an die 600 Ereignisse, die mit einem Schaden enden und als Unfälle bezeichnet werden. Hinzu kommen eine Reihe weiterer Zwischenfälle, bei denen es eben noch einmal gut ging. Die Statistik besagt, daß wir rund fünftausendmal fliegen müssen, um überhaupt einen Schadensfall mitzuerleben. Mit einem wirklich schweren Unfall, bei dem es Tote gibt, ist erst nach etwa 55000 Starts zu rechnen. Das bedeutet: Über der Sensationsmeldung eines Unfalls vergessen wir allzu leicht, daß eine Vielzahl von Flügen gut verläuft und daß sich Tausende von Menschen diesen Luftfahrzeugen bedenkenlos anvertrauen.

Eine weitere Frage ist: Was für Unfälle sind es, welche Ursachen haben sie und was können wir dagegen tun?

Wenn ein Luftfahrzeugführer sein Flugzeug nicht voll beherrscht, wenn er nicht in Übung ist, wenn er nicht genügend Erfahrung hat und nicht hinzulernt, wird er unsicher. Das gilt nicht nur für die Luftfahrt, sondern für alle Lebensbereiche, alle Verkehrsarten, letztlich sogar für den Haushalt. Hinzulernen bedeutet nicht nur theoretische Kenntnisse aufzufrischen, sondern auch immer wieder mit Flugzeugführern zu fliegen, die mehr können als man selbst. Eine Reihe von Unfällen beruht auf mangelnder Erfahrung, mangelndem Können: Es wird zu langsam geflogen, das Flugzeug gerät in einen überzogenen Flugzustand und schmiert ab. Passiert das in geringer Höhe, so kann es einen schweren Unfall, einen Absturz geben.

Eine zweite schwerwiegende Gruppe sind die Schlechtwetterunfälle. Der Pilot hat die Wetterlage und die Wetterentwicklung nicht richtig beurteilt und fliegt weiter – ins schlechte Wetter hinein. Um überhaupt noch etwas zu erkennen, muß er immer niedriger fliegen. Doch bald liegen die Wolken auf, es regnet in Strömen, das Gelände steigt vielleicht sogar an. Ein Berg ragt auf, einzelne Bäume, ein Wald – wehe, wenn das Flugzeug mit dem Fahrwerk darin hängen bleibt!

Der Leichtsinn, der zu Schlechtwetterunfällen führt, beginnt oft schon bei der Flugvorbereitung. Es ist vorge-

Nochmal gutgegangen – die Insassen kamen fast unverletzt mit dem Schrecken davon.
Absturz einer Cessna 172 bei Regen und tiefhängenden Wolken am Nordrand der Schwäbischen Alb. Die Insassen – ein NDR-Fernsehteam, das mit einem Berufspiloten zu Luftaufnahmen unterwegs war – kamen mit dem Schrecken davon.

kommen, daß ein Pilot mit einem Flugzeug, dessen Instrumentenausrüstung nicht betriebsklar war, in schlechtes Wetter hineingeflogen ist. Das Ergebnis waren Schwerverletzte und Totalschaden des Flugzeugs. In einem anderen Fall flog der Flugzeugführer mit einem Flugzeug, das überhaupt nicht für Instrumentenflüge ausgerüstet war, in schlechtes Wetter ein, und er selbst besaß keine Instrumentenflugberechtigung. Das Ergebnis: Die Mindestfluggeschwindigkeit wurde unterschritten, das Flugzeug stürzte senkrecht ab, alle Insassen kamen ums Leben. Ein anderer Fall ging noch glimpflicher aus. Der Pilot versuchte bei schlechtem Wetter, einer Autobahn zu folgen. Einen bewaldeten Berg, der ihm den Weg versperrte, konnte er nicht übersteigen. Sein Glück war, daß das Flugzeug eine Schneise in den jungen Baumbestand riß. Dadurch wurde die Energie des Aufpralls langsam abgebaut. Die Insassen überlebten nahezu unverletzt.
Für Schlechtwetterunfälle gibt es meist Ketten von Ursachen. Am Anfang steht die Fehlbeurteilung des Wetters und der Wetterentwicklung, dann folgt die Fehlentscheidung, weiterzufliegen anstatt umzukehren oder rechtzeitig auf geeignetem Gelände eine vorsorgliche Notlandung zu machen.

Was können wir tun? Als Luftfahrer müssen wir einmal erworbene Kenntnisse nicht nur bewahren, sonders ständig erweitern und auffrischen. Wir müssen aber auch in der Praxis unermüdlich lernen – etwa dadurch, daß wir immer wieder mit noch erfahreneren Flugzeugführern fliegen und unsere fliegerischen Fertigkeiten aufmöbeln lassen.
Als Behörde haben wir die Aufgabe, die aus Zwischenfällen und Unfällen abgeleiteten Erfahrungen an die Piloten weiterzugeben, die Öffentlichkeit zu informieren und aufzuklären. Unser Ziel ist, die an sich geringe Zahl der Unfälle noch weiter zu senken, denn eines ist ganz sicher: Jeder Unfall ist ein Unfall zuviel.«
Der Weitergabe von Erfahrungen dienen vor allem die ausgezeichneten Flugsicherheitsmitteilungen und Flugsicherheitsempfehlungen des Luftfahrt-Bundesamtes, die kostenlos abgegeben werden. Sie bieten Informationen, Hinweise und Kommentare zu allen Fragen des Flugbetriebs. Eine Titelauswahl läßt erkennen, um was es geht:

- Fluglärm und Sicherheit
- Flüge in oder in der Nähe der Flugüberwachungszone (ADIZ, ein etwa 50 km breiter Luftraum, der nur mit genehmigtem Flugplan und Flugverkehrsfreigabe beflogen werden darf, entlang der Grenze zur DDR und zur CSSR zur Vermeidung von versehentlichem Einfliegen in diese Länder)
- Alkoholgenuß und Flugbetrieb
- Das Landen bei Seitenwind
- Erfahrensregeln zur Flugunfallverhütung
- Informationen zum Vogelschlagproblem, Vogelzugkarten
- Wenn man ein Flugzeugmuster noch nicht genau kennt…
- Gefahren und Probleme des Winterflugbetriebes
- Einflüsse auf die Länge der Startstrecke
- Flugzeugschlepp
- Verhütung von kritischen Annäherungen und Zusammenstößen
- Der »Pinch-Hitter«-Lehrgang der AOPA (ein Notfall-Training für Mitflieger, die mehr über das Fliegen erfahren wollen. Das Training hat das Ziel, diesen Mitfliegern theoretische und praktische Kenntnisse zu vermitteln und sie in die Lage zu versetzen, in einem Notfall, aber auch nur dann, die Führung des Luftfahrzeugs zu übernehmen)
- Einweisung und Vertrautmachen
- Der Windenstart
- Wirbelschleppen (hinter großen Strahlflugzeugen)

- Vorflugkontrolle – Warum?
- Masse und Schwerpunkt

Flugsicherheitsmitteilungen werden kostenlos abgegeben. An- und Nachforderungen können – mit ausreichend frankiertem und adressiertem Umschlag für die Zusendung – gerichtet werden an:
DAeC-Wirtschaftsdienst GmbH, Lyoner Str. 16, 6000 Frankfurt/M. 71.

Der AOPA-360-Grad-Kurs

Die AOPA (Aircraft Owners and Pilots Association) ist die Interessenvertretung der Flugzeugbesitzer und Piloten. Sie arbeitet vor allem in Fragen der Flugsicherheit eng mit dem Deutschen Aero-Club zusammen. Beide empfehlen den deutschen Privatpiloten neuerdings ein Sicherheitstraining, das vor allem nach Einflug in Schlechtwetter oder bei plötzlich auftretenden Schlechtwetterlagen Rettung bringen soll. Der »AOPA-360-Grad-Kurs« ermöglicht dem nach Sichtflugregeln fliegenden Piloten eine Orientierung auch bei Sichtverlust: Er kann im Blindflug die rettende Kehrtkurve zurück in besseres Wetter fliegen.

Wegen mangelnden Trainings und mangelnder Kenntnisse kam es bei Sichtverlust nicht selten zur Katastrophe: Aus dem Versuch, ohne jede Blindflugerfahrung eine Kurve zu fliegen, wurde eine »Spirale in den Tod«, ein unkontrollierter Absturz, und das, obgleich mit den vorhandenen Instrumenten ein relativ sicheres Fliegen möglich gewesen wäre.

Der AOPA-360-Grad-Kurs bietet eine Einführung in die Grundkenntnisse des Instrumentenfluges. Wichtigstes Instrument ist dabei der Künstliche Horizont. Der Pilot muß lernen, seine Fluglage nach der Anzeige des Künstlichen Horizonts in Verbindung mit anderen Instrumenten im Cockpit zu beurteilen. Wenn er das kann, übt er horizontale Blindflug-Kurven nach links und rechts, später sogar solche Kurven im Steig- und im Sinkflug.

Wer den AOPA-360-Grad-Kurs absolviert hat, beherrscht zwar noch nicht den Blindflug. Aber nachdem er gelernt hat, den Instrumenten zu vertrauen, wird er sich in einer Notsituation besser helfen können. So dient auch dieser Lehrgang der Sicherheit.

Flugsicherheit als Aufgabe des Deutschen Aero-Clubs

Auch der Deutsche Aero-Club (DAeC) unternimmt auf breiter Basis alle Anstrengungen, die Flugsicherheit zu vergrößern, auf Gefahren aufmerksam zu machen und die Piloten zu informieren und zu schulen. Er hat einen eigenen Referenten für Flugsicherheit sowie 5 Flugsicherheitsinspektoren für die Landesverbände. Vorträge, Dia-Serien und Filme zum Thema Flugsicherheit können von den Vereinen kostenlos angefordert werden. Eine Themenübersicht zeigt, welche Sicherheitsprobleme als vordringlich erkannt worden sind:

- Einflug in Schlechtwettergebiete
  Die verhängnisvollen Folgen von Fehlentscheidungen bei VFR-Flügen (Dia-Reihe)
- Typische Flugunfälle der vergangenen Saison
  Unfallhergänge und vermutliche Ursachen häufig aufgetretener Zwischenfälle (Dia-Reihe)
- Unfallstatistik der letzten Jahre
  Entwicklung der Betriebssicherheit im Luftsport (Dia-Reihe)
- Vorsicht, Luftwirbelschleppen
  Auswirkungen von Luftwirbelschleppen von Großflugzeugen auf leichte Luftfahrzeuge (Farbfilm)
- Maßnahmen zum Beenden des Abkippens und des Trudelns (alter, aber hervorragender Lehrfilm)
- Langsamflug, Kurvenflug
  (Farbfilm der Deutschen Forschungsanstalt für Luft- und Raumfahrt über die grundlegenden Zusammenhänge zwischen Fluggeschwindigkeit, Anstellwinkel und Querneigung im Kurvenflug)
- Flugsicherung
  Zusammenfassung der wichtigsten Flugsicherungsbestimmungen, Luftraumgliederungen und Sichtflugregeln für VFR-Flieger (Dia-Reihe)

Alle diese Filme oder Diaserien sind selbstverständlich auch für Segelflieger und Motorsegler zu empfehlen, für die darüber hinaus aber auch ein spezielles Angebot vorliegt.

Einige Beispiele:

- Außenlandungen mit Segelflugzeugen
  Das taktisch richtige Verhalten bei Außenlandungen. Überlegungen bei Geländeauswahl und Anflugverfahren (zweiteilige Dia-Reihe)
- Die Außenlandung (neuer Videofilm des LBA)
- Flugunfälle Segelflug
  Hintergründe und Ursachen häufig aufgetretener Störungen (Dia-Reihe)

- Flugunfälle Motorsegler
  Hintergründe und Ursachen auftretender Störungen (Dia-Reihe)
- Hinweise zum Gebrauch des Rettungsfallschirms (Dia-Reihe)

Auch die Bundesanstalt für Flugsicherung (BFS) in Frankfurt am Main hat Lehr- und Informationsfilme herstellen lassen, die Fliegerclubs, Flug- und allgemeinbildenden Schulen kostenlos zur Verfügung stehen. Die Filme werden auch auf Videokassetten (VHS) angeboten. Hier eine Auswahl:

- Im Dienst der Luftfahrt (Aufgaben der BFS)
- Ein Flug von Worms nach Lübeck (Luftraumstruktur)
- Ein Versäumnis mit Folgen (Flugvorbereitung)

Die Filme können angefordert werden bei der
Bundesanstalt für Flugsicherung
Pressereferat
Opernplatz 14
6000 Frankfurt am Main 1

Der Deutsche Aero-Club

Es liegt auf der Hand, daß ein so großer Verband wie der Deutsche Aero-Club gerade in Fragen der Sicherheit viel für seine Mitglieder tun kann. Wer in der Bundesrepublik Deutschland Luftsport betreibt, muß jedoch nicht dem DAeC angehören. Gerade im Bereich des Motorflugsports, der sich im Gegensatz etwa zum Segelflug ja weitgehend ohne Hilfskräfte ausüben läßt, beträgt der Prozentsatz der Mitglieder nur rund 60. In der Öffentlichkeit wird aber – etwa bei Unfällen – kein Unterschied gemacht. Auch in Fragen der Lärmbelästigung, bei denen der DAeC ebenfalls mit Empfehlungen und praktischen Ratschlägen ständig auf seine Mitglieder einwirkt, werden alle »Kleinen« in einen Topf geworfen, hierbei sogar mit der Geschäftsfliegerei. Bei den schon angesprochenen Luftraumproblemen und der Frage der »gefährlichen Begegnungen« ist ebenfalls kaum eine Differenzierung möglich. Da aber der Deutsche Aero-Club der Dachverband für den gesamten Luftsport in der Bundesrepublik Deutschland, die oberste nationale Sportbehörde für alle Sparten des Luftsports und ordentliches Mitglied im Deutschen Sportbund ist, sollte die Mitgliedschaft für jeden, der Luftsport betreibt, eigentlich eine Selbstverständlichkeit sein. Sie liegt auch schon deshalb im eigenen Interesse, weil der DAeC neben seinen Aufgaben als Sportverband auch die Belange der Luftsportler gegenüber den nationalen Luftfahrtbehörden und Institutionen sowie in der Öffentlichkeit vertritt. Als Mitglied der FAI, der Fédération Aeronautique Internationale, der Weltorganisation des Luftsports, ist der DAeC zugleich internationaler Repräsentant des Luftsports in der Bundesrepublik Deutschland.

Gerade nach Attacken, die es von verschiedenen Seiten her in den letzten Jahren gegen den Luftsport gegeben hat, stellt sich die Frage: Wo wäre der deutsche Luftsport heute ohne die Vertretung durch eine starke Organisation?

Der DAeC hat gewiß seine Schwächen; nicht jedes Mitglied fühlt sich ausreichend betreut und repräsentiert. Gewiß gibt es wie in jeder Institution interne Querelen – aber eine bessere Organisation mit vernünftigerer Zielsetzung gibt es nicht. Auf demokratischer Basis ist zudem jeder aufgerufen, an der Beseitigung vielleicht vorhandener Schwächen mitzuwirken. Wo sonst beruht eine so große Organisation – abgesehen von ganz wenigen unumgänglichen Ausnahmen – auf ehrenamtlicher Mitarbeit? Wo sonst opfern viele Hunderte von Mitgliedern, die wie jeder andere einem anstrengenden Beruf nachgehen, fast ihre gesamte Freizeit, um ohne Entgelt als Fluglehrer, Werkstattleiter, Organisator oder Helfer jeglicher Art für andere tätig zu sein? In unserer sonst rein materialistisch orientierten Zeit wird dadurch gerade auch der Jugend ein Beispiel gegeben, das seinesgleichen sucht. Die so oft verleumdete und totgesagte Fliegerkameradschaft – hier wird sie ohne große Worte praktiziert.

Der Deutsche Aero-Club hat 11 Landesverbände mit zusammen rund 1300 Luftsportvereinen. Darin werden meist mehrere der 7 Luftsportarten betrieben, wie auch manche Einzelmitglieder mehrere Luftsportarten ausüben.

Segelflug (mit Motorseglern)	38000 in 820 Vereinen
Motorflug	14000 in 445 Vereinen
Fallschirmspringen	3500 in 75 Vereinen
Hängegleiten (mit Gleitschirmfliegen)	1200 in 50 Vereinen
Ultraleichtfliegen	3000 in 45 Vereinen
Modellflug	16000 in 465 Vereinen
Freiballonfahren	1200 in 110 Vereinen

In Sachen Luftsport...

Trotz aller Bemühungen des Deutschen Aero-Clubs, seiner Landesverbände, Vereine und Mitglieder haben restriktive Überlegungen und Maßnahmen zur Zurück-

drängung des Luftsports in den letzten Jahren zugenommen.
Oberflächlich gesehen sind sie eine Folge der steigenden Belastung des Luftraumes, die aber nach Aussage von Fluglotsen und Luftverkehrsfachleuten keineswegs auf eine tatsächliche Überfüllung (abgesehen von Spitzenzeiten im Bereich der Großflughäfen), sondern auf mangelnde, veraltete Organisation und Koordination zurückzuführen ist. Gemeint ist nicht nur das Nebeneinander von militärischer und ziviler Flugsicherung, sondern auch, daß es in Europa 42 Flugsicherungszonen mit 22 unterschiedlichen Flugsicherungssystemen gibt (in den viel größeren USA bestehen nur 20 Flugsicherungszonen mit einem einzigen Flugsicherungssystem). Ausgerechnet bei der Sicherheitsvorsorge für ein Verkehrsmittel, das keine Grenzen kennt, herrscht in Europa noch immer kleinstaatliches Denken und regionaler Egoismus vor. Großzügige, flächenübergreifende Lösungen konnten bisher nicht verwirklicht werden.
Die tiefere Ursache dafür, daß der Luftsport zunehmend diskriminiert wird mit dem offensichtlichen Ziel, ihn vom Himmel wegzufegen, liegt aber wohl im irrationalen politisch-ideologischen Bereich. Anders ist die verbissene Böswilligkeit der Mittel und die Ignoranz gegenüber allen Gegenargumenten kaum zu erklären.
Ein deutliches Zeichen dafür und ein Alarmsignal für den Luftsport war die unglückselige öffentliche Diskussion über den Wegfall der Besteuerung von Flugbenzin im Jahre 1988. Die von manchen Medien angeheizte Volksseele kochte geradezu über. Den Sachverhalt wollte offenbar niemand zur Kenntnis nehmen. Er wurde fast nur in Luftfahrt- und Verbandszeitschriften dargestellt. Hier ein Auszug aus einer »Resolution zur Flugbenzinsteuer« des Landesverbandes Bayern im Deutschen Aero-Club:

1. Wie setzt sich die Luftfahrt in Deutschland zusammen?
Sie besteht aus
a) Linien- und linienähnlichem Verkehr,
b) Militärfliegerei,
c) Allgemeiner Luftfahrt.

2. Wer ist von der Mineralölsteuer betroffen?
Von der Besteuerung befreit waren und sind die unter a) und b) Genannten, die zusammen 99 Prozent des Flugkraftstoffes verbrauchen. Lediglich die Allgemeine Luftfahrt mit einem Anteil von nur einem Prozent wird besteuert!

3. Was ist die Allgemeine Luftfahrt (AL)?
Die Allgemeine Luftfahrt setzt sich zusammen aus
a) Gewerblicher Luftfahrt wie Charterunternehmen, Firmenflugzeuge, Flugschulen, Luftbildunternehmen, Einrichtungen der Flugrettung u. a. m. Zusammen bilden sie zwei Drittel der Allgemeinen Luftfahrt.
b) Luftsportlern wie Segelflieger, Motorsegler, Motorflieger, Fallschirmspringer usw. Diese Gruppe ist überwiegend in Vereinen organisiert und bildet etwa ein Drittel der Allgemeinen Luftfahrt.

4. Wie hoch ist das tatsächliche Steueraufkommen?
Die vom Bundesfinanzminister in Auftrag gegebene Untersuchung ergab einen Steueranteil für die Allgemeine Luftfahrt von insgesamt etwa 15 Mio. DM (gleich ein Prozent aus 1,5 Milliarden, die als Mineralölsteuer *nicht* erhoben werden). Hiervon entfallen auf die gewerblich betriebene Allgemeine Luftfahrt zehn Mio. und auf die Sportfliegerei fünf Mio. DM an anteiliger Steuer. Der gewerbliche Bereich kann bei Ausnutzung aller Möglichkeiten bis zu 70 Prozent dieser Steuer einsparen, so daß netto nur drei Mio. DM an Einnahmen übrigbleiben. Nur der Luftsport kann in der Regel nichts absetzen, so daß er auf seinen fünf Mio. DM hängenbleibt. Somit wären insgesamt acht Mio. DM an Steuereinnahmen zu erwarten.
Dieselbe Untersuchung hat jedoch ergeben, daß die Erhebung dieser Steuer, verbunden mit dem komplizierten Überwachungsverfahren durch die Steuer- und Zollbehörden (Beispiel steuerfreies Tanken im Ausland) um die zehn Mio. DM kostet. Saldiert bringt die Steuer also nichts ein, sondern verursacht dem Bund sogar Kosten.
Soweit die Fakten – hier die Argumente:

1. Kein Privileg, sondern Gleichbehandlung
Wir Luftsportler als Teil der Allgemeinen Luftfahrt wollen kein Privileg, sondern wollen uns gleichbehandelt mit anderen Luftverkehrsteilnehmern wissen. Entweder Steuer für alle oder für keinen!

2. Als Bagatellsteuer unsinnig
Die Bundesregierung bemüht sich seit vielen Jahren, Bagatellsteuern abzuschaffen, weil sie mehr kosten als sie einbringen. Hierzu gehört auch die Flugbenzinsteuer.

3. Als Strafsteuer unsozial
Da praktisch nur der Luftsport voll besteuert wird, müssen ausgerechnet diejenigen in den Vereinen, den Landessportverbänden und dem Deutschen Sportbund organisierten Sportler zahlen, die sich ihren Sport überhaupt erst durch ihren Verein und die Nutzung des Vereinseigentums leisten können.

4. Keine »Herrenreiter der Lüfte«
Die Sozialstruktur in den Vereinen ist nicht anders als in anderen Sportarten. Der so oft zitierte Millionär ist in den Vereinen nicht zu finden. Er ist auf einen Verein nicht angewiesen und versteht es meist, sein eigenes Flugzeug voll in seine Firma miteinzubauen, um einen steuerlichen Vorteil zu erlangen.

5. Flugbenzin kontra Autobenzin
Die Mineralölsteuer bei Autobenzin dient in erster Linie zum Ausbau und Erhalt von Verkehrswegen. Der Luftverkehr finanziert sich dagegen weitgehend selbst...

6. Erwartung der EG-Harmonisierung
Die vom damaligen Finanzminister Hans Matthöfer 1981 eingeführte Besteuerung lief unter der Bezeichnung »Subventionsabbau« und sollte im Vorgriff einer angestrebten EG-Harmonisierung praktiziert werden, von der in der Folge auch die Großluftfahrt erfaßt werden sollte. Was zunächst blieb, war jedoch nur die Besteuerung der Allgemeinen Luftfahrt, die in den vergangenen acht Jahren rund 120 Mio. DM ungerechtfertigt abführen mußte. Eine europaweite Regelung ist derzeit und in absehbarer Zukunft nicht zu erwarten. Sollte sie kommen, wird sich die Allgemeine Luftfahrt mit Sicherheit nicht dagegen stemmen, wenn dann tatsächlich *alle gleichviel* bezahlen müssen.

7. Verschlechterung der Flugunfallsituation
Eine Untersuchung des Luftfahrt-Bundesamtes hat ergeben, daß nach Einführung der Steuer 1981 die Zahl der Flugbewegungen rückläufig war, die Flugunfallrate dagegen anstieg. Den Grund hierfür sieht die Behörde darin, daß die Piloten wegen der Verteuerung weniger fliegen und dabei die Maschinen nach Möglichkeit mit zahlenden Mitfliegern auffüllen.

8. Verlust von Arbeitsplätzen
Die rückläufige Entwicklung sowohl bei den Flugbewegungen wie auch bei den Zulassungszahlen selbst haben zu einer schlechteren Auslastung der Luftfahrttechnischen Betriebe geführt. Nach letzten Erhebungen rechnet man mit 2700 verlorenen Arbeitsplätzen...«

Soweit der Sachverhalt. Als in der Abstimmung über das gesamte Paket der Steuerreform Mitte 1988 die Erhebung von Steuern auf den privaten Gebrauch von Flugbenzin rückgängig gemacht wurde, erhob sich unerwartet heftiger Widerspruch.

Tage-, wenn nicht wochenlang, waren die Medien voll davon und überschlugen sich in oft böswilligen, von keinerlei Sachkenntnis getrübten Darstellungen. Es war wie eine Psychose – kaum erklärbar mit Vernunftgründen, aber leider mit schwerwiegenden Folgen für das Image des Luftsports. Auch durchaus luftsportfreundliche Mitbürger wurden verunsichert, zumal sogar bekannte Politiker in das Horn stießen und Unsinn verbreiteten wie die Behauptung, der »Herrenflieger« würde durch den Erlaß der Flugbenzinsteuer jährlich mehr als 3000 DM einsparen. Es war plötzlich »in«, die Sportflieger, die ja nur ein relativ kleines Wählerpotential bilden, zu diskriminieren und zu schwarzen Schafen zu machen, um dafür in breiten Wählerschichten, bei denen sich leicht soziale Neidkomplexe hervorrufen lassen, auf Stimmengewinne zu spekulieren.

Hierbei handelt es sich keineswegs nur um ein bundesdeutsches Problem. So schreibt dazu in den »Informationen« des OeAC (Österreichischen Aero-Clubs) 1/89 dessen Präsident Dr. Josef Lenz u. a.:

»... Vorbeugend in diesem Zusammenhang, aber auch nochmals rückblickend auf die Steuerfrage ein paar Tatsachen. Wenn man moderne Verkehrsflugzeuge zum Vergleich heranzieht, konsumiert jeder Insasse (bei Vollauslastung) zwischen 25 und 30 l Kraftstoff pro Stunde. Nehme ich eine Cessna 150 oder auch eine 172, so komme ich auf weniger als die Hälfte des unteren Wertes, bei einer Cessna 210 auf ein Drittel des oberen Wertes und selbst wenn ich flugstreckenlängenbezogen rechne, nicht ganz auf den gleichen Wert. Wieso darf meine Nachbarin ungetadelt die Umwelt – zwar ebenfalls nicht meßbar –, noch dazu steuerfrei – belasten und wieso soll ich dabei der Privilegierte sein?

Vor 30, 40 Jahren war man durchaus bereit, die Flieger als Vorkämpfer für die Freiheit, nach der wir alle lechzten, zu akzeptieren. Die Wiederzulassung der Luftfahrt war geradezu ein Symbol für unsere Freiheit überhaupt. Da hat sich einiges geändert, das wir naiv gutgläubig verschlafen haben. Aus den leise bewunderten Abenteurern sind die in der grenzenlosen Freiheit über den Wolken auf die Unterprivilegierten herabschauenden, privilegierten Flieger geworden, Feindbilder, vor allem für die aus der Wohlstandsentwicklung zu Zweitwohnungen auf billigen flugplatznahen Gründen gekommenen Mitbürger, als Eliten verteufelt von allen Ideologen, die mit Dschingis-Kahn die zulässige Größe des Menschen an der Höhe der Achse des Streitwagens messen.

Ich habe mich nie gegen die Kategorisierung der Flieger als Elite gewehrt. Nur die Kategorisierung als Privilegierte ist zurückzuweisen. Ist es schlecht, der Jugend eine sinnvolle Freizeitbeschäftigung zu bieten? Noch dazu eine, die ihr zeigt, daß das, was man in der Schule lernt, nicht unnützer Prüfungsstoff ist; die anregt, noch mehr zu lernen; die Selbstdisziplin und Leistungsbezug nachdrücklich als Lebensmaxime und Überlebensvoraussetzung einprägt; die mehr als jede andere zur Persönlichkeitsentfaltung anregt, und wie keine andere, schon aus der Einbeziehung der dritten Dimension in den Erlebnisumfang der Persönlichkeitsentwicklung, Menschen heranzubilden geeignet ist, die verantwortliche Mitglieder der Gesellschaft sein können. Ohne solche Eliten kann kein Staat bestehen. Auf Privilegierte kann man ohne Schaden verzichten – sofern sie nicht die Mehrheit sind...

Die Ungleichbehandlung, die wir als Scheinprivilegierte, oder zu Unrecht getadelte Elite erfahren, ist die größte Gefahr für unser Grundrecht der Freiheit. Unsere Freiheit wird ja nicht erst da eingeschränkt, wo sie auf die Freiheit des anderen stößt, sondern brutal sachverständigengutächtlich ausgesprochen schon dort, wo sie auf den Neidkomplex des anderen stößt. Wenn man die Überreaktionen auf Flugunfälle bei Flugshows, in der Verkehrsluftfahrt – ohne Berücksichtigung der sparsamen Wartung in den USA infolge des verstärkten Wettbewerbs aufgrund der »Deregulation«, die uns erst mit der EG-Bürokratie ins Haus steht –, oder die Flugplatzhysterie – siehe Sportstättenschutzgesetz, lex Trausdorf etc. – berücksichtigt, stehen uns noch schwere Zeiten bevor...«

In einem Aufsatz im »Aerokurier« (2/1989) fragt Fred Weinholtz im selben Zusammenhang:

»Können wir überhaupt ermessen, welche Folgen der so gesteuerte Wandel in der Volksmeinung uns Luftsportlern gegenüber haben muß? Neuordnung des Luftraumes, CVFR-Gebiete München 2, Düsseldorf/Köln und Frankfurt, Einschränkung des VFR-Luftraumes durch Absenkung der EDR 9, die Vergrößerung und Vermehrung der Kontrollzonen, all diese und andere Probleme schwelen und stehen zur Lösung an. Werden wir bei unserem gegenwärtigen Ansehen überhaupt eine Chance haben, mit einigermaßen heiler Haut davonzukommen?«

Die Frage bleibt offen. Aber damit es nicht zum Kurzschluß kommt, können die Luftsportler selbst einiges tun, beispielsweise in ihrem Umkreis und bei ihnen bekannten Politikern nachdrücklich für das eintreten, was ihnen am Herzen liegt. Sachliche Argumente dafür gibt es genug. Wer sie mit Ausdauer vorbringt, wird auf längere Sicht auch Wirkung erzielen. Der Verfasser ist davon überzeugt, daß es zu einer Renaissance des Luftsports in der Bundesrepublik Deutschland kommen wird – auch im Bewußtsein der Öffentlichkeit, die vielfach gar nicht darüber informiert ist, was dieses »Hobby« auch für sie bedeutet, welchen praktischen Wert der Luftsport für jeden einzelnen Staatsbürger und gerade für diejenigen hat, die sich im Umweltschutz engagieren.

Vorbesprechung zu einem Flug über das nordfriesische Wattenmeer zur Zählung von Seehunden.

Zunächst: Wie stehen die Luftsportler selbst zum Umweltschutz, wie verhalten sie sich?

»Luftsport und Umwelt«

Unter diesem Titel wurde vom DAeC im Juni 1989 ein neuer »Leitfaden für Vereine und Flieger« veröffentlicht. Er geht zurück auf einen entsprechenden Leitfaden des Luftsportverbandes Bayern von 1987, der aufgrund inzwischen gewonnener Erfahrungen auf mehreren Seminaren diskutiert und überarbeitet worden ist. Hier die Neufassung (leicht gekürzt):

»Der Deutsche Aero Club geht, stellvertretend für die Sportfliegerei, davon aus, daß:

- Naturschutz nicht per se zu betreiben ist, sondern der Mensch als integraler Bestandteil der Natur das Recht auf Genuß der Naturschönheiten und auf die Erholung in der freien Natur hat;
- die Sportfliegerei als naturgebundene Erholungsart legitim ist;
- auch für die Sportfliegerei geeignete Flächen in ausreichendem Maße zu erschließen und zu erhalten sind (siehe BNatSchG § 2 Abs. 1 Nr. 11);
- Natur- und Umweltschutz nicht mißbraucht werden, um die Sportfliegerei in Frage zu stellen.

Von der Sportfliegerei wird anerkannt, daß:
- den berechtigten Belangen des Natur- und Umweltschutzes verstärkt Rechnung zu tragen ist;
- die für den Luftsport formulierten natur- und umweltfreundlichen Verhaltensweisen zu beherzigen sind;
- in begründeten Fällen aus Rücksicht auf Natur und Umwelt auch Einschränkungen hingenommen werden müssen oder freiwillig Verzicht geübt wird.

Der Deutsche Aero Club verlangt von seinen Mitgliedern, daß sie sich um natur- und umweltfeundliche Verhaltensweisen bemühen und hat hierfür Leitsätze aufgestellt...

A) Eine sachgerechte Einstellung zum Problemkreis Mensch, Natur und Umwelt wird entwickelt, indem:
- der Luftsport sich laufend über die Zusammenhänge und Abläufe in der Natur und über die Wirkungen seiner Aktivitäten auf die Natur und Umwelt informiert und informieren läßt;
- jeder Verein wenigstens ein Mitglied, das sich der Natur besonders verbunden zeigt, als Naturschutzwart ausbilden läßt und als solchen einsetzt...

B) Zum behutsamen Umgang mit den zur Verfügung stehenden Flächen gehört, daß:
- genehmigte Modellflugplätze sowie genehmigte Start- und Landeplätze für Hängegleiter und Gleitsegel vom Deutschen Aero Club oder der Genehmigungsbehörde in einer Karte (möglichst Maßstab 1:200000) aufgezeigt und bekanntgemacht werden, soweit sie nicht amtlicherseits im Luftfahrthandbuch (AIP) und in der ICAO-Luftfahrtkarte veröffentlicht und in ihren Betriebsarten beschrieben sind;
- Flugplätze, Segelfluggelände und Modellflugplätze in Feuchtgebieten mit tatsächlichem oder möglichem Wiesenbrütervorkommen und auf ökologisch besonders wertvollen Flächen weder geplant noch neu angelegt werden;
- nichtgenehmigungspflichtige Start- und Landeflächen, die nur vorübergehend von Hängegleiter- und Gleitsegelpiloten benutzt werden, in ihrer Zahl beschränkt und registriert werden;
- sich mehrere Luftsport- und Modellflugvereine zur gemeinsamen Nutzung eines Flugplatzes zusammenschließen;
- die Startplätze der Hängegleiter- und Gleitsegelpiloten auf exponierten Höhen zusammengelegt, die Gebiete der Ruhe und solche mit Uhu-, Wanderfalken- und Steinadlervorkommen dabei gemieden werden sowie dem Trend zum Winden- und Schleppstart gefolgt wird;
- auf vorhandenen genehmigten Plätzen – insbesondere auf Modellflugplätzen – Rücksicht auf dort vorkommende bedrohte Wiesenbrüterarten genommen wird, um Störungen vor allem während der Brutzeit (1. März bis 30. Juni) zu vermeiden;
- genehmigte Flugplätze auch nichtorganisierten Luftsportlern für ihren Sport zur Verfügung gestellt werden;
- Verkehrslandeplätze und Militärflugplätze mehr als bisher dem Luftsport zugänglich gemacht werden.

C) Anzustreben ist eine stete Reduzierung der Umweltbelästigung, indem:
- die Sportflieger nicht mit motorgetriebenen Luftfahrzeugen in Höhen unter 1000 feet GND über ihnen bekannte Brut- und Nistplätze, Wasserflächen mit rastenden Wat- und Wasservogelbeständen oder Wintergästen sowie Gebieten der Ruhe und Erholung (z. B. Badeseen) fliegen, bei den Nationalparks an der deutschen Nordseeküste zusätzlich die vereinbarte Überflughöhe von mindestens 2000 feet GND beachten;
- durch Wahl geeigneter Flugrouten und durch entsprechende Verhaltensweisen am Boden und in der Luft alle Möglichkeiten der Lärmminderung stets wahrgenommen werden, wobei angestrebt wird, daß dabei die gesetzlichen Mindestgrenzen noch unterschritten werden;
- die Einhaltung der gesetzlichen Bestimmungen, der in den luftrechtlichen Genehmigungsbescheiden enthaltenen Auflagen zur Lärmminderung sowie der vom Verein den Flugplatzbenutzern zusätzlich vorgeschriebenen umweltfreundlichen Verhaltensweisen durch die Vereinsvorstände überwacht und durch geeignete Maßnahmen sichergestellt ist;
- durch Wettbewerbe und Preise die Luftsportler – insbesondere der Modellflugverein – angeregt werden, lärmmindernde, abgasreduzierende und energiesparende Verbesserungen an Flugmotoren vorzunehmen oder vornehmen zu lassen...

D) Zu den sonstigen Maßnahmen des Luftsports zum Natur- und Umweltschutz, wobei in vielem die Eigentümer bzw. Halter von Fluggeländen sowie die Nachbarn von Schutzgebieten angesprochen sind, gehören des weiteren, daß:
- Flugplätze, Parkplätze und Abstellflächen entsprechend den landschafts-ökologischen Erfordernissen

eingefriedet werden (z. B. mit wildwachsenden Hekken), auf den nicht benutzten Geländeteilen standortheimische Gräser, Kräuter, Sträucher und Bäume angesät oder angepflanzt werden oder diese Flächen weitgehend der natürlichen Entwicklung überlassen bleiben (z. B. nur einmalige Mahd);

- Bauwerke, Campingwagen und Zufahrten mit standortheimischen Bäumen und Sträuchern eingegrünt werden;
- der Luftsport durch entsprechende Stellungnahmen mithilft, daß die an das Fluggelände angrenzenden schutzwürdigen Gebiete als Landschafts- und Naturschutzgebiete ausgewiesen oder als solche erhalten oder vergrößert werden;
- der Luftsport durch entsprechendes Verhalten und durch Aufsicht die in den Schutzgebietsverordnungen festgelegten und bekanntgemachten Schutzzwecke fördert;
- der Luftsport bei der Überwachung waldbrandgefährdeter Gebiete, von Verunreinigung bedrohter Gewässer und der Einhaltung getroffener Betriebsvereinbarungen (z. B. nach dem Wiesenbrüterprogramm) oder spezieller Auflagen des Natur- und Umweltschutzes mithilft;
- der Luftsport unerwartete Wetterentwicklungen meldet, aber auch auffällige, die Archäologie interessierende Bodenzeichnungen den zuständigen Stellen bekanntgibt;
- an Flugplätzen anfallender (Sonder-)Müll umweltgerecht entsorgt wird (Altöl- und Abwasserbeseitigung);
- an Flugplätzen, insbesondere in Flughallen, energiesparende Maßnahmen durchgeführt werden.«

Soweit der neue Leitfaden, der zusammenfaßt, was schon vielerorts auf Flugplätzen und von Luftsportvereinen seit langem praktiziert wird.

Silhouetten fliegender Vögel und einer Fledermaus (oben rechts) aus dem Buch »Der Vogelflug als Grundlage der Fliegekunst« von Otto Lilienthal, von ihm selbst gezeichnet.

Luftsport im Dienste der Allgemeinheit

Freiwillig und kostenlos stellen sich Piloten der im DAeC zusammengeschlossenen Luftsportvereine mit ihren Flugzeugen für öffentliche Aufgaben zur Verfügung. Meist jedoch ging die Initiative zur Zusammenarbeit von den Sportfliegern aus; oft traten Landesverbände des Deutschen Aero-Clubs mit den Behörden ihrer Länder in Verbindung und boten ihre Dienste vor allem auf den Gebieten des Natur- und Katastrophenschutzes an.

Die Luftrettungsstaffel Bayern

In Bayern besteht schon seit 1968 eine Luftrettungsstaffel, die zum festen Bestandteil der Katastrophenschutzplanung werden konnte. Als Gründung von 21 bayerischen Luftsportvereinen gibt es dort seit 1977 den Deutschen Flugbeobachtungsdienst Luftrettungsstaffel Bayern eV, dem heute auf 36 Flugplätzen 130 Flächenflugzeuge (übliche Sportflugzeuge verschiedener Muster) und 4 Hubschrauber sowie fast 250 besonders geschulte Flugzeugführer zur Verfügung stehen. Alle sind ehrenamtlich tätig. Für den Einsatz kommen nur Piloten in Frage, die mindestens 300 Stunden Flugerfahrung auf Motorflugzeugen nachweisen können. Die Stützpunkte sind über ganz Bayern verteilt, so daß jeder Teil des Landes schnell erreicht werden kann. Im Katastrophenfall – Überschwemmung, Waldbrand, Verkehrsunfälle großen Ausmaßes – kann auf diese Weise den Einsatzleitern der Katastrophenschutzbehörden ein erster Überblick über Ursache, Umfang und Auswirkungen einer Notsituation ermöglicht werden.

Wie entscheidend es sein kann, eine drohende Gefahr rechtzeitig richtig einzuschätzen, zeigte sich bei den Waldbränden im Sommer 1975 in Niedersachsen. Ohne die Möglichkeit der Luftbeobachtung wurde die Lage zunächst nicht ernst genug beurteilt; erst dadurch kam es zur Katastrophe. In Bayern dagegen konnte im Sommer 1976 dank der Luftbeobachtung ein großer Waldbrand in der Oberpfalz nach wenigen Stunden unter Kontrolle gebracht und auf 25 Hektar begrenzt werden. Allein dadurch zahlte sich aus, daß das Bayerische Staatsministerium des Innern die landesweite Luftbeobachtung waldbrandgefährdeter Gebiete durch die Luftrettungsstaffel angeordnet hatte. Insgesamt wurden damals hierfür mehr als 380 Patrouillenflüge unternommen. Die Selbstkosten für diese Flüge trug die anfordernde Stelle. Darüber hinaus wurden aber auch alle normalen Übungsflüge der Piloten dazu benutzt, um Waldbrände möglichst schon im Entstehungsstadium zu erkennen. Zur schnellen Weitergabe von Brandmeldungen arbeitete die Forstverwaltung zusammen mit der Luftrettungsstaffel ein besonderes Alarm- und Meldesystem aus. Der Flugzeugführer gibt auf den normalen Flugfunkfrequenzen außer der genauen Position des Feuers, die er anhand einer besonderen Karte feststellt, gleich die geeigneten Sammelpunkte und Anfahrtswege für die Löschtrupps durch. Mit Spezialgeräten können Flugzeugführer und besonders ausgebildete Luftbeobachter auch direkt mit der Polizei oder der Feuerwehr in Verbindung treten. Für diese Spezialausbildung, an der Führungskräfte der Polizei, des Katastrophenschutzes und der Feuerwehren teilnahmen, gab es zunächst einwöchige Lehrgänge mit den Schwerpunkten Navigation und Leiten von Fahrzeugen aus der Luft.

Das Ausbildungskonzept wurde aber aufgrund der gemachten Erfahrungen wesentlich erweitert und gliedert sich heute in drei Ausbildungsstufen.

Aus Anlaß des zwanzigjährigen Bestehens der Luftrettungsstaffel Bayern erschien 1988 eine Broschüre über die bisher geleistete Arbeit und den heutigen Stand. Darin heißt es:

»Die satzungsmäßigen Aufgaben der LRST Bayern sind:

a) die Durchführung von Flügen und anderen Maßnahmen für die Waldbrandüberwachung, den Umweltschutz, den Katastrophenschutz, den Landschafts- und Naturschutz, den Denkmalschutz, die großräumige Verkehrsüberwachung in Sonderfällen sowie der Transport der dazu nötigen Sachverständigen und Flugbeobachter;

b) die Aus- und Weiterbildung von entsprechenden Flugbeobachtern und Flugzeugführern;

c) die Ausarbeitung von Richtlinien und die Unterstützung von Maßnahmen, die zur Erhöhung der Flugsicherheit bei der Durchführung der o. a. Aufgaben dienen.

In den letzten Jahren waren dies Flüge zur:

- Hochwasserüberwachung,
- Gewässerüberwachung (z. B. Ölverschmutzung oder verbotenes Einleiten von Abwässern),
- Suche nach illegalen Müllablagerungen,
- Suche nach nicht jahreszeitlich bedingten Verfärbungen in Wäldern (z. B. Borkenkäferbefall, Immissionsschäden),
- Feststellung von Manöver-, Sturm- und Schneebruchschäden,
- Suche nach vermißten Personen und Flugzeugen, sowie Flüge zur
- Luftbildarchäologie.

Im Katastrophenfall können Flächenflugzeuge ergänzend zu Hubschraubern eingesetzt werden, etwa:

- zur weiträumigen Aufklärung und Überwachung,
- zum Transport von Sachverständigen oder von dringend benötigten Geräten, Medikamenten etc. ins Einsatzgebiet,
- als fliegende Relaisstellen beim Ausfall von bodenständigen Anlagen oder in bergigem Gebiet,
- Zur Verkehrsbeobachtung und Kolonnenführung und für
- Flüge mit Pressevertretern zum Schadensort.

Während des *normalen Sportflugbetriebs* an Wochenenden und Feiertagen achten die Piloten der Staffel besonders auf Brände, Unfälle und Fälle von grober Umweltverschmutzung. Der Allgemeinheit entstehen dabei keine Kosten.

Um den Einsatz der für die *Katastrophenbekämpfung* nötigen Kräfte und Mittel leiten und koordinieren zu können, benötigt die Einsatzleitung einen schnellen und vollständigen Überblick über Ursache, Umfang und Auswirkungen einer Schadenslage, dies zeigte u. a. die niedersächsische Waldbrandkatastrophe von 1975.

Mit den Flugzeugen der Luftrettungsstaffel verfügen auch die untersten Ebenen des Katastrophenschutzes über ein billiges und trotzdem wirksames Aufklärungsmittel, das schnell und unbürokratisch anzufordern ist. Da die 36 Stützpunkte der LRST flächendeckend über ganz Bayern verteilt sind, entfallen lange, zeit- und kostenfressende Anflugwege. Die Flugzeuge sind an Werktagen 15 bis 30 Minuten nach der Alarmierung startbereit, am Wochenende sofort. Angefordert werden sie beim jeweiligen Stützpunktleiter oder nach dem örtlichen Alarmplan.

Der im Gegensatz zu Hubschraubern bis zu 90 Prozent niedrigere Flugstundenpreis von Flächenflugzeugen sowie die große Anzahl von Stützpunkten und Luftfahrzeugen erlauben auch einen lange andauernden und flächendeckenden Einsatz der LRST, etwa zur vorbeugenden Waldbrandüberwachung.

Bei angeforderten Einsätzen trägt die jeweils anfordernde Dienststelle lediglich die Betriebskosten des Flugzeuges, Personalkosten für die Piloten usw. fallen nicht an!«

Die guten Erfahrungen in Bayern – unter anderem ist ein deutlicher, statistisch nachweisbarer Rückgang der Waldbrandschäden zu verzeichnen – haben auch in anderen Bundesländern zu Überlegungen geführt, den Luftsport in die Überwachung vor allem von Wald- und Naturschutzgebieten einzubeziehen. Außer Waldbränden lassen sich auch Schäden durch Insekten, Windwurf und Trockenheit aus der Luft erkennen. Eingriffe in die Landschaft, verbotene Ablagerungen von Müll oder Autowracks fallen sofort ins Auge. Wertvoll sind Luftbeobachtungen auch bei Planungsaufgaben wie Aufforstung von Ödland, Anlage von Erholungseinrichtungen, Rekultivierung von Müllabladestellen, Bergbaubetrieben und dergleichen. Von oben lassen sich auch Immissionsschäden (Auswirkungen von Schadstoffen, die an die Luft abgegeben wurden) gut erkennen. Mit Hilfe der »Falschfarbenfotografie« können sie dokumentiert und wissenschaftlich ausgewertet werden.

Die Leistungen der Luftrettungsstaffel Bayern finden auch öffentliche Anerkennung: Zusammen mit der Feuerwehr erhält sie den Umweltschutzpreis 1989!

.Organisierte Luftbeobachtung durch Sportflieger ist außer aus Bayern auch aus Nordrhein-Westfalen, Niedersachsen und Schleswig-Holstein bekannt geworden.

Naturschutzflüge

In Schleswig-Holstein konzentriert sich die Luftbeobachtung auf die Überwachung von Naturschutzgebieten – auf freiwilliger Basis und völlig kostenlos für die Naturschutzbehörden. Zwischen Nord- und Ostsee sind zur Zeit 83 Naturschutzgebiete mit fast 170000 ha aus-

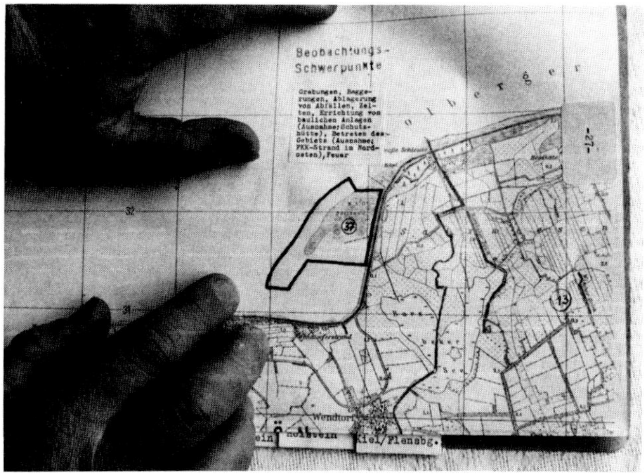

Blatt aus der »Naturschutzfibel«, die der Landesverband Schleswig-Holstein des DAeC für seine freiwilligen »Naturschutzpiloten« in Abstimmung mit den Naturschutzbehörden zusammengestellt hat.

gewiesen, darunter zwei Gebiete an der Schleswig-Holsteinischen Westküste, die große Teile des Wattenmeeres einschließen. Damit stehen mehr als 9 Prozent des Landes unter Naturschutz – im Bundesdurchschnitt sind es nur 1 Prozent. Mit den üblichen Mitteln lassen sich diese Gebiete – größtenteils vogelkundliche Schutzgebiete und Überbleibsel der Naturlandschaft – nicht ausreichend überwachen. So bot sich die Luftbeobachtung an. 1975 kam es zu einer entsprechenden Vereinbarung zwischen dem Ministerium für Ernährung, Landwirtschaft und Forsten und dem Landesverband Schleswig-Holsteinischer Luftsportvereine. In Zusammenarbeit mit dem Landesamt für Naturschutz und Landschaftspflege wurden Karten und andere Unterlagen über die für die Luftüberwachung vorgesehenen Naturschutzgebiete zusammengestellt. Diese »Naturschutz-Fibel« erhielten die interessierten Vereine und Piloten, die Ende 1975 durch Vertreter der Landschaftspflegebehörde in ihre Aufgaben eingewiesen wurden:
Jedes Naturschutzgebiet hat seine Besonderheiten. In einer Dünenlandschaft gilt es, die spärliche Vegetationsdecke zu erhalten; schon die Reifenspuren eines Autos richten nachhaltige Schäden an. Auch Zelte sind hier nicht am Platze: Und wer sich während der Sperrzeiten in einem Vogelschutzgebiet aufhält, gefährdet den Bestand der dort brütenden Arten. Deshalb ist Überwachung erforderlich. Aus der »Vogelperspektive« lassen sich drohende oder bereits eingetretene Schäden leichter und schneller erkennen als am Boden. Das gilt für Wald- und Moorbrände, aber auch für Müllablagerungen in der Landschaft oder Öllachen auf Wasserflächen. Gerade im nordfriesischen Wattenmeer können Ölverschmutzungen aus der Luft gut erkannt und noch rechtzeitig unschädlich gemacht werden, bevor sie die Küste erreichen.
Mehrfach kam es zu einem Erfahrungsaustausch zwischen Piloten und Naturschützern. Um nicht selbst zum Störenfried zu werden, schlugen die Piloten vor, die niedrigste zulässige Flughöhe, z. B. über dem Wattenmeer 500 Fuß, nicht auszunutzen, sondern eine Mindestflughöhe von 2000 Fuß (600 m) einzuhalten, die nach den bisherigen Erfahrungen für die Beobachtungen ausreicht. Nur im Notfall solle diese Höhe unterschritten werden. Bei drohender Gefahr werden per Funk Meldungen an Polizeidienststellen oder an die Landschaftspflegebehörden abgegeben. Normalerweise – wenn keine besondere Eile erforderlich ist – wird erst nach der Landung per Vordruck an die Landschaftspflegebehörden berichtet. Die Piloten fühlen sich im Dienste des Naturschutzes nicht etwa als »Hilfspolizisten«, sondern als Helfer an einer guten Sache, die in unser aller Interesse liegt.
Was wurde nun inzwischen tatsächlich erreicht? Schon im ersten Jahr konnten allein 33 Wald- und Moorbrände von den Piloten erkannt und gemeldet werden. Erkannt wurden auch versteckte wilde Mülldeponien, Autowracks in und am Rande von Gewässern – vor allem im Schutzgebiet am Plöner See –, wilde Zeltplätze in

Von oben sieht man (fast) alles!

Natur- und Vogelschutzgebieten und Boote, die z. B. bei der Vogelschutzinsel Trischen ankerten. Die beobachteten Übergriffe und Verstöße gegen den Naturschutz waren glücklicherweise nicht so umfangreich, wie anfangs vermutet worden war. Oder hatte es sich schon herumgesprochen, daß der »große Bruder« auch von oben gut aufpaßt?
Auch in den folgenden Jahren wurden wiederum Brände, Zelte in Naturschutzgebieten, Öllachen in der Lübecker Bucht entdeckt, um nur einige Beispiele zu nennen. Ein Sportflieger aus St.-Peter-Ording beobachtete auf dem Flug nach Helgoland im Wattenmeer einen Seenotfall, alarmierte den Such- und Rettungsdienst und lotste den Hubschrauber zu dem Havaristen, der später von einem Seenotrettungskreuzer geborgen werden konnte. Sportflieger beteiligten sich auch an einer Vermißtensuche im Wattenmeer. Die Mithilfe der Sportflieger bei solchen Rettungsaktionen ist aber noch die Ausnahme. Im Interesse der Allgemeinheit läßt sich durch bessere Organisation und Schulung der Beteiligten noch erheblich mehr erreichen. Nach wie vor unternehmen die »Naturschutzpiloten« in Schleswig-Holstein ihre Flüge im rahmen des normalen Übungsbetriebes, das heißt ohne Kostenerstattung.

Feuerwehr-Flugdienst

Für den Feuerwehr-Flugdienst bestehen bereits bundeseinheitliche Richtlinien. Nach den Erfahrungen bei der Waldbrandkatastrophe 1975 in Niedersachsen wurde in diesem Bundesland bereits ein Feuerwehrflugdienst ins Leben gerufen. In Niedersachsen arbeiten die Sportflieger eng mit der Freiwilligen Landesfeuerwehr zusammen. Ihre Hauptaufgabe sehen sie in der Überwachung der großen Waldgebiete. Hierzu unternimmt beispielsweise eine Gruppe von Sportfliegern aus dem Raum Lüneburg regelmäßig »Feuerflüge«. Die niedersächsische Initiative wurde von Schleswig-Holstein übernommen, wo auf dem Flugplatz »Hungriger Wolf« bei Itzehoe durch den Itzehoer Luftsportverein bereits zahlreiche Feuerwehrmänner der Kreise Steinburg und Pinneberg zu Flugbeobachtern ausgebildet worden sind. Sie erhielten durch die ehrenamtlichen Flugleiter des Luftsportvereins Unterricht in Navigation, Flugzeugkunde, Meteorologie, Flugsicherung, Luftrecht und Flugfunkwesen und nahmen jeweils zu dritt mit einem Vereinspiloten in einer Cessna 172 auch an praktischen Orientierungs- und Beobachtungsübungen teil. Nach dieser Ausbildung sind die Feuerwehrleute in der Lage, aus der Luft Beobachtungs- und Erkundungsaufgaben wahrzunehmen und den Einsatz der Feuerwehren im Ernstfall zu lenken – nicht nur bei Bränden, sondern auch bei der Abwehr anderer Katastrophen, etwa bei Sturmflut. Die Kosten dieser Ausbildung beschränkten sich auf die Selbstkosten pro Flugstunde mit der Cessna. Die meisten solcher und ähnlicher Dienstleistungen der Luftsportler an der Allgemeinheit sind bisher in der Öffentlichkeit kaum bekannt geworden; wenn überhaupt, dann berichtet darüber allenfalls die lokale Presse. Auch hier konnten nur wenige Beispiele angeführt werden. Sicherlich gibt es in jedem Luftsportverein ähnliche Aktionen, und sei es nur, daß man alten Leuten ihre Heimat einmal von oben zeigt, Versehrten das Erlebnis des Fliegens vermittelt oder daß man versucht, keuchhustenkranken Kindern durch Höhenflüge Linderung zu verschaffen. So etwas steht kaum in der Zeitung, wohl aber macht es Schlagzeilen, wenn ein (zugegeben leichtfertiger) Sportflieger wegen Treibstoffmangels auf der Autobahn notlanden mußte oder wenn es durch Einflug in Schlechtwetter wieder einmal Tote gegeben hat. Leider prägen vorerst noch solche »Aufmacher« und nicht die positiven Aspekte das Image des Luftsports in der Öffentlichkeit.

Öffentliches Interesse am Luftsport

Wenn trotzdem Tausende zu Flugtagen erscheinen, Tage der offenen Tür der Fliegerclubs und Flugplätze stets gut besucht sind, Segelflugplätze an Wochenenden zu Ausflugszielen werden und Ausstellungen wie die Aero 89 in Friedrichshafen Massen von Besuchern anlocken, so zeigt das nur, wie groß das Interesse am Luftsport trotz allem ist. Es gibt wohl kaum jemanden, der den Wunsch zu fliegen nicht schon einmal in sich gespürt hat. Vielleicht sieht er deshalb den Sportfliegern so gern zu, weil er sich im Innern mit ihnen identifiziert. Wohl jeder Sportflieger hat einmal so angefangen, nur irgendwann gab er sich den Ruck oder er bekam von außen her den Anstoß, den Schritt zur Verwirklichung seiner Wunschvorstellungen zu tun.

Fallschirmspringen

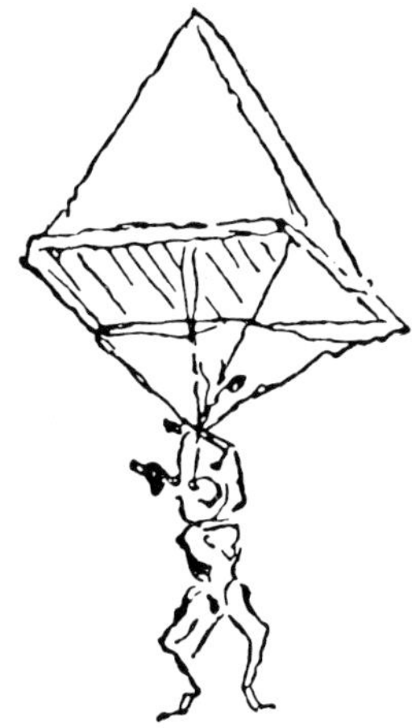

Leonardo da Vincis erste Skizze eines Fallschirms aus dem Jahre 1495.

»Hast Du ihn nicht und brauchst Du ihn, dann brauchst Du ihn nie wieder« – unter diesem Motto ist der Fallschirm in erster Linie der Rettungsring der Luft. Mit ihm verbinden sich die ältesten Flugvorstellungen und -versuche der Menschheit. So wie Flugsamen, etwa die des »Haarfliegers« Löwenzahn, langsam zu Boden sinken oder vom Wind über Land getragen werden, müßte es auch dem Menschen gelingen können, den freien Fall mit schirmartigen Vorrichtungen zum Schweben zu verlangsamen.

Als Erfinder des Fallschirms gilt Leonardo da Vinci, das Universalgenie der Renaissance-Zeit. Er hat nicht nur Muskelkraftflugzeuge und Hubschrauber wissenschaftlich-technisch durchdacht und künstlerisch skizziert, sondern im Jahre 1495 nach Erkenntnis und Beschreibung des Luftwiderstandes auch einen Fallschirm: eine pyramidenförmige Hohlfläche, unter der an Seilen ein Mensch hängt.

An seine Überlegungen knüpfte 1616 Fausto Verantio an; in Venedig soll er ein Jahr später sogar einen Fallschirm ausprobiert haben. Als nachweislich erster Mensch sprang 1783 der Franzose Lenormand von einem Turm ab. Den ersten Absprung aus größerer Höhe und aus einem Luftfahrzeug vollführte Garnerin 1797. Sein Fallschirm, mit dem er sich aus 700 m Höhe aus einem Ballon fallen ließ, hatte 7,80 m Durchmesser. Auch im 19. Jahrhundert blieb das Fallschirmspringen eng mit der Ballonfahrt verknüpft, doch wie diese war es zeitweise mehr eine Jahrmarktsattraktion als Gegenstand technisch-wissenschaftlicher Forschung und Entwicklung. Zahlreiche tödliche Abstürze sorgten dafür, daß das Fallschirmspringen bis zum Ende des »Jahrhunderts der Aeronauten« nichts weiter als eine Sensation war.

Das änderte sich erst mit der Entwicklungsarbeit der deutschen Fallschirmspringerin Käte Paulus (1868–1935) und ihres Lebensgefährten Lattemann. Der moderne zusammenlegbare Fallschirm geht auf sie zurück. Durch sie wurde er zum Rettungsring der Luft, der seitdem Tausenden von Luftfahrern in Krieg und Frieden das Leben gerettet hat. Die technische Entwicklung ist so weit fortgeschritten, daß heute kleine oder sehr flach gepackte, dabei sicher funktionierende Rettungsschirme von nur wenigen Kilogramm Gewicht angeboten werden.

Käte Paulus, als mutige Fallschirmspringerin um die Jahrhundertwende in ganz Europa bekannt, bei einem Absprung vom Ballon über Frankfurt am Main – hier allerdings im Atelier. Sie hat die Entwicklung des Fallschirmspringens maßgeblich beeinflußt und erfand den zusammenlegbaren Fallschirm.

Im Bewußtsein der Öffentlichkeit ist der Fallschirm immer noch in erster Linie ein Rettungsgerät. Segelflieger und Motorsegler führen ihn bei sportlichen Flügen fast immer mit sich, und wenn auch die Gefahr des Zusammenstoßes mit anderen Flugzeugen nicht sonderlich groß ist, so bedeutet der gut angelegte Fallschirm doch das Tüpfelchen auf dem i der Sicherheit im Luftsport. Motorflieger führen dagegen im Reiseflug kaum noch einen Fallschirm mit. Beim Kunstflug und anderen sportlichen Flügen ist er jedoch nach wie vor selbstverständlich.

Sportspringen

In aller Welt gibt es heute große Gruppen von Luftsportlern, die Fallschirmspringen um seiner selbst willen betreiben. Für sie ist der Fallschirm in erster Linie ein Sportgerät – für den Notfall führen sie jedoch immer noch einen kleineren Reservefallschirm mit sich.
Im Laufe der Entwicklung des Sportspringens, die erst nach dem Zweiten Weltkrieg voll einsetzte, haben sich vor allem die Disziplinen Zielspringen, Stilspringen und Formations- oder Relativspringen herausgebildet.
Für den Fallschirmsport sind in den letzten 30 Jahren eine Reihe neuer Fallschirmtypen speziell konstruiert worden. Sie bieten dem Springer ein gleich hohes Maß an Sicherheit wie herkömmliche Fallschirme, weisen aber eine größere Vorwärtsgeschwindigkeit auf und lassen sich durch Leinensteuerung (Öffnen und Schließen von entsprechend wirksamen Schlitzen im Schirm) beliebig und schnell drehen. Die neuesten Fallschirme, die den Markt bereits weitgehend erobert haben, ähneln in ihrer Rechteckform der Tragfläche eines Flugzeugs. Sie lassen sich auch fast wie ein Gleitflugzeug steuern. Trotz Wind und anderen meteorologischen Einflüssen ist die Sprunggenauigkeit heute geradezu verblüffend. Beim Zielsprung, der meist aus 800 m Höhe vor sich geht, soll der Springer eine Scheibe von 10 Zentimeter Durchmesser (!) bei der Landung mit dem Fuß treffen. Vor einigen Jahrzehnten hätte man eine solche Aufgabe noch für unlösbar gehalten. Heute werden bei großen Wettbewerben elektronische Zielscheiben verwendet, die das Sprungergebnis zentimetergenau anzeigen.
Beim Stil- und Formationsspringen ist ebenfalls eine sprunghafte Leistungssteigerung eingetreten.
Beim Stilspringen kommt es darauf an, noch im freien Fall ein bestimmtes Figurenprogramm zu zeigen. Nach dem Absprung aus dem Flugzeug oder Hubschrauber

Absprung mit einem Rundkappenfallschirm
Die Steuerschlitze sind deutlich erkennbar.

Rechteckfallschirm, treffend »fliegende Matratze« genannt.

aus etwa 2000 m Höhe dauert es etwa 10 Sekunden, bis der fallende Körper seine Endgeschwindigkeit von rund 50 m/sec (etwa 180 km/h) erreicht hat. Dann erst nimmt der Springer die Ausgangshaltung für die Figuren ein, die er zeigen will. Mit seinen Körperbewegungen ändert er die Anströmrichtung der Luft und vollführt so im freien Fall Rechts- und Linksdrehungen sowie Rückwärtssaltos. Der Laie kann sich kaum vorstellen, welch eine Körperbeherrschung und Konzentrationsfähigkeit dazu gehören, zumal der Stilspringer ja auch nicht vergessen darf, in der noch sicheren Höhe zwischen 800 und 600 m seinen Fallschirm manuell zu öffnen.
Schiedsrichter beobachten ihn während des freien Falls mit Telemetern, bewerten die Korrektheit der Figuren

Zielspringen
Der Springer versucht mit allen Mitteln, die Scheibe von nur 10 cm Durchmesser (vorn rechts) mit dem Fuß zu berühren ein aufregender Augenblick auch für die Sportzeugen.

und stoppen die Zeit für das Programm. Auch in dieser Disziplin ist der Leistungsstand inzwischen so hoch, daß die Telemeter-Beobachtung als verbesserte Augenbeobachtung allein nicht mehr ausreicht. Als zusätzliche Entscheidungshilfe für die Schiedsrichter sind Tele-Aufnahmen mit Video-Kameras unerläßlich geworden. Der Sprung kann dadurch in seinem gesamten Ablauf noch einmal vorgeführt und bei Unklarheiten auch in Zeitlupe angesehen werden.
Benötigt wird das Videogerät auch zur genauen Beobachtung der Übungen in der dritten Disziplin, dem Formations- oder Relativspringen, die zugleich die jüngste im Fallschirmsport ist. »Relativ« bezieht sich hierbei auf die Positionsveränderung von Springern zueinander im freien Fall. Wie sich durch bestimmte Körperbewegungen und -haltungen Stilfiguren aerodynamisch hervorrufen lassen, so können dadurch auch die Fallrichtung und -geschwindigkeit beeinflußt werden: Bei »Kopfstand« erreicht der Springer bis zu 300 km/h. Sportspringer, die kurz nacheinander ein Flugzeug verlassen, können im freien Fall aufeinander zusteuern, sich an Händen und Beinen halten und Formationen bilden. Die bekannteste Formation ist der »Stern«, bei dem sich die beteiligten Springer kreisförmig an den Händen halten. Auch »Raupen«, »T«, »Y« und andere Formationen werden im freien Fall gebildet. Mehrere Formationen hintereinander bezeichnen die Springer als Sequenz. Bei etwa 800 m Höhe streben die Springer wieder auseinander und öffnen ihre Fallschirme.
Die Fallschirmclubs sind nicht allein den Männern vorbehalten. Wie im Segelflug, so nimmt der Anteil der weiblichen Mitglieder auch dort ständig zu. In ihren Leistungen stehen die Frauen den »harten« Männern nicht nach.
Wenn beim Formationsspringen sich ein Mann und eine Frau im freien Fall treffen, nutzen sie die Chance zu einem »Kisspass«: Sie küssen sich im Vorbeifliegen. Es heißt, daß dieser Kisspass unter Fallschirmsportlern in aller Welt recht beliebt ist.

Fallschirme

So viele Aufgaben, so viele Spezialfallschirme gibt es. Hinzu kommen die Unterschiede der einzelnen Hersteller und der technischen Vorschriften in den verschiedenen Ländern. Eine Fallschirmkunde an dieser Stelle würde zu weit führen. Es genügt zunächst, den Hauptunterschied zu kennen: Es gibt »automatische« und »manuelle« Fallschirme. Beim automatischen Schirm bewirkt eine Aufziehleine, die am Flugzeug befestigt ist, die Öffnung des Fallschirms. Der Springer braucht sich nicht darum zu kümmern. Der automatische Fallschirm ist deshalb bei der Sprungausbildung für den Anfänger das richtige Übungsgerät. Hat er die (verständliche) Angst vor den ersten Sprüngen überwunden, kann man ihm auch zumuten, den Zeitpunkt für die Öffnung des Fallschirms selbst zu bestimmen. Der »manuelle« Schirm hat dazu einen Handgriff, der gezogen werden muß. Als Rettungsschirme werden beide Arten von Fallschirmen verwendet. Auch hier entscheidet der Verwendungszweck: Im Bereich der Segelflug-Ausbildung beispielsweise dominieren automatische Schirme, im Leistungssegelflug und im sportlichen Motorflug manuelle. Der Fallschirmsportler hat stets ein manuelles Reservegerät bei sich.

Wie man Fallschirmspringen lernen kann

Wer das Fallschirmspringen lernen will und es sich zutraut, der wendet sich am besten an den Deutschen Aero-Club, Sportfachgruppe Fallschirmsport. Dort wird man ihm gern den Fallschirmsportverein nennen, der in der Nähe seines Wohnortes ansässig ist.
In der Bundesrepublik Deutschland gibt es 75 solche Clubs, die mit Schwerpunkt in den Ballungsgebieten doch recht gleichmäßig über das gesamte Bundesgebiet verstreut liegen. Die Zahl der Mitglieder liegt bei 3500.
Voraussetzung zum Fallschirmsportspringen ist eine fliegerärztliche Untersuchung, bei der ein strenger Maßstab angelegt werden muß. So wirken beispielsweise beim Öffnen des Fallschirms, wobei die Fallgeschwindigkeit von fast 200 km/h innerhalb von Sekunden auf 10 km/h abgebremst wird, Kräfte vom rund Siebenfachen des Körpergewichts auf den Springer ein. Nicht jeder übersteht eine solche Belastung ohne Störungen. Andererseits sind weniger körperliche Härte, als vielmehr Gewandtheit und Geschicklichkeit erforderlich. Auch die Konzentrationsfähigkeit spielt eine wichtige Rolle.
Das Mindestalter für den Beginn der Ausbildung beträgt 16 Jahre; der »Ausweis für Fallschirmspringer« kann mit 17 Jahren erworben werden.
Erforderlich ist eine persönliche Ausrüstung, zu der spezielle Springerstiefel, eine Sprungkombination (am Anfang genügt ein Trainingsanzug), ein Springerhelm, eine gut sitzende Schutzbrille und Handschuhe gehören. Wer bei fortgeschrittener Ausbildung aus Höhen über 1000 m abspringt, benötigt auch einen Höhenmesser, wie er meist in den Vereinen vorhanden ist.
Fallschirme für den Übungsbetrieb werden den Anfängern vom Verein zur Verfügung gestellt. Die meisten Fortgeschrittenen benutzen jedoch eigene Fallschirme und Reserveschirme.
Die Ausbildung beginnt (wie alles in der Fliegerei) am Boden. Im theoretischen Unterricht wird der angehende Sportspringer mit dem Luftrecht sowie den Luftverkehrs- und Flugsicherungsvorschriften vertraut gemacht. Sehr wichtig ist für ihn die Meteorologie. Über die Theorie des freien Falls wird er in die Fall-

Das Flugzeug auf dem Rücken: Der Fallschirm gepackt und wieder angelegt. Bereit zum nächsten Absprung.

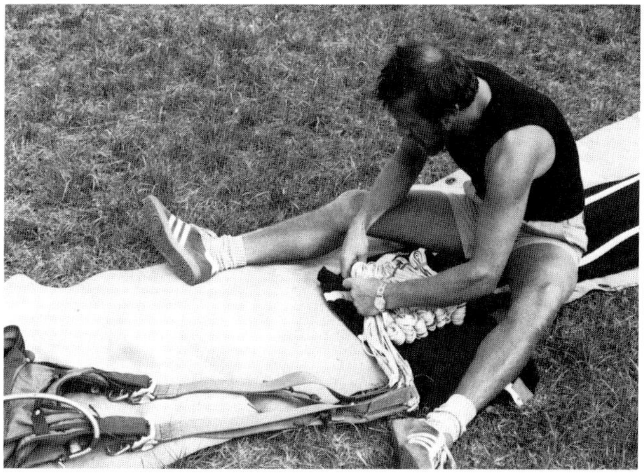

Nach der Landung packen die Springer ihre Schirme selbst.
Nur eine von vielen Phasen: Die Fallschirmleinen werden sorgfältig in Schlaufen gelegt.

schirmkunde eingeführt. Und wie in allen Sparten des Luftsports wird auch bei den Fallschirmspringern auf einen Unterricht über »Verhalten in besonderen Fällen« und »Erste-Hilfe – Sofortmaßnahmen am Unfallort« besonderer Wert gelegt.

Parallel dazu lernt der Sprungaspirant das Fallschirmpacken, das besondere Sorgfalt und hohes Verantwortungsbewußtsein erfordert. Stets wird er »seine« Fallschirme auch selbst packen! Landefallübungen werden durchgeführt und Absprungübungen aus einem Flugzeug, das (noch) am Boden steht.

An das Bodentraining schließt sich der erste Teil der Sprungausbildung an. Verwendet werden hierbei nur automatische Fallschirme. Unvergeßlich bleibt für die meisten der erste Absprung – meist aus 600 m Höhe. Da sich der Fallschirm automatisch öffnet, hat der Sprungschüler nicht viel mehr zu tun, als seinen »inneren Schweinehund« zu überwinden und bei der Landung das bei den Landefallübungen Gelernte zu beherzigen. Der zweite Absprung erfordert bei manchem noch mehr Überwindung als der erste, doch danach ist meist der Bann gebrochen.

Wer das automatische Springen beherrscht, beginnt mit dem zweiten Abschnitt der Sprungausbildung. Dabei wird der manuelle Schirm verwendet. Nach einer größeren Zahl von Übungssprüngen schließt die Ausbildung mit der Prüfung »stabiler freier Fall mit 15 Sekunden Verzögerungszeit und Ziellandung in einem Kreis von 200 m Durchmesser« ab. Danach wird dem erfolgreichen Bewerber die »Erlaubnis für Fallschirmspringer« erteilt, mit der er berechtigt ist, selbständig Fallschirmsprünge mit automatischer und manueller Auslösung des Fallschirms durchzuführen. Ohne weitere Einweisung könnte er rechtlich gesehen also auch mit Hochleistungs- und Gleitfallschirmen abspringen – der Gesetz-

Einsteigen in das Absetzflugzeug
Hier ist es eine »Pilatus Porter« mit Propellerturbine.

Start zum Absprung
Schutzhelm und Brille sind aufgesetzt. Am Gurtzeug trägt die Springerin den Höhenmesser.

geber hat es ihm erlaubt. Verantwortungsbewußte Vereine setzen die Ausbildung des Springers jedoch weit über den Erwerb der »Erlaubnis« hinaus fort. Wie der Segel- oder Motorflieger in ein ihm noch nicht vertrautes Flugzeugmuster, so muß der Fallschirmspringer auch in die Handhabung für ihn neuer Fallschirmmuster eingewiesen werden.
Das aerodynamische Verhalten der verschiedenen Fallschirmtypen ist teilweise völlig unterschiedlich, was besonders bei der Landung beachtet werden muß. Vor leichtfertiger Selbstüberschätzung kann nur gewarnt werden, sie ist – wie auch in den andern Sparten des Luftsports – mit die häufigste Unfallursache. Kein Sportflieger und kein Sportspringer hat je ausgelernt.
Befolgt der Fallschirmspringer alle Regeln, vermeidet er unnötige Risiken, ist sein Sport dank des hochentwickelten Geräts und der erprobten Sprungtechniken heute weniger gefährlich wie Autofahren. Trotzdem erfordert er nach wie vor Mut und Selbstüberwindung als Preis für das einzigartige Erlebnis des freien Falls, bei dem der geübte Springer sein eigenes steuerbares Fluggerät wird, und des heute weitgehend lenkbaren Niederschwebens am Fallschirm. Eine gelungene Formation, eine punktgenaue Ziellandung bringen gerade wegen der vorangegangenen Selbstüberwindung die Befriedigung sportlichen Ehrgeizes in besonders hohem Maße mit sich.

Sprungwettbewerbe

Wer zur Spitzengruppe der Fallschirmsportspringer vorgedrungen ist, kann an nationalen oder gar internationalen Wettbewerben teilnehmen. Die verbindlichen Bestimmungen für Wettbewerbe, Rekordversuche, das Wertungssystem und die für Fallschirmsportler geschaffenen internationalen Leistungsabzeichen enthält der Code Sportif der FAI, Sektion 5, der in der Fassung vom 1. Mai 1977 auch für den Bereich der Bundesrepublik Deutschland Gültigkeit hat. Er wird ergänzt durch eine Wettbewerbsordnung für Deutsche Meisterschaften im Fallschirmsport. Als Disziplinen sind vorgesehen: Einzel-Zielspringen, Stilspringen, Mannschafts-Zielspringen (Vierermannschaft), Formationsspringen (Vierer- und Achtermannschaft) und Fallschirm-Skispringen (eine Verbindung von Fallschirmspringen und Riesenslalom).
Die Liste der nationalen und internationalen Sprungwettbewerbe ist erstaunlich lang und wohlklingend. Um nur wenige Beispiele aus der internationalen Palette zu nennen: Da gibt es den Para Ski Weltcup der Alpenländer, der jedes Jahr in einem anderen Land stattfindet, und das Fallschirmsportlertreffen der Welt in Zephyrhills in Florida. Weltmeisterschaften im Ziel- und Stilspringen finden alle zwei Jahre statt, und in den dazwischenliegenden Jahren gibt es die Weltmeisterschaften im Formationsspringen.
Nicht allein die gute Plazierung, sondern mehr noch das Dabeisein ist wichtig. Es bedeutet, teilzuhaben an der internationalen Kameradschaft der Fallschirmspringer, vergleichbar mit den Segelfliegern bei ihren Weltmeisterschaften und internationalen Treffen.

Gleitschirmfliegen

Wie einfach ein Sportfluggerät sein kann, hätte bis vor wenigen Jahren noch kaum einer für möglich gehalten. Den Fallschirm sah man ja in erster Linie als Rettungsgerät an, und das Drachenfliegen nahm man noch nicht so ganz ernst. Wie sehr sich beide Sparten zu vollwertigen Luftsportarten gemausert haben, läßt sich heute auf einer Vielzahl von Flugplätzen und Übungsgeländen beobachten.

Der Gleitschirm, mit dem man heute von Berggipfeln und -hängen herunterschweben oder sich im Flachland wie ein Segelflugzeug mit einer Winde hochziehen lassen kann, ist nichts anderes wie ein weiterentwickelter Rechteck-Fallschirm, aber eine überaus raffinierte Konstruktion, sodaß man schon verstehen kann, weshalb es so lange gedauert hat, bis er als »Gleitschirm« entdeckt wurde. Die Kappe ist ein großer, meist rechteckiger Flügel, der aus Ober- und Untersegel besteht und durch den Fahrtwind bei der Vorwärtsbewegung aufgeblasen und in Form gehalten wird. Er hat sogar einen Flügelquerschnitt wie das tragende Profil eines Segelflugzeugs; es fehlt nur die vordere Rundung, weil hier die Öffnung für den Lufteintritt notwendig ist. Doch die gestaute Luft bildet ein Polster, das den größten Teil der anströmenden Luft dazu nötigt, nach oben oder unten auszuweichen und so die profilierte Kappe wie einen Tragflügel zu umströmen und Auftrieb zu erzeugen.

Damit das ganze Gebilde nicht vorzeitig zusammenfällt, ist es – ebenfalls wie ein Tragflügel – durch Rippen abgestützt, die die Kappe in eine Vielzahl von Zellen unterteilen. Es gibt tragende und nichttragende Rippen. An den tragenden Zellwänden befinden sich die Fangleinen, die als vordere oder hintere Fangleinen zum Gurtzeug des Piloten führen. Die nichttragenden Rippen, in der Fachsprache Zellzwischenwände genannt, unterteilen die Kappe in zusätzliche Kammern, wodurch sich die Stabilität des aufgeblasenen Gebildes erhöht. Große Öffnungen in Zellwänden und Zellzwischenwänden ermöglichen einen Druckausgleich auch von innen her. Einen ähnlichen Aufbau haben auch die steuerbaren Fallschirme, die wegen ihrer Rechteckform und ihrer Zellaufgliederung scherzhaft »Matratzen« genannt werden.

Die »Spannweite« der Gleitsegel ist jedoch meist größer. Wichtig ist aber nicht allein die Spannweite, sondern die Segelfläche, aus der sich die Flächenbelastung ergibt. Ein Gleitschirm von 9 m Spannweite und 3 m Flächentiefe hat eine Segelfläche von 27 qm. Er wiegt rund 5 kg (!); dazu kommt das Gurtzeug des Piloten als Teil der Ausrüstung, die noch einmal mit 5 kg anzusetzen ist. Wenn der Pilot 71 kg wiegt, so verteilt sich das Gesamtgewicht von 81 kg auf 27 qm Segelfläche. Das entspricht einer Flächenbelastung von 3 kg/qm, die im Rahmen des Üblichen (2–4 kg/qm) liegt.

So weit, so gut. Aber wie ist es möglich, daß ein solches Gebilde richtig fliegt und steuerbar ist? Es hat doch kein Leitwerk, und eigentlich müßte der stark gewölbte »Flügel« doch dauernd umschlagen wie ein Flugmodell, das seine Höhenflosse verloren hat. Der Grund dafür, daß der Gleitschirm trotzdem stabil fliegt, ist die tiefe Schwerpunktlage, die durch die Aufhängung des Piloten an langen Leinen gegeben ist (Pendelwirkung). 40 bis 50 Fangleinen sind es, die der möglichst gleichmäßigen Lastverteilung auf das ja nur durch gestaute Luft gestreckte Gleitsegel dienen. Hinzu kommen zwei Steuerleinen, die ebenfalls mehrfach verzweigt an der äußeren rechten und linken Hinterkante befestigt sind. Um Kurven zu fliegen, zieht der Pilot mit Handschlaufen jeweils die rechte oder linke Hinterkante herunter: der erhöhte Widerstand bewirkt die Drehbewegung. Zieht er beide herunter, so kann er durch Veränderung des Anstellwinkels und der Profilform (stärkere Wölbung) seinen Flug verlangsamen und sogar die Sinkgeschwindigkeit verringern. Werden jedoch die Eigengeschwindigkeit zu gering sowie Anstellwinkel und Profilwölbung zu groß, besteht die Gefahr, daß die Strömung abreißt. Das ist bei jedem Fluggerät gefährlich, besonders aber beim Gleitschirm, weil dadurch der Kappenin-

Landung mit Rechteckschirm

Kurskorrektur im Anflug

Links: Über dem Windsack

Rechts: Vor dem Aufsetzen wird zur kurzfristigen Erhöhung der Tragfähigkeit und zum »Abbremsen« die Hinterkante des Fallschirms heruntergezogen – vergleichbar dem Setzen der Landeklappen beim Flugzeug.

»Kappen-Relativ-springen«:
Dabei regulieren die Springer Fallgeschwindigkeit und Richtung so, daß der jeweils höhere Springer auf der »Kappe« des Untermannes steht oder sitzt.

Kurz vor der Landung löst sich das »Kappen-Relativ« auf und die Springer landen einzeln.

Gleitschirmfliegen –
der jüngste Luftsport

Gleitschirmfliegen in den Alpen
– sogar Segelflug im Hangaufwind und in der Thermik ist möglich.

Drachenfliegen
Vor der Loser-Hütte bei Altaussee (über 1800 m) werden Drachen aufgebaut.

»Aufstellen« des Gleitschirms.
Anfangsübungen in einer Gleitsegelschule auf der Wasserkuppe.

nendruck zusammenbricht und kein Auftrieb mehr erzeugt wird. Nur bei der Landung ist das gewollt und ungefährlich und wird entsprechend geübt.
Gleitschirme sind schon durch das Gewicht des Menschen, der an ihnen hängt, hohen Belastungen ausgesetzt. Deshalb bestehen sie aus dem besten Material, das hierfür heute hergestellt werden kann: aus reißfestem synthetischen Ripstop-Gewebe (mit eingewebten karoförmigen Verstärkungsfäden), aus Spinaker-Tuch oder aus Fallschirm-Tuch aus Polyamid (Nylon) oder Polyester. Eine spezielle Imprägnierung macht das Tuch wasserabstoßend und luftundurchlässig. So ist von den technischen Voraussetzungen her heute wohl alles getan, um das Gleitschirmfliegen so sicher wie möglich zu machen.

Gleitschirmfliegen lernen

Diesem Ziel dient auch die heutige Ausbildung, die bei weitem nicht solange dauert wie etwa die Segel- oder Motorflugausbildung – aber ebenso streng genommen nie abgeschlossen ist, denn mit jeder neuen Erfahrung, jedem neuen Gleitschirmmuster und jedem neuen Fluggelände setzt sich der Lernprozeß fort.
Das Fliegen an sich ist einfach, aber gerade weil es schon nach kurzer Zeit zu Erfolgserlebnissen führt, entsteht vor allem bei Jüngeren die große Gefahr der Selbstüberschätzung: »Ach was, es wird schon gutgehen!« Hier liegt – ähnlich wie beim Drachenfliegen – die größte Gefahr des Gleitschirmfliegens und -segelns. Fast alle Unfälle lassen sich darauf zurückführen; der Gleitschirm selbst versagt so gut wie nie. Zur Selbstüberschätzung gehört auch, den notwendigen Lernstoff in der Theorie für überflüssig zu halten, und vor allem der Meteorologie nicht genügend Aufmerksamkeit zu widmen. Otto Lilienthal wußte noch nichts von Bodenthermik und thermischen Ablösungen, durch die es zu seinem tödlichen Absturz am 9. August des Jahres 1896 kam. Wir aber kennen die Ursachen und die Ursachen auch anderer gefährlicher Luftbewegungen in Bodennähe und können uns zu unserer eigenen Sicherheit entsprechend verhalten. Dazu gehört auch, auf einen Flug zu verzichten, der wegen der meteorologischen Gegebenheiten zu riskant erscheint.
Die praktische Ausbildung, für die besonders »gutmü-

Nach dem »Startabbruch« legt sich der Gleitschirm seitlich zusammen.

tige« Gleitschirme verwendet werden, beginnt mit der Gerätekunde: Der Schüler lernt sein Sportgerät gründlich kennen, erfährt und praktiziert, wie der Schirm korrekt ausgelegt wird und übt den »Vorflugcheck« – alles auf einer ebenen Wiese. Das geht bis zum immer wieder hergebeteten Startcheck, der auch später bei keinem Flug vergessen werden darf:

1. Anströmöffnungen des Gleitschirms geöffnet und bogenförmig ausgelegt?
2. Alle Leinen frei?
3. Tragegurte über der Schulter und nicht mit Steuerleinen verdreht?
4. Wind richtig? (Nicht zu stark und von vorne)
5. Luftraum frei?

Wenn das alles sitzt, dann kann – ebenfalls noch auf der ebenen Wiese – das »Aufstellen« des Gleitsegels geübt werden: Der Pilot zieht beim Laufen gegen den Wind das Segel hoch, bis es aufgebläht hoch über dem Kopf steht. Ob die Kappe symmetrisch steht und vollständig luftgefüllt ist, kontrolliert der Pilot durch Hochschauen. Um den »Start« abzubrechen, werden beide Steuerleinen voll durchgezogen.

Wenn der Schüler diese Übungen beherrscht, kann er schon kleine Geradeausflüge wagen und dabei die Bremswirkungen erproben und die Landung üben.

In der nun folgenden vierten Ausbildungsstufe geht es schon höher hinauf. Der Kurvenflug und eine gute Landeeinteilung werden geübt. Jetzt darf auch schon ein leichter bis mäßiger Wind herrschen, der sich bei 100 bis 400 m Höhendifferenz (später mehr) auch schon als tragend erweist (Hangaufwind). Hang- und thermischen Aufwind richtig zu nutzen und auszufliegen, ist aber erst in der fünften Ausbildungsstufe vorgesehen. Mit der Gefahreneinweisung und Landungen auch bei starkem Wind geht die Ausbildung zuende, nicht aber der Lernprozeß.

Die »amtliche« Seite sieht folgendermaßen aus: Die Ausbildung erfolgt nur an vom DHV (Deutschen Hängegleiter-Verband) oder vom DAeC anerkannten Gleitsegelschulen oder entsprechend qualifizierten Vereinen auf einem für die Anfängerausbildung geeigneten Gleitsegelgelände bis zu 100 m Höhenunterschied zwischen Start- und Landeplatz. Der erste Teil der Ausbildung wird mit dem »Lernausweis« abgeschlossen. Hierzu ist schon eine theoretische Prüfung in Aerodynamik und Gerätetechnik, Sicherheitsvorkehrungen und Gefahreneinweisung sowie in Meteorologie und Luftrecht erforderlich.

Die praktische Prüfung, die nach mindestens 20 Startübungen und mindestens 20 von einem Fluglehrer bestätigten Flügen mit 40 bis 100 m Höhenunterschied abgelegt werden kann, besteht aus einem Prüfungsflug mit

Fußstart, S-Kurve und sturzfreier Landung in einem Zielkreis von 50 m Durchmesser bei mindestens 40 m Höhenunterschied.
Schwieriger ist schon der »Befähigungsnachweis für Gleitsegelpiloten«:
Zunächst geht der Unterricht weiter: Das theoretische Wissen in den Fächern, die schon beim »Lernausweis« geprüft wurden, wird vertieft. Dazu sind mindestens 12 Unterrichtsstunden zu je 45 Minuten amtlich vorgeschrieben (aber nach allen Erfahrungen in der Praxis doch noch viel zu wenig, vor allem für Aspiranten, die nicht einschlägig »vorbelastet« sind).
Mehr Spaß macht natürlich die Praxis: Hierzu sind mindestens 30 Alleinflüge mit mehr als 100 m Höhenunterschied und mehr als 50 m Bodenabstand und auf mindestens zwei verschiedenen Geländen erforderlich, die ein Fluglehrer beaufsichtigen und bestätigen muß. Die Bestimmungen sind so sinnfällig und genau, daß sie zunächst mindestens 5 Flüge mit weniger als 300 m Höhenunterschied und danach mindestens 20 Flüge mit mehr als 400 m Höhenunterschied vorschreiben. Dabei sollen vor allem Kehren, Vollkreise, Achterschleifen und verschiedene Steuertechniken geübt werden.
Vor der Prüfung muß noch die erfolgreiche Teilnahme an einem Kursus über »Sofortmaßnahmen am Unfallort« nachgewiesen werden.
Die Prüfung in Theorie ist schriftlich und erfolgt nach dem »multiple choice system« in den schon genannten Sachgebieten.
Bei der praktischen Prüfung ist wieder ein Prüfungsflug mit Fußstart, Achterschleife, Landeeinteilung und sturzfreier Landung in einem Zielkreis von diesmal nur 30 m gefordert.
Der »Befähigungsnachweis für Gleitsegelpiloten« befähigt zum freien Fliegen ohne Fluglehrer, aber nicht zum Überlandfliegen.
Der Gleitsegelpilot kann nun noch die Windenschleppberechtigung erwerben, mit der er als Pilot und als Startleiter Windenschleppstarts durchführen kann – interessant vor allem für diejenigen, die im Flachland zuhause sind und sich nicht an jedem Wochenende einen Ausflug ins Mittel- oder gar ins Hochgebirge leisten können.
Die Anforderungen sind hoch – auch in der Theorie –, aber sie sind notwendig, denn in den Anfangsjahren hat es doch eine Reihe von Unfällen gegeben, die sich durch Sorgfalt und Vorsicht hätten vermeiden lassen. Die präzisen Ausbildungsbestimmungen sind das Ergebnis leider auch bitterer Erfahrungen. Gleitsegeln ist aber keineswegs gefährlicher als andere vergleichbare Luftsportarten – wenn Leichtsinn und Selbstüberschätzung vermieden werden.
Inzwischen gibt es zahlreiche »Typen« von Gleitschirmen, und jedes Jahr kommen mehrere neue hinzu. Sie müssen sich strengen Tests unterwerfen, bis sie das »Gütesiegel« des DHV oder des DAeC erhalten. Wichtig ist das Verhältnis von Flugverhalten zur Leistungsfähigkeit. Drachen, die sich durch harmloses Flugverhalten auszeichnen, sind für Anfänger gedacht und für Gleitschirmflieger, die nicht unbedingt nach Spitzenleistungen streben. Bei Hochleistungsschirmen, die größere fliegerische Erfahrung voraussetzen, sind schon Gleitzahlen von knapp 5 (wie bei dem »Normal-Segelapparat« Lilienthals und den Rogallo-Standard-Drachen der Anfangsjahre) sowie Sinkgeschwindigkeiten um 1,5 m/s erreicht worden. Das führte 1988 zu einem gewaltigen Leistungssprung: Der Dauer-Weltrekord wurde auf 11 Stunden, der Streckenflugrekord auf fast 50 km gebracht. Das »Gleitschirmfliegen«, oder wie es auch genannt wird, das »Paragleiten« oder das »Gleitsegeln«, war erwachsen geworden.
Eine interessante Variante sind die »Bergsteigerschirme«, die zur Gewichts- und Platzersparnis besonders klein gehalten wurden, teilweise unter 20 qm Segelfläche. Da man mit ihren Landeeigenschaften keine guten Erfahrungen gemacht hat, wurden 1988 schon wieder normalgroße Schirme als »Bergsteigerschirme« angeboten. Mit einem solchen Schirm gelang Jean Marc Boivin am 26. September 1988 der erste Flug vom Gipfel des Mount Everest.
Mit dem Gleitschirm, der ja auch in voller Größe nur wenige Kilogramm wiegt, bietet sich dem Alpinisten die phantastische Möglichkeit, dem oft gefährlichen Abstieg zu entgehen und statt dessen genußvoll und gelassen zutal zu schweben – wenn das Wetter mitspielt.

Motorisierte Gleitschirme

Auch so etwas gibt es schon! Der Pilot trägt das Antriebsaggregat mit dem von einem Schutzrahmen umschlossenen Propeller auf dem Rücken – wie einen Rucksack. Ein Beispiel hierfür ist der »Pago-Jet«-Propellerantrieb, der auf der Aero 89 in Friedrichshafen vorgestellt wurde: In einem Tragegestell treibt ein Dreizylinder-König-Sternmotor von 24 PS einen Holzpropeller von 1.10 m Durchmesser an. Das Ganze wiegt

Motorisierter Gleitschirm startbereit. Der Pilot trägt »PagoJet« auf dem Rücken.

einschließlich Schutzrahmen 22 kg. Das Rucksacktriebwerk reicht aus, um einen bis zu 100 kg schweren Piloten mit dem Gleitschirm nach wenigen Schritten in die Luft und mit 1,5–2,5 m/s Steigen bis auf 2000 m Höhe zu bringen. Mit 11 l Treibstoff im Tank sind Flüge bis zu 3 Stunden möglich. Bei Windstille liegt die Flug-

Im motorisierten Gleitschirm über der Sahara. Der Gashebel wird mit einem Mundstück betätigt (»Beißholz«).

So wurde sogar der Ärmelkanal überflogen.

geschwindigkeit bei 35 km/h, so daß sich eine beachtliche Reichweite ergibt.
Daß dies nicht nur leere Prospektversprechungen sind, hat der Konstrukteur und Erbauer Achim Mende bereits selbst bewiesen. Er ist nicht nur leidenschaftlicher Gleitschirmpilot, sondern im Hauptberuf Reisejournalist und Fotograf. Als er die ersten Gleitschirm-Motorisierungsversuche mit ansah, erkannte er die phantastischen Möglichkeiten eines »Flugzeugs zum Mitnehmen im Kofferraum« für seinen Beruf und baute sich selbst einen »Rucksack-Antrieb«.
Im Elsaß testete er seinen »Pago Jet« in Langstrecken und Dauerflügen. Am Montblanc erreichte er über 2000 m Höhe. In der Südsee umflog er (fotografierend) Rangiroa, das größte Ringatoll des südlichen Pazific. In der Sahara machte er Luftbilder in der Ténéré-Wüste und vom »Grand Erg Oriental« in Algerien, dem größten zusammenhängenden Dünengebiet der Erde. In Italien überflog er den lavaspeienden Vulkan Stromboli (924 m hoch), und schließlich gelang ihm am 19. Oktober 1988 sein wohl spektakulärster Flug: Zusammen mit Wolfgang Brög, der ebenfalls einen Motorgleitschirm flog, überquerte er den Ärmelkanal von Frankreich nach England in 1 h 36 min.
Das klingt alles fast zu schön, um wahr zu sein. Doch es stimmt, wie die entsprechenden Fotos beweisen.
In der Bundesrepublik Deutschland ist der motorisierte Gleitschirm noch nicht zugelassen. Die Zulassung ist beantragt, das Verfahren läuft, wird aber noch einige Zeit in Anspruch nehmen, da es sich um eine neue Art von Fluggerät handelt. In Frankreich und einigen weiteren europäischen Ländern bestehen keine Einschränkungen.

Der Betrieb von »Gleitsegeln«, wie die amtliche Bezeichnung lautet, ist seit dem 15. April 1987 in der Bundesrepublik erlaubt. Er unterliegt den Regelungen für Hängegleiter.

Hängegleiten

Ganz so gut wie die Gleitschirmflieger, die ihr Fluggerät auf dem Rücken tragen und ohne großen Aufwand überallhin mitnehmen können, haben es die Hängegleiter nicht. Ihr Fluggerät ist sperriger, größer und schwerer, aber fast immer genügt noch das Autodach zur Beförderung, und wenn das Gerät aufgebaut ist (auch das dauert länger als das Auslegen des Gleitschirms), kann der Pilot es alleine zum Startplatz tragen, wenn er nicht zu weit entfernt ist. Wenn möglich wird aber erst am Startplatz aufgebaut. Im Vergleich zum Gleitschirm hat der Hängegleiter weitaus bessere Flugleistungen (Gleitzahl um und über 10) und eine größere Stabilität. Außerdem liegen mit ihm schon über einen viel längeren Zeitraum Erfahrungen vor, die – wegen der Gleichheit der Betriebsregelungen – aber auch dem Gleitschirm zugute kommen.

Fliegen wie ein Vogel

So manchen in Ehren ergrauten, alterfahrenen Luftsportler hat es vor Begeisterung fast von den Füßen gerissen, als er zum erstenmal einen Hängegleiter fliegen sah. Seine eigene Traumvorstellung vom Fliegen – hier war sie, wie es schien, auf verblüffend einfache Weise erfüllt! Weshalb hatten ihn die Berichte und Bilder von Lilienthals Flugversuchen seit je beeindruckt? Weil es ein Fliegen allein um des Fliegens willen war, das dieser Pionier der ersten Stunde angestrebt hatte. Und mehr als sieben Jahrzehnte mußten vergehen, bis aus den Versuchen eines Einzelnen urplötzlich ein neuer Sport entstand, der sich lawinenartig ausbreitet. Aus dem allerältesten wurde ein neuer Zweig des Luftsports, der umweltfreundlichste und immer noch freieste. Nach allzu freien Anfängen ist von Seiten der Technik, von der Ausbildung und vom Gesetzgeber her alles getan worden, um die anfänglich recht hohe Unfallziffer zu senken, ohne den faszinierenden Freiraum dieses Sports allzu schmerzhaft einzuengen.

Daß Hängegleiterfliegen nicht gefährlich sein muß, bewies Willy Pelzner (1900–1977) schon in den zwanziger Jahren (siehe Seite 46). Wegen seiner Erfolge im Flugmodellbau konnte er sich das Geld für sein Studium an der Universität Erlangen als Lehrer für praktischen Modell- und Gleiterbau verdienen. Als Zwanzigjähriger baute er sich seinen berühmten Doppeldecker-Hängegleiter, der nur 12 kg wog. Unterstützt von seinen Schülern, beteiligte er sich am ersten Rhön-Wettbewerb 1920, zu dem Oskar Ursinus aufgerufen hatte. Bezeichnend ist, daß er 20 »Frühpreise« für den ersten Start täglich einheimsen konnte. Allein an dem Hang, an dem die Fuldaquelle entspringt, gelangen ihm Hängegleiterflüge mit einer Gesamtdauer von über 52 Minuten. Ihm zu Ehren heißt dieser Teil der Wasserkuppe heute noch »Pelzner-Hang«. Zwei Geldpreise ermutigten ihn zum Bau weiterer Hängegleiter, mit denen er 1921 wieder zum Rhön-Wettbewerb antrat. Für seine 62 Starts erhielt er den Preis für die größte Startzahl und Gesamtflugdauer sowie den Preis für »Start ohne fremde Hilfe« – bezeichnend für das Hängegleiterfliegen. Pelzner flog auch im Ausland erfolgreich mit Hängegleitern – doch die sportliche Idee geriet zugunsten des Segelfluges, der weitaus größere fliegerische Möglichkeiten bot, wieder in Vergessenheit.

Drachenfliegen

Die Idee des Hängegleiters wurde erst viel später, in einem anderen Erdteil und unter anderen technischen Voraussetzungen wieder aufgegriffen. Das simpelste Fluggerät unserer Tage geht auf einen Mann zurück, der ausgerechnet aus der Raumfahrtforschung kam: Francis Melvin Rogallo. Bereits 1948 hatte er sich als Angehöriger des Langley Research Centers, eines regierungseigenen Luftfahrtlabors, mit dem Delta-Drachenflügel befaßt und ihn aerodynamisch untersucht. Auch Alexander Lippisch hatte schon ähnliche Forschungen

»Standarddrachen« 1975.
Er hat nur eine geringe Streckung. Der Pilot, der noch ohne Kopfschutz fliegt, hängt senkrecht und verschlechtert durch seinen Luftwiderstand die Flugleistung. Die Gleitzahl der Standarddrachen lag bei 5 – wie bei Lilienthals Hängegleitern. Die gleiche Gleitzahl wird heute schon von speziellen Gleitschirmen erreicht.

betrieben. Man erinnerte sich an den »Rogallo-Flügel«, als man für die Gemini- und Apollo-Kapseln nach einer Möglichkeit suchte, sie nach Wiedereintritt in die Erdatmosphäre schwebefähig oder gar lenkbar zu machen. Der Rogallo-Flügel erschien dazu besonders geeignet, weil er zusammengefaltet nur sehr wenig Platz beanspruchte. Doch die Versuche mit Rogallo-Modellen befriedigten nicht; die NASA entschied sich statt dessen für die Verwendung von Fallschirmen. Auch andere militärische Verwendungsmöglichkeiten wie Lastentransport mit Rogallo-Drachen hinter Flugzeugen wurden aufgegeben (Versuche von Dornier).

Nun aber waren die mit hohen Kosten gewonnenen wissenschaftlichen Erkenntnisse um den Rogallo-Flügel frei für den Luftsport. Junge Leute an der kalifornischen Westküste begannen, mit Rogallo-Drachen im Seewind zu segeln. Das Drachenfliegen wurde zu einem neuen Sport, der in einem anderen »jungen« Erdteil noch verfeinert wurde: in Australien. Dorthin war ein ehemaliger Kollege Rogallos nach seinem Ausscheiden aus den NASA-Diensten zurückgekehrt. Er startete mit einem Rogallo-Drachen im Schlepp eines Motorbootes vom Wasser aus. Das war ein neuer Zweig dieses Sportes und der erste Schritt zur Motorisierung des Drachens, die auch nicht mehr lange auf sich warten ließ. Doch daneben blieb er motorloses Sportgerät, das ständig verbessert wurde. Ein entscheidender Fortschritt war das Trapez, mit dem die Steuerbarkeit des Drachens gegenüber den bisherigen amerikanischen Hängegleitern wesentlich verbessert werden konnte.

Es war der Amerikaner Mike Harker, der den Europäern den ersten Drachenflug vorführte. Das denkwürdige Datum war der 15. April 1973. Damals ahnte noch niemand, daß der neue Sport in so kurzer Zeit auch in Europa so viele Anhänger finden sollte.

Mike Harker hatte sich 1973 mit seinem Drachen von der Zugspitze in den Abgrund gestürzt – nahezu selbstmörderisch, wie es den Zuschauern vorkam. Doch nach fast 12 Minuten landete er glatt 12 km von seinem Startplatz entfernt bei Ehrwald (Tirol) und hatte dabei einen Höhenunterschied von 1980 m überwunden. Dieser spektakuläre Flug machte das Drachenfliegen in

Mitteleuropa schlagartig bekannt, zumal ein Film davon im Fernsehen gezeigt wurde. Nun dauerte es nicht mehr lange, bis die ersten deutschen, österreichischen und Schweizer Drachenflugschüler ihrem Vorbild nacheiferten.

Nur die wenigsten von ihnen hatten vorher – etwa im Segelflug – fliegerische oder meteorologische Erfahrungen gesammelt. Das schien auch nicht nötig zu sein. Die Lehrgänge dauerten nur Tage, und manch einer soll sich das Drachenfliegen auf einer stillen Hangwiese selbst beigebracht haben.

Die Vorteile des neuen Luftsports waren offenkundig: Weder ein teures Flugzeug, noch ein Fluggelände, noch Helfer waren erforderlich, um sich die Flugsehnsucht zu erfüllen. Der Drachen, zusammengelegt kaum größer als ein paar Teppichstangen, ließ sich auf dem Autodach mühelos transportieren. Die Seilbahn beförderte das Fluggerät wie ein paar Skier zur Gipfelstation, das Aufbauen dauerte nur wenige Minuten und war kein Kraftakt, und ab ging's unter den bewundernden Blikken der Zuschauer. Der Mensch wurde zum Bergvogel, der sicher über Gipfel und Täler schwebte, in aller Ruhe seine sanften, durch Gewichtsverlagerung eingeleiteten Kurven drehte und schließlich auf einem Stückchen Wiese niederging. Doch es konnte auch anders kommen: Unerfahren wie er war, wurde der Flieger zum Spielball der Aufwinde. Er stieg weit über seinen Startplatz hinaus. Böen erfaßten ihn, Turbulenzen, von deren Kraft er nie etwas erfahren hatte, wirbelten ihn herum, drückten die Segelflächen ein. Der Drachen neigte sich zum Sturzflug (Flattersturz), sprach auf keine Steuerbewegung mehr an, rasend schnell kam der Boden näher. Den Aufschlag hat kaum jemand überlebt.

Viele, zu viele Unfälle auch mit tödlichem Ausgang gab es in der ersten Entwicklungsphase des Drachenfliegens, Unfälle durch Selbstüberschätzung und Unterschätzung der Gefahren. Peter Janssen, der Vorsitzende der damals neugegründeten Sportfachgruppe Hängegleiten, sagte dazu in einem Referat anläßlich der Hauptversammlung des DAeC im Oktober 1977:

»Sogenannte Flugschulen schossen wie Pilze aus dem Boden, teilweise geleitet von Personen, deren theoretisches Können von manchem ihrer ›Schüler‹ nach wenigen Tagen überboten wurde. Pädagogisch-didaktische Überlegungen wurden als überflüssiger Ballast abgetan; Hauptsache, die Kasse stimmte. Es gab dementsprechend viele Unfälle, und das Drachenfliegen wurde seinem – ihm heute immer noch anhängenden – Ruf als gefährlichem Sensationssport voll gerecht. Behördliche Maßnahmen drohten, den gerade erst geborenen Sport wieder von der Bildfläche verschwinden zu lassen ... Einer Gruppe von etwa zehn Fluglehrern gingen die Mißstände zu weit. Sie gründeten Ende 1975 den Verband Deutscher Drachenfluglehrer (VDDL e. V.) mit der Zielsetzung, einen verpflichtenden Lehrplan zu erarbeiten sowie Ausbildungs- und Prüfungsrichtlinien herauszugeben, an die sich die VDDL-Mitglieder zu halten hatten. Erst nach langer und harter Diskussion setzte sich beim VDDL die Ansicht durch, die in Angriff genommenen Vorhaben am besten unter dem Dach des DAeC verwirklichen zu können. Der VDDL trat dem regional zuständigen Luftsportverband Bayern bei und brachte den mittlerweile fertiggestellten Lehrplan nebst Ausbildungs- und Prüfungsordnung als Mitgift ein ... Lehrplan und Richtlinien bilden heute die Basis für den Unterricht an allen deutschen Flugschulen. Selbst in Österreich wird der Lehrplan verwendet: Anwärterlehrgang – Anwärterzeit – Fluglehrerlehrgang mit Abschlußprüfung – pflichtmäßige Fortbildungsseminare. Hand in Hand damit entwickelten DAeC und VDDL eine mehrstufige Fluglehrerausbildung mit Abschlußprüfung – pflichtmäßige Fortbildungsseminare.«

Zur Frage der Flugsicherheit führte Peter Janssen aus: »Zunächst wurden vom Sicherheitsreferenten der Hängegleiterkommission alle acht bis Anfang 1977 tödlich verlaufenen Unfälle eingehend auf ihre Ursächlichkeit hin untersucht. Parallel dazu wurde unter den Drachenflugschulen eine Umfrage durchgeführt, die sich unter anderem auf Unfallarten und Unfallhäufigkeit bezog. Die Ergebnisse und die daraus gewonnenen Erkenntnisse haben folgende Konsequenzen nach sich gezogen:

- Aufbau eines Unfallmelde-/Auswertungssystems.
- Fallschirmpflicht ab 1. März 1978 sowie Entwicklung eines Gütesiegels für Rettungssysteme in enger Zusammenarbeit mit der Sportfachgruppe Fallschirmspringen.
- Das Gütesiegel für Hängegleiter war zunächst so konzipiert, daß es von den Herstellern für ihre Geräte freiwillig erworben werden konnte, wenn sie daran interessiert waren. Nach den neuen Richtlinien des Bundesverkehrsministeriums wird die Geräteprüfung zum Erwerb des Gütesiegels jedoch für alle zur Pflicht.
- In Zusammenarbeit mit dem Luftamt Südbayern werden Flugsicherheitsmitteilungen für Hängegleiter herausgegeben.

- Das Luftfahrtbundesamt hat den DAeC bzw. den Deutschen Hängegleiter-Verband (DHV) mit der gutachterlichen Untersuchung aller Hängegleiterunfälle in Deutschland beauftragt.«

Mit der unbeschränkten Freiheit des Drachenfliegens war es nun zwar vorbei, doch im Rahmen der Ausbildungsrichtlinien und der Sicherheitsfragen war im Vergleich zu anderen Sparten des Luftsports noch viel Freiraum erhalten geblieben.

Richtlinien und Vorschriften

Ebenfalls 1977 erließ der Bundesminister für Verkehr (BMV) die »Hängegleiterrichtlinien«, die 1982 durch die »Allgemeinverfügung für den Betrieb von bemannten, nichtzulassungspflichtigen Luftfahrzeugen in der Bundesrepublik Deutschland« ersetzt wurden. Dies ist die heute noch gültige zentrale Vorschrift für den Drachenflugsport – wie auch für das »Gleitsegeln« und das Ultraleichtfliegen, von dem noch die Rede sein wird. Sie enthält die Forderung nach Betriebstüchtigkeitsnachweis für das Luftfahrtgerät und Befähigungsnachweis für den Piloten, definiert »Hängegleiter«, »Gleitflugzeug« und »Ultraleichtflugzeug« und deren technische Voraussetzungen, regelt die Betriebs- und Ausbildungsanforderungen, die Fluggeländezulassung und die Versicherungspflicht und droht Strafen sowie Bußgelder für Verstöße an.
Zum erstenmal im deutschen Luftrecht wurden wesentliche Aufgaben, für die bisher staatliche Stellen zuständig waren, an andere Institutionen übertragen: Der Deutsche Hängegleiterverband (DHV) ist seitdem zuständig für die Prüfung von Fluggeräte und alles dessen, was dazugehört. Zusammen mit dem Deutschen Aero-Club (DAeC) sorgt er außerdem für alle mit Ausbildung und Flugbetrieb zusammenhängenden Angelegenheiten (Prüfungen, Ausbildungsanforderungen, Betriebsordnungen und -überwachung).
Wer Drachenfliegen will, muß den »Befähigungsnachweis« des DHV oder des DAeC besitzen. Ausbildungsberechtigt sind nur die von diesen Institutionen geprüften Drachenfluglehrer, und ausgebildet werden darf nur in den anerkannten Ausbildungsstätten: in Schulen oder Vereinen. Das Mindestalter für die Ausbildung ist das vollendete 16. Lebensjahr.
Ähnlich präzise sind die Vorschriften für das Fluggerät und die Fluggelände sowie die Flugregeln.

Ausbildung im Hängegleiterfliegen

Wie überall heißt es auch beim Hängegleiterfliegen klein anfangen. Am Anfang steht das Auf- und Abbauen des Drachens, bei dem der Flugschüler gleich auch sein Gerät genauer kennenlernt. Dazu gehört auch von Anfang an die Vorflugkontrolle. Es folgt die Handhabung: richtig anfassen, richtig tragen. Laufübungen mit dem Drachen schließen sich an, in leicht abfallendem Gelände, gegen den Wind. Der Schüler spürt, daß der Drachen ihn tragen könnte. Und dann ist es so weit: der erste kleine Start, nicht einmal meterhoch. Der Steuerbügel tritt in Funktion. Wie reagiert der Drachen? Steuerbügel ziehen bedeutet beschleunigen, Steuerbügel drücken dagegen abbremsen. Nach und nach erfühlt es der Flugschüler, er wird sicherer. Aus den Sprüngen werden kurze Flüge, die umso mehr Spaß machen, je mehr Übung der Schüler bekommt. An seine Kondition werden beträchtliche Anforderungen gestellt: Am Anfang ist Fliegen für ihn gleich Laufen. Doch nach und nach tritt das Fliegen in den Vordergrund: Geradeausflug – Landung – Kurvenflug – S-Kurve – ähnlich wie bei der Ausbildung im Gleitschirmfliegen.
Im ersten Ausbildungsabschnitt erwirbt der Flugschüler den »Lernausweis«. Er berechtigt ihn zu Flügen mit Hängegleitern in Geländen mit einem Höhenunterschied bis zu 100 m zwischen Start- und Landeplatz (Kategorie I).
Die theoretische Ausbildung erstreckt sich auf die Sachgebiete Gerätekunde, Aerodynamik, Flugtechnik, Gefahreneinweisung, Wetter- und Geländekunde, Sicherheitsvorkehrungen, Luftrecht und Erste Hilfe. Zur praktischen Ausbildung in diesem Abschnitt gehören mindestens 50 von Fluglehrern beaufsichtigte und bestätigte Flüge, davon mindestens 20 mit 40–100 m Höhenunterschied, mit Fußstarts und -landungen sowie Geradeaus- und Kurvenflug. Zur Prüfung ist ein Flug mit Fußstart, S-Kurve und sturzfreier Landung in einem Zielkreis von 100 m Durchmesser bei mindestens 40 m Höhenunterschied erforderlich.
Im Zweiten Ausbildungsabschnitt geht es um den Befähigungsnachweis A, der zum »Freien Fliegen« ohne Überlandflug berechtigt. Im theoretischen Unterricht werden die schon genannten Sachgebiete vervollständigt und vertieft. Die praktische Ausbildung umfaßt mindestens 30 beaufsichtigte und bestätigte Alleinflüge mit mehr als 100 m Höhenunterschied und mehr als 100 m Bodenabstand in mindestens drei verschiedenen Gelän-

Drachenfliegen lernen auf der Wasserkuppe.
Bei den ersten Starts wird der Pilot von Seilen an den Flächenenden abgesichert und durch Zurufe vom Fluglehrer gelenkt – wie Peter Riedel 1920 in seinem Gleitflugzeug (siehe Seite 46/47).

den, zunächst mindestens 10 Flüge mit weniger als 400 m Höhenunterschied und danach mindestens 10 Flüge mit mehr als 400 m Höhenunterschied mit Kehren, Vollkreis- und Achterfiguren, Flug- und Landeeinteilung. Die theoretische Prüfung muß schriftlich nach dem multiple choice system abgelegt werden. Die praktische Prüfung besteht aus einem Prüfungsflug in Liegendposition mit Fußstart, Vollkreis, Achter, Landeeinteilung und sichere Landung in einem Zielkreis von 80 m Durchmesser.
Ziel des dritten Ausbildungsabschnittes ist der Befähigungsnachweis B, der zum Freien Fliegen mit Überlandflug berechtigt. Entsprechend höher sind die Anforderungen. Mindestens 10 von einem Fluglehrer bestätigte Alleinflüge mit mehr als 30 Minuten Flugdauer in mindestens drei verschiedenen Geländen, davon höchstens 5 mit Schleppstart werden vorausgesetzt. Geübt werden Langsamflug und Schnellflug, enge Kehren sowie enge Vollkreis- und Achterfiguren und natürlich die Flug- und Landeeinteilung. Wieder gibt es eine schriftliche Prüfung, und bei der praktischen einen Prüfungsflug, bei dem Kehren, Vollkreise und Achter mit mindestens 45 Grad Querneigung geflogen werden müssen. Gefordert ist – nach guter Flug- und Landeeinteilung – eine sichere Landung in einem 60 m-Zielkreis.
Nun können noch die Schleppstartberechtigung und die Windenstartberechtigung erworben werden, aber der Befähigungsnachweis B bedeutet schon die beinahe »große Freiheit«.
Wer diese Schule durchlaufen hat, wird so viel Erfahrung besitzen, daß er Gefahren rechtzeitig erkennt und demgemäß überflüssige Risiken vermeiden kann.
Für jeden Ausbildungsabschnitt ist etwa eine Schulungswoche erforderlich. Die Kosten für die Ausbildung an einer der mehr als 80 anerkannten Drachenflugschulen belaufen sich auf mindestens 1200 DM.

Drachen im Windenstart
Im Flachland bietet das Hochschleppen mit einer Winde die einzige Möglichkeit zu längeren Drachenflügen.

Hängegleiter

Dic offizielle Begriffsbestimmung lautet: »Hängegleiter sind ein- oder doppelsitzige motorlose Luftfahrzeuge, die ausschließlich oder teilweise durch Gewichtsverlagerung des Piloten gesteuert werden und Fußstart- und -landefähig sind.«
Das Fluggerät, das dieser Definition entspricht, ist vor allem unter dem Gesichtspunkt der Sicherheit weiterentwickelt worden. Waren es am Anfang Bastler, die sich ihre Drachen selbst bauten und damit herumexperimentierten, so entstand inzwischen eine hochentwikkelte Kleinindustrie, die in konstruktiver und aerodynamischer Hinsicht immer vollkommenere Geräte anbietet. Neben den Flugeigenschaften konnten auch die Flugleistungen verbessert werden. Hatten die Rogallo-Drachen anfangs Gleitzahlen bis zu 4, so konnten bei den Hochleistungsdrachen inzwischen Gleitzahlen bis zu 10 erreicht und mit Starrflüglern sogar überschritten werden.
Ein Standarddrachen nach Rogallo-Vorbild, wie er vor allem für die Anfängerschulung und für Übungsflüge benutzt wurde, war robust gebaut und besonders einfach zu handhaben. Allerdings bestand bei diesem Gerät, das keine Profillatten und keine Flügelschränkung hatte, die Gefahr des Flattersturzes. Zum Flattersturz konnte es kommen, wenn der Drachen zu langsam geflogen wurde und abschmierte. Er ging dann möglicherweise in den Spiralsturz und daraus schließlich in den fast senkrechten Flattersturz über. Da Drachen und Pilot dieselbe Fallgeschwindigkeit haben, ist die sonst zum Steuern erforderliche Schwerpunktverlagerung wirkungslos. Das Segel kann keinen Auftrieb mehr erzeugen. Hier hilft in der Praxis nur noch ein Fallschirm-Rettungssystem. Der Standarddrachen alter Art wird nicht mehr eingesetzt. Neukonstruktionen werden heute vor allem auf gutmütige Flugeigenschaften hin konstruiert und getestet.
Hängegleiter werden heute fast ausschließlich aus hochfesten Aluminiumrohren, Edelstahlseilen und Kunststoffsegeln (Dacron) hergestellt. Ein Drachen hat eine Segelfläche zwischen 12 und 20 qm und wiegt zwischen 15 und 40 kg. Er kostet zwischen 3000,– und 6000,– DM.
Zusätzlich ist ein Rettungsgerät vorgeschrieben; es besteht aus einem Fallschirm, an dem im Notfall Pilot und Drachen zur Erde niedergleiten können. Solche Geräte haben sich schon in vielen Fällen als lebensrettend erwiesen, sowohl beim Flattersturz, bei Zusammenstößen oder bei Bruch durch Überlastung oder Materialfehler.
Technische oder bauliche Mängel kommen heute allerdings kaum noch vor, denn die Prüfungsbedingungen sind sehr streng.

Das DHV-Gütesiegel

Es ist das äußere Zeichen für geprüfte Betriebstüchtigkeit und wird für Hängegleiter, Gurtzeug und Rettungssysteme erteilt. Die technischen Prüfungen muß der Hersteller beantragen.
Der DHV unterhält für die Überprüfung von Hängegleitern Flugmechaniktestwagen, auf denen alle erdenklichen Fluglagen simuliert werden können. Die gemessenen Werte geben über ein spezielles Computerpro-

gramm Aufschluß darüber, ob das Gerät aerodynamisch stabil ist oder ob beispielsweise Flattersturzneigung besteht.
Mit Hilfe eines Testfahrzeugs wird auch die Festigkeit geprüft. Die Geräte müssen bei Anströmung von unten einer Bruchbelastung von 6 g, bei Anströmung von oben 3 g standhalten.
Es folgt ein Abwurftest, bei dem das Gerät (mit einem Gewicht anstelle des Piloten) beweisen muß, daß es bei senkrechtem Abwurf nach spätestens 50 m in die horizontale Fluglage zurückkehrt. Geprüft wird auch das Flugverhalten des Gerätes um alle Achsen und in allen Flugsituationen, Langsam- und Schnellflug, Start und Landung.
Für die Erteilung des Gütesiegels spielen auch Material und Verarbeitung, Musterunterlagen und die Betriebsanleitung eine wichtige Rolle.
Ähnlich verlaufen die Prüfungen für Rettungssysteme und Gurtzeug bis zur Erteilung des Gütesiegels, das also wirklich als Qualitätsmerkmal angesehen werden kann.

Rettungssysteme

Kein Zweifel: Das Drachenfliegen ist gegenüber der Sturm- und Drangzeit des Anfangs sicherer geworden. Das Gerät wurde verbessert, das Können der Piloten nicht mehr dem Zufall und dem persönlichen Schneid überlassen. Doch noch immer besteht das Risiko, etwa durch unvorhersehbare Turbulenzen in Fluglagen zu kommen, die auch der Geschickteste nicht mehr oder nicht schnell genug korrigieren kann. Dieser Unsicherheitsfaktor hat die Erfinder auf den Plan gerufen. Von allen vorgeschlagenen und zum Teil auch erprobten Rettungssystemen hat sich bisher jedoch nur der Fallschirm bewährt. Im Notfall – etwa im Flattersturz – wird er ausgeworfen. Doch je geringer die Höhe, in der der Notfall eintritt, desto geringer ist auch die Chance, daß der Fallschirm noch rechtzeitig vor dem Aufprall am Boden wirksam wird. Die Tüftler bemühen sich daher, die Reaktions- und Öffnungszeit entscheidend zu verkürzen. Beim »HELP«-System beispielsweise befindet sich der Fallschirm in einem kleinen, flügelartigen Kunststoffbehälter auf dem oberen Stützturm des Drachens. Nicht nur der Pilot ist über ein Fangseil mit dem Fallschirm verbunden; auch von der Drachenspitze zum Steuerbügel und zu den Flügelenden verläuft eine Reißleine, die beim Bruch einzelner Teile oder beim Zusammenfallen des gesamten Drachens sofort ohne Zutun

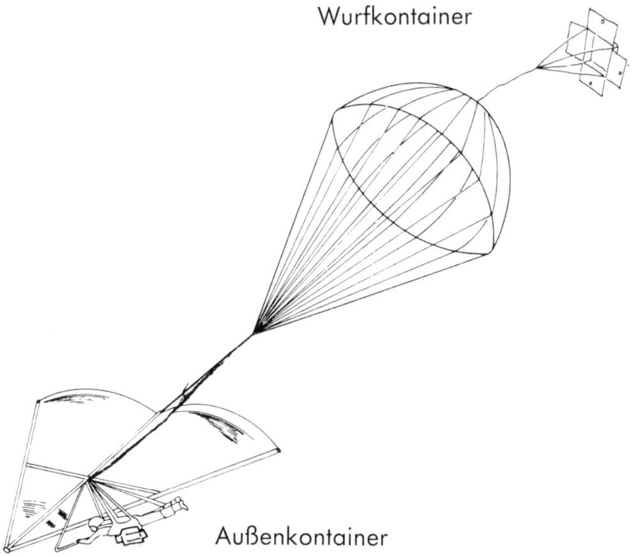

Eines von mehreren erprobten Rettungssystemen für Hängegleiter: das Gerät von Brüggemann und Brand.
Im Notfall öffnet der Pilot den Außenkontainer, den er unter sich trägt. Unterstützt durch den Wurfkontainer, entfaltet sich nach wenigen Sekunden der Rettungsschirm, an dem Pilot und Gerät zur Erde niedergehen.

des Piloten den Fallschirmbehälter öffnet. Der herausgeschnellte Hilfsschirm zieht den Hauptschirm nach sich, der den Sturz schlagartig abbremst. Pilot und Drachen sinken am Fallschirm (mindestens 42 qm) zu Boden.
Sicherheitssysteme wie dieses haben sich in der Praxis bereits bewährt und die Gefährlichkeit des Hängegleitens herabgesetzt. Seit April 1978 ist in der Bundesrepublik Deutschland das Mitführen von Rettungsschirmen bei Flügen mit einer Höhendifferenz von mehr als 100 m vorgeschrieben. Zumindest die Zahl der tödlichen Unfälle ist dadurch erheblich zurückgegangen.

Gelände zum Drachenfliegen

Findige Fremdenverkehrsmanager hatten es sofort spitz: Drachenfliegen ist eine Attraktion für jeden Ferienort. In hellen Scharen pilgern Sommer- und Wintergäste zum Fliegeberg, um den Nervenkitzel beim Zuschauen auszukosten. Bei der Genehmigung von Fluggeländen in ausgesprochenen Fremdenverkehrsorten hat es daher nie besondere Schwierigkeiten gegeben. Wohl aber versagten die meisten rein landwirtschaftlich orientierten Gemeinden ihre Zustimmung, gewiß aus Sorge um Flurschaden und lästigen Verwaltungsaufwand für eine Sache, die für sie keine erkennbaren Vorteile brachte. Seit dem 15. Januar 1978 gilt die Regelung, daß »in einer Entfernung von mehr als 3 km von der Begrenzung eines Flugplatzes und in einer Entfernung von mehr als 600 m von einem Wohngebiet« der Betrieb mit einem Hängegleiter oder einem Gleitflugzeug gestattet ist, wenn die technischen Voraussetzungen bestehen und bestimmte betriebliche Auflagen erfüllt sind.

Flugregeln für Hängegleiter

Auch für diese Art des Luftsports gilt die Luftverkehrsordnung (LuftVBO). Danach darf nur bei Tage geflogen werden. Dabei gelten die Sichtflugregeln: Flugsicht (Sicht voraus) mindestens 1,5 km, Erdsicht erforderlich, von Wolken Abstand halten. Bei Begegnung mit anderen Hängegleitern jeweils nach rechts ausweichen. Beim Kreuzen muß der von links Kommende ausweichen. Dichtbesiedeltes Gebiet und Menschenansammlungen dürfen nicht überflogen werden. Bei Windgeschwindigkeiten über 30 km/h (8,5 m/s) dürfen Hängegleiter nicht mehr fliegen. Wenn aufgrund örtlicher Verhältnisse mit Abwinden oder starken Verwirbelungen zu rechnen ist, sind Windgeschwindigkeiten von 10 km/h schon die obere Grenze. Am Startplatz muß stets jemand anwesend sein, der bei einem Unfall erste Hilfe leisten kann. Vorgeschrieben ist auch ein geeigneter Kopfschutz und ein Rettungssystem für den Piloten. Hängegleiterhersteller, -halter und -benutzer sollten sich außerdem strikt an die Empfehlungen halten, die in der Flugsicherheitsmitteilung »Hängegleiter und Hanggleitflugbetrieb« des Luftfahrtbundesamts zusammengefaßt sind.
Alle Vorschriften und Empfehlungen, von denen die meisten auf teuer bezahlten Erfahrungen beruhen, bedeuten noch keine einschneidende Freiheitsbeschränkung für den Drachenflugsport. Zu seiner eigenen Sicherheit sollte sie jeder Hängegleiterführer strikt befolgen. Nur dann hat er die Chance, wie Willi Pelzner das siebzigste Lebensjahr zu überschreiten. Denn auch das Drachenfliegen ist nicht nur ein Sport für junge Leute. Es gibt noch einige Senioren, die begeistert mitmachen. Durch lebenslanges sportliches Training verfügen sie immer noch über die erforderliche Kondition und körperliche Gewandtheit, die fürs Hängegleiten unerläßlich ist.

Gleitflugzeuge

Hierfür lautet die Definition: »Gleitflugzeuge sind motorlose Luftfahrzeuge, die aerodynamisch mittels Steuerruder um alle drei Achsen gesteuert werden und deren Rüstmasse einschließlich Gurtzeug und Instrumente 70 kg, bei doppelsitzigen Gleitflugzeugen 85 kg nicht überschreitet.« Für weniger Trainierte sind solche Gleitflugzeuge, die meist auf Kufen starten und landen, eher zu empfehlen. In ihrem Flugbild erinnern sie an die Anfangsjahre des Segelfluges; »modern« ist an ihnen die weitgehende Verwendung von Kunststoffen (GFK) und der dadurch ermöglichte Leichtbau. Für Flugzeuge dieser Art, die aerodynamisch voll steuerbar sind, gelten andere Zulassungsbestimmungen als für Hängegleiter. Während Hängegleiter nur »zu Fuß« starten (auch an der Winde), dürfen Gleitflugzeuge auch mit dem Gummiseil gestartet werden. Rollstart und Autoschlepp sind ebenfalls erlaubt.
Eigenstartfähig ist z. B. der Einfach-Gleiter VJ 23, der 10 m Spannweite bei 48 kg Leergewicht aufweist. Nikolaus Dorn hat ihn nach Unterlagen des amerikanischen Konstrukteurs Volmer Jensen in 1000 Arbeitsstunden selbst gebaut. Unvergessen sind seine Starts auf der Wasserkuppe bei Internationalen Hängegleitertreffen: Nikolaus Dorn lief mit seinem Gleiter hangabwärts gegen den Wind und hob schon nach wenigen Schritten vom Boden ab. Sein »Fahrwerk« konnte er danach beruhigt einziehen, d. h. seine Füße auf das Bodenbrett stellen und den »Volmer Jensen« mit dem winzigen

Volmer Jensen VJ-23
Nikolaus Dorn segelt mit seinem selbstgebauten Gleiter am Westhang der Wasserkuppe.

Im Rollstart hat »Canard 2 FL« nach wenigen Metern abgehoben und schwebt nun zutal.

Steuerknüppel im »Cockpit« mühelos beherrschen. Zur Begeisterung der Zuschauer segelte er am Hang wie einst Ferdinand Schulz, doch sicherer und bequemer.
Ein Gleitflugzeug ist auch ULF-1, das beim Hängegleitertreffen 1978 auf der Wasserkuppe erstmals vorgestellt wurde. Bei 10 m Spannweite wiegt es 46 kg. Damit ist – wie auch auf der Wasserkuppe gezeigt wurde – Fußstart (»Haxenstart«) möglich. Die Gleitzahl des Flugzeugs, das an die Segler der zwanziger Jahre erinnert, liegt bei 15, die Sinkgeschwindigkeit bei 0,75 m/s. Konstruiert und gebaut wurde ULF 1 von Heiner Neumann und Dieter Reich, die dafür zweieinhalb Jahre benötigten. Inzwischen gibt es zahlreiche teilweise verbesserte Nachbauten und gelegentliche »ULF«-Treffen auf der Wasserkuppe (siehe Farbfotos Seite 254).
1978 wurde auf der Wasserkuppe noch ein weiteres extrem leichtes Flugzeug der Öffentlichkeit vorgestellt. Der Schweizer Dipl.-Ing. Hans U. Farner, beratender Ingenieur für Flugzeugbau, entwarf und baute zusammen mit Ernst Ruppert und Heinrich Buchner ein Gleitflugzeug, das gleichzeitig ein Hochleistungssegelflugzeug ist. Canard-2 FL heißt der bei aller Seltsamkeit hochelegante Vogel. Seinen Namen trägt er wegen der Entenbauweise (Höhenleitwerk vorn) durchaus zu Recht. Alle Flächen dieses Flugzeugs haben ein tragendes Profil, selbst der V-Pylon, der den Hauptflügel trägt. Er dient gleichzeitig als Seitenleitwerk und -ruder. Trotz ihrer Spannweite von 13,50 m wiegt die Kunststoffente leer nur um 50 kg. Sicherer als ein Fußstart ist der »Rollstart« auf dem Einradfahrwerk. Eine Hangneigung von 1:5 reicht aus, um der Ente nach wenigen Metern die nötige Geschwindigkeit zum Abheben zu geben. Erst jetzt beweist sie ihre wahren Qualitäten: Bei einer Fluggeschwindigkeit von 55 km/h erreicht Canard-2 FL eine Gleitzahl von 31(!). Das geringste Sinken beträgt 0,48 m/s. Das sind Leistungswerte eines modernen Segelflugzeugs. Den Kurvenflug bewirkt ein knüppelbetätigtes Querruder mit sinngemäß gekoppeltem Seitenruder. Der Landeanflug ist dank einer wirksamen Bremsklappe steil wie bei einem Drachen, dem auch die Landegeschwindigkeit (minimal 20 km/h) entspricht. Aufgesetzt wird auf einer dafür vorgesehenen Kufe. Der Pilot bleibt im schützenden Kunststoffrumpf.
Die Flugerprobung der Canard hat zu einigen Änderungen gegenüber dem ursprünglichen Konzept geführt. So wurde die Steuerung um die Querachse durch Gewichtsverlagerung des Piloten, der auf einem Rollbrett lag, zugunsten einer Knüppelsteuerung aus Sitzposition aufgegeben.
Wegen der aerodynamischen Qualitäten dieses Ultraleichtflugzeugs wählte es der Münchner Industriedesigner Günter Rochelt, der schon mit einem solarbetriebe-

nen Flugmodell einen Weltrekord von 3 Stunden 41 Minuten aufgestellt hat, zur Erprobung eines Solarzellen-Antriebes für bemannte Flugzeuge (»Solair I«, siehe im Kapitel Elektroflug).

Wettbewerbe

Wie beim Segelfliegen gibt es auch beim Drachenfliegen regionale, nationale und internationale Wettbewerbe (europäische und Weltmeisterschaften). Dabei wurden zunächst folgende Aufgaben gestellt: Zeitfliegen, Figurenfliegen und Ziellandung.
Eine erste, noch inoffizielle Weltmeisterschaft wurde 1975 in Kössen (Tirol) ausgetragen. 300 Teilnehmer flogen vor 30000 Zuschauern. Dieser Erfolg ermutigte dazu, auch die zweite Weltmeisterschaft 1976 in Kössen stattfinden zu lassen. Damals ging es für die Teilnehmer darum, jeweils möglichst lange in der Luft zu bleiben. Bei den Deutschen Meisterschaften und den Europameisterschaften 1977 stand dagegen das »Zeitfliegen« im Vordergrund. Dabei kam es nicht auf die längste Flugzeit an, sondern darauf, eine vorgegebenen Flugstrecke auf kürzestem Wege in möglichst kurzer Zeit zu fliegen. Seitdem finden jedoch aus Sicherheitsgründen keine Geschwindigkeitswettbewerbe mehr statt, zumindest wird das Zeitergebnis nur in geringem Umfang gewertet. Beim Figurenflug mußten bestimmte Wendepunkte möglichst oft umrundet werden. Punkte für die Erfüllung der Aufgaben wurden überhaupt nur vergeben, wenn der Pilot in einem Kreis mit 100 m Durchmesser landete. Doch der Zielkreis war wiederum in Wertungszonen unterteilt. Die höchstmögliche Punktzahl wurde bei Landung im Zielkreis von 0,5 m Durchmesser vergeben. Eine Wertung erfolgte noch – halbmeter-, meter- und zweieinhalbmeterweise mit wachsendem Durchmesser unterteilt – bis zu 25 m Durchmesser des Zielkreises. Darüber hinaus wurden für die Ziellandung keine Punkte mehr vergeben. Wer außerhalb des 50 m-Radius landete, verlor auch die vorher gewonnenen Punkte.
Eine wichtige Bedingung war, daß der Pilot nur mit den Füßen aufkommen durfte. Wenn er den Boden zuerst mit einem anderen Körperteil, mit dem Steuerbügel oder mit der Drachenspitze berührte, wurde er disqualifiziert.
Die Ziellandung ist heute bei größeren oder internationalen Wettbewerben nicht mehr entscheidend. Wie bei Segelflugwettbewerben sind vielmehr Streckenflüge gefragt. Je Pilot und Durchgang sind bei geeignetem Wetter 50 bis 150 km »drin« – und wenn sie mit einer Flugdauer bis zu 8 Stunden hart erkämpft werden müssen. Um »Zeitfliegen« und Ziellandungen geht es allenfalls noch bei regionalen oder Vereinswettbewerben.
Die Weltrekorde im Drachenfliegen liegen heute bei
- rund 350 km Strecke,
- weit über 200 km im Zielstreckenflug,
- etwas über 200 km im Ziel-Rückkehrflug und
- weit über 4000 m Höhengewinn.

Über Drachenflugschulen in der Bundesrepublik Deutschland und andere mit der Ausbildung und dem Interesse am Drachenfliegen zusammenhängende Fragen informieren die verantwortlichen Verbände:

- Deutscher Hängegleiter Verband (DHV)
  Schaftlacherstr. 23
  8184 Gmund
  Telefon 08021/8181
- Deutscher Aero Club (DAeC)
  Postfach 710243
  6000 Frankfurt/Main 71
  Telefon 069/6666731

Ultraleichtfliegen

Offene Landschaft, Sonne, Schönwetterwolken. Entferntes, gleichmäßiges Motorradgeräusch, näherkommend. Auf den Wegen im Blickfeld ist aber kein Motorrad zu sehen, nur ein dunkles Etwas nicht hoch über dem entfernten Waldrand. Wie ferngesteuert kommt es genau auf den Betrachter zu. Ein Flugmodell? Dafür ist es zu groß. Jetzt ist es als Dreieck erkennbar, unter dem ein ziemlich plumpes Gestell hängt. Und darin sitzt ein Mensch. Hinter ihm ein winziger Motor mit Luftschraube. Der Mensch, vielleicht 150 m hoch, winkt dem einsamen Spaziergänger zu, setzt seinen Flug unbeirrt fort.

Ein Relikt aus der Steinzeit der Luftfahrt, wieder flott gemacht von einem Bastler? Nein, ein durchaus modernes Fluggerät, das strengen technischen Anforderungen unterliegt, und einen hohen Ausbildungsstand hat auch der Mensch, der mit diesem Ultraleichtflugzeug einen Überlandflug unternimmt. Ein neuer Stern am Luftsporthimmel? Eine hoffnungsvolle Erscheinung schon, aber so ganz neu nicht mehr, denn inzwischen – seit 1982 – etabliert und sanktioniert und als vollgültiges Mitglied in die Familie der Luftsportsparten aufgenommen.

Streng genommen aber eines der ältesten Luftfahrzeuge überhaupt.

Ultraleichtflugzeug unterwegs – ein aus dem Drachen entwickelter »Trike«.

Aus der Geschichte der Ultraleichtflugzeuge

Zahlreiche Motorflugzeuge aus den Anfangsjahren der Luftfahrt – um 1910 – hatten Merkmale, wie sie die heutigen »Ultraleichten« aufweisen. Hans Grade, einer der bekanntesten deutschen Flugpioniere, hatte schon 1909 ein Flugzeug entwickelt, unter dessen dünnem, stoffbespannten Flügel ein trapezförmiges Gestell mit dem Pilotensitz befestigt war. Ein dünnes Stahlrohr als Leitwerksträger war mit dem gesamten übrigen Fluggerät mit Stahldraht verspannt. Der Motor leistete 25 PS, aber er genügte, um das nur 120 kg schwere Gerät mit einem nicht allzu schweren Piloten schon nach 70 m Rollstrecke vom Boden freizubekommen. Hans Grade gewann damit 1909 auf dem Flugplatz Johannistal bei Berlin, der Wiege des deutschen Flugwesens, den »Lanzpreis der Lüfte« – eine Stiftung des Industriellen Dr. Karl Lanz aus Mannheim. Grade mußte hierzu die Figur einer liegenden Acht um zwei 1000 m voneinander entfernte Wendemarken fliegen.

Ähnlich ausgelegt war das Flugzeug des Franzosen Louis Blériot, mit dem er im Juli 1909 den Ärmelkanal zwischen Calais und Dover überquerte. Es hatte ebenfalls einen 24 PS-Motor. Der »Bleriot« war übrigens das erste Flugzeug, das die heute noch übliche Steuerung besaß: der Steuerknüppel wirkte auf das Höhen- und Querruder; das Seitenruder wurde mit Pedalen betätigt. Mit fortschreitender Entwicklung wurden die Flugzeuge immer schwerer, die Motoren immer stärker – natürlich auch unter dem Einfluß militärischer Anforderungen

Start vom Loser (siehe Farbbild Seite 236).

Landung eines Drachens nach Gipfelstart und langem Flug im Tal

Es geht los

Kräftiger Anlauf

Laufstart eines »ULF I«

Abgehoben

Stabilisieren

Beine einziehen

Einkurven zum Hangsegeln

Segelflugmodelle auf der Wasserkuppe

Ein »Trike« startet

Aufrüsten eines Heißluftballons: Die Hülle wird ausgelegt und zur Füllung vorbereitet.

Die Luft in der Hülle wird durch einen Propangasbrenner (neben dem Ballonkorb) erhitzt.

Der Ballon richtet sich auf.

Montgolfieren – bunte Warmluftblasen

Grade-Eindecker aus dem Jahre 1909, weitgehend originalgetreu nachgebaut von Karl Lemberger (OUV).

und nach dem Ersten Weltkrieg des Luftverkehrs.
Eine erste »Gegenbewegung« war der Segelflug, der aber auch in den Anfängen schon eng mit dem »Leichtflugzeug« verbunden war (»Leichtflugzeug« ist heute die Bezeichnung für ein Flugzeug bis zu 2000 kg Fluggewicht; die damals so bezeichneten Konstruktionen wären nach dem heutigen Sprachgebrauch »Ultraleichtflugzeuge«.) 1924 fand auf der Wasserkuppe ein »Leichtflugzeug-Wettbewerb« statt, zu dem unter anderen Ernst Udet mit einem Hochdecker mit 18 PS-Motor und Paul Bäumer mit seinem »Roten Vogel« (8 PS) erschienen. Von Auslegung und Motorenstärke her entsprachen diese Typen durchaus den heutigen »Ultraleichten«, aber sie waren zu schwer gebaut und zeigten keine guten Leistungen, verschwanden deshalb auch bald von der Bildfläche. Eine Ausnahme bildete Willy

Blériot-Eindecker von 1909, ebenfalls originalgetreu nachgebaut von Hermann Ring (OUV). Das Flugzeug ist noch nicht bespannt, so daß der enorme Bauaufwand und die meisterhafte Handwerksarbeit erkennbar sind.

Franz Schöfmann bei der ersten Vorführung seines motorisierten Standarddrachens 1978 auf der Wasserkuppe.

Messerschmitts M 17, die bei 186 kg Gewicht von einem 24 PS-Motor angetrieben, 1926 zu großen Erfolgen kam. Bei diesem Muster, das heute im Deutschen Museum hängt, kann man sich darüber streiten, ob es der Motorsegler- oder der Ultraleicht-Entwicklung zuzurechnen ist (siehe Seite 174).

Streng genommen begann die Entwicklungslinie zum heutigen Ultraleichtflugzeug erst mit dem Drachenfliegen, das seinerseits eine Art Gegenbewegung zu dem immer aufwendigeren und immer höhere Anforderungen stellenden Segelflug war – eine Art »Zurück zur Natur«, zum ursprünglichen »Fliegen um des Fliegens willen«, wie es Otto Lilienthal vorgeschwebt hatte. Wer vogelgleich fliegen und nur den Genuß des Schwebens und Segelns auskosten will, ist damit richtig bedient. Doch bis zur Entwicklung des Windenschlepps für Drachenflieger war er damit auf das Hoch- oder Mittelgebirge angewiesen.

Kein Wunder, daß die Flachland-Drachenflieger zu den ersten gehörten, die auch an eine Motorisierung ihres einfachen Fluggerätes dachten. Doch offiziell waren noch in den siebziger Jahren alle einschlägigen Versuche verboten – verständlich wegen der beim damaligen Stand der Technik zu erwartenden besonderen Gefährlichkeit für den Piloten. Der Verfasser hat den ersten geglückten Versuch in dieser Richtung 1978 auf der Wasserkuppe miterlebt: Nach dem offiziellen Hängegleitertreffen im August flog der Österreicher Franz Schöfmann (stillschweigend geduldet) mit einem motorisierten Standarddrachen. Alle Zuschauer waren begeistert und empfanden diesen Flug als die Geburtsstunde eines neuen Sports. Der damals schon weit über siebzigjährige Segelflugpionier Peter Riedel, der zufällig anwesend war, hätte es am liebsten gleich selbst probiert.

Bei uns war bis dahin kaum bekanntgeworden, daß in den USA schon seit den frühen fünfziger Jahren mit extrem leichten Gleitflugzeugen experimentiert und dabei auch die Motorisierung nicht ausgespart wurde. Mit einem motorisierten Vollmer-Jensen-Gleiter (siehe Seite 249) hatte der Engländer David Cook am 9. Mai 1978 den Ärmelkanal überflogen.

Der Vollmer-Jensen-Gleiter war jedoch kein Drachen, dessen Motorisierung sich als schwieriger erwies. Das Hauptproblem war die Anbringung des Motors. Die einfachste Lösung, wie sie auch Schöfmann gewählt hatte, war die Anbringung am »Turm«, dem herausragenden Gestänge für die obere Verspannung der Tragfläche. Damit befand sich aber das zusätzliche Gewicht hoch über dem Schwerpunkt des Drachens, der dadurch bei böigem Wetter instabil werden konnte und wegen des hochliegenden Gewichtes bei der Landung schwer zu beherrschen war.

Inzwischen sind aber Motordrachen konstruiert wor-

Motordrachen mit Druckpropeller, fußstartfähig – heute eine eigene Kategorie.

den, die diesen Mangel nicht mehr aufweisen. Bei meist hintenliegendem Motor mit Druckpropeller greifen Gewicht und Schub über Stützstangen direkt im Schwerpunkt an. Für Drachenflieger, für die der Motor nichts anderes bedeutet als eine Starthilfe im Flachland, sind solche Geräte gewiß das Richtige. Sie bilden heute eine Kategorie für sich.

Fußstart und -landung mit einem relativ schweren Drachen sind jedoch nicht jedermanns Sache. Deshalb war der nächste Schritt die Entwicklung eines festen Fahrgestells, das wie eine Gondel unter der Tragfläche allseits beweglich montiert werden konnte. Damit hatte man auch eine günstige Befestigungsmöglichkeit für den Motor mit der Luftschraube im oder unter dem Schwerpunkt. Führend bei dieser Entwicklung waren die Engländer, die als erste ein pyramidenförmiges Rohrgestell mit drei Rädern entwickelten, das sich bis heute bewährt. Über den Steuerbügel ist ein solcher Motordrachen außerordentlich wendig. Wegen der tiefen Schwerpunktlage fliegt er sehr stabil und sicher. Die englische Bezeichnung »Trike« hat sich dafür auch bei uns eingeführt. Auch die »Trikes« sind eine eigene Kategorie.

Die dritte große Gruppe bilden die aerodynamisch gesteuerten Ultraleichtflugzeuge, wie sie zunächst in den USA entwickelt worden waren, einfach aufgebaute Geräte, die aber um alle drei Achsen mit Knüppel und Pedalen wie jedes andere Flugzeug gesteuert werden können.

Unterschieden wird auch zwischen Ein- und Doppelsitzern, zwischen offenem und geschlossenem Pilotensitz, zwischen demontierbaren und teildemontierbaren Geräten, zwischen segelfähigen und nicht segelfähigen Ultraleichtflugzeugen – es ist eine überaus differenzierte Palette, die sich in sehr kurzer Zeit herausgebildet hat

Der »Hummer«, ein aerodynamisch gesteuertes Ultraleichtflugzeug aus den USA.

Der »Dädalus« des Schweizers Marco J. Brocci, mit dem er die Alpen überquert hat – erstmals mit einem »UL«.

und den Interessenten vor eine schwierige Wahl stellt. Damit sind wir aber schon bei der legalisierten UL-Fliegerei, wie sie bei uns nur schrittweise erreicht wurde.

Für die einen war es ein Rückfall in die Flegeljahre der Luftfahrt vor 1910, für die andern ein Ausblick in die Zukunft, als beim Treffen vom 8. bis 10. August 1980 auf der Wasserkuppe erstmals motorisierte Hängegleiter und »Ultraleichte« (amtliche Bezeichnung noch »Gleitflugzeuge«) herumschwirren durften – mit Ausnahmegenehmigung. Seit es den König-Motor gab – einen luftgekühlten Dreizylinder-Zweitakter von 24–30 PS bei 4000–4500 U/min, Gewicht mit Luftschraube 15,5 kg, Verbrauch 6–8 l Treibstoff pro Flugstunde – hatten die Verfechter der Motorisierung von Hängegleitern und von »Ultraleichten« gewaltigen Auftrieb bekommen. Sie wollten ja keine großen Strecken, keine Rekorde fliegen; sie wollten fliegen um des Fliegens willen, und das so einfach und so billig wie möglich!

Einige der motorisierten Hängegleiter, die auf der Wasserkuppe gezeigt wurden, konnten nur durch Gewichtsverlagerung des Piloten (mit automatisch gekuppeltem Seitenruder) gesteuert werden. Dazu gehörten das »Windspiel 2« und der Schweizer »Dädalus«. Mit einem Gleiter dieses Musters, motorisiert durch einen 15-PS-Einzylindermotor, war der Tessiner Marco J. Brocci im April 1980 über den St.-Gotthardpaß geflogen und hatte damit auf den Spuren von Geo Chavez die Alpen überquert – allerdings ohne behördliche Genehmigung, was ihm viel Ärger bereitet hat. Auch auf der Wasserkuppe zeigte er schneidige Flüge.

Viel Beachtung fanden auch zwei Entenkonstruktionen: AN 21 von Neukom und »Eagle«. AN 21 war ein Gleitflugzeug mit aerodynamischer Steuerung über Steuerknüppel und Fußpedalen, während »Eagle« als Hängegleiter durch Gewichtsverlagerung gesteuert wurde.

Es schnurrte auch der »Pterodactyl Fledgling« – ein Nurflügler – durch die Lande. Das ist wörtlich zu nehmen, denn Reinhard Nolle war mit ihm von Kassel-Calden überland zur Wasserkuppe geflogen (und kehrte standesgemäß auf dem Luftweg auch wieder dorthin zurück).

Reinhard Nolle war damals an einem Erprobungsprogramm beteiligt, das seit Anfang 1980 lief und vor allem dazu diente, Erfahrungen mit motorisierten Hängegleitern und Gleitflugzeugen zu sammeln. 13 Hängegleiter und (zunächst) ein Gleitflugzeug (AN 21) nahmen daran in Kassel-Calden teil. Insgesamt zehn Segelflugplätze in der Umgebung durften angeflogen werden. Die bei diesem Programm gemachten Erfahrungen sollten auch dazu beitragen, den Luftfahrtbehörden gesicherte Unterlagen zur Erarbeitung neuer gesetzlicher Bestimmungen für die Motorisierung von Hängegleitern und Gleitflugzeugen (bzw. »Ultraleichten«) zur Verfügung zu stellen.

Basis für die Zukunft

Im Jahre 1982 war es soweit: Am 15. Mai wurde die hier schon mehrfach erwähnte »Allgemeinverfügung für den Betrieb von bemannten, nichtzulassungspflichtigen Luftfahrzeugen in der Bundesrepublik Deutschland« erlassen. Wie für Gleitflugzeuge und Hängegleiter, so enthält sie auch für Ultraleichtflugzeuge eine präzise Begriffsbestimmung. Es sind »ein- oder doppelsitzige motorisierte Luftfahrzeuge, die durch Gewichtsverlagerung des Piloten und/oder aerodynamisch mittels Steuerruder gesteuert werden und deren Rüstmasse einschließlich Gurtzeug, Instrumente und leerem Kraftstofftank 150 kg nicht überschreitet«.

Als zusätzlich technische und personelle Voraussetzungen wurden festgelegt:

- Die Flügelfläche muß eine Größe von mindestens 10 qm haben.
- Die Mindestgeschwindigkeit bei höchstzulässiger Gesamtmasse muß 1 m/s betragen.
- Die Mindestinstrumentierung muß aus einem Fahrtmesser, Höhenmesser und Kompaß bestehen.
- Der Lärmgrenzwert bei maximaler Motorleistung, gemessen in Anlehnung an die Lärmschutzforderungen für Luftfahrzeuge (Bundesanzeiger Nr. 185a vom 3.10.85) in 150 m über GND, darf 55 dB (A) nicht überschreiten.
- Der Führer eines Ultraleichtflugzeuges darf nicht jünger als 18 Jahre sein.
- Der Führer eines Ultraleichtflugzeuges (wie auch eines Gleitflugzeuges und Hängegleiters) muß einen geeigneten Schutzhelm tragen. Er hat ein Rettungssystem mitzuführen...
- Bei Anwendung der Luftverkehrsregeln gelten Ultraleichtflugzeuge als Motorsegler (Gleitflugzeuge und Hängegleiter als Segelflugzeuge).
- Ultraleichtflugzeugführer müssen in einer fliegerärztlichen Erstuntersuchung und ab 40 Jahren regelmäßig alle 4 Jahre nach den Richtlinien für die Feststellung der Tauglichkeit des Luftfahrtpersonals des Bundesministers für Verkehr ihre Tauglichkeit nach Klasse III nachweisen.
- Starts und Landungen von Ultraleichtflugzeugen, Gleitflugzeugen und Hängegleitern sind nur auf einem hierfür nach § 6 LuftVG zugelassenen Flugplatz oder einem Gelände zulässig, für das die zuständige Luftfahrtbehörde des Landes nach § 25 LuftVG eine Außenstart- und -landeerlaubnis erteilt hat...
- Auf einem Flugplatz und in seiner Umgebung dürfen Ultraleichtflugzeuge, Gleitflugzeuge und Hängegleiter nur betrieben werden, wenn der übrige Flugbetrieb nicht behindert oder gefährdet wird und die zuständige Luftaufsichtsstelle oder Flugleitung ihre Zustimmung erteilt hat. (Bis 1989 sind 76 Fluggelände in der Bundesrepublik Deutschland für unbeschränkten UL-Betrieb zugelassen worden.)
- Starts dürfen nur durchgeführt werden, wenn ein Startleiter am Startplatz anwesend ist, der die Abwicklung des Flugbetriebes leitet und in der Lage ist, bei Unfällen Sofortmaßnahmen einzuleiten...
- Seit 1. Januar 1989 ist zum Erwerb des UL-Befähigungsnachweises der Besitz eines Funksprechzeugnisses Voraussetzung...

Soweit die wichtigsten Bestimmungen, die – das muß auch jeder zugeben, der Reglementierungen verabscheut – durchweg der Sicherheit dienen.

Wie für Hängegleiter und Gleitflugzeuge wurde auch für Ultraleichtflugzeuge die Zuständigkeit staatlicher Stellen auf andere Institutionen übertragen und folgendermaßen geregelt: Zuständig für die Erteilung von Betriebstüchtigkeits- und Befähigungsnachweisen sowie für die Überwachung des Betriebes sind:

- für die aerodynamisch gesteuerten Ultraleichtflugzeuge:
  der Deutsche Aero Club (DAeC)
  Postfach 710243, Lyoner Straße 16
  6000 Frankfurt 71
  Telefon 069-663009–35 oder 36
- für die durch Gewichtsverlagerung gesteuerten:
  der Deutsche Ultraleichtflugverband (DULV)
  Geschäftsstelle
  Im Laubert 18
  7151 Burgstetten
  Telefon 07191-84265
- für die Eintragung und Zuweisung eines Kennzeichens:
  der Deutsche Hängegleiterverband (Kennzeichen für UL: D – M...)

Die UL-Ausbildung

Die Bedingungen für den Erwerb des Befähigungsnachweises sind in einer Ausbildungs- und Prüfungsordnung festgelegt, die gemeinsam vom DAeC und vom DULV erarbeitet wurde (APO-UL-Piloten). Mindestalter für die Bewerber ist 17 Jahre.

Hier nur eine kurze Zusammenfassung der wichtigsten Bedingungen (umfassende Informationen über das

Der Doppelsitzer »Sherpa«, wegen seiner Qualitäten als Schulflugzeug auch »Cessna der Ultraleichtflugzeuge« genannt, hier bei einem Alleinflug.

Ultraleichtfliegen und die Ausbildungsmöglichkeiten bietet eine spezielle Broschüre, die kostenlos über den DAeC, Sportfachgruppe UL-Fliegen oder über die Landesverbände bezogen werden kann):
Die theoretische Ausbildung, die mindestens 60 Unterrichtsstunden zu je 45 Minuten umfaßt, erstreckt sich auf die Fachgebiete Luftrecht – Navigation – Meteorologie – Technik und Verhalten in besonderen Fällen.
Bei der praktischen Ausbildung geht es – wie auch bei der Motor- und Segelflugausbildung – um die Beherrschung des Fluggerätes, insbesondere Starten und Landen, Geradeausflug, Kurvenflug, Platzrundenbetrieb und Mischbetrieb mit anderen Luftfahrzeugen. Wichtig ist auch das »Verhalten in besonderen Fällen«, insbesondere Langsamflug, Notlande- und Ziellandeübungen, jeweils mit und ohne laufendem Triebwerk, Rükkenwind- und Seitenwindlandungen.
Mindestens 5 Überlandflüge ohne Begleitung über eine Entfernung von mindestens 50 km müssen selbständig geplant und durchgeführt werden. Es können Zielrückkehr- oder Dreieckflüge sein; sie müssen aber durch den für die Ausbildung verantwortlichen Fluglehrer schriftlich bestätigt werden.
Unabhängig von der Entfernung sind mindestens 5 Landungen und Starts auf mindestens 2 verschiedenen Flugplätzen mit regelmäßigem Flugbetrieb mit Motorflugzeugen erforderlich.
Die Gesamtdauer der praktischen Ausbildung beträgt mindestens 25 Stunden; bei Ausbildung innerhalb von 6 Monaten kann sie auf 20 Stunden reduziert werden. Von der Gesamtdauer sollen mindestens 5 Flugstunden nach der ersten allein geflogenen Platzrunde auf UL-Flugzeugen »solo« absolviert werden. Ein Zeugnis über den Abschluß der theoretischen und praktischen Ausbildung ist die Voraussetzung für die Prüfung.
Wer fliegerisch »vorbelastet« ist (nachgewiesen durch PPL mit Beiblättern bzw. ruhenden oder abgelaufenen Luftfahrerscheinen), erhält genau festgelegte und abgestufte Erleichterungen in Ausbildung und Prüfung.
Die theoretische Prüfung ist schriftlich und erstreckt sich auf die schon genannten Sachgebiete.
Bei der praktischen Prüfung geht es um Flugvorbereitung, Start und Platzrunde sowie 3 Ziellandungen ohne laufendem Triebwerk jeweils aus einer Höhe von 150 m auf ein Landefeld von 30 m Breite und 150 m Länge, wobei das UL in diesem Gebiet aufsetzen und zum Stehen kommen muß.
Auch ein Überlandflug muß selbständig geplant und durchgeführt werden.
Wenn die theoretische und praktische Prüfung bestanden sind, erhält der Bewerber – sofern er das 18. Lebensjahr erreicht hat – den »Befähigungsnachweis für UL-Piloten«. Er darf damit die Gerätemuster fliegen, für die ein Mustervermerk eingetragen ist.
Der Mustervermerk unterscheidet zwischen
- dreiachsgesteuerten (aerodynamisch gesteuerten) Fluggeräten
- Fluggeräten, gesteuert durch Gewichtsverlagerung (Trikes)
- fußstartfähigen motorisierten Hängegleitern.

Innerhalb dieser Musterbereiche gibt es verschiedene Gerätetypen. Einweisungsberechtigt ist jeder UL-Pilot, der mindestens 5 Stunden Flugerfahrung auf dem entsprechenden Typ besitzt. Die Einweisung, die nur Piloten mit gültigem Befähigungsnachweis erhalten können, muß im Flugbuch bestätigt werden.
Bis Ende 1988 wurden mehr als 3250 UL-Piloten-Befähigungsnachweise für aerodynamisch gesteuerte, motorisierte Hängegleiter ausgegeben. Als UL-Ausbildungsstätten wurden bis dahin 21 kommerzielle und 60 Vereinsflugschulen mit insgesamt 304 Fluglehrern anerkannt – ein Beweis dafür, wie schnell sich der neue Luftsport entwickelt hat.
Bei einer kommerziellen Ausbildungsstätte liegen die Kosten bis zum Befähigungsnachweis bei DM 4000,– bis 5000,–, im Verein niedriger; man muß aber die Beitritts- und Beitragskosten berücksichtigen. PPL-Inhaber kommen ebenfalls mit geringeren Kosten aus, müssen aber als Minimum mit DM 500,– rechnen. Wer sich ein eigenes neues Ultraleichtflugzeug anschaffen will, muß dafür heute zwischen DM 20000,– und 50000,– anlegen. Es gibt allerdings auch Baukästen, die zwischen 10000,– und 30000,– zu haben sind. Hier zeigt sich, daß die heutigen UL's von den Anschaffungskosten her im Vergleich zu Leichtflugzeugen und Motorseglern sehr gut abschneiden (auch wenn sie noch einem Mittelklasse-Pkw entsprechen); in der Unterhaltung sind sie jedoch erheblich billiger als alle anderen motorisierten Fluggeräte.

Rettungssysteme

»UL's« sind bei richtiger und verantwortungsbewußter Handhabung wahrscheinlich auch sicherer, denn außer dem Hängegleiter gibt es zur Zeit kein anderes Fluggerät, für das ein Rettungssystem bei einem Luftnotfall vorgeschrieben ist. Bei Leichtflugzeugen hat es bisher lediglich Versuche gegeben, beispielsweise eine Cessna im Notfall an einem großen Fallschirm niedergehen zu lassen. Auch beim Ultraleichtflugzeug ist der Fallschirm das Rettungsgerät. Es gibt Systeme mit einem größeren oder zwei kleineren Schirmen, die entweder durch eine kleine Rakete oder durch ein Hydraulik herausgestoßen werden und Mensch und Maschine etwa mit 6 m/s niedergehen lassen. Normalerweise erleidet dabei der Mensch kaum Verletzungen, wohl aber muß mit einer Beschädigung des Flugzeugs gerechnet werden.

Vom fliegenden Drahtverhau zur »Orchidee«

Die »Ultraleichten« der Anfangsjahre erinnerten wegen ihres meist völlig offenen Pilotensitzes, ihres offenen Stab- oder Gitterrumpfes, ihrer oft rechteckigen Tragflächen und ihrer reichlichen Verspannung tatsächlich mehr an Flugzeuge aus der Pionierzeit der Luftfahrt als an zeitgemäße Konstruktionen. Sie sollten ja einfach sein, schnell demontierbar und auf kleinstem Raum zu verpacken, überallhin ohne großen Aufwand mitzuführen – und ein bißchen Nostalgie war auch dabei, zudem ein unübersehbarer Protest gegen die Perfektion der alteingeführten Luftsportsparten. Noch immer haben diese UL-Urformen viele Anhänger und sind noch längst nicht aus dem Verkehr gezogen, zumal sie in Material (Stahlrohren, hochfestem Aluminium, glasfaserverstärkten Kunststoffen, Bespannstoff Dacron) und technischem Know-how dem heutigen Stand entsprechen.
Doch es kam, wie es kommen mußte: Immer größere Leistungsanforderungen, zunehmende Komfortbedürfnisse und ästhetische Ansprüche führten zu immer perfekteren Mustern. Der Pilotensitz wurde verkleidet, schließlich geschlossen zu einem perfekten, wettersicheren Cockpit. Die Rümpfe wurden durch GFK-Bauweise aerodynamisch vervollkommnet, schlank, rank und schön. Die Tragflächen folgten – und waren nun natürlich für den Packsack zu sperrig, paßten allenfalls aufs Autodach. Schließlich haben wir – wie mit dem Stratos 300 – wieder ein zwar leichtes, aber perfektes Motorflugzeug bzw. einen Motorsegler vor uns, der leider

Alle »UL's« mit Turm (wie die »Trikes«) können so zusammengefaltet und auf dem Autodach transportiert werden.

»UL« mit verkleidetem, aber nicht völlig geschlossenem Pilotensitz – beim Start in Friedrichshafen 1989.

auch ein entsprechendes Loch in den privaten oder Vereins-Geldbeutel reißt.

Erfreulich ist jedoch der Trend zu immer sichereren, leistungsfähigeren, leiseren und daher umweltfreundlicheren Ultraleichtflugzeugen.

Manche Konstrukteure fühlen sich auch gereizt, ältere, ehemals sehr beliebte Flugzeugmuster ultraleicht nachzubauen. Da schwirren schon eine ganze Reihe wahrhaft entzückender, meist rot lackierter Doppeldeckerchen herum. Manche Mini-Hochdecker sind im Flug von der alten Piper-Cup kaum zu unterscheiden, und neuerdings hat sich sogar eine ultraleichte Mini-Me 109 in den Oldtimer-Zirkus eingereiht.

In Serie gebaut wird »Sunrise II« der Dallach-Flugzeugbau GmbH in Wißgoldingen, ein ultraleichter Doppelsitzer, der bei allem Unterschied in Bauweise und verwendeten Materialien (viel GFK und CFK) schon auf den ersten Blick an die alte »Klemm 25« aus den zwanziger und dreißiger Jahren erinnert und mit seiner offenen Haube das gleiche Flugvergnügen verspricht.

»Moskito« – ein »UL« aus glasfaserverstärktem Kunststoff, keine Bespannung.

»Moskito« abgerüstet. Es läßt sich nur mit einem Hänger tranportieren.

Ultraleichtflugzeug »Stratos« – Vollkunststoff und Cockpit wie eine »Super-Orchidee«.

Auch als Experimentierfeld sind die »Ultraleichten« entdeckt worden. Auf der »Aero 89« in Friedrichshafen wurde als Weltneuheit »Delta Dart« von Klaus J. Richter vorgestellt. Auf den ersten Blick erinnert das fliegende Dreieck mit Enten-Vorflügel an ein supermodernes Jagdflugzeug, zumal es als GFK-Konstruktion den höchsten aerodynamischen Anforderungen entspricht. Nach Herstellerangaben ist es – obgleich ultraleicht – denn auch so schnell, wie es aussieht: Mit 54 PS-Motor erreicht es eine Reisegeschwindigkeit von 200 km/h. Die Steiggeschwindigkeit liegt bei 3,6 m/s, die Reichweite bei einem Verbrauch von 6 l/h bei 1400 km. Die Startrollstrecke über ein 15 m-Hindernis soll nur 150 m betragen, die Landerollstrecke 55 m. Das sind in der Tat erstaunliche Werte. Es fragt sich nur, ob sie mit der ursprünglichen Aufgabenstellung des Ultraleichtflugzeuges noch zu vereinbaren sind – und ob sich solche Konstruktionen auch in der Praxis bewähren. Es zeigt sich jedenfalls, daß die Ultraleichten der Zukunft möglicherweise nur noch durch die Gewichtsbegrenzung vom üblichen Leichtflugzeug getrennt sind. Schon heute nähern sie sich dem, was von den Luftfahrtbehörden als

Neuauflage der alten »Klemm 25«?
Die ultraleichte »Sunrise II« auf der Aero 89.

»Delta Dart« – ein GFK-»UL« mit verblüffenden Leistungsdaten.
Die ersten Flüge im Juni 1989 lassen den Konstrukteur Klaus J. Richter (rechts) hoffen, daß die angestrebten Flugleistungen (siehe vorige Seite) erreicht werden.

»Einfachflugzeug« oder als Basisflugzeug bezeichnet wird.

Vielseitig verwendbar

Luftsport muß sich nicht dadurch rechtfertigen, daß er neben der Freude am Fliegen auch praktischen Nutzen bringt, aber wenn es der Fall ist, sollte man es nicht verschweigen. Der UL-Luftsport ist bei uns noch so neu, daß er seine praktischen Verwendungsmöglichkeiten hierzulande bisher kaum ins Spiel bringen konnte. In anderen Ländern wie in den USA und in Australien, wo »UL's« eine längere Tradition haben, ist das anders. Der Farmer, der seine Felder vom UL aus besprüht, ist dort nicht so selten. Für Küstenbeobachtung und Überwachung von Pipelines werden UL's ebenfalls bereits seit langem eingesetzt, ebenso zur Feuerbeobachtung, für archäologische Untersuchungen, für Polizeiaufgaben, zur Verkehrslenkung, und sogar für Rettungsflüge für fast alles, was sich auch mit normalen Flächenflugzeugen oder mit Hubschraubern machen läßt, nur mit einem Bruchteil der Kosten.

Muskelkraftflug

Ein Anhängsel des Ultraleichtfliegens? Wohl kaum. Denn im Vergleich zu den federleichten Sonderkonstruktionen, mit denen der Muskelkraftflug verwirklicht werden konnte, nehmen sich die »UL's« noch wie schwere Bomber aus.
Nicht mit Schlagflügeln, wie es schon Leonardo da Vinci und die meisten seiner Nachfolger im 19., ja noch im 20. Jahrhundert versucht hatten, ließ sich das Problem lösen, sondern mit extrem leichten, aerodynamisch hochwertigem Fluggerät mit pedalangetriebener Luftschraube. Den Weg dazu hatten bereits die Diplomingenieure Haeßler und Villinger im Jahre 1935 mit einem segelflugzeugähnlichen Muskelkraftflugzeug gewiesen. Dem Radrennfahrer Dünnebeil gelangen damit mehrere erfolgreiche Flüge. Die längste Flugstrecke, die er auf dem Frankfurter Flughafen nach dem Start mit einem selbstgespannten Gummiseil erreichte, betrug 235 m. Sie genügte allerdings nicht, um das von »Rhönvater« Oskar Ursinus verkündete Preisausschreiben der Frankfurter Polytechnischen Gesellschaft zu gewinnen. Dafür sollten zwei 500 m voneinander entfernte Wendemarken in geschlossener Acht umflogen werden. Ursinus hatte sich selbst jahrelang mit dem Problem des Muskelkraftfluges beschäftigt und unter anderem einen Apparat zum Trainieren von Muskelkraftfliegern gebaut. Er hielt es durchaus für möglich, mit der Kraft eines trainierten Sportlers ein extrem leichtes Flugzeug längere Zeit in der Luft zu halten.
Die Entwicklung des Muskelkraftfluges in den siebziger Jahren hat Ursinus recht gegeben. 1972 gelang dem Engländer Potter ein Geradeausflug von 1000 m im

Der »Daedalus«, mit dem im April 1988 ein Muskelkraftflug von Kreta nach Santorin (117 km!) gelang.

Muskelkraftflug. An der japanischen Nihon-Universität baute eine Studentengruppe ein Muskelkraftflugzeug, das bei einer Spannweite von 21 m nur 35,9 kg wiegt. Es besteht wie ein leichtes Flugmodell überwiegend aus Balsaholz und Papier. Ein 58 kg schwerer Pilot erreichte damit im März 1976 eine Flugstrecke von 446 m – damals japanischer Rekord. Die Leistungen konnten noch gesteigert werden, wurden aber inzwischen von den USA weit übertroffen: Bryan Allen, ein vierundzwanzigjähriger Radrennfahrer aus Kalifornien, flog im August 1977 mit einer federleichten Entenkonstruktion (Entwurf Paul McCready) von 29 m Spannweite die Traum-Achterschleife von 2300 m. Damit hatten er und der Erbauer des Flugzeugs, Vernon Odershaw, den bereits 1959 gestifteten 10000-Dollar-Preis des britischen Fabrikanten Henry Kremer gewonnen.
Bedingung war, aus dem Stand auf einer Ebene in einer Mindesthöhe von 3 m eine Meile (1609 m) in Form einer Acht allein mit Muskelkraft zu fliegen.
Doch der Ehrgeiz der Beteiligten ging noch weiter. Sie wollten auch den Kremer-Preis für die erste Kanalüberquerung eines Menschen mit eigener Muskelkraft gewinnen – auf den Spuren Blériots, der 1909 mit seiner ersten Kanalüberquerung dafür gesorgt hatte, daß das Motorflugzeug endlich ernst genommen wurde. Auch der zweite Kremer-Preis war zu einem hübschen Sümmchen angewachsen: umgerechnet rund 400000 DM! Dafür lohnte sich schon ein hartes Training: Bryan Allan radelte täglich zwei Stunden (die erwartete Flugdauer) und legte dabei bis zu 150 km zurück. Mitte Juni 1979 fühlte er sich fit genug für das große Unternehmen. Doch der erste Startversuch des »Gossamer Condor« in Folkstone an der englischen Kanalküste schlug fehl: der federleichte Kunststoffvogel kippte zur Seite. Beim zweiten Versuch trat Bryan Allan noch kräftiger in die Pedale und kam frei. Langsam entschwebte er an den Klippen von Dover vorbei in Richtung Frankreich. Begleitet von einem Schwarm von Booten strampelte der Muskelkraftflieger nur etwa drei Meter hoch über das leicht bewegte Wasser. Nicht alles ging nach Plan: Unterwegs mußte er einem Riesentanker ausweichen, und einmal hätte Bryan Allan fast Wasserberührung bekommen. Vor der französischen Küste machten widrige Winde dem schon ermüdeten Piloten das Leben schwer. Doch er schaffte es: Nach 2 Stunden 49 Minuten landete er mit dem Riesenvogel auf einer sandigen Stelle bei Kap Gris Nez – 36 km von seinem Startplatz entfernt – total erschöpft, aber überglücklich.
Enttäuscht war nur eine Gruppe junger Leute, die gleiches geplant hatte: Studenten und Doktoranden des Massachusetts Institut of Technology (MIT) unter Leitung von John Langfort. Doch sie gaben nicht auf, sondern bauten ein wesentlich verbessertes Muskelkraftflugzeug, das ebenfalls mit Pedalkraft wie ein Fahrrad angetrieben wurde. Mit diesem »Monarch« stellten sie 1984 einen »Geschwindigkeitsweltrekord« für Muskelkraftflugzeuge auf: 34 km/h. Und damit entstand in der Gruppe ein Plan, der zunächst phantastisch anmu-

tete: Man wollte den sagenhaften Flug des Daedalus und Ikarus wiederholen. Vater und Sohn waren vor 3500 Jahren dem Labyrinth des Königs Minos auf der Insel Kreta, wo sie gefangengehalten wurden, mit selbstgebauten Flügeln entflohen. Überm Meer kam Ikarus in der Begeisterung über die Schönheit des Fliegens der Sonne zu nahe. Das Wachs der Flügel schmolz, er stürzte ab. Sein Vater begrub ihn auf der nächstgelegenen Insel, die seitdem »Ikaria« heißt.
Für die »MIT«-Gruppe war aber Ikaria zu weit. Da niemand so genau wußte, wo und ob überhaupt Daedalus irgendwo niedergegangen war, wählten sie die Kreta nächstgelegene Insel als Ziel des modernen Daedalus-Fluges: die »nur« 117 km entfernte Vulkaninsel Santorin.
Als die Berechnungen ergaben, daß unter günstigen Voraussetzungen ein solcher Flug mit einem weiter verbesserten Flugzeug machbar sei, konnten im April 1985 die praktischen Vorarbeiten beginnen: meteorologische Studien an Ort und Stelle und der Bau eines neuen Muskelkraftflugzeugs. »Light Eagle« war im Oktober 1986 fertig. Die Testflüge, die zu weiteren Verbesserungen und immer geringerem Gewicht führten, konnten beginnen. Ergebnis war der »Daedalus«, der schließlich im April 1988 auf dem Flughafen Heraklion auf Kreta startfertig gemacht wurde. Mit 35 m Spannweite übertraf er beispielsweise die Boeing 727 um 3 m, sein Leergewicht aber war auf ganze 32 kg minimiert! Die Luftschraube wog trotz ihres großen Durchmessers von 3,45 m nur 770 Gramm.
Vier Piloten hatten für den geplanten Flug trainiert. Einer von ihnen ist der griechische Radrennfahrer Kanellopoulos, der schließlich am 23. April in aller Morgenfrühe in das Cockpit klettert und mit hauchdünner Kunststoff-Folie abgedeckt wird. Das Wetter ist günstig: abflauende Winde sind für den Flugbereich über dem Mittelmeer angesagt: Um 7.03 tritt Kanellopoulos kräftig in die Pedale und hebt ab, schwebt aufs Meer hinaus, wo die kursgebenden und sichernden Begleitboote bereitliegen. 3 bis 5 m Höhe hält er über dem Wasser ein. Ein leichter Rückenwind erhöht die berechnete Geschwindigkeit von 24 km/h auf 29 km/h, und so kommt »Daedalus« schneller voran als erwartet. Fast vier Stunden hält der fliegende Radrennfahrer den gewaltigen Spurt durch. Als er den Strand von Santorin greifbar nahe vor sich hat und zur Landung eindrehen will, erfaßt eine Böe das Flugzeug. Rumpf und Tragfläche brechen, »Daedalus« stürzt ins Meer. Kanellopoulos legt die letzten zehn Meter zum Strand, wo das »MIT«-Team wartet, schwimmend zurück. Aber er hat es geschafft und sogar einen neuen, fast unglaublichen Weltrekord aufgestellt: Allein mit Muskelkraft hat er 116,6 km in 3 Stunden, 54 Minuten und 59 Sekunden zurückgelegt.
John Langfort sagte dazu: »Uns geht es hier im Grunde nicht darum, von Kreta nach Santorin zu fliegen. Wir wollen die Phantasie anregen. Von Daedalus können wir nicht das Fliegen lernen, sondern eine Art des Denkens, die mehr als alles andere über unsere Zukunft entscheidet.«

Elektroflug

Ein Elektroantrieb für Luftfahrzeuge – naheliegend schon wegen der geringen Geräuschentwicklung – scheiterte jahrzehntelang an dem im Verhältnis zur Leistung hohen Gewicht des Antriebs und der Batterien, die zudem ihre volle Leistung nur kurze Zeit abgeben konnten. Trotz der technischen Entwicklung, die sowohl zu einer Gewichtsverminderung des Antriebes als auch zur Leistungsverbesserung der Batterien im Verhältnis zum Gewicht geführt hat, bestehen noch heute die gleichen Probleme.
Erfolgreich war die Entwicklung zunächst im Flugmodellbau. Bereits Ende der fünfziger Jahre brachte Fred Militky das erste Elektroflugmodell mit dem bezeichnenden Namen »Silentius« als Baukasten heraus.

Der Elektroantrieb des Brditschka-Motorseglers
Der 13 PS-Elektromotor treibt über eine Riemenscheibe die Luftschraube (hinten rechts) an. Unter dem Motor die Batterien.

Das ultraleichte »Windspiel II« mit Elektroantrieb.
Die beiden Elektromotoren treiben die Luftschrauben (an der Flügelhinterkante) direkt an. Am Fahrwerk sind die Batteriepakete befestigt.

Militky war auch der erste, dem ein bemannter Elektroflug gelang: Er hatte einen Brditschka-Motorsegler mit einem 13 PS-Bosch-Elektromotor ausgerüstet, der die Luftschraubenwelle über einen Keilriemen antrieb. Hauptproblem waren die Batterien. Am 21. Oktober 1973 kam der relativ schwere Motorsegler vom Boden frei. Mit 9 Minuten Flugzeit stellte er einen Weltrekord auf.
Mit einem weitaus leichteren und einfacheren Fluggerät versuchte Karl Friedel fast 10 Jahre später, diese Zeit zu überbieten, doch seine Batteriepakete waren wenige Sekunden vorher erschöpft und er mußte landen. Er hatte ein Ultraleichtflugzeug vom Muster »Windspiel II« mit zwei Lkw-Scheibenwischermotoren ausgerüstet. Die Batteriepakete führte er am Fahrgestell mit. Bei einer Spannung von 110 Volt lag die Motorenleistung bei 2 ½ kW, was für Start und Flug ausreichte – aber leider nicht lange genug.

»Solair I« bei einem Versuchsflug.

Solarzellen auf der Flügeloberseite.

Neue Möglichkeiten boten sich mit der Verbesserung der Solarzellen, die Sonnenlicht unmittelbar in elektrische Energie umsetzen. Günter Rochelt, der schon mit einem solarbetriebenen Elektro-Flugmodell mit 3 Stunden 41 Minuten einen Weltrekord aufgestellt hatte, rüstete ein Ultraleichtflugzeug der Bauart Canard mit Solarzellen aus. »Solair I« unternahm erfolgreiche Flüge. Bei einem von ihm geplanten großen Solar-Streckenflug kam ihm jedoch ein amerikanisches Team zuvor. Der bekannte Segelflieger, Wissenschaftler und Konstrukteur Paul McCready hatte den »Solar Challenger« entworfen und gebaut. Die Solarzellen auf dem Flügel und dem Höhenleitwerk trieben einen Elektromotor an, der maximal 5 PS erzeugen konnte. Das Flugzeug war mit 14 m Spannweite extrem leicht gebaut und mit hauchdünner Kunststoff-Folie bespannt. Wegen der Solarzellen und des Elektromotors kam es aber trotzdem auf ein Gewicht von 150 kg. Doch die solarerzeugte Triebwerksleistung, die zur besseren Energieausnutzung auf einen großen Verstellpropeller wirkte, genügte für den Start und Flug. Am 7. Juli 1981 gelang dem Piloten Steve Plazek damit der erste große Solar-Überlandflug: aus der Nähe von Paris über den Ärmelkanal bis Maidstone südöstlich von London: 261 km in 5 h 23 min.

Günter Rochelt gab sein Vorhaben auf. »Solair I« hängt heute im Deutschen Museum. Aber er hat weitere Pläne. Mit verbesserten Solarzellen und einem neu entwickelten Elektromotor, der zusammen mit der Elektronik einen Wirkungsgrad von 95 Prozent ohne Getriebeverlust direkt an einen langsam drehenden Klapp-Propeller abgibt, möchte er alles Bisherige in den Schatten stellen. »Solar Flair«, entwickelt aus dem Nurflügel-Gleiter »Flair 30« (siehe Seite 191), soll bereits 1990 seine Leistungsfähigkeit unter Beweis stellen und damit – vielleicht – eine neue Zukunftsentwicklung einleiten.

Flugmodelle bauen und fliegen

Fliegen lassen und fliegen

Einst konnte der stolze Erbauer sein Flugmodell nur »fliegen lasen«. Wenn es sich nach dem Start von ihm gelöst hatte, ließ es sich nicht mehr beeinflussen. Es flog so, wie es von Konstruktion und Bauqualität sowie von den meteorologischen Gegebenheiten her fliegen mußte. War es hoch genug, wurde es zum Spielball des Windes, der es emporheben oder niederdrücken konnte. Wo es landen würde, blieb ungewiß. Im Aufwind konnte es auf Nimmerwiedersehen entführt werden. Oder es prallte nach glattem Flug gegen ein Hindernis und wurde zerstört. Je mehr Arbeitsstunden, je kostbarer das Flugmodell, desto größer das Risiko. Doch das gehörte zum Sport. Umso größer war die Freude, wenn ein langer, schöner Flug bruchfrei endete. Unzählige Geschichten von Glückszufällen machten unter den Flugmodellbauern die Runde; vom Pech, das eigentlich an der Tagesordnung war, sprachen sie nur selten.

Freiflugmodelle gibt es auch heute noch. Durch Erfahrung und kleine technische Hilfsmittel wie »Thermikbremsen« (durch Zeitschalter ausgelöste, hochklappbare Höhenleitwerke, die das Modell nach einer bestimmten Zeit fallschirmartig niedergehen lassen) wurde das Risiko des Totalverlustes verringert; doch ein sportliches Risiko ist geblieben. Schließlich stecken in manchem Flugmodell viele Baustunden, ganz abgesehen von dem ideellen Wert für den Erbauer, der es oft sogar selbst entworfen hat.

Freiflugmodelle sind heute jedoch in der Minderzahl, wenn man von ausgesprochenen Schüler- und Anfängerflugmodellen absieht. Seit elektronische Fernlenksysteme für Flugmodelle technisch nahezu per-

Anfänger-Flugmodelle aus Balsaholz
Wenn sie gut fliegen sollen, erfordern sie sorgfältige Arbeit und Geduld.

Start eines RC-Segelflugmodells (RC = Radio Control, funkferngesteuert).

fekt und trotzdem zu erschwinglichen Preisen hergestellt werden, dominieren ferngelenkte Flugmodelle. Mag es mancher »alte« Modellbauer auch bedauern – der technische Fortschritt läßt sich nicht rückgängig machen. Die Vorteile des Fernlenkfluges sind offenkundig: Das Flugmodell ist nach dem Start nicht mehr dem Zufall überlassen, sondern lenkbar. Ausgesprochene Kunstflugmodelle sind (infolge ihrer geringen Massenträgheit) sogar zu Flugfiguren befähigt, die nicht einmal ein bemanntes Flugzeug fertigbringt. Eine Traumvorstellung hat sich erfüllt. Der Erbauer läßt sein Modell nicht mehr fliegen, sondern fliegt es selbst! Das ist mehr als ein Wortspiel. Gerade wenn er sehr viel Zeit und Mühe für Entwurf und Bau aufgewendet hat, hängt er an seinem Werk, das fast ein Stück von ihm selbst ist. Über die Fernlenkanlage fliegt er darum auch tatsächlich mit. Er reagiert auf jede Böe, die sein Modell trifft, korrigiert sofort jede falsche Fluglage. Mit einem Segelflugmodell kurbelt er glücklich im Aufwind – oder er flucht, wenn's allzu schnell abwärts geht. Und bei der Landung hält er den Atem an, als säße er selbst drin.

Flugmodelle in der Entwicklung der Luftfahrt

Für den Außenstehenden sind Flugmodelle eine technische Spielerei. Doch es steckt weit mehr dahinter, selbst hinter den einfachsten Anfänger- und Sportmodellen. Ansatzpunkt für ein Verständnis dafür ist die Tatsache, daß ein Flugmodell denselben aerodynamischen Gesetzen unterliegt wie ein »richtiges« Flugzeug, auch wenn es sich in anderen Geschwindigkeits- und Gewichtsbereichen bewegt. Darum spielen Modellversuche in der aerodynamischen Forschung seit je eine große Rolle. Ihre Ergebnisse lassen sich verhältnismäßig einfach auf die Bedingungen bemannter Flugzeuge umrechnen. Daher kann in manchen Fällen am Modell erprobt werden, was im Großen zu teuer oder zu gefährlich ist. In der Pionierzeit der Luftfahrt, als es noch darum ging, ob der Menschenflug überhaupt je möglich sein werde, erwies sich das Flugmodell als der wichtigste Wegbereiter. Es war das erste Menschenwerk, das einen stabilen Flug vollführte und damit die Pioniere darauf brachte, daß Menschenflug möglich sein muß.

Zu den großen Pionieren zählt der Brite Sir George Cayley (1773 bis 1857). Er baute nach Beobachtung des Möwenfluges und jahrelanger Forschungsarbeit schon 1809 ein Modell, das viele einwandfreie Gleitflüge vollführte. 1852 soll ihm mit einem aufgrund weiterer Forschungen und Modellversuche entwickelten Gleiter sogar der erste Menschenflug von rund 50 m gelungen sein – fast ein halbes Jahrhundert vor Otto Lilienthal. Praktische Flugversuche mit einem Nachbau des Cayley-Gleiters bestätigten vor wenigen Jahren, daß die Konstruktion von 1852 tatsächlich einen stabilen Flug vollführen und dabei einen Menschen tragen konnte.

Ein bedeutender Pionier der Luftfahrt war auch der Franzose Alphonse Pénaud, obwohl er »nur« ein Flugmodell zum Fliegen gebracht hat. Bereits 1872 führte er der Akadémie Française seinen freifliegenden »Planophore« vor. Angetrieben von einem Gummimotor – Pénauds ureigener Erfindung – erreichte das Modell im geschlossenen Raum 40 m Flugweite. Unter den Mitgliedern der erlauchten wissenschaftlichen Gesellschaft rief das zwar Heiterkeit, aber offenbar kein ernsthaftes Nachdenken hervor. Das ist umso bedauerlicher, als Pénauds Konstruktion uns heute viel moderner erscheint als manche Entwürfe weit späterer Pioniere. Pénaud hatte herausgefunden (wie nach ihm erst wieder Otto Lilienthal), daß gewölbte Flügel den günstigsten Auftrieb liefern. Die Stabilisierung seines Flugmodells durch eine Höhenflosse, die einen geringeren Einstellwinkel besitzt als der Tragflügel, löste bereits das Problem der Längsstabilität. Für Normal-Flugzeugmuster wird dieses Prinzip der Einstellwinkeldifferenz heute noch angewendet. Die Druckschraube, die Pénaud für sein Flugmodell benutzte, entsprang ebenfalls wissenschaftlich richtigen Überlegungen. Sein Flugmodell hatte jedoch nur 60 cm Spannweite und wurde offenbar deshalb von den Physikern der damaligen Akadémie Française als Spielzeug abgetan und in seiner wissenschaftlich-technischen Konzeption nicht ernstgenommen. Pénaud versuchte jedenfalls vergeblich, Mittel zum Bau eines größeren Flugzeugs zu bekommen. Aus Enttäuschung darüber nahm er sich – erst dreißigjährig – das Leben.

Auch die Brüder Lilienthal haben sich mit Flugmodelle befaßt. Bei ihnen allerdings spielte der Modellversuch keine so wichtige Rolle wie um die Jahrhundertwende bei den Brüdern Wright, die an Flugmodellen um 1,50 m Spannweite die Probleme der Flügelverwindung studierten. Eine der wichtigsten Erfindungen, die den Menschenflug ermöglichten, geht daher auf Modellver-

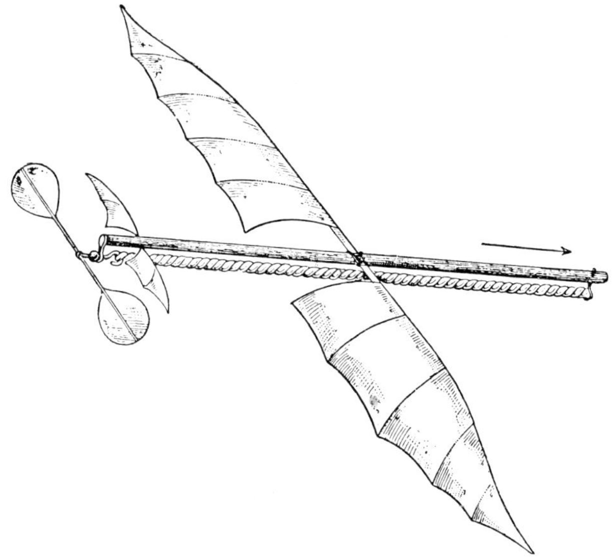

Der »Planophore« von Alphonse Pénaud 1872
Das erste freifliegende Flugmodell mit Gummimotor.

suche zurück. Nur mit Hilfe der Flügelverwindung oder des (in der Wirkung gleichen) Querruders ist es möglich, die Querlage eines Flugzeugs zu steuern.

Wie die Brüder Wright, so hat auch der Deutsche Hans Grade mit freifliegenden Flugmodellen die Erfahrungen zum Bau seiner späteren Flugzeuge gesammelt. Zur selben Zeit erprobte der Österreicher Igo Etrich Flugmodelle, deren Flügel dem Zanonia-Flugsamen nachgebildet waren. Über einen Gleiter führte die Entwicklung zur Etrich-Rumpler-Taube, die zu den erfolgreichsten Konstruktionen der Jahre vor dem Ersten Weltkrieg gehörte – und über dies vom Flugbild her wohl eines der schönsten Flugzeuge war, die es je gegeben hat.

Die Liste der Pioniere, die Flugmodelle zur Erprobung ihrer Konstruktionsideen benutzten, läßt sich bis in die Gegenwart hinein fortsetzen. Der Aerodynamiker und Konstrukteur Alexander Lippisch (1894–1976), der besonders durch seine Nurflügel-Konstruktionen (z. B. die Me 163) bekannt wurde, gehört dazu. Heini Dittmar, erfolgreicher Segelflieger und Konstrukteur der dreißiger bis fünfziger Jahre, war ebenfalls Flugmodellbauer, wie auch fast alle bedeutenden Segelflugkonstrukteure der heutigen Generation. Was bei den meisten schon in den Kinderjahren als Spiel mit technisch-wissenschaftlichem Hintergrund begonnen hat, wurde zur Lebensaufgabe. Zu ihnen gehören – um ebenfalls nur einige zu nennen – Rudolf Kaiser und Gerhard Waibel (beide im Flugzeugbau Schleicher, Konstruk-

teure der berühmten ASK- und ASW-Muster). Flugmodellbauer war und ist Walter Schneider, der zusammen mit Diplom-Ingenieur Lemke eine Reihe erfolgreicher GFK-Muster (LS 1 bis LS 7) konstruierte. Aus dem Flugmodellbau kommt auch Klaus Holighaus, dem neben vielen anderen Konstruktionen der Doppelsitzer »Janus« zu verdanken ist. Wie schon als Flugmodellbauer, so sind sie alle auch als Segelflugzeughersteller Konstrukteur, Flugzeugbauer und Einflieger in einer Person. Ebenfalls Flugmodellbauer war und ist Professor Dr. Richard Eppler, einer der führenden deutschen Aerodynamiker. Er entwickelte leistungsfähige und erfolgreiche Flügelprofile für Segelflugzeuge – und übrigens auch speziell für Flugmodelle. Es sind nicht nur Konstrukteure und Wissenschaftler, die aus dem Flugmodellbau hervorgegangen sind. Auch zahlreiche Berufspiloten leugnen nicht, daß ihre fliegerische Laufbahn mit wenig mehr als einem Meter Spannweite begonnen hat und daß Flugmodelle heute noch ihr Hobby sind.
Der wohl prominenteste Vertreter dieser (erstaunlich großen) Gruppe war in den sechziger und siebziger Jahren der Lufthansa-Flugkapitän Winfried Kaiser, Inhaber mehrerer deutscher Rekorde, ja sogar Weltrekorde im Modellflug. Seine beiden erfolgreichsten Konstruktionen befinden sich im Deutschen Museum: ein funkferngesteuertes Segelflugmodell, mit dem ihm 1968 auf Sylt ein Dauerweltrekord von 17 Stunden 49 Minuten gelang, und ein Modell mit Verbrennungsmotor, das 1972 fast 11 Stunden Flugzeit erreichte.

Der Anfang ist nicht schwer

In den fünfziger Jahren konstruierte Werner Thies aus Kaltenkirchen ein einfaches, aber ausgezeichnet fliegendes Anfänger-Flugmodell. Der »Kleine Uhu« wurde weltberühmt. Viele hunderttausend Exemplare davon sind seitdem gebaut worden. Den Namen dieses Modells trägt auch der weltweit größte Nachwuchswettbewerb, an dem alljährlich Tausende von Jugendlichen teilnehmen. Die Teilnehmer starten dabei ihre selbstgebauten »Kleinen Uhus« in Club-, Kreis-, Landes- und Bundesausscheidungen – neuerdings auch in funkferngesteuerten (RC-Uhu) und elektromotorisierten Versionen (Elektro-Uhu). Werner Thies sagte über diese erfolgreichste seiner vielen Konstruktionen: »Mancher Flieger, mancher Flugkapitän hat seine fliegerische Laufbahn mit diesem Flugmodell begonnen. Auch heute ist der Flugmodellbau eine gute Vorstufe des weiteren fliegerischen Lebens. Im Flugmodellbau lernen die jungen Menschen, daß man sauber und ordentlich bauen muß. Sie lernen die flugphysikalischen Gesetze kennen. Ein Flugmodell bewegt sich ja in einem dreidimensionalen Raum. Hier kommt es darauf an, daß der Schwerpunkt und der Einstellwinkel genau stimmen. Flugmodelle können im Hangaufwind segeln und sprechen wie große Segelflugzeuge auch auf Thermik an.« Das erlebt schon der Anfänger. Ein Freiflugmodell wie der »Kleine Uhu« kann in der Thermik allerdings leicht auf Nimmerwiedersehen entschwinden. Geringer ist das Risiko bei einem Flugmodell mit Fernsteuerung, wie es für Fortgeschrittene heute die Regel ist.

Flugmodelle selbst konstruieren

Ist es schon ein Erlebnis, ein nach einem käuflichen Bauplan oder Baukasten selbst gebautes Flugmodell zum einwandfreien Fliegen zu bringen, so steigert sich die Freude und Befriedigung noch, wenn eigene Konstruktionsideen damit verwirklicht und die gesteckten Ziele oder die gewünschten Verbesserungen tatsächlich erreicht werden. Das freilich setzt kreatives Denkvermögen, Kenntnisse der Aerodynamik und große handwerklich-technische Erfahrungen sowie ein ausgeprägtes Formgefühl voraus. Andererseits schult der Flugmodellbau in einzigartiger Weise alle diese Fähigkeiten, so daß sich für denjenigen, der dieses herrliche Hobby lange und intensiv genug betreibt, die Eigenkonstruktion als selbstverständliche Aufgabe ergibt. An der Vielfalt der sich nun bietenden Möglichkeiten zeigt sich die Unerschöpflichkeit des Flugmodellbaus. Schon allein bei den motorlosen Freiflugmodellen bieten sich vom Wurfgleiter mit 50 cm Spannweite bis zum Hochleistungssegler mit 5 m Spannweite alle Zwischenstufen an – je nach beabsichtigtem Bauaufwand. Freiflugmodelle mit Gummimotor (erfunden von Pénaud 1872: verdrillte Gummischnüre, die eine Luftschraube antreiben) sind vom Stabmodell bis zum raffiniert ausgeklügelten Meisterwerk für internationale Wettbewerbe ebenso vielseitig. Eine eigene Kategorie bilden die Saalflugmodelle, Filigrankonstruktionen, deren Gewicht nach Milligramm zählt. Ihre hauchzarten Luftschrauben drehen sich langsam wie Windmühlenflügel; ihre Fluggeschwindigkeit reicht kaum an das Schrittempo eines Fußgängers heran, doch manche ziehen dreißig Minuten und

länger ihre ruhigen Kreise. Sie dürfen nur im Saal fliegen, da jeder Windhauch sie zerstören würde.
Robust und handfest stellt sich demgegenüber die Kategorie der Flugmodelle mit Verbrennungsmotor dar – als Freiflugmodelle kommen sie aber schon aus Sicherheitsgründen allenfalls für die unterste Leistungsklasse (0,3 ccm bis etwa 1 ccm Hubraum) in Frage. Verbreitet sind Fesselflugmodelle, die über Leinen vom Modellflieger, der die Modelle um sich kreisen läßt, um die Querachse (Höhenruder) gesteuert werden. Bei Fesselflug-Wettbewerben, die wegen der Überschaubarkeit der Leistungen besonders publikumswirksam sind, zeigt sich die oft verblüffende Geschicklichkeit der Piloten. Vom fliegenden Brett über die naturähnlichen Nachbauten alter oder moderner Flugzeugmuster bis zum Rennmodell, das mit weit über 300 km/h seine Kreise zieht, reicht die Skala des Machbaren. Doch mit dem Aufkommen der Funkfernsteuerungen hat die Beliebtheit des Fesselfluges nachgelassen.
Dank der zahlreichen Steuerfunktionen, die über die drahtlose Verbindung betätigt werden können, sind die Möglichkeiten für Segel- und Motorflugmodelle jeder Art und Größe nahezu unbegrenzt. Es gibt bereits ein funkferngesteuertes Flugmodell mit Düsenantrieb, konstruiert und gebaut von Heinrich Sippel aus Flensburg. Die »Comet X-200«, ausgelegt als Delta-Jäger, erreicht mit der Schubkraft des Modell-Düsenantriebs eine Geschwindigkeit von rund 200 km/h. Solche »Geschosse« freilich sollten die Ausnahme bleiben. Sie bedeuten, falls sie außer Kontrolle geraten, für die Zuschauer eine nicht unerhebliche Gefahr.

Flugzeugmodelle

Scale-Modelle werden sie neudeutsch genannt. Das englische Wort »scale« bedeutet unter anderem Schale, Hülse und Maßstab. Tatsächlich sind diese Modelle maßstabgerechte Verkleinerungen bemannter Flugzeuge – eben Flugzeugmodelle.
Auch für die Kategorie der Flugzeugmodelle hat die Funkfernsteuerung eine neue Aera eingeleitet. Flugmodelle, die einem großen Vorbild in Aufbau und Proportionen möglichst genau entsprechen, können einwandfrei geflogen werden. Mit ihnen lassen sich beispielsweise die Flugbilder historischer Muster originalgetreu rekonstruieren. Flugfähige Flugzeugmodelle waren früher allenfalls naturähnlich: Um die erforderliche Eigenstabilität im freien Flug zu erreichen, mußten der Rumpf verlängert, das Höhenleitwerk vergrößert und die Flügel leicht V-förmig gestellt werden. Ferngesteuerte Scale-Modelle fliegen dagegen, da ihre Ruder steuerbar sind, mit Flügeln und Leitwerken, die dem Vorbild entsprechen. Hunderte von Arbeitsstunden werden auf die Genauigkeit der Nachbildung verwendet; es gibt Scale-Modelle, bei denen jeder Niet des Originals genau und an der richtigen Stelle erkennbar ist.

Sonderkonstruktionen

Eine besonders interessante, allerdings recht schwierige Aufgabe ist das Bauen und Fliegen von Drehflüglermodellen. Ist der technische und finanzielle Aufwand für

Hubschrauber-Flugmodell, vorbildgetreuer Nachbau einer Bell Huey Cobra.

Werner Thies, Gründer und langjähriger Leiter der FAG (Flugtechnischen Arbeitsgemeinschaft) Kaltenkirchen, startet ein Nurflügel-Segelflugmodell.

ferngesteuerte Starrflügelmodelle schon recht beträchtlich, so bedeutet die komplizierte Mechanik eines steuerbaren Hubschraubermodells eine zusätzliche Belastung. Der Kreis der Modellbauer, die sich diesem Spezialgebiet verschrieben haben, ist daher verhältnismäßig klein. Wer aber je – etwa auf einem Flugtag – Vorführungen von Modellhubschraubern gesehen hat, der kann die bauliche und fliegerische Leistung nur bewundern. Auch in der »großen« Fliegerei stellt das Fliegen von Drehflüglern die höchsten Anforderungen an den Piloten.

Für die Gesamtluftfahrt nützlich ist der Flugmodellbau seit je als Versuchsfeld phantasiebegabter Aerodynamiker und Konstrukteure; denn neue Ideen lassen sich zunächst mit Flugmodellen ohne großen Kostenaufwand erproben. Es waren vor allem Sonderkonstruktionen – Enten (Leitwerk vorn) und Nurflügel –, deren Eigenschaften zunächst an Flugmodellen untersucht wurden. Wenn neuerdings beispielsweise Entenmuster als Hängegleiter, Ultraleichtflugzeuge, Motorsegler oder Leichtflugzeuge zu oft verblüffenden Erfolgen kommen, so beruht das nicht zuletzt auf Vorarbeiten, die durch Modellerprobung geleistet wurden.

Die Möglichkeiten der Flugmodelle erkennt mehr und mehr auch die Luftfahrtindustrie. So setzten Ingenieure der Beech Aircraft Corporation ferngesteuerte Modelle der Beech T-34 C erfolgreich – ohne Testpilotenrisiko und kostensparend – für Trudelversuche ein.

Elektroflug

Was in der »großen« Luftfahrt bislang erst wenige Male gelungen ist, nämlich ein elektrisch angetriebenes Flugzeug zum Fliegen zu bringen, ist im Flugmodellbau bereits vieltausendfach verwirklicht worden. Das erste Elektroflugmodell flog bereits Mitte der fünfziger Jahre. Fred Militky hatte es in die Luft gebracht. Das war zu einer Zeit, als sich noch niemand über das laute Knattern der Modell-Verbrennungsmotoren aufregte. Inzwischen sind die Nerven vieler Mitbürger empfindlicher geworden. Zugegeben: Modell-Verbrennungsmotoren ohne Schalldämpfer verursachen unangenehme Geräusche. Mit Schalldämpfer, wie er heute vom Deutschen Aero-Club vorgeschrieben ist, sind die Geräusche zwar durchaus erträglich, rufen aber doch noch Bürgerinitiativen auf den Plan. Es ist sogar vorgekommen, daß Anwohner bei Segelflugmodell-Wettbewerben wegen des »unerträglichen Lärms« die Polizei alarmierten. Schon beim Anblick eines Flugmodells schalteten sie auf Lärmbelästigung.

Daß in einer so reizbaren Umwelt der leise Elektroantrieb einen fruchtbaren Nährboden fand, versteht sich von selbst. Nach dreißigjähriger Entwicklungsarbeit ist er technisch ausgereift. Das zeigen die inzwischen erflogenen Rekordleistungen, darunter der Ende November 1988 aufgestellte deutsche Dauerrekord von fast zwei Stunden. Selbst rasanter Kunstflug ist möglich. Vielleicht liegt in der Weiterentwicklung des Elektroantriebs für bemannte Flugzeuge eine Lösungsmöglichkeit für das Problem des Fluglärms.

»Leichter als Luft«

Selbst in der Sparte der Heißluftballone versuchen sich die Flugmodellbauer. Es gibt Modell-Heißluftballone, bei denen der Brenner über Funk ferngesteuert werden kann, und gelegentlich werden die Zuschauer von Modellflugveranstaltungen und Flugtagen auch durch Modell-Luftschiffe verblüfft. Ihre Fahreigenschaften sind denen ihrer großen Vorbilder durchaus ähnlich, nur erreichen sie – angetrieben durch mehrere Elektromotoren – relativ größere Fahrgeschwindigkeiten.
Andreas Gasser aus Zürich hat ein flugfähiges Modell des Luftschiffs LZ 127 »Graf Zeppelin« gebaut: Bei einer Länge von 6,74 m und einem Durchmesser von 0,88 m hat es ein Gasvolumen von 2,8 cbm. Der Auftrieb beträgt immerhin 3,1 kg. Das genügt, um außer der Hülle und der Fernsteuerung fünf Elektromotoren und die dazugehörigen Batterien zu tragen. Das Luftschiff erreicht eine Geschwindigkeit von 25 km/h und eine Fahrzeit von etwa einer Stunde. Eine etwas größerer LZ 129 »Hindenburg« stammt von Karl-Ludwig Busemeyer aus Rheine. Das Modell hat bei 6,6 m Länge einen Durchmesser von 1,1 m. Mit 4 Elektromotoren erreicht es 30 km/h und Fahrzeiten bis zu 40 Minuten.

Raketenflugmodelle

Man könnte sie als Gegenstück zu den »Leichter als Luft«-Modellen ansehen, aber sie sind nicht wie diese die Domäne einiger weniger Spezialisten, sondern immerhin so beliebt, daß sie national und international eine eigene Wettbewerbsklasse mit mehreren Unterklassifikationen bilden (siehe die folgende Seite).
Auch in den Ostblockländern sind sie stark vertreten und erfahren – wie viele Modellflug- und Luftsportarten – eine beachtenswerte staatliche Förderung. Wenn bei uns so etwas vorkommt, dann meist von privater Seite. Für die Raketenflugmodelle war es ein heute über neunzigjähriger Pionier dieser Sparte, der mit der Stiftung eines Pokals und eines Jugend-Förderpreises wesentliche Anreize gegeben hat: Carl Neubronner aus Kronberg. Der Wettbewerb um den »Carl Neubronner-Pokal« wird alljährlich ausgeflogen. Bereits im Jahre 1912 hatte er ein Raketenflugmodell gebaut und zum Fliegen gebracht. Ein Nachbau des »Raketoplan« befindet sich im Deutschen Museum – eine Anerkennung für die Pionierarbeit, die Neubronner damit sogar für die gesamte Raketenentwicklung geleistet hat. Sein Modell entsprach der heutigen Klasse S 4 (Schubgleiter-Flugdauer-Raketenflugmodell). Deshalb hat er zusätzlich den internationalen »Carl-Neubronner-Cup« für die künftigen Weltmeister in dieser Klasse gestiftet.

Die sportliche Seite des Modellflugs

Technische Entwicklungsarbeit und Rekordversuche sind naturgemäß einer kleinen Gruppe hochqualifizierter Modellflieger vorbehalten. Doch der Flugmodellbau hat auch als Breitensport seinen besonderen Wert. Wer darin eingewiesen oder planmäßig weitergebildet werden will, wer auf einem zugelassenen Gelände fliegen, zu vernünftigen Bedingungen versichert sein möchte und vorhat, an Wettbewerben teilzunehmen, der sollte sich einem Modellflug-Club oder -Verein anschließen. Es gibt Vereine, die nicht dem Dachverband Deutscher Aero-Club mit seinen Landesverbänden angehören und sicherlich gute Arbeit leisten. Bedacht werden sollte jedoch, daß nur der Deutsche Aero-Club vom Weltluftsportverband (der Fédération Aeronautique Internationale) autorisiert ist, sportliche Leistungen zu beurkunden, Sportlizenzen auszustellen, Rekorde anzuerkennen, Leistungsabzeichen zu vergeben, Wettbewerbe zu veranstalten und Meisterschaften auszutragen. Zur Sportfachgruppe Modellflug im DAeC gehören rund 16000 Mitglieder aller Alters- und Berufsgruppen in 465 Vereinen. Die Modellflieger sind damit nach den Segelfliegern die zweitstärkste Fachgruppe im DAeC. Die meisten Vereine verfügen über eigene behördlich zugelassene Modellfluggelände mit Werkstätten und Clubräumen. In einer Kurzinformation des Deutschen Aero-Clubs heißt es zur Arbeit der Sportfachgruppe:
»Die Landesverbände des Deutschen Aero-Clubs organisieren regionale und Landesmeisterschaften in den Bereichen Freiflug, Fesselflug, Fernlenkflug und Raketenflug und entsenden mit finanzieller Unterstützung ihre Mannschaften zu Deutschen Meisterschaften. Sie schließen günstige Versicherungen ab und geben Zuschüsse für die Ausbildung von Flugmodellbauern, Modellbaulehrern und Sportzeugen. Dies geschieht zum Teil im Zusammenwirken mit dem Deutschen Sport-

bund bzw. den Landessportbünden, deren Mitglieder der DAeC und die meisten Landesverbände sind. Finanzielle Hilfe gibt es unter anderem für die Einrichtung von Werkstätten und für die Teilnahme an Seminaren und Lehrgängen.
Die Sparte Modellflug als Fachgruppe im Deutschen Aero-Club organisiert Deutsche Meisterschaften, Weltmeisterschaftsausscheidungen und entsendet Mannschaften zu internationalen Wettkämpfen. Sämtliche Wettbewerbe innerhalb des Deutschen Aero-Clubs werden nach der von der FAI-Modellflugkommission CIAM aufgestellten internationalen Sportordnung und der deutschen Modellflugsportordnung ausgetragen.
Auf dem Gebiet der Jugendarbeit werden Jugendlager, Freizeiten und gesonderte Jugendmeisterschaften durchgeführt. Internationale Begegnungen junger Modellflieger tragen dazu bei, daß Freundschaften über die Grenzen hinaus geschlossen werden.
In den Werkstätten der Vereine des DAeC werden Modellflieger aller Altersgruppen von speziell darin ausgebildeten Modellbaulehrern in die Technik des Flugmodellbaues eingeführt. Erfahrene Modellflieger helfen beim Einfliegen der Modelle, weisen die Anfänger in die Grundlagen des Modellflugs ein und schulen Fortgeschrittene bis hin zum Kunstflug mit ferngesteuerten Modellen.
Besonders in der Jugendausbildungsstelle des DAeC in Hirzenhain, in der Jugendausbildungsstelle des DAeC-Landesverbandes Nordrhein-Westfalen in Oerlinghausen sowie an der Modellflugschule Baden-Württemberg auf dem Klippeneck haben sich hunderte von Lehrern und ungezählte Schüler in den Flugmodellbau und den Modellflugsport einweisen lassen.
Fahrbare Modellbauwerkstätten stehen Vereinen und Schulen in einigen Landesverbänden zur Verfügung.
Der Modellflugsport im Deutschen Aero-Club wird wegen seiner wertvollen Jugendarbeit vom Bundesministerium des Innern und dem Bundesministerium für Jugend, Familie und Gesundheit gefördert.«

Wettbewerbsklassen

Die für Außenstehende oft überraschende Vielseitigkeit des Modellflugsportes zeigt sich an den Wettbewerbsklassen, die international gültig sind:

FREIFLUGMODELLE

F 1 A:	Freiflug-Segelflugmodell (älteste und Einsteigerklasse)
F 1 B:	Freiflugmodell mit Gummimotor
F 1 C:	Freiflugmodell mit Kolbenmotor (nur wenige Sekunden Laufzeit)
F 1 D:	Saalflugmodell mit Gummimotor
F 1 E:	Hang-Segelflugmodell mit Magnet-Selbststeuerung (Kompaß-Prinzip zur Einhaltung der Richtung)
F 1 G:	Freiflugmodell mit Gummimotor »Coupe d'Hiver«
F 1 H:	Freiflug-Segelflugmodell (A 1)

FESSELFLUGMODELLE

F 2 A:	Geschwindigkeits-Fesselflugmodell (Kreisen an 15,92 m langer Steuerleine = 100 m Umfang pro Drehung, Geschwindigkeit über 300 km/h!)
F 2 B:	Kunstflug-Fesselflugmodell
F 2 C:	Fesselflugmodell für Mannschaftsrennen (drei Modelle zur gleichen Zeit)
F 2 D:	Fuchsjagd-Fesselflugmodell (zwei Modelle zur gleichen Zeit, Abschneiden eines 3 m langen Papierstreifens am Heck)
F 4 B:	Vorbildgetreues Fesselflugmodell

FERNLENKFLUGMODELLE

F 3 A:	Fernlenkflugmodell mit Kolbenmotor
F 3 B:	Fernlenk-Segelflugmodell
F 3 C:	Fernlenk-Hubschrauber-Flugmodell
F 3 D:	Fernlenk-Pylon-Rennflugmodell (Umrundung von drei Masten, »Pylonen«)
F 3 E:	Fernlenkflugmodell mit Elektromotor
F 3 F:	Fernlenk-Hang-Segelflugmodell
F 4 C:	Vorbildgetreues Fernlenkflugzeugmodell

RAKETENFLUGMODELLE

S 1:	Höhen-Raketenflugmodell
S 2:	Raketen-Lastmodell
S 3:	Fallschirm-Flugdauer-Raketenflugmodell
S 4:	Schubgleiter-Flugdauer-Raketenflugmodell
S 5:	Vorbildgetreues Höhen-Raketenflugmodell
S 6:	Strömer-Flugdauer-Raketenflugmodell
S 7:	Vorbildgetreues Raketenflugmodell
S 8:	Raketengleiter-Flugdauermodell

Zu jeder dieser Klassen und Unterklassen gehören genaue Regeln und Bestimmungen, die Spannweite, Flügelfläche, Gewicht, Motor- bzw. Raketenstärke usw. betreffen. Sie sind in den »Bestimmungen für den Modellflugsport« des DAeC näher erläutert. Dort findet sich auch alles über Wettbewerbsregeln, Flugsportprogramme und was sonst noch zum sportlichen Modellfliegen gehört.
Auskünfte erteilt:

Deutscher Aero Club
Sportfachgruppe Modellflug
Lyonerstr. 16
6000 Frankfurt 71
Telefon: 069-66300930

Luftsport und Schule

Der Flugmodellbau umfaßt wissenschaftliche Fachgebiete wie Aerodynamik, Flugphysik, Festigkeitslehre, Chemie, Mathematik, Biologie, Geografie und nicht zuletzt Meteorologie. Darüber hinaus fördert er in einzigartiger Weise handwerkliches Geschick und technische Fähigkeiten zur Verarbeitung unterschiedlichster Werkstoffe. Die Phantasie wird angeregt und das Formgefühl geübt. In der Modellflug-Praxis kommt es auf schnelles Reaktionsvermögen an, im sozialen Bereich auf gegenseitige Hilfsbereitschaft.

Aus allen diesen Gründen wird der pädagogische und jugendpflegerische Wert des Modellflugsportesvon niemandem mehr bestritten. Im Gegenteil: Die Zahl der Lehrer an Grund-, Haupt- und Realschulen, ja auch an Gymnasien, die Flugmodellbau und Segelflug als wertvoll für den Unterricht in den naturwissenschaftlichen Fächern sowie im Technikunterricht ansehen, nimmt ständig zu. Beim Deutschen Aero-Club und einigen seiner Landesverbänden besteht seit langem ein Ausschuß »Luftfahrt und Schule« (Vorsitzender Heinz H. Huttel), der sich überwiegend aus pädagogisch vorgebildeten Mitgliedern zusammensetzt und die naturwissenschaftlich-technischen sowie die wirtschaftlichen Bezüge des Luftsports dem Unterricht nutzbar zu machen versucht. Seine Arbeit ist so komplex, daß sie sich im Rahmen dieses Buches nicht angemessen darstellen läßt. Er bezieht sowohl den Flugmodellbau als auch (vor allem für Oberklassen) den Segelflug in seine Überlegungen ein. Seinem Wirken ist es unter anderem zu danken, daß beispielsweise in Nordrhein-Westfalen mit Erlaß vom 22.7.1980 Modellflug und Segelflug einschließlich des theoretischen Unterrichts für Schülerfluggemeinschaften ausdrücklich als Schulveranstaltungen ausgewiesen sind.

Naturgetreuer Nachbau der D 30 »Cirrus« von 1938 als funkferngesteuertes Segelflugmodell.
Das Vorbild, konstruiert und gebaut von der Alkaflieg Darmstadt, war das unbestritten leistungsfähigste Segelflugzeug der dreißiger Jahre. Nach den Flugleistungsmessungen durch Dipl. Ing. Hans Zacher erreichte es eine Gleitzahl von 37,6, die erst Jahrzehnte später von Flugzeugen in Kunststoffbauweise mit Laminarprofilen übertroffen wurde. Das Flugbild dieses nur einmal gebauten Segelflugzeugs von über 20 m Spannweite bei einer Flügelstreckung von 1:33,5 konnte mit dem Modell perfekt rekonstruiert werden.

Ballonfahren

Logenplatz am Himmel

»Erben Lilienthals« sind sie streng genommen nicht, die Ballonfahrer. Der uralte Wunsch des Menschen, sich seine Welt auch einmal von oben anzusehen, erfüllte sich schon lange vor Otto Lilienthal. Seine Erben betreiben das Ballonfahren heute aber ebenso gern wie jeden anderen Luftsport. Tatsächlich gibt es eine ganze Reihe von Segel- und Motorfliegern, die auch Ballonpiloten sind oder zumindest als Mitfahrer immer wieder gern das Erlebnis des lautlosen Schwebens »leichter als Luft« auskosten. Keine andere Sparte des Luftsports bietet so viel Ruhe und Stille, so viel Beschaulichkeit im wahren Sinne des Wortes. Auf des Windes Flügeln über Land fahren, Zeit haben, sich die Welt dort unten vom Logenplatz am Himmel in allen Einzelheiten anzusehen und trotzdem ein Abenteuer zu erleben (denn niemand weiß, wo die Reise enden wird) – das ermöglicht nur der Freiballon.

Rings um die große Kugel, die ihre Welt bedeutet, bieten die Ballonfahrer Superlative. Ihr Luftsport ist der weitaus älteste überhaupt. Ihr Sportgerät hat sich trotz zweihundertjähriger Entwicklungszeit am wenigsten verändert. Im DAeC bilden sie eine der kleinsten Sportfachgruppen (1200 Mitglieder in 110 Vereinen). Zu ihnen gehören die ältesten noch aktiven Luftsportler in der Bundesrepublik Deutschland: ihre Opa-Rallye, bei der schon über Achtzigjährige den Sieg davongetragen haben, wiederholt sich alle zwei bis drei Jahre. Zugleich haben sie nur geringe Nachwuchssorgen; schon Zehn- bis Vierzehnjährige erbieten sich als Helfer und sind selig, wenn sie zur Belohnung einmal einen Platz im Korb erwischen können. Sie sind die Schmerzenskinder der Flugsicherung, die Ballonfahrer, doch zu den Fluglotsen, die sie betreuen, haben sie den besten Kontakt. Die Startvorbereitungen machen – zumindest bei den Gasballonen – im Vergleich zu anderen Luftsportarten die meiste Arbeit und bringen (für Ungeübte) die größte körperliche Belastung mit sich. Dafür haben die Ballonfahrer und ihre Gäste auf der Fahrt selbst am wenigsten zu tun; sie spüren keine Böen, kaum Steigen und Fallen und kennen keine Luftkrankheit.

Von allen modernen Luftfahrzeugen – vielleicht abgese-

21. November 1783: Erster Aufstieg von Menschen in einem Luftfahrzeug in Paris
Pilâtre de Rozier und Marquis d'Arlandes in einer Montgolfiere.

hen von Luftschiffen – finden die Ballone bei Zuschauern die größte Beachtung, obwohl oder weil sie im Zeitalter der Raumfahrt ein Anachronismus sind. Gasballone bringen zudem die geringste Geräuschentwicklung aller Luftfahrzeuge mit sich: Nicht einmal ein Rauschen oder Pfeifen wie beim Segelflugzeug ist zu hören. Beim Heißluftballon stört lediglich von Zeit zu Zeit das Geräusch des Brenners die Mitfahrer; am Boden ist es aber kaum zu hören. Von irgendeiner besonderen Umweltbelastung kann also weder beim Gas- noch beim Heißluftballon die Rede sein.

Die Erben Montgolfiers

Die Ballonfahrer sind ein Häuflein von Individualisten und bilden doch eine verschworene Gemeinschaft. Reiche oder Einflußreiche dominieren nicht; falls sie überhaupt als Clubmitglieder in Erscheinung treten, beeinflussen sie statistisch gesehen nicht nennenswert die Sozialstruktur, die – wie bei fast allen Sportarten des Deutschen Aero-Clubs – weitgehend der Zusammensetzung der Gesamtbevölkerung entspricht. Von Breitensport kann beim Ballonfahren jedoch keine Rede sein; eine »elitäre« Gruppe bilden die Erben Montgolfiers dagegen auch nicht.

Erben Montgolfiers? Die Erfindung des Freiballons geht auf die Brüder Montgolfier zurück. Am 5. Juni 1783 gelang es ihnen, eine durch den Rauch eines Strohfeuers geblähte Papierkugel aufsteigen zu lassen. Viel klarer über die physikalischen Zusammenhänge war sich allerdings Professor Cäsar Charles, der wenige Wochen später, am 27. August 1783, den ersten – ebenfalls noch unbemannten – Wasserstoffballon aufsteigen ließ. Noch kürzer war der Abstand zwischen den ersten bemannten Aufstiegen beider Systeme.

Am 21. November 1783 – ein wahrhaft denkwürdiges Datum – erhoben sich zum erstenmal Menschen in einer von Menschenhand geschaffenen »aerostatischen Maschine« in die Luft: Zwei französische Adlige, Pilâtre de Rozier und Marquis d'Arlandes, stiegen mit einem von den Brüdern Montgolfier erbauten Heißluftballon auf schätzungsweise 1000 m Höhe und legten bei dieser ersten Fahrt in 25 Minuten rund 10 km zurück. Einen Vorversuch für diese erste Luftreise von Menschen hatten die Brüder Montgolfier zwei Monate vorher mit Tieren unternommen: Die ersten Passagiere waren ein Schaf, ein Hahn und eine Ente; sie kamen heil zur Erde zurück.

Aufstieg einer modernen Montgolfiere
Ein Vergleich der Werbebeschriftung mit der Verzierung von 1783 reizt zu kulturgeschichtlichen Betrachtungen.

Professor Charles wagte den ersten bemannten Aufstieg ohne vorherigen Tierversuch, und was er dabei fertigbrachte, ist selbst nach zweihundert Jahren noch respektabel: Er erreichte mit seinem Wasserstoffballon 3300 m Höhe(!) und 40 km Fahrtstrecke, wobei er sogar glatt zwischenlandete. Zwar war er – nach Jahrtausenden technischer Entwicklung nur um zehn Tage verspätet – nicht der erste Mensch im Luftmeer. Doch er konnte beweisen, daß sein Wasserstoffballon der Montgolfiere weit überlegen war. Die Technik des Gasballonfahrens geht auf ihn zurück. Von Anfang an war der Wasserstoffballon durch ihn in technischer Konzeption und Verwirklichung nahezu perfekt. Die Art des Aufrüstens, das Netz als Träger der Gondel, das Schlepptau und viele andere Einzelheiten sind seine Erfindung. Auf

Aufstieg eines Gasballons
Am Korb hängen die Sandsäcke und das Schlepptau. Vom Ausblick her genießen die Mitfahrer einen Logenplatz, aber sie haben nur einen Stehplatz am Himmel.

ihn geht auch das heute selbstverständliche Prinzip zurück, das Steigen oder Fallen des Ballons zu beeinflussen und ihn damit wenigstens in einer Dimension zu steuern: In Säcken wird Sand mitgeführt, der bei unbeabsichtigtem Sinken des Ballons in sehr feiner Dosierung abgeworfen werden kann. Für kurze Zeit läßt sich der Ballon dadurch so genau auswiegen, daß er eine gewünschte Höhe beibehält. Natürlich kann durch Ballastabgabe die Fallgeschwindigkeit in gewünschtem Umfang (etwa bei der Landung) verringert oder auch ein erneutes Steigen hervorgerufen werden. Umgekehrt kann durch eine Ventilklappe auf dem »Nordpol« des Ballons Gas regulierbar abgegeben und so das Niedergehen des Ballons eingeleitet oder die Fallgeschwindigkeit erhöht werden.

Welche andere große Erfindung der Neuzeit war schon bei Beginn so vollkommen wie die »Charliere«? Trotzdem kennt kaum einer den Namen des großen Wissenschaftlers und Erfinders, während die Brüder Montgolfier bei jeder Quizveranstaltung leicht abgefragt werden können.

Damals, 1783, waren allerdings sowohl die Montgolfiers als auch Charles in aller Munde. Im Zeitalter der Aufklärung feierte man die ersten Luftfahrten als unerhörten Sieg der menschlichen Vernunft. Der gerade aufkeimende Gedanke der Freiheit, Gleichheit und Brüderlichkeit schien ein Symbol gefunden zu haben, das alle Stände umschließen und einigen konnte. Der Mensch hatte das Luftmeer erobert – da sollte es ihm ein leichtes sein, auch die Verhältnisse auf der Erde zu ordnen. Hunderttausende wohnten den Aufstiegen bei: Angehörige aller Stände, und alle wurde, wie Zeitgenossen berichteten, von Staunen und Begeisterung gepackt.

Schnell breitete sich die Nachricht vom technisch-wissenschaftlichen Fortschritt und von der Kühnheit der Aeronauten in der damaligen zivilisierten Welt aus. Die »Gebildeten« wollten überall genau wissen, was und wie es sich zugetragen hatte. Bücher über die Aerostaten wurden schnell geschrieben und gedruckt und fanden reißenden Absatz. Heute sind sie begehrte Sammlerobjekte.

Ballonfahrten wurden festliche Ereignisse, für die nach dem Geschmack der Zeit nichts zu kostbar war. Doch bald kam die große Ernüchterung: Das Luftmeer war ja noch gar nicht erobert; der Ballon blieb ein Spielball des Windes. Da er nicht lenkbar war, ließ er sich weder als Verkehrs- oder Transportmittel, noch gar für militärische Zwecke zuverlässig verwenden. Er hatte so gut wie keinen praktischen Nutzen.

Und das war sein Glück. Da alle Versuche zur Lenkbarmachung des Ballons bis gegen Ende des 19. Jahrhunderts scheiterten, blieb er im Bewußtsein der Menschheit dem emotionalen Bereich vorbehalten: Er ermöglichte die Überwindung der Erdenschwere und damit die Erfüllung zwar nicht der Flugsehnsucht, wohl aber des ebenso alten Wunschtraumes, die Welt aus der Perspektive der Vögel zu sehen. Das Schweben des Ballons beflügelte die Phantasie der Dichter sogar schon in der Klassik, und für manche Romantiker wurde er zum Inbegriff menschlicher Sehnsucht und ihrer nur begrenzten Erfüllbarkeit. Von der Gunst oder Ungunst der Winde umhergetrieben zu werden, das Ziel der langen Reise nicht zu kennen, vom Zufall oder von geheimer Führung höherer Mächte abhängig zu sein,

das machte den Aerostaten fast zum Sinnbild des menschlichen Daseins. Der Ballon in der Literatur des 19. Jahrhunderts ist ein großes Thema, das in diesem Zusammenhang nur angedeutet werden kann.
Bezeichnend ist, daß sich vor allem die Schausteller jener Zeit des Ballons annahmen. Sensationsmache war auch damals schon gefragt, darum krönten Ballonaufstiege Jahrmärkte und Ausstellungen. Oft gingen die Luftfahrer mit zweifelhaften Konstruktionen große Risiken ein – entsprechend hoch war die Zahl der tödlichen Unfälle und der Nervenkitzel des Publikums. So stürzte 1819 Madame Blanchard, die damals bekannteste Aeronautin, über Paris mit brennendem Ballon tödlich ab – ein Unglücksfall, der in aller Welt größte Anteilnahme hervorrief.
Auf technisch-wissenschaftlichem Gebiet war die Lenkbarmachung des Ballons die große Aufgabe. Man wollte ihn wie ein Boot mit großen Rudern vorwärtstreiben. Auch das Setzen von Segeln scheiterte daran, daß sich der Ballon nur in einem Medium bewegt. Man wollte Adler als Ballon-Zugvögel abrichten – ein vergeblicher Versuch. Erst mit der technischen Vervollkommnung des Dampfantriebes und des Elektromotors und vor allem mit der Erfindung des Verbrennungsmotors rückte das lenkbare Luftschiff in den Bereich der Möglichkeiten.

Höhenforschung 1862
James Glaisher und Henry Coxwell ohne Sauerstoffgerät 9000 m hoch – der zeitgenössische Kupferstich wurde nach ihren Berichten angefertigt.

Der Ballon in der Forschung

Auf wissenschaftlichem Gebiet leistete der Ballon schon im 19. Jahrhundert bedeutende Beiträge. Was damals über die Lufthülle der Erde bekannt war, wußte man durch waghalsige Ballonaufstiege in große Höhen. Bereits 1862 erreichten James Glaisher und Henry Coxwell eine Höhe von 9000 m! Sie überlebten trotz Sauerstoffmangels. Andere Ballonfahrer und Wissenschaftler fielen dagegen ihrem Forscherdrang zum Opfer.
Bis heute wurde eine Fülle von Forschungsarbeit in allen Erdteilen mit Hilfe bemannter und unbemannter Ballone geleistet. Nach der Erfindung des Flugzeugs blieb dem Ballon die Höhenforschung vorbehalten. Am Rande sei erwähnt, daß der Ballon in der Erforschung der äußeren Lufthülle noch heute eine wichtige Rolle spielt, denn er erreicht Höhen bis zu 40 km, die sonst nur schwer zugänglich sind: Flugzeuge können nicht so hoch, Satelliten nicht so tief fliegen. Hinzu kommt, daß der finanzielle und technische Aufwand für moderne Forschungsballone verhältnismäßig gering ist. Wenig bekannt ist, daß auch in der Bundesrepublik Deutschland regelmäßig Höhenballone aufgelassen werden. Veranstaltet werden die Starts beispielsweise vom Institut für reine und angewandte Kernphysik an der Universität Kiel, die sogar ein eigenes Spezialistenteam dafür unterhält. Ein Startplatz liegt bei Meppen im Emsland. Die Ballone werden nur in genauer Abstimmung und mit Genehmigung der zuständigen Flugsicherungsstelle in Bremen aufgelassen und während ihrer gesamten Fahrt durch Radar überwacht. Nach Erfüllung der wissenschaftlichen Aufgabe wird die Instrumentenkapsel auf ein Funksignal hin vom Ballon getrennt und geht am Fallschirm nieder. Ein Suchflugzeug kann so genau gelotst werden, daß es meist schon zur Landung der Kapsel zurechtkommt. Einige der beteiligten Wissen-

schaftler sind Sportflieger und übernehmen meist selbst die fliegerischen Teilaufgaben bei diesen Ballonaufstiegen.

Freiballonsport früher

Die Entwicklung des Freiballonsports begann um 1900 mit dem Aufkommen der Luftschiffe, die einen wirtschaftlichen Personen- und Gütertransport in Aussicht stellten und den Freiballon überflüssig zu machen schienen. Freiballon-Liebhaber schlossen sich darum zu »Luftschiffer-Vereinen« zusammen. In der Zeit bis zum Ersten Weltkrieg erlebte der Freiballonsport seine größte Blüte und seine bedeutendsten Erfolge: Am 31. Juli 1901 schraubten Berson und Suring mit dem Ballon »Preußen« (8400 cbm) den Höhenrekord auf 10800 m.
Ende 1902 kam es zur Gründung des »Deutschen Luftschiffer-Verbandes« (DLV), dem 1904 schon 7 Vereine mit 2177 Mitgliedern und 12 Freiballonen angehörten. Bezeichnend ist seine schnelle Entwicklung: 1908 bestand der DLV aus 25 Vereinen mit 10235 Mitgliedern; mit 53 Freiballonen wurden 814 Fahrten unternommen. 1910 hatten 64 DLV-Vereine 59000 Mitglieder; 117 Freiballone kamen auf die beachtliche Zahl von 1132 Fahrten. Höhepunkt dieser Entwicklung war das Jahr 1914: 90 Vereine hatten 79000 Mitglieder und 138 Freiballone. Wegen des Kriegsausbruchs ging die Zahl der Fahrten jedoch zurück.
In das Jahr 1914 fällt der Weltrekord von Berliner, Haase und Nikolai (3053 km Strecke), der bis 1976(!) Bestand hatte. Bei einem der vielen Versuche, den Atlantik im Ballon zu überqueren, blieb der Amerikaner Ed Yost 107 Stunden 37 Minuten in der Luft und legte dabei 3983 km zurück. Obwohl er im Atlantik notwassern mußte, ist sein Weltrekord anerkannt worden. Er hatte jedoch nicht lange Bestand(siehe den folgenden Absatz).

Im Ballon über den Atlantik

Seit 1873 waren 17 Versuche, den Atlantik im Ballon zu überqueren, gescheitert. 7 Menschen hatten ihren Wagemut mit dem Leben bezahlt. Erst Mitte August 1978 glückte das spektakuläre Unternehmen. In ihrem 5000-cbm-Ballon »Double Eagle II«, der mit Heliumgas gefüllt war, starteten die Amerikaner Ben Abruzzo, Maxie Anderson und Larry Newman im US-Bundesstaat Maine. Nach 137 Stunden 6 Minuten landeten sie auf einem Kornfeld westlich von Paris. Nach ihrem Erfolg, der in der Weltpresse fast wie ein geglücktes Weltraumunternehmen gewürdigt wurde, faßten sie den Plan, mit einem größeren Ballon in 30 Tagen die Welt zu umrunden. Inzwischen hat auch ein britisches Team diese Absicht angemeldet. Noch ist offen, ob auch dieses letzte ganz große sportliche Ziel der Ballonfahrt erreicht wird und wer das Rennen macht.

Die Technik des Gasballonfahrens

Zur Füllung der Gasballone wird in Europa heute nur noch Wasserstoffgas benutzt. Bis 1973 hat man dazu auch Leucht- oder Stadtgas verwendet, das ein Nebenprodukt der Kokereien war. Es enthielt bis zu 60 Prozent Wasserstoff. Mit der Umstellung auf Erdgas, das sich nicht zur Ballonfüllung eignet, entfiel diese billige Traggasquelle. In der chemischen Industrie fällt Wasserstoff heute in größeren Mengen als Nebenprodukt an. In der Nähe von Chemiewerken gibt es in der Bundesrepublik Deutschland insgesamt acht Wasserstoff-Füllplätze. In vielen Fällen steht das Traggas den Ballonfahrern kostenlos zur Verfügung.
Das spezifische Gewicht des Wasserstoffgases ist geringer als das der umgebenden Luft, in der es deshalb nach oben strebt. Schließt man es in eine Hülle ein, erzeugt es Auftrieb. 1 cbm Wasserstoff hat in Bodennähe eine Tragkraft von etwa 1,2 kg. Ein Wasserstoffballon von 1000 cbm Inhalt kann also 1200 kg tragen. Das Eigengewicht des Ballons mit Hülle, Netz, Korb, Instrumenten und Geräten beträgt rund 350 kg. Etwa ebensoviel wiegen die vier bis fünf Mitfahrer im Korb. Die restlichen 500 kg sind eine Tragkraftreserve, mit der der Verlust an Traggas während der Fahrt ausgeglichen werden kann. Je größer die Tragkraftreserve, desto länger kann die Fahrt dauern. Sie wäre allerdings schnell zu Ende, wenn der Ballon mit seinem 500-kg-Auftrieb einfach aufgelassen würde. Er muß eine entsprechende Ballastmenge mitführen: gut 30 Sack Sandballast zu je 15 kg. Mit den am Korb angehängten Sandsäcken wird der Ballon vor dem Start genau ausgewogen. Mit einer geringen Ballastabgabe ruft der Ballonpilot dann den zum Start notwendigen Auftrieb hervor. Den Verlust an Traggas kann er unterwegs durch weiteres Abwerfen von Sand ausgleichen. Sand »opfert« er auch, wenn er steigen will. Zum Fallen bringt er den Ballon durch Ziehen der Ventilleine, wodurch Traggas

Freiballone startbereit zu einer Wettfahrt – hier im Essener Gruga-Park.

entweicht. Um die Landung zu erleichtern, hat der Ballon ein Schlepptau an Bord. Es wird kurz vor dem Aufsetzen abgeworfen. Je mehr Schleppseil über den Boden schleift, desto geringer wird sein Gewicht. Die Fallgeschwindigkeit läßt also immer mehr nach. Wegen des Reibungswiderstandes am Boden bremst das Seil zugleich die Geschwindigkeit in der Horizontalen, und es richtet den Ballon in der gewünschten Weise aus. Wenn der Ballon bei Wind auf ein Hindernis zutreibt, öffnet der Pilot die Reißleine auf der Oberseite des Ballons. Durch den langen Schlitz, der sich jetzt auftut, kann das Traggas schnell entweichen. Der Ballon fällt in sich zusammen und kann vom Wind nicht mehr mitgerissen werden. Die Hülle wird zusammengelegt und mit Netz und Korb vom Begleitfahrzeug – hierzu genügt schon ein leichter Pritschenwagen – zum Startplatz oder zur Gerätehalle des Ballonclubs zurückgebracht.
Mit mehr als tausend Fahrten jährlich stehen die bundesdeutschen Gasballonfahrer statistisch an der Weltspitze vor ihren Schweizer Sportsfreunden mit jährlich über dreihundert Fahrten. Gasballonsport wird außerdem noch in nennenswertem Umfang in Frankreich, in den Niederlanden und in Belgien betrieben. Einige wenige Gasballone gibt es auch in der Tschechoslowakei und in Polen.

Heißluftballone

In Ostblockländern wird, soweit bekannt. Ballonsport nur mit dem klassischen Gasballon betrieben. In den westlichen Ländern zeigt sich dagegen ein starker Trend zum Heißluftballon, der erst in den fünfziger Jahren – 170 Jahre nach der Erfindung der Montgolfiere – wiederentdeckt und zu einem modernen Luftsportgerät entwickelt wurde. Das Prinzip ist denkbar einfach: Erhitzte Luft ist leichter als die sie umgebende Luft und hat das Bestreben, aufzusteigen. Gefangen in einer Hülle, entwickelt sie Auftrieb, der bei ausreichendem Hüllenvolumen genügt, um den Ballon mit Brennern und Mitfahrern in die Luft zu befördern.
Die Fortschritte auf dem Gebiet der Kunststoffchemie und der Heiztechnik kamen der modernen Entwicklung des »heißen Ofens« zugute: Nicht entflammbare Kunststoffe für die Hülle, gut regelbare Brennersysteme und das Propangas als Wärmespender machten die modernen Montgolfieren so sicher wie den Gasballon. Da der »Heißlüfter« weitaus schneller aufgerüstet und startfertig ist als ein Gasballon – eine halbe Stunde genügt –, und da seine Füllung außerdem erheblich billiger ist, hat er sich in vielen Ländern durchgesetzt. Auch in der Bundesrepublik Deutschland herrschen inzwischen die

Massenstart von Heißluftballonen während der Aero 89 in Friedrichshafen.

Montgolfieren vor. Man findet sie heute in allen Erdteilen.

Um die gleiche Tragkraft wie ein Gasballon zu erreichen, muß ein »Heißlüfter« sehr viel größer sein. Der Rauminhalt einer normalgroßen Hülle liegt bei 2000 cbm, bei einem Gasballon um 1000 cbm. Während ein so großer Gasballon vier bis fünf Personen trägt und meist über vier Stunden in der Luft bleiben kann, nimmt der doppelt so große Heißlüfter nur zwei Mitfahrer auf. Der Vorrat an Flaschengas, der ebenfalls mitgenommen werden muß, reicht normalerweise für zwei Stunden. Je größer die Hülle, desto größer ist auch die Tragkraft. Mit einem Volumen von 14160 cbm ist »Gerhard A. Heineken« der größte Heißluftballon der Welt. In dem zweistöckigen Ballonkorb von der Größe eines Ferienhauses finden bis zu 32 Personen Platz – oder ein entsprechender Brennstoffvorrat. Am 21. November 1975 gelang mit dieser Jumbo-Montgolfiere ein Dauerrekord von 18 Stunden 56 Minuten. Die dreiköpfige Besatzung – Christopher Davey, Jean Costa de Beauregard und Don Cameron – startete bei Yeovil in England, überquerte bei Nacht den Ärmelkanal und landete nach 407 km in der Nähe von Angers in Frankreich.

Ein Kuriosum am Rande: Von der Firma Cameron, die den Riesenballon »Gerhard A. Heineken« hergestellt hatte, wurde ein lenkbares Heißluft-Luftschiff konstruiert. Der Prototyp startete im Januar 1974 zu seiner Jungfernfahrt. Ohne Windeinfluß erreichte das Luftschiff eine Reisegeschwindigkeit von 24 km/h; es ist also nur bei sehr schwachem Wind benutzbar. Die maximale Fahrzeit liegt bei zwei Stunden.

Inzwischen gibt es mehrere Heißluft-Luftschiffe. Im Sommer 1988 fand in Luxemburg sogar eine erste Weltmeisterschaft dieser exotischen Ungetüme statt.

Für den durchschnittlichen Ballonsportler erschwinglich ist jedoch nur ein Heißlüfter normaler Größe. Er besteht aus der Hülle, dem Brenner und dem Korb. Im Gegensatz zum Gasballon hat die Heißlüfter-Hülle kein Netz. Brenner und Horb hängen an Stahlseilen, die in die Kunststoffhülle eingearbeitet sind. Im Korb werden bis zu vier Stahl- oder Aluminiumdruckflaschen für das Propangas mitgeführt. Der Propangasbrenner auf dem über dem Korb montierten Ring wird durch Ventile betätigt. Aus Sicherheitsgründen muß der Pilot gegen die Hitzeentwicklung einen Schutzhelm tragen.

Und genau das stört den »klassischen« Ballonfahrer. Das zeitweise Rauschen und Zischen des Brenners über seinem Kopf ist ihm unangenehm. Er kann nur noch in Intervallen die Stille genießen, die er vom Gasballonfahren gewöhnt ist, und die es ihm zum unvergleichli-

chen Erlebnis macht. Er fühlt sich abhängig von der Technik und beengt durch die Gasflaschen im Korb.
Ein Heißluftballon nimmt keinen Ballastsand mit auf die Reise: Steigen und Sinken lassen sich mit dem Propangasbrenner regulieren. Zur Landung besitzt der Heißluftballon seitliche Ventilklappen, aus denen Warmluft entwichen kann. So läßt sich das Sinken des Ballons beschleunigen.
Außerdem besitzt er wie der Gasballon eine Reißbahn, damit die Hülle nach der Landung schnell entleert werden kann. Für den Rücktransport des Heißluftballons genügt ein Kleinlastwagen.

Ausbildung

Wie in allen Sparten des Luftsports ist auch für das Ballonfahren eine gründliche Ausbildung erforderlich. Am Anfang steht die Theorie. Mindestens 60 Unterrichtsstunden fordert der Gesetzgeber, doch erfahrungsgemäß reichen sie nicht aus, um die Sachgebiete Gerätekunde, Ballontechnik, Gaslehre, Meteorologie, Navigation, Luftrecht, Luftverkehrsvorschriften und Flugsicherheitsfragen prüfungsreif zu behandeln. Seit 1986 gibt es in Harxheim bei Mainz eine gewerbliche Ballonsportschule (Alfred und Renate Mathes). Außerdem veranstalten die Vereine sowie der Deutsche Freiballon-Sportverband e. V. für den Nachwuchs eigene Lehrgänge. Den lehrberechtigten Vereinspiloten obliegt auch die praktische Ausbildung. Mindestens zehn Fahrten mit einer durchschnittlichen Dauer von je zwei Stunden muß der Schüler mit seinem Lehrer unternehmen, bevor er zu einer offiziellen Prüfungsfahrt starten darf. Die theoretische und praktische Prüfung wird von Vertretern der zuständigen Luftfahrtbehörde abgenommen. Wie jeder andere Luftfahrer muß auch der Ballonpilot heute zusätzlich ein Sprechfunkzeugnis für den Flugfunkdienst erwerben.

Ballonfahrer heute

Nach der Wiederzulassung des Luftsports Anfang der fünfziger Jahre begann in der Bundesrepublik Deutschland auch die Renaissance des Ballonfahrens. Nach zögerndem Beginn hatten wir Mitte der siebziger Jahre schon wieder 340 Ballonpiloten, denen 54 Gasballone (damals soviele wie in der gesamten übrigen Welt zusammen) und 60 Heißluftballone zur Verfügung standen. In den 11 Landesverbänden des DAeC gab es 25 Freiballonvereine; weitere Vereine und Einzelmitglieder gehörten dem (älteren) Deutschen Freiballon-Sportverband an. Dieses Nebeneinander – allerdings in guter Zusammenarbeit – besteht noch heute. Das wachsende Interesse am Ballonsport zeigen diese Zahlen: 1989 gibt es fast 800 ausgebildete Ballonpiloten, insgesamt aber 1300 »Aktive« (darunter Ballonmeister, Rückholer und Helfer jeglicher Art). Noch weitaus größer ist die Zahl der »fördernden Mitglieder«. Insgesamt gibt es 132 Vereine, dazu – beim Deutschen Freiballon-Sportverband – viele Einzelmitglieder.
Gasballone sind 66 vorhanden; ihre Zahl ist seit Jahren ziemlich konstant. Mit den Heißluftballonen aber ging es gewaltig aufwärts: Zur Zeit sind es bereits 293, und die Tendenz ist weiterhin stark steigend. Interessant ist, daß die Sozialstruktur der »Heißlüfter« ziemlich genau der entspricht, wie sie auch andere Luftsportarten wie Segelfliegen und Motorsegeln aufweisen, keineswegs also zu den »Oberen Zehntausend« hin verschoben ist. Ungewöhnlich ist bei den Ballonfahrern allerdings die Altersstruktur. In den Vereinen gibt es nur wenige 18–20jährige Mitglieder. Ab 21 steigt der Anteil stark an und erreicht bei den 46–50jährigen den Höhepunkt. Die Kurve fällt nun wieder ab, aber die Zahl der über 70jährigen liegt höher als die der 20jährigen.
Ein Schwerpunkt des Ballonfahrens liegt im Land Nordrhein-Westfalen, wo alleine 255 Piloten zuhause sind. Bayern mit 147 und Baden-Württemberg mit 125 Piloten halten noch gut mit. Das Schlußlicht bildet Schleswig-Holstein mit lediglich 7 Ballonpiloten – aber »zwischen den Meeren« ist auch nicht so gut fahren wie im Binnenland.
Das Mit»fahren« im Ballon ist ziemlich teuer geworden, die Nachfrage überraschend groß. Beim Gasballon muß man mit einem Kostenanteil zwischen DM 350,– und 600,– rechnen, beim Heißluftballon zwischen DM 250,– und 350,–.
Wer mitfahren oder einem Verein beitreten und sich vielleicht sogar zum Ballonpiloten ausbilden lassen möchte, kann sich wenden an die

Freiballonkommission im DAeC
Lyoner Straße 16
6000 Frankfurt 71
Telefon 069-66300933

oder an den

Deutschen Freiballon-Sportverband
Lortzingstraße 7
8501 Schwaig
Telefon 0911-500875.

Wettbewerbe

Obwohl die Freiballonfahrer – gleich ob Gasballon oder Heißlüfter – vom Wind abhängen, beruhen ihre Leistungen nicht allein auf dem Zufall einer günstigen Windströmung. Bei den Wettbewerben, die sie veranstalten, zeigen sich trotz gleicher Wetterbedingungen immer wieder gewaltige Unterschiede. Alfred Eckert, mit rund 700 Fahrten der wohl erfahrenste Ballonfahrer unserer Tage, berichtet von einer Wettfahrt, die im August 1958 von Zürich aus stattfand. Es ging darum, vom Standort aus die weiteste Strecke (in Luftlinie) zurückzulegen. Zwölf Ballone beteiligten sich daran. Drei davon landeten noch im Stadtgebiet von Zürich, sechs weitere im Umkreis von 10 km. Einer kam bis Konstanz, ein weiterer bis Meersburg. Alfred Eckert schaffte sogar 220 km und kam bis in die Nähe von Augsburg. Das war nur möglich, weil er in Kenntnis der besonderen meteorologischen Verhältnisse am Wettbewerbstag sich taktisch richtig verhalten hatte. Er opferte soviel Ballast, daß sein Ballon 3000 m Höhe erreichte, wo sich die böige Thermik dieses Tages nicht mehr so stark bemerkbar machte. Zugleich war in dieser Höhe der Wind so stark, daß er den Ballon weitaus schneller davontrug.
Streckenwettbewerbe werden heute aus Flugsicherungsgründen nur noch selten veranstaltet. Dafür werden überwiegend Zielwettbewerbe ausgeschrieben, die an die Fähigkeiten des Ballonpiloten ebenso hohe Anforderungen stellen. Die Wettbewerbsleitung bestimmt aufgrund der Wetterverhältnisse einen bestimmten Zielpunkt. Sieger ist derjenige, der am dichtesten an ihn herankommt. Die Ballonpiloten müssen nun versuchen, durch Ausnutzung der unterschiedlichen und wechselnden Windrichtungen in verschiedenen Höhen den Ballon so geschickt wie möglich ans Ziel zu manövrieren. Bezeichnend für den Leistungsstand der Ballonfahrer ist, daß die Spitzenpiloten oft nur wenige Meter vom Ziel entfernt niedergehen.
Ein Zielwettbewerb wurde beispielsweise auch bei den (nach fast 200 Jahren Ballongeschichte!) Ersten Gasballon-Weltmeisterschaften im September 1976 in Augsburg-Gersthofen ausgetragen. Bei ungünstigen Wetterverhältnissen – zunächst böiger Westwind, danach föhniger Südwind – sollte ein Zielpunkt in rund 40 km Entfernung erreicht werden. Von den 20 Teilnehmern kamen 18 aus dem Ausland und 5 sogar aus Übersee, waren also mit den geografischen und meteorologischen Verhältnissen nördlich der Alpen nicht vertraut. Trotzdem landeten mehr als zwei Drittel der Teilnehmer in einem Umkreis von nur einem Kilometer um den Zielpunkt.
Wettbewerbe veranstalten selbstverständlich auch die Freunde der Montgolfieren. Wegen der technischen Eigenarten sind in dieser Sparte sogar zusätzliche Aufgaben möglich. Eine davon ist »Jack in the Box«: Hierzu müssen die Piloten ihre Heißlüfter in möglichst kurzer Zeit füllen und starten. Sieger ist, wer eine zwei Meilen entfernte Ziellinie als erster überfährt. Beliebt ist auch »Convergent Navigational Trajectile Event«: Über einem Ziel müssen die Piloten aus mindestens 600 m Höhe ein beschwertes Band abwerfen. Den Startplatz dürfen sie sich im Umkreis von drei Meilen selbst wählen.
Aufgabe bei einer Weltmeisterschaft war auch ein »Hesitation Waltz«: Von vier Zielen, alle rund 20 km entfernt, konnte sich der Pilot eines aussuchen. Dort angelangt, mußte er versuchen, ein mit Sand gefülltes rotes Plastiksäckchen (Marker) möglichst nah am Ziel abzuwerfen. Eine andere Aufgabe war eine Fuchsjagd, wie sie auch bei Gasballonwettfahrten beliebt ist: Ein Fuchsballon versucht, das Feld der nachfolgenden Ballone durch geschicktes Manöver möglichst zu täuschen und durcheinander zu bringen. Die »Jäger« hingegen wollen dem Fuchsballon durch Ausnutzen der unterschiedlichen Höhenströmungen möglichst nahekommen.
Als Beispiel für einen Streckenwettbewerb sei das »Gordon-Bennett-Rennen« 1988 angeführt, das 32. in der langen Geschichte dieser von dem amerikanischen Zeitungsverleger Gordon Bennett initiierten Wettfahrt, die zum erstenmal 1906 ausgetragen wurde. Hierbei besteht die Aufgabe darin, mit der jeweils günstigsten und stärksten Windströmung ballastsparend soweit wie möglich zu kommen. Das längste und bis heute unübertroffene »Rennen« fand 1912 statt: Der Sieger fuhr in 46 Stunden von Stuttgart nach Riga, einem Dorf südlich von Moskau: 2192 km!
Im Oktober 1988 starteten 14 Gasballone im österreichischen Bregenz am Bodensee in die Nacht hinein. Nach einem Tag und einer weiteren Nacht – 41 Stunden Fahrtzeit – landeten die Österreicher Joschi Starkbaum und Gerd Scholz nördlich von Skopje in Jugoslawien. Mit 1110,9 km errangen sie ihren vierten Gordon-Bennett-Sieg. Außer Jugoslawien hatten sich auch Polen, Ungarn und Rumänien für die »aufgeblasenen Gäste« geöffnet – der Wind hätte ja auch anders blasen können. Erfreulich und ein gutes Omen aber ist die Bereitschaft,

bisher starre Grenzen für ein luftsportliches Ereignis zu öffnen.

Der Ballon als Botschafter des guten Willens

Von vielen Beispielen sei hier nur eines angeführt: Mit einem Heißluftballon aus Sonthofen starteten Alfred Schulz und Jo Scher in Ulan Bator, der Hauptstadt der Volksrepublik Mongolei. Die Einnahmen aus der Ballonpost sollten dem SOS-Kinderdorf Wahlwies zugutekommen. Einen Teil übergaben die Ballonfahrer der Kinderfondsorganisation »Mongolei 77« und wurden dafür herzlich aufgenommen und gefeiert. Hier stand der Heißluftballon im Dienst der Kinderhilfe und der Völkerverständigung.

Ein treffenderes Symbol dafür läßt sich wohl kaum finden: ein Fluggerät, das für jegliche Kriegszwecke absolut ungeeignet ist, auf Ausnutzung einfachster Naturgegebenheiten beruht, das älteste überhaupt ist, zu den leisesten und umweltfreundlichsten Luftfahrtgeräten gehört, zwar ein Spielball schicksalhafter Gegebenheiten (der Winde) ist, sich aber doch in gewissem Rahmen steuern und fast überall landen läßt, und das jeden, der es beobachtet, fröhlich und heiter stimmt. Dazu tragen auch die meist grellbunten Farben und neuerdings bizarren Formen bei wie fliegender Elefant, witziger Kopf mit Knollennase und abstehenden Ohren. Malcolm S. Forbes, der Verleger der Wirtschaftszeitschrift »Forbes Magazin«, besitzt einen Heißluftballon in Form eines Beethovenkopfes, und zum »Treffen der Amphibienfahrzeuge« anläßlich des 800. Hafengeburtstages der Hansestadt Hamburg 1989 ließ er ein riesiges Harley-Davidson-Motorrad aufsteigen – der Phantasie (und der Werbung) sind kaum Grenzen gesetzt.

Kulturgesellschaft Freiballon

Diese Gesellschaft wurde Ende 1979 ins Leben gerufen. Vorstand und Kuratorium haben sich zum Ziel gesetzt, die vielen kulturellen und kunsthistorischen Zeugnisse zum Thema Freiballon zu sammeln und dafür ein eigenes Archiv, möglichst sogar ein eigenes Freiballon-Museum zu schaffen. Zu den Zielsetzungen gehören auch das Arrangieren von Ausstellungen zu diesem Thema und die Zusammenarbeit mit zeitgenössischen Künstlern.

Auszüge aus der ersten Selbstdarstellung der »Kulturgesellschaft Freiballon« lesen sich wie eine Übersicht zu dem Thema »Der Ballon in Kunst und Literatur«, das eine ganze Bibliothek füllen könnte:

»Seit der Existenz des Freiballons« beschäftigten sich mit ihm Philosophen, Dichter, Literaten und viele namhafte bildende Künstler. Sie setzten sich alle auf ihre Weise mit dem Phänomen ›Freiballon‹ auseinander. So gibt es in der ganzen Welt verteilt unzählige Objekte, die bezeugen, wie vielfältig der schwebende Ballon vom gestaltenden Menschen aufgefaßt und in verschiedenen Kulturepochen reflektiert worden ist. Im Vergleich zu anderen technischen Entwicklungen, die nach Erschaffung des Aerostaten in späteren Jahrzehnten und Jahrhunderten von sich reden machten, ist eine solche kulturhistorische, über zwei Jahrhunderte greifende Tradition ohne Beispiel. Dichter und Schriftsteller ließen sich entflammen, so Jean Paul, Adalbert Stifter, Edgar Allan Poe, E. T. A. Hoffmann, Jules Verne, Guy de Maupassant, Robert Walser, Annette Kolb und sogar Hermann Hesse. Bei einer Reihe von anderen Meistern der Feder lassen sich Anmerkungen und mehr oder weniger tiefgehende Gedanken über ›die neumodischen Luftkugeln‹ wiederfinden. Auch Goethe begeisterte sich mit Christoph Martin Wieland für diese neue Erfindung.

Fast wie ein Spiegelbild zur Literatur stellt sich die Abhandlung des Motivs Freiballon in der Bildkunst dar. Manets Ballondarstellungen gehören zur Kunst des 19. Jahrhunderts, Francesco Guardi malte 1784 eines der schönsten Bilder, einen ›Ballonaufstieg in Venedig‹. Goyas Ballongemälde sind zahlreich. Weiterhin hielten den Ballon für festhaltens- oder darstellungswert: Max Beckmann, Frédérik Bartholdi, Charles Meryon, Pierre Puvis de Chavannes, E. W. Cocks, Henri Rousseau, Lyonel Feininger, Franz Radziwill, Wassily Kandinsky, Paul Klee, René Magritte, Max Ernst, Carl Spitzweg, Jan Balet u. a.

Bereits von seinen ersten Tagen an war der Ballon auch beliebtes Motiv in der Karikatur. Mehrere Bilder hat Honoré Daumier in dieser Art gezeichnet, Wilhelm Busch hielt den Ballon auf seine karikierende Weise fest.«

Die »Kulturgesellschaft Freiballon« hat ihren Sitz in Köln.

Vorsitzender und Geschäftsführer ist:

Dr. Edgar Mayer
Am Grünen Weg 10
5024 Pulheim 2
Telefon 02234-81732.

Zum Abschluß

Ein Buch über Luftsport sollte nicht nur eine reine Sachdarstellung und ein nüchterner Ratgeber sein. Der Leser hat es hoffentlich gespürt, daß dem Verfasser seit je die Fliegerei am Herzen liegt und daß er die ideellen Werte und die erzieherischen Möglichkeiten des Luftsports sehr hoch einschätzt.

Der Luftsport vermittelt Kenntnisse, Fertigkeiten und Erfahrungen, die jeden, der ihn betreibt, auf ungeahnte Weise bereichern. Er übt die Entschlußfreudigkeit und das Verantwortungsbewußtsein, schult die Intelligenz und die Fähigkeit zur Selbstüberwindung. Für Ältere sind diese hohen Anforderungen des Luftsports ein Jungbrunnen, für Jüngere ein erzieherischer Faktor ohnegleichen. Hinzu kommt die Teamarbeit als Grundvoraussetzung des Luftsports: Wünsche des Einzelnen treten hinter den Anforderungen der Gemeinschaft zurück. Nur wer mithilft, daß andere Leistungen vollbringen können, kann erwarten, daß auch ihm zu gegebener Zeit geholfen wird. Konkurrenzdenken und -verhalten reduzieren sich auf den fairen sportlichen Wettstreit.

Wer Schwierigkeiten hat, erfährt die Förderung der Gemeinschaft, die darum auch ihren wesentlichen Anteil an allen Einzelleistungen hat. Vor allem im Segelflug und im Flugmodellbau, aber auch beim Fallschirmsport, beim Gleitschirmfliegen und beim Hängegleiten beruhen viele Fortschritte und Erfolge auf gruppendynamischen Prozessen. Je nach Art der Schulung oder der Aufgabenstellung sind sie selbstverständlich auch beim Motorflug wirksam. Hierbei steht niemand unter Leistungsdruck von außen. Jeder, der Luftsport betreibt, setzt sich freiwillig ins Flugzeug, startet freiwillig mit dem Hängegleiter oder Ballon, springt aus eigenem Entschluß mit dem Fallschirm ab. Freiwillig erbringt er eine Leistung wie jeder andere Sportler auch; er möchte sich ja bewähren.

Diese freiwillige »Leistungsgesellschaft« des Luftsports steht jedermann offen, ist also absolut nicht exklusiv – wie die Sozialstruktur der Mitglieder des Deutschen Aero-Clubs beweist. Sie verlangt allerdings mehr Engagement, mehr Zeitaufwand und auch mehr Risikobereitschaft als bei den meisten anderen Sportarten. Doch sie erwartet von jedem ohne Ansehen der Person, ohne Rücksicht auf Alter, Geldbeutel oder gesellschaftliche Schicht das gleiche. Die Erlebnisse, die der Luftsport zu bieten hat, sind überwiegend Erfolgserlebnisse mit allen ihren positiven Rückwirkungen. In jedem Club wird es Beispiele dafür geben, daß Erfolge im Luftsport – schon im Flugmodellbau – wie befreiend gewirkt haben: Aus schwerfälligen Lehrlingen, die ihren Meister fast zur Verzweiflung gebracht haben, wurden wissensdurstige, zuverlässige Mitarbeiter. Mäßige Schüler oder Studenten erkannten plötzlich, wozu sie lernen, und bewältigten ihre Examina besser als erwartet. Gestreßte Familienväter gewannen Abstand zu den Alltagsforderungen und konnten viele ihrer beruflichen oder persönlichen Probleme aus eigener Kraft lösen. Die zusätzlichen, über die Norm hinausgehenden Anforderungen, wie sie der Luftsport stellt, bieten weit über seinen Bereich hinaus positive Anreize.

Einer dieser Anreize geht von dem Luftsportprinzip aus, ohne Erwartung einer Gegenleistung für andere tätig zu sein – in unserer rein materiell orientierten Industriegesellschaft wahrlich ein revolutionäres Prinzip! Dahinter steckt aber keine Ideologie, sondern allein der Zwang der Notwendigkeit; denn wenn jeder Handgriff, jede Unterrichtsstunde, jede fliegerische Unterweisung bezahlt werden müßten, dann wäre der Luftsport als Breitensport längst am Ende. Der Clubfluglehrer beispielsweise, der ja »nebenbei« noch einen Hauptberuf ausübt, opfert manchen Feierabend, fast jedes Wochenende und oft noch große Teile seines Urlaubs für seine freiwillig übernommene Aufgabe – und das ohne Entgelt, meist sogar ohne unmittelbaren Dank. Lohn ist für ihn das mehr oder minder deutliche Bewußtsein, auch anderen eine Chance geboten zu haben, im Luftsport eine neue Erlebniswelt und ein andauerndes Training der körperlichen und geistigen

(Frei durch RP Braunschweig, Nr. 27/903–12)

Flugzeuge der Allgemeinen Luftfahrt auf der ILA Hannover, die alle zwei Jahre stattfindet.

Fähigkeiten zu finden. Darüber hinaus bleibt er seinen Schülern – wie jeder Lehrer – freundschaftlich-väterlich verbunden. Oft bringen ihm die Schüler – und das ist im Luftsport stärker ausgeprägt als in anderen Bereichen – eine alle Wechselfälle des Lebens überdauernde dankbare Anhänglichkeit entgegen. Er bleibt Freund und Vertrauter, und man weiß, daß man sich auf ihn uneingeschränkt verlassen kann.

Ein solcher Kontakt besteht zwischen dem Verfasser und Eugen Wagner, der vor über vier Jahrzehnten sein Fluglehrer war. Er besteht aber auch zu denen, die ihn nach langer Zwangspause wieder in die fliegerische Praxis eingeführt haben, vor allem zu Lieselotte und Robert Dobiasch.

Ihnen und den folgenden Fliegerfreunden, die – teilweise schon bei der Erstausgabe – Textabschnitte gegengelesen, kritische Anmerkungen gemacht und gute Ratschläge erteilt oder zusätzliches Bildmaterial zur Verfügung gestellt haben, sei hiermit (in alphabetischer Reihenfolge) herzlich gedankt:

Horst Barthelmes – Dipl. Ing. Uwe Beckmann – Peter Brückner – Georg Brütting – Hans Deutsch – Edgar Dittmar – Hans Held – Winfried Kaiser – Paul Kofler – Helmut Mauch – Dr. Edgar Mayer – Helmut Penner – Werner Pfändler – Peter Pletschacher – Dipl. Ing. Theo Rack – Dipl. Ing. Peter Riedel – Dieter Schmitt – Werner Schwipps – Max Stadter – Gerd Stolle † – Werner Thies † – Karl Vey – Fred Weinholtz – Justin Wills – Isolde Wördehoff – Dipl. Ing. Hans Zacher – Manfred Zimmermann.

DAeC und seine 11 Landesverbände

Bundesgeschäftsstelle:
Deutscher Aero-Club e. V. (DAeC)

Lyoner Straße 16
Postfach 710243
6000 Frankfurt/Main 71
Telefon 069-663009-0

DAeC-Referate:

Flugsicherheit	069-663009-26/27
Pressestelle	-28
Motorflugsport	-29
Modellflugsport	-30
Segelflugsport	-31/32
Freiballonsport	-33
Fallschirmsport	-34
Ultraleichtfliegen, Hängegleiten (Drachenfliegen)	-35/36
Technik	-37
Luftsportjugend des DAeC	-33/34
DAeC Wirtschaftsdienst	-40

Abzeichen und Embleme.

Emblem des DAeC

Internationales Segelflieger-Leistungsabzeichen

Internationales Motorfliegerabzeichen

Internationales Fallschirmspringer-Abzeichen

Modellflieger-Leistungsabzeichen des DAeC

Die Landesverbände:

Baden-Württemberg
Bad.-Württ. Luftfahrtverband E. V., Herdweg 77, Postfach 100461, 7000 Stuttgart 10, Telefon 0711/22762-0

Bayern
Luftsportverband Bayern E. V., Haus des Sports, Georg-Brauchle-Ring 93, Postfach 500120, 8000 München 50, Telefon 089/15702 (0)-233

Berlin
DAeC-Luftfahrtverband Berlin E. V., Lacknerstraße 4, 1000 Berlin 41, Telefon 030/7964414

Bremen
DAeC-Landesverband Bremen E. V., Rembertistraße 64, 2800 Bremen 1, Telefon 0421/323350

Hamburg
DAeC-Landesverband Hamburg E. V., Bauernvogtkoppel 55 B, 2000 Hamburg 65, Telefon 040/6019043

Hessen
Hessischer Luftsportbund E. V., Landwehrstraße 1, 6100 Darmstadt, Telefon 06151/21001

Niedersachsen
DAeC-Landesverband Niedersachsen E. V., Märkischer Weg 48, 3000 Hannover 1, Telefon 0511/601060

Nordrhein-Westfalen
DAeC-Landesverband NRW E. V., Friedrich-Alfred-Straße 25, Haus der Verbände, Postfach 100314, 4100 Duisburg, Telefon 0203/7381 (01)-311

Rheinland-Pfalz
Luftsportverband Rheinland-Pfalz E. V., Am Flugplatz Domberg, Postfach 164, 6553 Sobernheim/Nahe, Tel. 06751/2308

Saarland
Aero-Club Saar E. V., Haus des Sports, Saaruferstraße 16, 6600 Saarbrücken, Telefon 0681/58603 (0)-22 u. 23

Schleswig-Holstein
Luftsportverband Schleswig-Holstein E. V., Flugplatz Holtenau, 2300 Kiel 17, Telefon 0431/322605

Literaturverzeichnis

Luftfahrtgeschichte/Allgemeine Luftfahrt

Peter Supf:
Das Buch der deutschen Fluggeschichte, Bd. 1 und 2, Stuttgart 1956 und 1958.

Georg Brütting:
Das Buch der deutschen Fluggeschichte, Bd. 3 (bis 1945), Stuttgart 1979.

Kurt W. Streit/John W. R. Taylor:
Geschichte der Luftfahrt, Künzelsau 1975.

Gerhard Wissmann:
Geschichte der Luftfahrt von Ikarus bis zur Gegenwart, 4. Auflage, Berlin

Geflogene Vergangenheit – 75 Jahre Luftfahrt in Schleißheim. Herausg. Werftverein Schleißheim. Illertissen 1988.

Werner Schwipps:
Lilienthal. Die Biographie des ersten Fliegers. Berlin 1979/ München 1988.

Günter Schmitt:
Junkers und seine Flugzeuge. Berlin 1986.

Günter Schmitt:
Fliegende Kisten. Von Kitty Hawk bis Kiev. Berlin 1987.

Bruno Lange:
Das Buch der deutschen Luftfahrttechnik, Mainz 1970.

Willi Ruge, Hrsg. Dr. Franz Burda:
Fünfzig Jahre Motorflug,
Offenburg (Baden) 1953.

Peter Pletschacher:
Deutsche Sportflugzeuge. Über 100 Typen von 1909 bis heute – vom Grade-Eindecker bis Acrostar, Stuttgart 1977.

Enzo Angelucci:
Flugzeuge/1000 Maschinen aus aller Welt mit sämtlichen technischen Daten – Vom ersten Fluggerät bis zum Überschalljet, dtsch. Ausgabe Wiesbaden 1974.

Gerhard Völz:
Luftfahrt zwischen Nord- und Ostsee, Von den Anfängen bis zur Gegenwart, Neumünster 1975.

Gerhard Fieseler:
Meine Bahn am Himmel. Der Erbauer des Fieseler Storch und der V 1 erzählt sein Leben, München 1979.

Wolfgang Wagner:
Kurt Tank – Konstrukteur und Testpilot bei Focke-Wulf, München 1980. (Der erste Band einer auf 20 Bände konzipierten Buchreihe, die von Dr. Theodor Benecke in Zusammenarbeit mit dem Deutschen Museum in München, dem Bundesverband der Deutschen Luft- und Raumfahrtindustrie sowie der Deutschen Gesellschaft für Luft- und Raumfahrt herausgegeben wird).

Inzwischen sind weitere Bände erschienen:

Werner Schwipps:
Der Mensch fliegt. Lilienthals Flugversuche in historischen Aufnahmen. Koblenz 1988.

Dieter Köhler:
Ernst Heinkel – Pionier der Schnellflugzeuge, Koblenz 1983.

Werner Schwipps:
Schwerer als Luft. Die Frühzeit der Flugtechnik in Deutschland, Koblenz 1984.

Kyrill von Gersdorff:
Ludwig Bölkow und sein Werk. Koblenz 1987.

Sedlmayr/Ruff/Ruck:
Sicherheit und Rettung in der Luftfahrt, Koblenz 1988.

Georg Brütting:
Fliegen ist unser Sport. Geschichte des Deutschen Aero-Clubs, Stuttgart 1986.

Alexander Lippisch:
Ein Dreieck fliegt (Entwicklung der Nurflügel-Flugzeuge), Stuttgart 1976.

Ludwig Abelshauser:
Pilotenlizenzen, Vom Drachenflieger bis zum Jumbo-Kapitän, Stuttgart 1977.

A. Bodlée:
Segelflug-Motorsegler-Motorflug/Leitfaden für Fliegerprüfungen, Neuauflage, Stuttgart.

Wolfgang Dierich:
Das große Handbuch der Flieger, Stuttgart 1989.

Wolfgang Politt:
Start – Flug – Landung/Flugleistung, Braunschweig 1961.

Wolfgang Politt:
Der Flug/Start – Flug – Landung/Theorie des Fliegens, Braunschweig 1962.

Wolfgang Politt:
Der Flugunfall, Braunschweig 1974.

Friedrich und Werner Hesse:
Luftfahrtlehrbücher, Breidenbach, Band 1 bis 10.

Edwin Grabherr:
LuftPersV/Amtlicher Text der neuen Verordnung über Luftfahrtpersonal (Stand 01.03.1976) mit Praxis-Erläuterungen.

Johann Gagelmann/Rudolf Wagner:
Die Sprechfunkzeugnisse für den Flugfunkdienst (in Ringhefter), Berlin.

Föh-Klös:
Sprechfunk im Sichtflug/Lehrbuch für BZF I und II.

Gerhard Faber/Horst Müller:
Pilotentraining PPL-CVFR-CPL II, Gundernhausen/Stuttgart 1976.

Herbert Weishaupt:
Das große Buch vom Flugsport, Stuttgart 1980.

Planungsbüro Luftraumnutzer:
Die Krise der europäischen Flugsicherung (Grundzüge der Studie, zusammengefaßt von Rolf Dörpinghaus im »Aerokurier« 8/1989)

Zum Schmunzeln:
Helmut Mauch:
Immer diese Flieger ... (Luftfahrt in Karikaturen), Steinebach-Wörthsee 1988.

Jährlich erscheinen:

Flieger-Taschenkalender
Taschen-Informationsbuch für die Allgemeine Luftfahrt
Herausgeber:
Luftfahrtverlag Friedrich Schiffmann GmbH, Rösrath 3

Jahrbuch der Luft- und Raumfahrt
Herausgeber:
Tilman T. Reuss, Mannheim

Flieger-Kalender
Internationales Jahrbuch der Luft- und Raumfahrt.
Herausgeber:
Verlag E. S. Mittler & Sohn GmbH, Herford.

Segelflug und Motorsegler

Wolf Hirth:
Handbuch des Segelfliegens, Stuttgart, 1941, Neuauflage 1953.
Georg Brütting:
Die Geschichte des Segelfluges, 60 Jahre Wasserkuppe, Stuttgart 1972.
Peter Riedel; Herausgeber Jochen v. Kalkreuth:
Start in den Wind/Erlebte Rhöngeschichte 1911–1926, Stuttgart 1977.
Peter Riedel:
Vom Hangwind zur Thermik. Erlebte Rhöngeschichte 1927–1932. Stuttgart 1984.
Peter Riedel:
Über sonnige Weiten. Erlebte Rhöngeschichte 1933–1939. Stuttgart 1985.
Gerhard Wissmann:
Abenteuer in Wind und Wolken. Die Geschichte des Segelfluges. Berlin 1988.
Dieter Geistmann:
Die Entwicklung der Kunststoff-Segelflugzeuge, Stuttgart 1976.
Friedrich Hesse und Werner Hesse:
Der Segelflugzeugführer, Breidenbach 1975, (6. Aufl. 1988).
Winfried Kassera:
Flug ohne Motor, Stuttgart 1972, (10. Auflage 1988).
Winfried Kassera:
Prüfungsfragen Segelflug (mit Antworten), Stuttgart.
Derek Piggot:
Segelfliegen lernen. Die Grundlagen des motorlosen Fluges, Braunschweig/Wiesbaden 1980.
Peter F. Selinger:
Segelflugzeuge. Vom Wolf zum Mini-Nimbus, Stuttgart 1980.
Peter F. Selinger:
Faszination Segelfliegen. 1988
R. Ferriere:
Rhönsegler. Alexander Schleichers Segelflugzeuge und Motorsegler 1951–1987. 1987
Walter Georgii:
Flugmeteorologie, Frankfurt 1956.
Walter Georgii:
Meteorologische Navigationen des Segelfluges, Braunschweig 1969, (4. Auflage, Wiesbaden 1974).
Manfred Kreipl:
Mit dem Wetter segelfliegen, Stuttgart 1976.
Dr. H. Herb:
Wetterkundlicher Leitfaden für Sport- und Segelflieger (3. Auflage), Steinebach-Wörthsee 1968.
Fred Weinholtz:
Grundtheorie des modernen Streckensegelfluges, Bochum.
Dr. Helmut Reichmann:
Streckensegelflug, Stuttgart 1975.
Dr. Helmut Reichmann:
Segelfliegen, Stuttgart 1979.
Manfred Kreipl:
Thermik-Handbuch, 1988
Helmut und Ingrid Köhler:
Fly high. Vom Segelfliegen in den USA. 1988
Jochen von Kalkreuth:
Segeln über den Alpen, Stuttgart 1972.
Jochen von Kalkreuth:
Das stille Abenteuer, Stuttgart 1975.
Hans Nietlispach:
Segelflug, Etwas Theorie und Praxis, Bern 1959.
Philip Wills:
Auf freien Schwingen, dtsch. Ausgabe, Stuttgart 1975.
Hans Zacher:
Flugmessungen mit Standard-Segelflugzeugen, Deutsche Versuchsanstalt für Luft- und Raumfahrt, 1965.
H. Laurson, H. Zacher:
Fluguntersuchungen mit den Segelflugzeugen D-36, BS-1 und ASW-12, DFVLR, 1968.
H. Laurson, H. Zacher:
Flugmessungen mit 25 Segelflugzeugen, DFVLR, 1973.
Dieter Maier:
Segelfliegen ohne Geheimnisse, Stuttgart 1978.
Dieter Maier:
Das Spiel mit dem Aufwind (Bildband), Stuttgart 1979.
DAeC Segelflugkommission:
Methodik und Richtlinien der Segelflugausbildung, Frankfurt 1976; Die neue Segelflugsport-Betriebsordnung; Der Segelflieger und der Luftraum; Die Motorseglerausbildung/Methodik, Richtlinien und Bestimmungen, Frankfurt 1977.
Hellmut Penner:
Motorsegeln heute – Entwi./Praxis/ Konstr., Stuttgart.
Rudolf Müller (Herausgeber):
50 Jahre Motorsegler (zum 1. Internationalen Motorseglerwettbewerb 1974 in Feuerstein).

Zum Schmunzeln:
Dr. Teddy Stedtfeld:
Der Tünnemann, Das Buch mit heiteren Versen und Zeichnungen vom Segelflug. Bochum 1976.

Motorflug

Dieter Maier:
Motorflug. Theorie und Praxis, München 1988.
Georg Brütting:
Handbuch des Motorfliegers, 4. Auflage, Stuttgart 1975.
Wolfgang Kühr:
Der Privatflugzeugführer, Fachbuchreihe, Bensberg-Frankenforst.
Gerhard Faber/Horst Müller:
Pilotentraining, Stuttgart 1976.
Helmut Mauch:
Kleine Hilfe für PPL-Anfänger, Steinebach-Wörthsee 1977.
Neil Williams:
Loopings und Turns/Kunstflugbuch d. allgem. Luftfahrt, Alles über Kunstflug in Theorie und Praxis, Stuttgart 1977.
Michael Schulz:
Erkenntnisse zwischen Himmel und Erde.
Dieter Schmitt:
Nordpolflug, Stuttgart 1982.

Fallschirmsport

Klaus Heller:
Fallschirmspringen – Für Anfänger und Fortgeschrittene, München 1983.
Walter Gericke:
Das Fallschirmspringen/Ein Lehr- und Handbuch, Wiesbaden.
Franz Kurowski:
Ihr Stadion ist der Himmel, Bochum 1972.
Franz Kurowski:
Das Buch der Fallschirmspringer, Göttingen 1973.
Uwe Beckmann:
Fallschirmsport in Wort und Bild, Darmstadt 1974, Neuauflagen.
Uwe Beckmann:
Gesetzessammlung für Fallschirmsport, Braunschweig.
Reinhard Wenz:
Fallschirmspringen, Dipl.-Arbeit am Staatl. Hochschulinstitut für Leibeserziehung, Mainz 1972.

Hängegleiten

Peter Janssen/Klaus Tänzler:
Drachenfliegen, Ein Lehrbuch für Flugunterricht und Prüfungsvorbereitung, München 1984, Taschenbuch 1988.
Hellmut Penner:
Der Drachenflieger / Das große Buch vom Hängegleiten; Entwicklung, Praxis, Konstruktion, Stuttgart 1977.
Ekkehard Reiser:
Drachenfliegen nach dem Wetter / Das umfassende Meterologiebuch für Hängegleiter, Stuttgart 1977.
Ekkehard Reiser:
Sicherheit im Deltaflug, Stuttgart 1978.
Dan Poynther:
Handbuch des Drachenfliegens, Steinebach-Wörthsee 1977.
Hocke, Janssen, Seidenather:
Drachenfliegen für Anfänger und Fortgeschrittene / Offizieller Lehrplan des Verbandes Deutscher Drachenflug-Lehrer e. V. (VDDL) und der Sparte Hängegleiten im Deutschen Aero Club (DAeC), München 1976.
Nairz/Kappacher:
Drachenfliegen, Ein Traum wird wahr, München 1977.
Drachenflieger extra
(Sonderheft des Drachenflieger-Magazins) »Alles über Drachenfliegen und Gleitschirmfliegen«, München 1987.

Gleitschirmfliegen

Peter Janssen, Fritz Kurz, Klaus Tänzler:
Gleitschirmsegeln. Die einfachste Art zu fliegen. München 1987.
Walter K. Rössli:
Gleitschirmpraxis. Eine Einführung in Theorie und Praxis des Gleitschirmfliegens. St. Gallen 1987.
Peter Gruber:
Gleitschirmfliegen, München 1988.

Ultraleichtfliegen

Hellmut Penner:
Das Handbuch für den Ultraleichtflieger, Entwicklung – Praxis – Konstruktionen, Stuttgart 1983.
Friedrich Schmidt:
Ultraleichtfliegen. Lehrbuch nach den Richtlinien von DAeC und DULV. München 1987.
Ann Welch:
Ultraleicht-Fliegen

Modellflugsport

Alfried Gymnich:
Segelflug-Modellbau in Theorie und Praxis, 4. Auflage, Ravensburg 1969.
Berthold Petersen und Werner Thies:
25 Jahre Modellflug im DAeC / Eine Dokumentation des Modellflugsports der Jahre 1951–1975, Frankfurt 1975.
Werner Thies/Willi Rolf:
Flugmodelle bauen und einfliegen, Niedernhausen.
Werner Thies:
Ferngelenkte Motorflugmodelle bauen und fliegen, Niedernhausen.
Werner Thies:
Handbuch des Flugmodellbaus / Band 1: Entwurf und Planung ferngelenkter Segelflugmodelle; Band 2: Konstruktion und Bau ferngelenkter Segelflugmodelle, Baden-Baden 1976/77.
Werner Thies:
Modellflug-Lexikon, Baden-Baden 1977.
Helmut Drechsler:
Der RC-Pilot, Villingen/Baden 1975.
Dieter Sommerfeld:
RC-Motorflug-Praxis, Villingen/Baden 1973.

Erich Rabe:
Elektroflugmodelle, Praktikum für Freunde des Flugmodellbaues, München 1977.
Dieter Maier:
Modellflug, München 1978.
Fachschriftenreihe im Verlag Technik und Handwerk, Baden-Baden (bisher 16 Bände).

Freiballonsport

Alfred Eckert:
Im blauen Wind / Romantik und Abenteuer im Ballon (Schwarzweiß-Bildband). Augsburg 1977.
Alfred Eckert:
Am Himmel ohne Motor. Die Frühgeschichte der Luftfahrt, Augsburg 1979.
Karl Riha (Herausg.):
Reisen im Luftmeer. Ein Lesebuch zur Geschichte der Ballonfahrt von 1783 (und früher) bis zur Gegenwart. München/Wien 1983.
Wulf Bergner/Alfred Eckert:
Ballon- und Luftschiffahrt in Augsburg, Augsburg 1975.
Dr. Edgar Mayer:
Freiballonsport heute – Freiballonsport in Deutschland (Herausgeber Deutscher Freiballonsportverband e. V., Hamm 1975), Neuaufl. 1981.
Freiballon-Kommission des DAeC und der Deutsche Freiballon-Sportverband e. V. (Herausgeber):
Pilotenhandbuch für den Freiballonsport, Loseblattsammlung

Fachzeitschriften

Aerokurier
Verlag Dr. Neufang, Gelsenkirchen, erscheint monatlich

Fliegermagazin
Ringier-Verlag, München, erscheint monatlich

Flug-Revue
Vereinigte Motor-Verlage, Stuttgart, erscheint monatlich

Der Adler
Baden-Württembergischer Luftsportverband e. V., Stuttgart, erscheint monatlich

Bayerische Luftsportnachrichten, Mitteilungen des Landesverbandes Bayern, München, erscheint zweimonatlich

Mitteilungen des Landesverbandes Nordrhein-Westfalen, Duisburg.

AOPA-letter
Hg. AOPA GERMANY, Verband der Allgemeinen Luftfahrt e. V. erscheint monatlich

Flugsicherheitsmitteilungen
Hg. Luftfahrt-Bundesamt, erscheinen unregelmäßig
Vertrieb Wirtschaftsdienst des DAeC, Frankfurt.

Pilot und Flugzeug
Verlag E. S. Mittler & Sohn, Herford.

Drachenflieger-Magazin
Ringier-Verlag, München-Zürich, erscheint monatlich

Der Freiballon
Ballonfahrer-Fachzeitschrift, Augsburg

Aero-Revue
Aero-Club der Schweiz, Luzern.

Flugsportzeitung
Aktuelles österreichisches Nachrichtenmagazin und Fachzeitschrift für Luftfahrt, St. Pölten.

Flug + Modell-Technik
Verlag für Technik und Handwerk, Baden-Baden.

Modellflug international
Modellsport-Verlag Baden-Baden

Das Flugmodell
O. Schmolinske-Verlag, Esslingen.

Modelle
Fachzeitschrift für funkgesteuerte Flug- und Schiffsmodelle, Neckar-Verlag, Villingen.

Modellflug international
Modellsport-Verlag, Baden-Baden.

Luftfahrtpersonalverordnung (LuftPersV)

Fachliche Voraussetzungen	*Privatflugzeugführer*	*Motorseglerführer*	*Segelflugzeugführer*	*Fallschirmspringer*	*Freiballonführer*
Theoretische Ausbildung	80 Unterrichtsstunden innerhalb 24 Monate vor Prüfung	80 Unterrichtsstunden innerhalb 24 Monate vor Prüfung	60 Unterrichtsstunden innerhalb 4 Jahre vor Prüfung	30 Unterrichtsstunden innerhalb 24 Monate vor Prüfung	60 Unterrichtsstunden innerhalb 3 Jahre vor Prüfung
Flugausbildung	40 Flugstd. innerh. 24 Mon. vor Prüfung, davon 20 allein Bei Flugausb. in 5 Mon. 35 Flugstd., davon 15 Std. allein 60 Starts, davon 10 Alleinstarts auf verschiedenen Flugplätzen 2 An- und Abflüge zu einem Verkehrsflughafen 300 km Dreiecks-Navigationsflug im Alleinflug Einweisung und Gebrauch von Funknavigationsgeräten Verhalten in bes. Flugzuständen	35 Flugstd. innerh. 24 Mon. vor Prüfung, davon 15 allein Bei Flugausb. in 5 Mon. 25 Flugstd., davon 10 Std. allein 60 Starts, davon 10 Alleinstarts auf verschiedenen Flugplätzen 5 Alleinlandungen mit abgestelltem Motor 300 km Dreiecks-Navigationsflug im Alleinflug 5 Außenlandeübungen Verhalten in bes. Flugzuständen	30 Flugstd. innerhalb 4 Jahre vor Prüfung, davon 15 allein Bei Flugausb. in 18 Mon. 25 Flugstd., davon 10 Std. allein 60 Starts, davon 20 allein, 3 Landungen auf anderem Flugplatz Überlandflug allein über eine Flugstrecke von 50 km im Segelflug (kann nachgeholt werden) Verhalten in bes. Flugzuständen	Packen von Fallschirmen Bodenübungen Mindestens 10 Ausbildungssprünge mit automatischer und manueller Auslösung in 18 Mon. vor Prüfung	Bei Verwendung von Gasballonen mind. 10 Ausbildungsfahrten in 3 Jahren vor Prüfung mit durchschnittl. Dauer von je 3 Std. Bei Verwendung von Heißluftballonen 20 Std. Fahrzeit mit mind. 50 Starts in letzten 3 Jahren vor Prüfung
Sprechfunkzeugnis	erforderlich	erforderlich	erforderlich	nicht erforderlich	erforderlich
Sofortmaßnahmen am Unfallort	erforderlich (3 Doppelstunden)	erforderlich	erforderlich	erforderlich	erforderlich
Erleichterungen	Ausbildung kann teilweise auf Motorseglern erfolgen, gilt als 2. Muster (nur mit Fluglehrer). Bei Motorseglerführern werden 25 (20) Flugstd., bei Segelflugzeugen 20 (15) Flugstd. angerechnet	Ausbildung kann teilw. auf Flugzeug oder Segelflugzeug erfolgen, gilt als 2. Muster Privatflugzeugführer müssen 10 Alleinlandungen nachweisen, Segelflugzeugführer 10 Alleinstarts, 5 Std. (Überprüfung d. Sachverständigen)	Ausbildung kann teilw. auf Motorseglern erfolgen, gilt als 2. Muster (nur mit Fluglehrer); Privatflgz.-Führer müssen 10 Flugstd. und 20 Alleinstarts nachweisen, Motorseglerführer müssen 5 Std. und 15 Alleinstarts nachweisen, 50 km Flugstrecke auf Segelflugzeug	entfällt	entfällt
Gültigkeitsdauer	24 Monate	24 Monate	24 Monate	24 Monate	24 Monate
Verlängerung	24 Flugstd., darunter 3 Streckenflüge zu mind. 100 km entferntem Flugplatz, 25 Starts. ⅔ der Flugzeit kann durch Flugzeit auf Motorseglern o. Segelflgz. ersetzt werden. Flgz.-Führer mit mehr als 250 Std. müssen 18 Std. nachweisen	24 Flugstd. (Motorsegelfl. mit mehr als 250 Std. – 18 Std.), darunter 3 Streckenflüge zu mind. 100 km entferntem Flugplatz, 25 Starts. Flugzeiten und Starts können durch gleiche Anzahl von Starts und Flugzeiten a. Segelflz. und Flzg. ersetzt werden	10 Flugstd. auf Flugzeug, Motorseglern, Segelflugzeug und 5 Starts für eingetragene Startart. Die 10 Flugstd. können durch 30 Starts ersetzt werden	2 Sprünge innerhalb der letzten 12 Monate vor Ablauf der Gültigkeit	2 Fahrten als verantwortlicher Freiballonführer innerh. der letzten 24 Monate, davon mind. eine Fahrt innerh. der letzten 12 Monate vor Ablauf der Gültigkeit

Die Hälfte der Flugzeit und Starts kann durch Überprüfung eines anerkannten Sachverständigen ersetzt werden (Bei PPL nur die Flugzeit).

Register